全国高等医学教育课程创新
"十三五"规划教材

供临床、预防、基础、急救、全科医学、口腔、麻醉、影像、药学、检验、护理、法医、生物工程等专业使用

有机化学

| 主 编 | 侯小娟 | 张玉军 |

| 副主编 | 罗 旭 | 郝红英 |

编 者 （以姓氏笔画排序）

杨司坤	湖南医药学院
余燕敏	湖北文理学院
张 悦	河西学院
张卫卫	河西学院
张玉军	齐鲁医药学院
罗 旭	河西学院
郝红英	黄河科技学院
侯小娟	湖南医药学院
夏侯玮虁	齐鲁医药学院
熊传武	湖南医药学院

华中科技大学出版社
http://www.hustp.com
中国·武汉

内 容 简 介

本书是全国高等医学教育课程创新"十三五"规划教材。全书分为十六章,包括绪论、有机化合物结构测定、烷烃和环烷烃、烯烃、炔烃和二烯烃、芳香烃、立体化学、卤代烃、醇、酚、醚、醛、酮、醌、羧酸和取代羧酸、羧酸衍生物、含氮有机化合物、杂环化合物和生物碱、糖类、脂类、氨基酸、蛋白质、核酸等内容。

本书根据最新教学改革的要求和理念,结合我国高等医学教育发展的特点,根据相关教学大纲的要求编写而成,内容系统、全面,详略得当。本书以二维码的形式增加了网络增值服务,内容包括教学 ppt 课件、随堂检测答案、能力检测答案、知识链接,提高了学生学习的趣味性,更好地培养学生自主学习的能力。

本书可供临床、预防、基础、急救、全科医学、口腔、麻醉、影像、药学、检验、护理、法医、生物工程等专业使用。

图书在版编目(CIP)数据

有机化学/侯小娟,张玉军主编.—武汉:华中科技大学出版社,2019.1(2020.1重印)
全国高等医学教育课程创新"十三五"规划教材
ISBN 978-7-5680-4750-0

Ⅰ.①有…　Ⅱ.①侯…　②张…　Ⅲ.①有机化学-高等学校-教材　Ⅳ.①O62

中国版本图书馆 CIP 数据核字(2018)第 297762 号

有机化学
Youji Huaxue

侯小娟　　张玉军　　主编

策划编辑:陆修文
责任编辑:李　佩
封面设计:原色设计
责任校对:张会军
责任监印:周治超
出版发行:华中科技大学出版社(中国·武汉)　　电话:(027)81321913
　　　　　武汉市东湖新技术开发区华工科技园　　邮编:430223
录　　排:华中科技大学惠友文印中心
印　　刷:武汉市籍缘印刷厂
开　　本:880mm×1230mm　1/16
印　　张:16
字　　数:442 千字
版　　次:2020 年 1 月第 1 版第 2 次印刷
定　　价:59.00 元

全国高等医学教育课程创新"十三五"规划教材
编委会

网络增值服务使用说明

欢迎使用华中科技大学出版社医学资源服务网yixue.hustp.com

1.教师使用流程

（1）登录网址：**http://yixue.hustp.com**（注册时请选择教师用户）

注册　　登录　　完善个人信息　　等待审核

（2）审核通过后，您可以在网站使用以下功能：

管理学生

建立课程　　　　　　　布置作业

下载教学资源　　　**教师**　　　查询学生学习记录等

2.学员使用流程

建议学员在PC端完成注册、登录、完善个人信息的操作。

（1）PC端学员操作步骤

①登录网址：**http://yixue.hustp.com**（注册时请选择普通用户）

注册　　登录　　完善个人信息

② 查看课程资源

如有学习码，请在个人中心-学习码验证中先验证，再进行操作。

首页课程 —选择课程→ 课程详情页 → 查看课程资源

（2）手机端扫码操作步骤

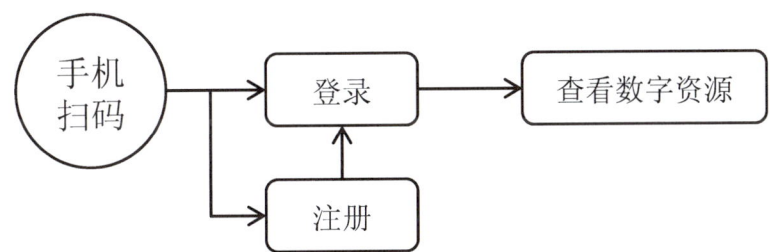

手机扫码 → 登录 → 查看数字资源

注册 → 登录

总序

Zongxu

《国务院办公厅关于深化医教协同进一步推进医学教育改革与发展的意见》指出："医教协同推进医学教育改革与发展，加强医学人才培养，是提高医疗卫生服务水平的基础工程，是深化医药卫生体制改革的重要任务，是推进健康中国建设的重要保障""始终坚持把医学教育和人才培养摆在卫生与健康事业优先发展的战略地位。"我国把质量提升作为本科教育改革发展的核心任务，发布落实了一系列政策，有效促进了本科教育质量的持续提升。而随着健康中国战略的不断推进，我国加大了对卫生人才培养支持力度。尤其在遵循医学人才成长规律的基础上，要求不断提高医学青年人才的创新能力和实践能力。

为了更好地适应新形势下人才培养的需求，按照《国务院办公厅关于深化医教协同进一步推进医学教育改革与发展的意见》《国家中长期教育改革和发展规划纲要（2010—2020 年）》《国家中长期人才发展规划纲要（2010—2020 年）》等文件精神要求，进一步出版高质量教材，加强教材建设，充分发挥教材在提高人才培养质量中的基础性作用，培养医学人才。在认真、细致调研的基础上，在教育部相关医学专业专家和部分示范院校领导的指导下，我们组织了全国 50 多所高等医药院校的近 200 位老师编写了这套全国高等医学教育课程创新"十三五"规划教材，并得到了参编院校的大力支持。

本套教材充分反映了各院校的教学改革成果和研究成果，教材编写体系和内容均有所创新，在编写过程中重点突出以下特点：

（1）教材定位准确，突出实用、适用、够用和创新的"三用一新"的特点。

（2）教材内容反映最新教学和临床要求，紧密联系最新的教学大纲、临床执业医师资格考试的要求，整合和优化课程体系和内容，贴近岗位的实际需要。

（3）以强化医学生职业道德、医学人文素养教育和临床实践能力培养为核心，推进医学基础课程与临床课程相结合，转变重理论而轻临床实践、重医学而轻职业道德和人文素养的传统观念，注重培养学生临床思维能力和临床实践操作能力。

（4）问题式学习（PBL）与临床案例相结合，通过案例与提问激发学生学习的热情，以学生为中心，利于学生主动学习。

本套教材得到了专家和领导的大力支持与高度关注，我们衷心希望这套教材能在相关课程的教学中发挥积极作用，并得到读者的青睐。我们也相信这套教材在使用过程中，通过教学实践的检验和实际问题的解决，能不断得到改进、完善和提高。

全国高等医学教育课程创新"十三五"规划教材
编写委员会

前言

Qianyan

根据教育部《关于进一步深化本科教学改革全面提高教学质量的若干意见》,为适应我国高等医学教育改革的步伐,提高医学教育质量,培养具有创新精神和创新能力的医学人才,特编写本教材。

有机化学是高等教育医学类各专业学生一门重要的基础课程,它是医学应用型人才的整体知识结构及能力结构的重要组成部分。通过本课程的学习,学生可以比较系统地认识和正确地理解有机化学的基本知识、基本理论和基本方法,为从分子水平认识生命现象提供理论依据,以及为进一步学习后续课程打下坚实的基础。全书共十六章,按照官能团分类体系进行编排,在内容的选取上本着"三用一新"(实用、适用、够用和创新)的原则,突出化学与医学的结合,既保持化学学科基本知识的系统性,又突出与医学课程的联系,注重培养学生学以致用的能力。

本教材各章首先列出学习目标,并且在章末进行了小结,使学生在学习的时候更有针对性和目的性,有助于学生理顺知识体系。在正文相应的重要知识点处插入随堂检测,以便师生及时了解知识的掌握程度。本教材以二维码的形式增加了网络增值服务,内容包括:教学 ppt 课件、随堂检测答案、能力检测答案、知识链接(内容涉及有机化学的进展,有机化学与医学、药学、生命科学、环境科学的联系等),扩展了知识范围,提高了学习的趣味性,更好地培养学生自主学习的能力。

本教材由多年从事有机化学教学的教师参与编写,他们对教材都有深刻的理解和全面的把握。参加本书编写工作的有湖南医药学院侯小娟(第一章),齐鲁医药学院张玉军(第四章),河西学院罗旭(第五章、第十五章),黄河科技学院郝红英(第二章、第六章),湖北文理学院余燕敏(第七章),河西学院张卫卫(第三章、第十六章),河西学院张悦(第八章、第九章),湖南医药学院杨司坤(第十章、第十一章),齐鲁医药学院夏侯玲孋(第十四章),湖南医药学院熊传武(第十二章、第十三章)。全书由侯小娟进行统稿。

在编写本教材的过程中,参编教师借鉴了国内外优秀有机化学教材的相关内容,在此,向原著者表示深深的感谢。由于编者水平有限,书中难免有不妥之处,敬请同行专家和广大师生及其他读者批评指正。

侯小娟
2018 年 3 月

目 录

Mulu

第一章 绪论

本章PPT

 **学习目标** ⋯⋯

1. 掌握：有机化合物及有机化学的概念；有机化合物的特性；σ键与π键的特点；碳原子的杂化轨道；质子酸碱及路易斯酸碱的概念。

2. 熟悉：有机化合物结构的几种表达方式；有机化合物的分类；共价键的断裂方式及有机反应的基本类型。

3. 了解：共价键的键参数。

▌第一节 有机化合物和有机化学▐

一、有机化合物和有机化学概述

有机化合物(organic compound，简称有机物)与人类的生产生活密切相关，早在几千年前，人类就知道利用、加工许多有机物，如酿酒、制醋、造纸，使用中草药治疗多种疾病，但这些有机物都是不纯的。直到18世纪末，人类才从动植物中提取得到一些较纯净的有机物，如酒石酸、尿酸和乳酸等。但当时人们还不能从本质上认识有机物，对有机物在有机体内的变化缺乏足够的认识，当时的化学家们把有机物和无机物截然地划分开，把从矿物中得到的物质称为无机物，从生物体中得到的物质称为有机物。1806年，瑞典化学家J. Berzelius首先引用了"有机化学(organic chemistry)"这个名称，以区别其他矿物质的化学——无机化学(inorganic chemistry)，认为有机物是具有生命的物质，只能借助于有生命的动植物得到，不能由简单的无机物制得。这就是所谓的"生命力"论，它严重地阻碍了有机化学的发展。

1828年，德国化学家F. Wohler在实验室加热氰酸铵水溶液得到了哺乳动物的代谢产物——尿素；1845年，德国化学家H. Kolber合成了乙酸；1854年，法国人M. Berthelot合成了油脂。这一切都证明了人工合成有机物是完全可能的，从而打破了"生命力"论，人们不但可以利用简单的无机物合成与天然有机物相同的物质，还可以合成出比天然有机物性能更为优越的有机化合物。

知识链接1-1

大量的证据表明，有机化合物与无机化合物没有明显的界线。人们发现构成有机化合物的主要元素是碳，并且绝大多数有机化合物除含碳外，还含有氢，有的还含有氧、氮、硫、磷和卤素等元素。通常把碳氢化合物及其衍生物称为**有机化合物**。但一氧化碳、二氧化碳、碳酸盐及金属氰化物等一般归为无机化合物的范畴。有机化学就是研究有机化合物的组成、结构、性质、合成及其变化规律和应用的科学。

二、有机化合物的特性

有机化合物与无机化合物之间虽然没有明显的界线，但是两者在性质上存在显著的差异，

有机化合物与无机化合物比较,一般具有以下特性:

(1) 结构复杂,种类繁多,同分异构现象普遍存在。

(2) 熔点较低,一般不超过 400 ℃。

(3) 难溶于水,易溶于有机溶剂。

(4) 不稳定,容易燃烧。

(5) 反应慢,副反应多,产物复杂。

三、有机化学与生命科学

有机化学是生命科学的基础,是医学专业的一门重要基础课程。医学的研究对象是人体,而组成人体的物质除水和一些无机盐以外,绝大部分是有机化合物,如糖原、脂肪、蛋白质、酶、激素、维生素等。机体内各种物质的代谢无不遵循有机化学反应的规律。现在临床使用的药物中 95% 以上是有机化合物,药物的制备、质量控制、储存、作用机制和体内代谢过程等都与有机化学密切相关。因此,掌握有机化合物的基础知识,可以为探索生命的奥秘、延长人类的寿命奠定基础。

第二节 有机化合物的结构

一、现代价键理论

现代价键理论(valence bond theory)的基本要点:当两个原子互相接近到一定距离时,自旋方向相反的单电子相互配对,形成了密集于两核之间的电子云,该电子云降低了两核间正电荷的排斥力,并对两核产生吸引力,使体系能量降低,形成稳定的共价键(covalent bond)。每个原子所形成共价键的数目取决于该原子中的单电子数目,即一个原子含有几个单电子,就能与几个自旋相反的单电子形成共价键,这就是共价键的饱和性。当形成共价键时,原子轨道重叠程度越大,核间电子云越密集,形成的共价键就越稳定,因此,共价键总是尽可能地沿着原子轨道最大重叠方向形成,这就是共价键的方向性。

二、σ 键和 π 键

两个原子沿原子轨道对称轴方向"头碰头"重叠形成的键称为 σ 键(σ bond);两个原子以相互平行的 p 轨道从侧面"肩并肩"重叠形成的键称为 π 键(π bond)(图 1-1)。

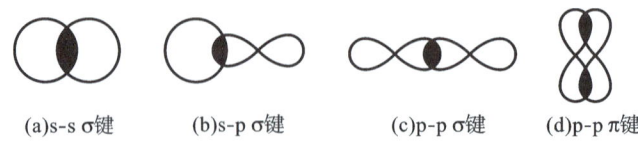

(a)s-s σ键　　(b)s-p σ键　　(c)p-p σ键　　(d)p-p π键

图 1-1 σ 键和 π 键的形成

σ 键轨道的重叠程度最大,其电子云集中于两核之间,围绕键轴呈圆柱形分布,任一成键原子围绕键轴旋转时,都不会改变两个原子轨道重叠的程度,因此 σ 键可以自由旋转。有机化合物分子中单键都是 σ 键。π 键轨道的重叠程度较小,其电子云分布在键轴参考平面(节面)的上、下方,节面上的电子云密度几乎为零。由于 π 键没有轴对称性,当成键原子围绕键轴旋转时,π 键就会断裂,所以 π 键不能自由旋转。π 键只能与 σ 键共存,在双键和三键中,一个为 σ 键,其余为 π 键。由于 π 键的电子云不是集中在两个原子核之间,流动性大,受核的约束力小,易受外界影响而极化,故 π 键的反应活性比 σ 键高。σ 键和 π 键的比较见表 1-1。

表 1-1　σ 键和 π 键的比较

化学键	σ 键	π 键
形成方式	原子轨道"头碰头"重叠形成	原子轨道"肩并肩"重叠形成
特点	重叠程度大 键比较稳定 可以自由旋转	重叠程度小 键不稳定 不能自由旋转
存在形式	可以单独存在	只能与 σ 键共存

三、碳原子的杂化轨道

根据价键理论,碳原子的核外电子构型为 $1s^2 2s^2 2p_x^1 2p_y^1 2p_z^0$,碳的外层有两个未成对电子,只能形成两个共价键。这一推论与有机化合物中碳原子为四价及甲烷分子呈四面体结构等事实不相符。为了解释这一现象,1931 年美国化学家 Pauling 等人提出了杂化轨道理论(hybrid orbital theory):原子在成键过程中,由于原子间的相互影响,同一原子中几个能量相近的原子轨道可以进行线性组合,重新分配能量和调整空间伸展方向,组成数目相等的新的原子轨道,这种原子轨道重新组合的过程称为杂化(hybridization),杂化后形成的新轨道称为杂化轨道(hybrid orbital)。有机化合物中碳原子有 sp^3、sp^2、sp 三种杂化轨道。

1. sp^3 杂化轨道　碳原子成键时 2s 上的一个电子首先吸收能量激发到 $2p_z$ 空轨道上,形成激发态,然后能量相近的 2s 和 2p 轨道重新组合,形成 4 个能量相同的 sp^3 杂化轨道。有机化合物分子中的单键碳原子均发生 sp^3 杂化。

每个杂化轨道中有 1/4 的 s 轨道成分和 3/4 的 p 轨道成分,其形状是一头大、一头小的葫芦形(图 1-2(a))。4 个杂化轨道在空间的取向是指向四面体的顶点,轨道间的夹角为 109°28′(图 1-2(b))。

(a)单个 sp^3 杂化轨道　(b)4 个 sp^3 杂化轨道的空间构型

图 1-2　碳原子的 sp^3 杂化轨道

2. sp^2 杂化轨道　由碳原子激发态中的 2s 轨道和两个 2p 轨道重新组合,形成 3 个能量相同的 sp^2 杂化轨道。有机化合物分子中的双键碳原子一般发生 sp^2 杂化。

3 个 sp^2 杂化轨道的对称轴在同一平面上,轨道间的夹角为 120°,空间构型为平面三角形(图

1-3(a))。未参与杂化的 2p 轨道的对称轴垂直于 sp² 杂化轨道对称轴所在的平面(图 1-3(b))。

(a)sp²杂化轨道　(b)sp²杂化轨道和未参与杂化的2p轨道

图 1-3　碳原子的 sp² 杂化轨道

3. sp 杂化轨道　由碳原子激发态中的 2s 轨道和一个 2p 轨道重新组合,形成 2 个能量相同的 sp 杂化轨道。有机化合物分子中的三键碳原子就是发生 sp 杂化。

2 个 sp 杂化轨道对称轴呈直线形构型,键角为 180°(图 1-4(a))。2 个未参与杂化的 2p 轨道与 sp 杂化轨道相互垂直(图 1-4(b))。

(a)sp杂化轨道　(b)sp杂化轨道和2个未参与杂化的2p轨道

图 1-4　碳原子的 sp 杂化轨道

随堂检测 1-1　NSAID 是一类非甾体抗炎药,用于解热、镇痛、消炎,常见的有阿司匹林(aspirin)、布洛芬(ibuprofen)、萘普生(naproxen)、酮洛芬(ketoprofen)等。

阿司匹林
aspirin

布洛芬
ibuprofen

萘普生
naproxen

酮洛芬
ketoprofen

指出上述分子中各有几个 sp³ 和 sp² 杂化碳原子。

四、共价键的键参数

表征共价键性质的物理量,如键长、键能、键角、键矩等称为键参数。键参数可以说明分子的一些重要性质。

NOTE

1. 键长(bond length) 指分子中两个原子核间的平均距离,其单位常用 pm 表示。一般来说键长越短,表明电子云的重叠程度越大,共价键越稳定。同一种共价键在不同的化合物中键长会稍有差异。

2. 键能(bond energy) 指 1 mol 气态 A 原子和 1 mol 气态 B 原子结合生成 1 mol 气态 AB 分子时所放出的能量。显然,使 1 mol 的气态双原子分子解离为气态原子所需要的能量也是键能,或叫键的解离能(D)。键能的单位是 kJ/mol。

对于多原子分子,共价键的键能一般是指同一类共价键解离能的平均值。例如,从下面所列的甲烷 4 个 C—H 键的解离能的大小,可以看出这 4 个 C—H 键的解离能是不相同的,C—H 键的键能是 4 个共价键解离能的平均值,约为 415 kJ/mol。

$$CH_4 \longrightarrow \cdot CH_3 + H \cdot \qquad D = 435.1 \text{ kJ/mol}$$

$$\cdot CH_3 \longrightarrow \cdot \overset{\cdot}{C}H_2 + H \cdot \qquad D = 443.5 \text{ kJ/mol}$$

$$\cdot \overset{\cdot}{C}H_2 \longrightarrow \cdot \overset{\cdot}{C}H + H \cdot \qquad D = 443.5 \text{ kJ/mol}$$

$$\cdot \overset{\cdot}{C}H \longrightarrow \cdot \overset{\cdot}{\underset{\cdot}{C}} \cdot + H \cdot \qquad D = 338.9 \text{ kJ/mol}$$

键能反映了共价键的强度,通常键能越大,键越牢固。常见共价键的键长和键能见表1-2。

表 1-2　常见共价键的键长和键能

共价键	键长/pm	键能/(kJ/mol)	共价键	键长/pm	键能/(kJ/mol)
C—H	109	415	C═N	130	615
C—C	154	345	C≡N	116	889
C═C	134	610	C—Cl	176	339
C≡C	120	835	C—Br	194	285
C—O	143	358	C—I	214	218
C═O	122	744	O—H	96	463
C—N	147	305			

3. 键角(bond angle) 指同一原子形成的两个共价键键轴之间的夹角。键角反映了分子的空间结构。同种原子在不同分子中形成的键角不一定相同,这是由于分子中各原子间相互影响的结果。

甲烷　　　　　丙烷

4. 键的极性和可极化性 两个相同原子组成的共价键,成键电子对称地分布在两核周围,为非极性共价键,例如 H—H 键、Cl—Cl 键等。两个不同原子组成的共价键,由于两原子的电负性不同,形成极性共价键,成键电子非对称地分布在两核周围,电负性大的原子一端电子云密度较大,稍带负电荷,用 δ^- 表示;另一端电子云密度较小,稍带正电荷,用 δ^+ 表示。例如:

$$\overset{\delta^+}{H} \longrightarrow \overset{\delta^-}{Cl} \qquad \overset{\delta^+}{CH_3} \longrightarrow \overset{\delta^-}{Cl}$$

键的极性由偶极矩(dipole moment)来度量,其定义为正电荷或负电荷中心上的电荷量(q)与正负电荷中心之间距离(d)的乘积,用 μ 表示,即

$$\mu = qd$$

偶极矩是有方向性的,通常规定其方向由正到负,用箭头表示。偶极矩的单位为库仑·米(C·m),但一般习惯用德拜(D),$1D=3.336\times10^{-30}$ C·m。

分子的极性用分子的偶极矩度量。双原子分子中的偶极矩就是键的偶极矩;多原子分子的偶极矩是组成分子的所有共价键的偶极矩的矢量和。分子的极性越大,分子间作用力就越大。化合物分子的极性直接影响其熔点、沸点、溶解度等物理性质及化学性质。

可极化性又称极化度,它表示价键的电子云在外界电场的作用下,发生变化的相对程度。极化度除了与成键原子的结构和键的种类有关,还与外电场强度有关。成键原子的体积越大,电负性越小,核对成键电子的约束越小,键的极化度就越大。例如,碳卤键的极化度次序为C—I>C—Br>C—Cl>C—F。

随堂检测 1-2 比较下列各组共价键的极性和极化度的相对大小。
(1) H—Br 和 H—I (2) O—H 和 S—H

五、有机化合物结构的表达方式

有机化合物中,分子式相同,而结构不同的现象称为同分异构现象(isomerism),具有同分异构现象的物质互称为同分异构体(isomer)。有机化合物的同分异构现象非常普遍,因此不能用分子式来表示某一个有机化合物的结构。

分子结构是指分子中原子相互结合的顺序、方式及在空间的排列,它包括构造、构型和构象。构造是指分子中原子相互结合的顺序和方式,构型和构象是指原子在空间的排列。构造的表达方式有蛛网式、结构简式和键线式(表1-3)。

表1-3 有机化合物构造的表达方式

化合物	蛛网式	结构简式	键线式
正戊烷	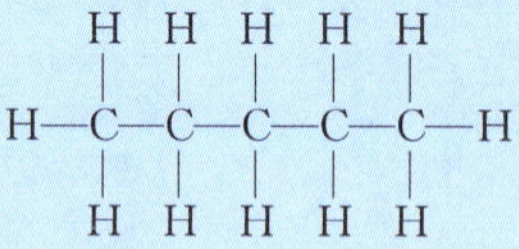	$CH_3CH_2CH_2CH_2CH_3$	
2-甲基丁烷		$CH_3CHCH_2CH_3$ $\quad\;\;|$ $\quad CH_3$	
2-甲基-1-丁烯		$CH_2{=}CCH_2CH_3$ $\qquad|$ $\qquad CH_3$	
3-甲基环戊烯	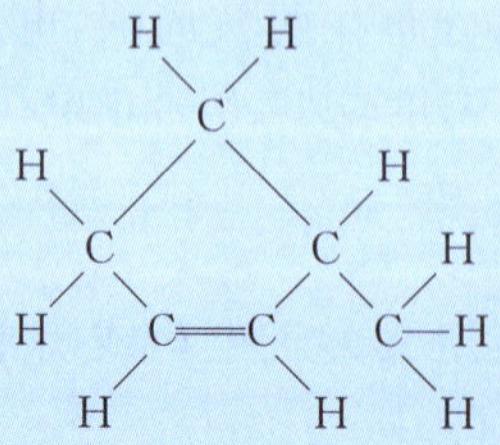	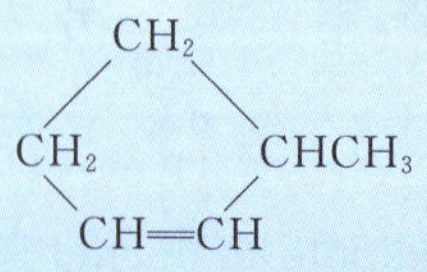	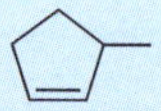

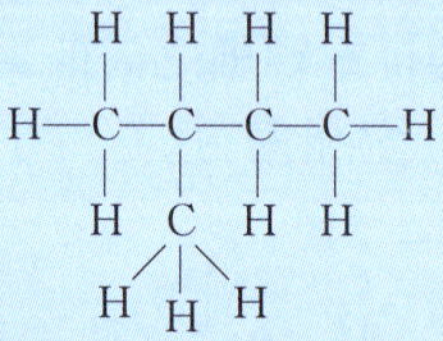

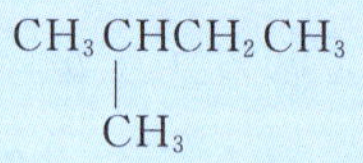

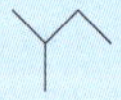

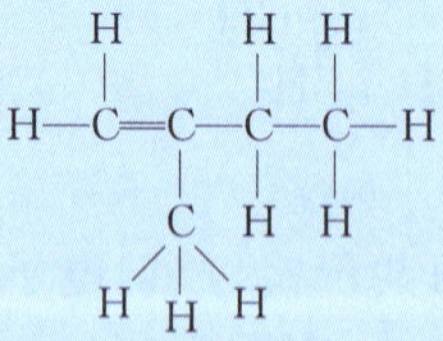

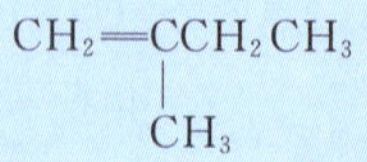

蛛网式是将所有的原子和键都表示出来,一条短线代表一个共价键。为了简化构造的书写,常将碳氢单键及横向的碳碳单键的键线省略,重复的单元可以合并,这种表达方式称为结构简式。更简便的表达方式是只用键线来表示碳架,而分子中的碳原子及与碳原子相连的氢原子都省略,但杂原子及与杂原子相连的氢原子必须保留,这种表达方式称为键线式。

有机化合物的结构通常还使用各种模型表示,最常用的模型有球棍模型、斯陶特模型(又称为比例模型)。斯陶特模型是按各种原子半径和键角以及键长比例设计出来的,可以更精确地表示分子中各原子的立体关系。中心原子上各个价键在三维空间的结构常用楔线式表示,式中细线"—"表示该键在纸平面上,楔形实线"◣"表示该键在纸面前方;虚线"◟◞"或楔形虚线"◥"表示该键在纸面后方。甲烷分子的球棍模型、斯陶特模型和楔线式如图1-5所示。

球棍模型　　　　斯陶特模型　　　　楔线式

图 1-5　甲烷分子的模型和楔线式

此外,空间结构的表达方式还有锯架式、纽曼投影式、费歇尔投影式等,将在后续章节中介绍。

第三节　有机酸碱理论

近代酸碱理论是从19世纪后期发展起来的,先后出现了酸碱电离理论、酸碱溶剂理论、酸碱质子理论、酸碱电子理论和软硬酸碱理论。这里仅就有机化学中应用最多的酸碱质子理论和酸碱电子理论做一简单介绍。

一、酸碱质子理论

酸碱质子理论(proton theory of acid and base)是1923年分别由丹麦化学家Bronsted和英国化学家Lowry同时提出的,又称为Bronsted-Lowry酸碱理论。该理论认为酸是质子(H^+)的给予体,碱是质子的接受体。酸与碱是相互转化和相互依存的关系,酸给出质子后变成其共轭碱,碱接受质子后变成其共轭酸。酸越强,则其共轭碱越弱;碱越强,则其共轭酸越弱。

$$HCl + H_2O \rightleftharpoons Cl^- + H_3O^+$$
　　酸　　　碱　　　共轭碱　　共轭酸

酸在水溶液中的强度可用酸的解离平衡常数(简称酸常数)K_a或其负对数pK_a表示。K_a越大即pK_a越小,酸性越强。与此相似,碱的强度可以用碱的解离平衡常数(简称碱常数)K_b或其负对数pK_b表示。K_b越大即pK_b越小,碱性越强。表1-4列出了一些常见酸在水溶液中的pK_a。

表 1-4　一些常见酸在水溶液中的 pK_a(25 ℃)

酸	pK_a	酸	pK_a
HI	-5.2	HCN	9.22
HBr	-4.7	C_6H_5OH	10.0

续表

酸	pK_a	酸	pK_a
HCl	-2.2	CH_3CH_2SH	10.6
HF	3.18	H_2O	15.74
CH_3COOH	4.74	CH_3CH_2OH	15.9

酸碱反应总是由较强的酸与较强的碱发生反应,生成较弱的碱和较弱的酸。例如,乙酸与氢氧根发生反应,生成的共轭酸水比乙酸酸性弱,生成的共轭碱乙酸根比氢氧根碱性弱。

$$CH_3COOH + HO^- \longrightarrow H_2O + CH_3COO^-$$
强酸　　强碱　　弱酸　　弱碱

随堂检测 1-3　根据表 1-4 的数据,判断下列哪个反应可能发生。

(1) $HCN + CH_3COONa \longrightarrow NaCN + CH_3COOH$

(2) $CH_3CH_2OH + NaCN \longrightarrow CH_3CH_2ONa + HCN$

二、路易斯酸碱理论

路易斯酸碱理论认为酸是电子对的接受体,碱是电子对的给予体。因此该理论又称为酸碱电子理论。据此理论,酸碱反应就是路易斯碱提供电子对给路易斯酸共用形成酸碱配合物。

$$H_3N: + BF_3 \longrightarrow H_3\overset{+}{N}\overset{-}{B}F_3$$
碱　　　　酸　　　酸碱配合物

路易斯酸包括下列几种类型:①中心原子缺电子或有空轨道的分子(如 $AlCl_3$、$ZnCl_2$、$FeCl_3$、BF_3 等);②金属离子(如 Ag^+、Li^+、Cu^{2+} 等)及其他正离子(如 R^+、H^+、NO_2^+ 等)。

路易斯碱包括下列几种类型:①具有未共用电子对的化合物(如 $\overset{..}{N}H_3$、$R\overset{..}{N}H_2$、$R\overset{..}{O}H$、$R\overset{..}{O}R$、$\overset{O}{\underset{\parallel}{RCH}}$ 等);②一些负离子(如 OH^-、RO^-、R^- 等);③烯烃和芳香族化合物。

路易斯碱是富电子的,在化学反应中倾向于与其他反应物中缺电子的部分结合,因此称为亲核试剂(nucleophile)。相反,路易斯酸是缺电子的,在化学反应中倾向于与其他反应物中富电子的部分结合,因此称为亲电试剂(electrophile)。

随堂检测 1-4　下列物质哪些是路易斯酸?哪些是路易斯碱?

(1) CH_3NH_2　　(2) $C_2H_5OC_2H_5$　　(3) $SnCl_2$　　(4) $C_2H_5O^-$

第四节　有机化合物的分类

有机化合物常用的分类方法有两种。

一、按碳架分类

根据碳原子骨架可将有机化合物分为三类。

1. 链状化合物　这类化合物分子中的碳原子相互连接成链状,或在长链上连有支链。由于链状化合物最初是在油脂中发现的,因此链状化合物又称为脂肪族化合物。例如:

$$CH_3CH_2CH_2CH_2CH_3 \qquad CH_3CHCH_2CH_3$$
$$\mid$$
$$OH$$

正戊烷 2-丁醇

2. 碳环化合物 这类化合物含有完全由碳原子组成的环状结构,根据碳环的结构特点,可分为两类。

(1) 脂环化合物:具有与相应的链状化合物相似的性质,所以称为脂环化合物。例如:

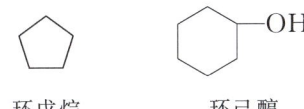

环戊烷 环己醇

(2) 芳香族化合物:分子中含有苯环结构的化合物,性质与脂肪族化合物有较大区别。例如:

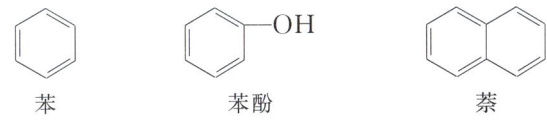

苯 苯酚 萘

3. 杂环化合物 由碳原子和其他原子如氧、硫、氮等所组成的环状化合物。例如:

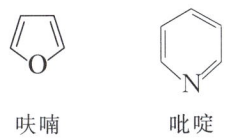

呋喃 吡啶

二、按官能团分类

官能团(functional group)又称功能基,是决定有机化合物化学性质的原子或原子团。含有相同官能团的化合物化学性质基本相同,因此将含有相同官能团的化合物归为一类。一些常见有机化合物及其官能团见表1-5。

表 1-5 一些常见有机化合物及其官能团

化合物类别/英文名		官能团结构	官能团名称/英文名		实例
烯烃	alkene	$\underset{\diagup}{\diagdown}C{=}C\underset{\diagdown}{\diagup}$	碳碳双键	double bond	$CH_2{=}CH_2$
炔烃	alkyne	$-C{\equiv}C-$	碳碳三键	triple bond	$CH{\equiv}CH$
卤代烃	halohydrocarbon	$-X$	卤素原子	halogen atom	CH_3CH_2Br
醇	alcohol	$-OH^*$	羟基	hydroxy	CH_3CH_2OH
酚	phenol	$-OH^{**}$	羟基	hydroxy	
醚	ether	$-\overset{\mid}{\underset{\mid}{C}}-O-\overset{\mid}{\underset{\mid}{C}}-$	醚基	ether group	CH_3OCH_3
醛	aldehyde	$-CHO$	醛基	aldehyde group	$CH_3\overset{O}{\overset{\|}{C}}{-}H$

化合物类别/英文名		官能团结构	官能团名称/英文名		实例
酮	ketone	$\overset{O}{\underset{\|}{-C-}}$	羰基	carbonyl	$\overset{O}{\underset{\|}{CH_3CCH_3}}$
羧酸	carboxylic acid	$-COOH$	羧基	carboxy	CH_3COOH
胺	amine	$-NH_2$	氨基	amino	$C_6H_5NH_2$
磺酸	sulfonic acid	$-SO_3H$	磺酸基	sulfo	$C_6H_5SO_3H$
腈	nitrile	$-CN$	氰基	cyano	CH_3CH_2CN

注:* 表示羟基与烃基相连;** 表示羟基与芳基相连。

第五节　有机化学反应类型

有机化合物中连接各原子的化学键几乎都是共价键,当发生反应时,必然存在共价键的断裂和形成。有机化学反应根据共价键的断裂和形成方式分为自由基反应(free radical reaction)、离子型反应(ionic reaction)和协同反应(synergistic reaction)三种基本类型。这里仅介绍自由基反应和离子型反应。

一、自由基反应

共价键断裂时,成键的一对电子平均分给键合的两个原子或原子团,这种共价键的断裂方式称为均裂(homolysis)。

$$A:B \longrightarrow A\cdot + B\cdot$$

由均裂产生的带有单电子的原子或原子团称为自由基(free radical),自由基是电中性的,多数自由基的寿命很短,是活性中间体的一种。以自由基参与的反应称为自由基反应,又叫游离基反应。这类反应一般在光、热或自由基引发剂的作用下进行。如烷烃的取代反应就属于自由基反应。

自由基反应的特点是没有明显的溶剂效应,酸、碱等催化剂对自由基反应没有明显的影响,反应有一个诱导期,加入一些能与自由基偶合的物质,反应可以被停止。

二、离子型反应

共价键断裂时,成键的一对电子保留在一个原子或原子团上,产生正离子和负离子,这种断裂方式称为异裂(heterolysis)。

$$A:B \longrightarrow A^+ + B^-$$

多数由异裂产生的正离子或负离子也是反应的活性中间体,以正负离子参与的反应称为离子型反应。

离子型反应又可根据进攻试剂性质的不同,分为亲核和亲电两种反应。亲核反应(nucleophilic reaction)是由带负电荷或带孤对电子的基团进攻反应物分子中电子云密度低的原子,进攻试剂称为亲核试剂(Nu^-)。亲电反应(electrophilic reaction)是由正离子进攻反应物分子中电子云密度高的原子,进攻试剂称为亲电试剂(E^+)。

随堂检测答案

小结

有机化合物是指碳氢化合物及其衍生物。有机化学就是研究有机化合物的组成、结构、性质、合成及其变化规律和应用的科学。有机化合物一般具有①结构复杂,种类繁多;②熔点较低;③难溶于水,易溶于有机溶剂;④不稳定,容易燃烧;⑤反应慢,副反应多等特性。

有机化合物中的化学键主要是共价键,共价键有两种类型——σ键和π键,由原子轨道头碰头重叠形成的键称为σ键,由原子轨道肩并肩重叠形成的键称为π键。表征共价键性质的物理量称为键参数,包括键长、键能、键角、键的极性和极化度。

有机化合物中的碳以杂化轨道成键。形成单键时,碳有呈正四面体分布的 4 个 sp^3 杂化轨道;形成双键时,碳有呈平面三角形分布的 3 个 sp^2 杂化轨道和 1 个未杂化的 p 轨道,p 轨道与三角形平面垂直;形成三键时,碳有直线分布的 2 个 sp 杂化轨道和 2 个未杂化的 p 轨道,2 个 p 轨道与杂化轨道互相垂直。

Bronsted-Lowry 酸是质子(H^+)的给予体,Bronsted-Lowry 碱是质子的接受体。酸的强度用酸常数 K_a 或其负对数 pK_a 表示,K_a 越大即 pK_a 越小,酸性越强。路易斯酸是电子对的接受体,路易斯碱是电子对的给予体。

有机化合物可根据碳架分类,也可根据官能团分类。有机反应类型主要有自由基反应和离子型反应。共价键发生均裂,产生自由基,以自由基参与的反应是自由基反应;共价键发生异裂,产生正、负离子,以正、负离子参与的反应是离子型反应。

能力检测

1-1 指出下列分子中每个碳原子的杂化方式。

(1) 环丁烯
$$\begin{array}{c} CH{=\!=\!=}CH_2 \\ \| \qquad | \\ CH{-\!-\!-}CH_2 \end{array}$$
(2) 1-丁烯-3-炔 $CH_2{=\!=}CH{-}C{\equiv}CH$

能力检测答案

1-2 为什么从来没有人能制备出稳定的环戊炔分子?

```
          H    H
           \  /
            C
           / \
      H   /   \   H
       \ /     \ /
        C       C
       / \     / \
      H   C===C   H
          H   H
```

1-3 写出与下列描述相匹配的含有 4 个碳原子的烃分子的结构。

(1) 含有 2 个 sp^2 杂化和 2 个 sp^3 杂化的碳原子;

(2) 所有碳原子都是 sp^2 杂化。

1-4 用 δ^+、δ^- 表示下列键的极性方向。

(1) $Br{-}CH_3$　　(2) $H_2N{-}CH_3$　　(3) $HO{-}CH_3$　　(4) $BrMg{-}CH_3$

1-5 将下列缩写式改写成键线式。

(1) $CH_3(CH_2)_3CH(CH_3)CH_2CH_2CH_3$
(2) $(CH_3)_2C{=\!=}CHCH_2CH(CH_3)_2$

(3) $(CH_3)_2CHCH_2OCH(CH_2CH_3)_2$
(4) $CH_3CH_2C{\equiv}CCH(CH_3)_2$

(5)
```
   HC===CH
   |     |
   HC    CH
     \  /
      N
      |
      H
```

(6)
```
   CH_2—CH_2
   |       |
  H_2C    CHOH
   |       |
   CH===CH
```

NOTE

1-6　写出下列物质的共轭酸。

(1) CH_3O^-　(2) CH_3NH_2　(3) NH_2^-　(4) CH_3COO^-

1-7　碳酸氢根的碱性足以与甲醇反应吗？为什么？（甲醇的 pK_a 为 15.5，碳酸的 pK_{a1} 为 6.4）

1-8　识别下列反应中的酸与碱，并用弯箭头表示电子对的转移。

(1) $CH_3CH_2Cl + AlCl_3 \longrightarrow CH_3CH_2\overset{+}{C}l\overset{-}{-}AlCl_3$

(2) $CH_3OH + BF_3 \longrightarrow CH_3\overset{+}{\underset{H}{O}}\overset{-}{-}BF_3$

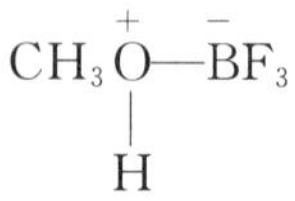

(3) $CH_3-\overset{CH_3}{\underset{CH_3}{\overset{|}{\underset{|}{C^+}}}} + H_2O \longrightarrow CH_3-\overset{CH_3}{\underset{CH_3}{\overset{|}{\underset{|}{C}}}}-OH_2^+$

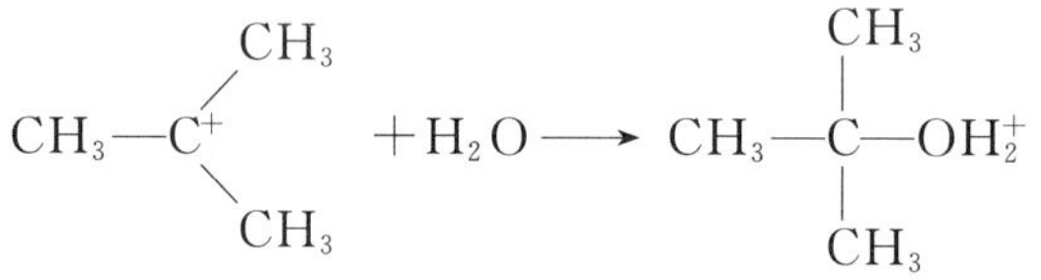

1-9　按碳架分类法，下列化合物各属于哪一类化合物？

(1) $CH_3CH=CH_2$

(2) 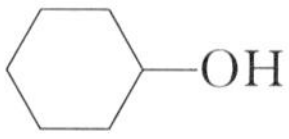 —OH

(3) $CH_3\overset{O}{\overset{\|}{C}}CH_3$

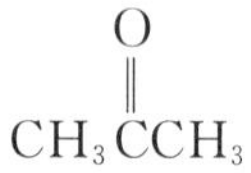

(4) —OH

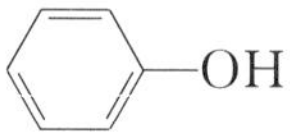

(5) CH_3CH_2Br

(6)

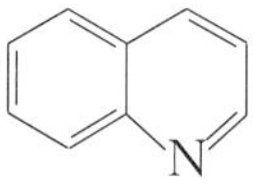

（侯小娟）

第二章　有机化合物结构测定

 学习目标 ▍⋯

　　1. 掌握：紫外光谱、红外光谱、核磁共振谱及质谱的基本知识及其在有机化合物结构测定中的应用。
　　2. 熟悉：研究有机化合物的步骤；紫外光谱、红外光谱、核磁共振谱及质谱的波谱特点及显著特征。
　　3. 了解：紫外光谱、红外光谱、核磁共振谱及质谱的基本原理。

本章PPT

　　有机化合物的同分异构现象普遍存在,因此结构测定是有机化学研究的重要组成部分。过去测定有机化合物的结构是通过化学方法,但操作烦琐,费时费力。20 世纪 50 年代发展起来的波谱法,为有机化合物的结构测定带来了很大方便。

▍第一节　研究有机化合物的一般过程▍

　　研究有机化合物的一般过程如下。

一、分离纯化

　　从天然产物中提取分离或通过合成方法得到的有机化合物中往往含有杂质,需要先利用蒸馏、重结晶和色谱法等常用分离纯化方法进行纯化,然后通过测定物理常数和色谱法等验证有机化合物的纯度。

　　色谱法是分离、纯化和鉴定有机化合物的常用方法之一,基本原理就是利用待分离的各组分在某一物质中的吸附或溶解性能(即分配)的不同,使混合物溶液流经该物质,进行反复吸附或分配等作用,分开各组分。按照操作条件不同分为柱色谱、纸色谱、薄层色谱、气相色谱及高效液相色谱等。

二、元素分析

　　经过分离提纯得到的纯净化合物,首先通过元素分析确定该有机化合物由哪几种元素组成,然后通过计算求出各元素的百分含量及确定该化合物的实验式,实验式是最简单的化学式,表示组成化合物分子的元素种类和各元素原子的最小个数比。例如,实验式 CH_2O,表示某化合物分子由 C、H 和 O 三种元素组成,C、H 和 O 原子最小个数比为 $1:2:1$。实验式的计算方法是将各元素的百分含量除以相应元素的相对原子质量。例如某化合物 C、H、O 元素的百分含量分别为 52.17%、13.04%、34.78%;各元素原子的个数比应为 $\frac{52.17}{12.01}:\frac{13.04}{1.008}:\frac{34.78}{16.00}=4.34:12.93:2.17$;四种元素原子的最小个数比为 $\frac{4.34}{2.17}:\frac{12.93}{2.17}:\frac{2.17}{2.17}=2:6:1$,

由此确定该化合物的实验式为 C_2H_6O。

三、相对分子质量的测定

测定相对分子质量的方法很多,经典的方法有凝固点降低法和渗透压法,目前常用的是质谱法。质谱法只要用几毫克的样品就可快速、精密地测得有机化合物的相对分子质量。

化合物的分子式可从它的相对分子质量除实验式的式量求得。例如测得上述化合物的相对分子质量为 46.07,C_2H_6O 的式量为 46.07,因此该化合物的分子式为 C_2H_6O。

四、有机化合物结构的表征

确定了化合物的分子式之后,必须对其结构进行表征。结构表征的方法主要有化学方法、物理常数测定法和近代物理方法等。

1. 化学方法 首先通过一系列化学反应确定该化合物中存在的官能团;然后在实验室用降解反应初步确定化合物的结构;最后用有机合成方法在实验室合成该化合物,以此确证化合物的结构。这种方法耗时长,准确率低。

2. 物理常数测定法 表征有机化合物结构常用物理常数测定法。化合物的基本物理属性包括沸点、熔点、相对密度、折射率和比旋光度等。该法常常需要配合其他方法使用,才能准确表征一个化合物。

3. 近代物理方法 该方法主要包括红外光谱、紫外光谱、核磁共振谱、质谱和 X 射线衍射等测试手段。其特点是样品用量少、快捷和准确率高。红外光谱可以确定化合物分子中存在什么官能团;紫外光谱可揭示化合物中有无共轭体系;核磁共振谱可以提供分子中氢原子与碳原子及其他原子的结合方式,它是测定有机化合物结构最主要的方法;质谱可确定分子的相对分子质量;X 射线衍射可以揭示化合物结晶体中各原子的几何形状,对确定复杂分子的空间构型非常有用。

| 第二节　波谱法简介 |

常用的波谱包括紫外光谱、红外光谱、核磁共振及质谱(通常称为"四谱"),它们具有快速、准确、取样少,且不破坏样品(质谱除外)等优点,现已成为有机化合物结构分析的有力工具。

一、紫外光谱

紫外光谱(ultraviolet spectrum,UV)是物质分子的价电子吸收一定波长的紫外光时发生跃迁产生的吸收光谱,也称电子光谱。

(一)紫外光谱的基本原理

紫外光区位于 X 射线与可见光区之间,10～200 nm 波长的电磁波是远紫外光,200～380 nm 波长的电磁波是近紫外光,380～780 nm 波长的电磁波是可见光(图 2-1)。

目前使用的紫外光谱仪的波长范围为 200～800 nm。用这种波长范围的光照射含有共轭体系的不饱和化合物的稀溶液(10^{-5}～10^{-2} mol·L^{-1})时,部分波长的光被吸收,被吸收光的波长和强度取决于不饱和化合物结构。

紫外吸收曲线的纵坐标为吸光度(absorbance),常用代表量有吸光度 A、透光率 T、摩尔吸光系数 ε、$\lg\varepsilon$ 等。在有机化合物中,ε 取值范围较大,由十几万到数十万,这种情况用 $\lg\varepsilon$ 表示为宜。一般以波长 λ 为横坐标,吸光度 A 为纵坐标作图,即得到紫外光谱图。摩尔吸光系

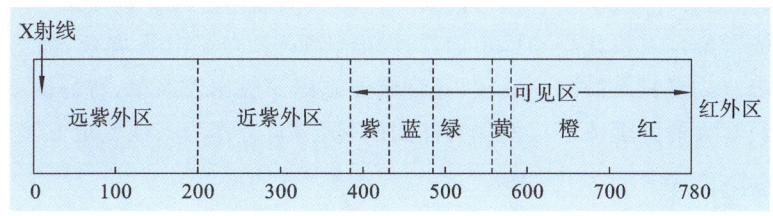

图 2-1 紫外光区电磁波谱

数与吸光度之间的关系为

$$\varepsilon = A/cL$$

式中：ε 为摩尔吸光系数；c 为溶液的物质的量浓度；L 为液层厚度；A 为吸光度。

分子的紫外光谱是由于分子中价电子的跃迁产生的，从化学键性质来分析，与电子光谱有关的三种电子：形成单键的 σ 电子，形成双键的 π 电子和 n 电子（孤对电子），目前常用分子轨道法研究分子中价电子所处的状态。电子各种跃迁形式所需的能量不同，反映在紫外光谱中吸收紫外光的波长不同，即吸收峰的位置不同。

当分子吸收一定能量的光辐射时，分子内 σ 电子、π 电子或 n 电子将由较低能级跃迁到较高能级，即由成键轨道或非键轨道跃迁到相应的反键轨道（σ^*、π^*）中，能级高低依次为 $\sigma < \pi < n < \pi^* < \sigma^*$，三种价电子可能产生 $\sigma \to \sigma^*$、$\sigma \to \pi^*$、$\pi \to \pi^*$、$\pi \to \sigma^*$、$n \to \sigma^*$、$n \to \pi^*$ 6 种形式的电子跃迁，其中较为常见是 $\sigma \to \sigma^*$ 跃迁、$n \to \sigma^*$ 跃迁、$\pi \to \pi^*$ 跃迁和 $n \to \pi^*$ 跃迁 4 种类型，这些跃迁所需能量大小为 $n \to \pi^* < \pi \to \pi^* < n \to \sigma^* < \sigma \to \sigma^*$，如图 2-2 所示。

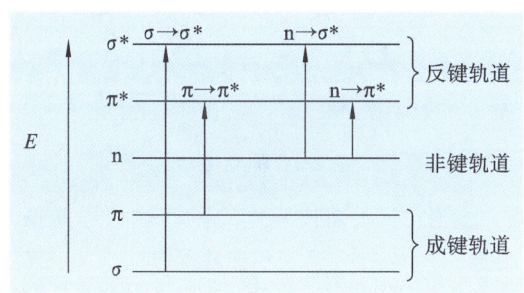

图 2-2 有机化合物各类电子跃迁吸收能量示意图

（二）紫外光谱在有机化合物结构分析中的应用

紫外光谱主要提供有关化合物共轭体系与官能团之间的关系。如分子在 $200 \sim 800$ nm 内有吸收峰，表明该化合物存在共轭体系，且共轭程度越大，λ_{max} 越大。表 2-1 列出了一些不饱和醛的紫外吸收峰。

表 2-1 一些不饱和醛的紫外吸收峰

结构	λ_{max}/nm	结构	λ_{max}/nm
$CH_3CH{=}CHCHO$	217	$CH_3(CH{=}CH)_4CHO$	343
$CH_3(CH{=}CH)_2CHO$	270	$CH_3(CH{=}CH)_5CHO$	370
$CH_3(CH{=}CH)_3CHO$	312		

利用紫外光谱鉴定未知有机化合物结构有两种方法：第一种方法是与标准物、标准谱图对照，将样品和标准物以同一溶剂配制成相同浓度的溶液，并在同一条件下测定，比较光谱是否一致；第二种方法是比较吸收波长和摩尔吸光系数，由于不同的化合物，如果具有相同的发色基团，也可能具有相同的紫外吸收波长，但是它们的摩尔吸光系数不同。如果样品和标准物的

吸收波长相同,摩尔吸光系数也相同,可以认为样品和标准物是同一物质。

虽然紫外光谱鉴定有机化合物远不如红外光谱、质谱、核磁共振有效,因为很多化合物在紫外光区没有吸收或者只有微弱的吸收,并且紫外光谱一般比较简单,特征性不强。但紫外光谱可检验一些具有大的共轭体系或发色官能团的化合物,可作为其他鉴定方法的补充。

二、红外光谱

红外光谱(infrared spectrum,IR)是由于分子振动能级跃迁(同时伴随转动能级跃迁)而产生的振动光谱。红外光谱通常分为三个区域:近红外区、中红外区和远红外区。大部分有机化合物的基频吸收带都出现在中红外区。

(一)红外光谱的基本原理

红外光谱是由分子振动能级跃迁吸收红外光产生的。若用一束具有连续波长的红外光照射物质,物质分子中某个基团的振动频率或转动频率和红外光的频率相同时,被照射物质的分子就吸收能量从振动低能级跃迁到高能级,同时伴随一系列分子的转动能级的跃迁,所测得的吸收光谱称为红外光谱,简称"IR"光谱,又称振动光谱。分子中化学键的振动方式主要有伸缩振动和弯曲振动。

1. 伸缩振动 这种类型的分子振动只有键长变化,无键角变化。若两个键同时伸长和缩短,称为对称伸缩振动;若两个键中一个伸长,而另一个缩短,则称为不对称伸缩振动(图 2-3)。

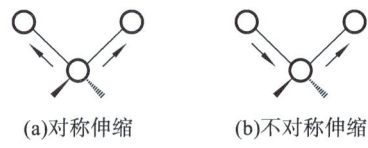

(a)对称伸缩   (b)不对称伸缩

图 2-3 伸缩振动

2. 弯曲振动 只有键角变化,而无键长变化的振动称为弯曲振动。弯曲振动又分为面内弯曲振动和面外弯曲振动(图 2-4,其中"+"表示由纸面向上;"-"表示由纸面向下)。

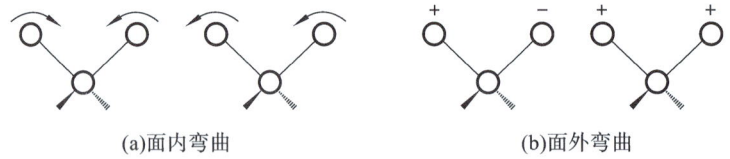

(a)面内弯曲   (b)面外弯曲

图 2-4 弯曲振动

(二)红外特征吸收峰

经测定许多有机化合物的红外光谱发现,分子中不同的化学键或基团在红外光谱的特定频区有吸收峰,这种吸收峰称为该化学键或基团的特征吸收峰。一些化学键的特征红外吸收峰位置和强度如表 2-2 所示。

表 2-2 一些化学键的特征红外吸收峰位置和强度

键型	化合物类型	吸收峰位置/cm^{-1}	吸收强度
—C—H	烷烃	2960～2850	强
=C—H	烯烃及芳烃	3100～3010	中等

续表

键型	化合物类型	吸收峰位置/cm^{-1}	吸收强度
≡C—H	炔烃	3300	强
C=C	烯烃	1680～1620	不定
—C≡C—	炔烃	2200～2100	不定
—OH	醇	3640～3610	强
R—O—R′	醚	1150～1070	中等
C=O	醛、酮和酯等	1850～1600	强

按吸收峰的来源,可以将 4000～400 cm^{-1} 的红外光谱图大体上分为官能团区(4000～1300 cm^{-1})和指纹区(1300～400 cm^{-1})。

官能团区的吸收峰基本是由基团的伸缩振动产生的,排列稀疏,容易辨认,具有很强的特征性,主要用于官能团的鉴别。如羰基,不论是在酮、酸、酯、酰胺或其他类化合物中,其伸缩振动总是在 1700 cm^{-1} 左右出现一个强吸收峰,如果谱图中 1700 cm^{-1} 左右有一个强吸收峰,就基本可以断定分子中存在羰基。

官能团区又可以分为以下 3 个特征区。

1. X—H 键的伸缩振动区 该区的波数为 4000～2500 cm^{-1}。其中 C—H 键的伸缩振动可分为饱和及不饱和两种。饱和的 C—H 键伸缩振动出现在 3000 cm^{-1} 以下,不饱和的 C—H 键伸缩振动出现在 3000 cm^{-1} 以上,苯环的 C—H 键伸缩振动出现在 3030 cm^{-1} 附近,它的特征是强度比饱和的 C—H 键稍弱,但谱带比较尖锐。

2. 三键和累积双键区 该区的波数为 2500～1900 cm^{-1}。R—C≡CH 的伸缩振动出现在 2140～2100 cm^{-1} 附近;R′—C≡C—R 出现在 2260～2190 cm^{-1} 附近;R—C≡C—R 分子是对称的,为非红外活性;—C≡N 基的伸缩振动在非共轭的情况下出现在 2260～2240 cm^{-1} 附近,在共轭的情况下出现在 2230～2220 cm^{-1} 附近。

3. 双键伸缩振动区 该区的波数为 1900～1200 cm^{-1},主要包括 C=C,C=O,C=N,—NO$_2$ 的伸缩振动及苯环的骨架振动。其中有 3 种重要的伸缩振动。

(1) C=O 伸缩振动:1850～1650 cm^{-1} 在红外光谱中特征明显且往往是最强的吸收峰,以此很容易判断酮类、醛类、酸类、酯类以及酸酐等有机化合物,酸酐的羰基吸收带由于振动偶合而呈现双峰。

(2) C=C 伸缩振动:烯烃的 C=C 伸缩振动出现在 1680～1620 cm^{-1},一般很弱。单环芳烃的 C=C 伸缩振动出现在 1600 cm^{-1} 和 1500 cm^{-1} 附近,有两个峰,这是芳环的骨架结构,用于确认有无芳环的存在。

(3) 苯衍生物的泛频谱带:该谱带出现在 2000～1650 cm^{-1} 附近,是 C—H 面外和 C=C 面内变形振动的泛频吸收,虽然强度很弱,但它们的吸收面貌对于表征芳环取代类型有一定的作用。

波数范围在 1350 cm^{-1} 以下的区域称为指纹区。峰多而复杂,一般没有强的特征性,除单键的伸缩振动外,还有因变形振动而产生的谱带,与整个分子的结构有关,主要是由一些单键 C—O、C—N 和 C—X(卤素原子)等的伸缩振动及 C—H、O—H 等含氢基团的弯曲振动以及 C—C 骨架振动产生。当分子结构稍有不同时,该区的吸收就有细微的差异,并显示出分子特征。这种情况就像每个人都有不同的指纹一样,因而称为指纹区。指纹区用于区别结构类似的化合物,如一些同系物或结构相近的化合物,即使其基团的频率位置非常相近,但在这个区域内的吸收峰还是有一定的区别,可用于最终判断化合物的异同,也可作为化合物存在某种基团的旁证。

指纹区和官能团区有着不同的功能,可以功能互补。从官能团区可以找出该化合物存在的官能团,而指纹区的吸收适合用来同标准谱图进行比较,以得出更确切的结论。化合物的红外光谱举例如图 2-5、图 2-6 所示。

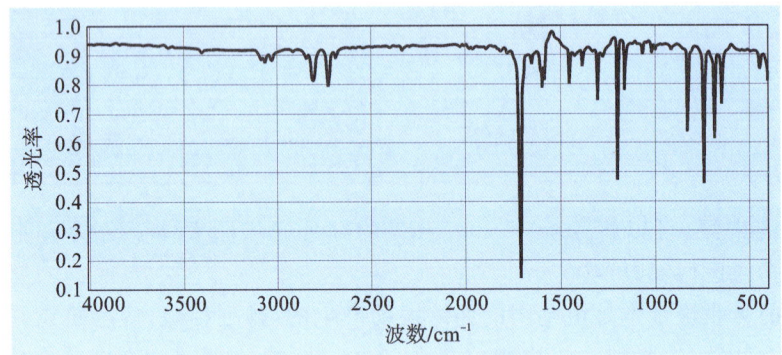

图 2-5 苯甲醛的红外光谱

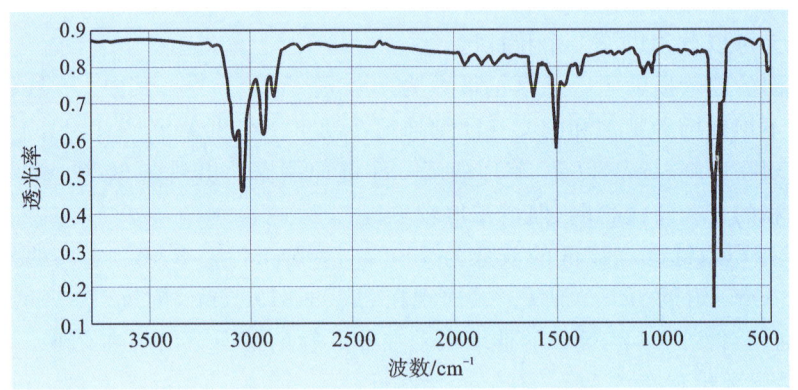

图 2-6 甲苯的红外光谱

醛类化合物的主要特征峰:$\nu_{C=O}$ 1725 cm^{-1} 及醛基氢的 ν_{C-H} 2820 cm^{-1}、ν_{C-H} 2720 cm^{-1}。由于羰基与苯环共轭,影响 $\nu_{C=O}$ 向低频方向移动至 1710～1685 cm^{-1}。

芳香烃类化合物的主要特征峰:芳氢伸缩振动 ν_{-CH} 3100～3000 cm^{-1}、泛频峰 2000～1667 cm^{-1}、苯环骨架 $\nu_{C=C}$ 1650～1430 cm^{-1}、芳氢面内弯曲振动 β_{-C-H} 1250～1000 cm^{-1}、芳氢面外弯曲振动 ν_{-C-H} 910～665 cm^{-1}。

(三)红外光谱的应用

通常红外吸收谱带的波长位置与吸收谱带的强度,反映了分子结构上的特点,可以用来鉴定未知物的结构组成或确定其化学基团;而吸收谱带的吸收强度与分子组成或化学基团的含量有关,可用以进行定量分析和纯度鉴定。

红外光谱图解析的一般步骤:首先确定化合物的类型,其次判断其可能含有的官能团,然后根据吸收峰的位置推测基团所处的环境,参考其他信息列出其可能的结构,最后对照标准谱图或标准数据确定其结构组成。

例如:图 2-7 是分子式为 C_7H_8O 化合物的红外光谱图,试分析其可能的结构。

分析:3039 cm^{-1}、3001 cm^{-1} 是不饱和 C—H 键伸缩振动,说明化合物中有不饱和双键;2947 cm^{-1} 是饱和 C—H 键伸缩振动,说明化合物中有饱和 C—H 键;1599 cm^{-1}、1503 cm^{-1} 是

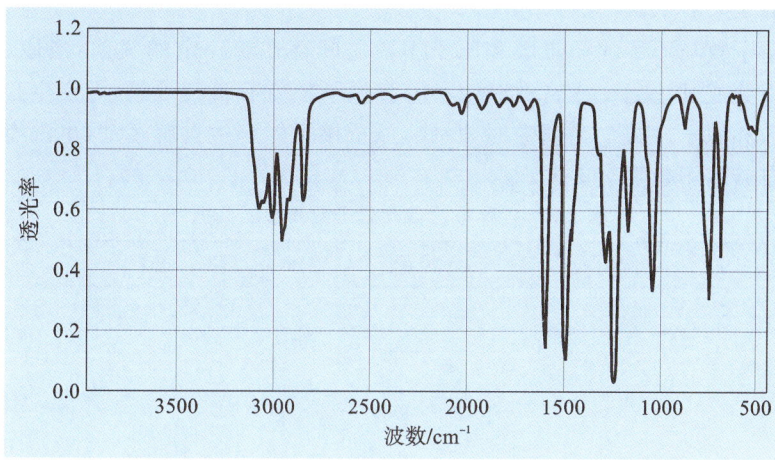

图 2-7 分子式为 C_7H_8O 化合物的红外光谱图

芳环骨架振动,说明化合物中有芳环,同时说明该化合物除芳环以外的结构是饱和的;1040 cm^{-1} 是醚氧键的伸缩振动,说明化合物中有 C—O—C 键;756 cm^{-1}、694 cm^{-1} 是芳环单取代面外弯曲振动,说明化合物为单取代苯环化合物。2839 cm^{-1} 证明了化合物中—CH_3 的存在,它是 —CH_3 的伸缩振动;1460 cm^{-1} 也进一步证明了化合物中—CH_3 的存在,它是—CH_3 的面内弯曲振动。综合以上推测,该化合物结构应为

$$\langle\!\!\!\bigcirc\!\!\!\rangle-O-CH_3$$

红外光谱是物质定性的重要方法之一。它能够提供许多关于官能团的信息,可以帮助确定部分乃至全部分子类型及结构。红外光谱突出特点是具有高度的特征性,除光学异构外,每种化合物都有自己的红外吸收光谱。所以根据化合物的红外吸收光谱的峰位、峰强以及峰形判断该化合物中是否存在某些官能团,进而推断其结构。其定性分析具有特征性强、耗时短、试样量少、测定方便等优点。但红外光谱法在定量分析方面还不够灵敏,对于复杂分子的结构鉴定,还需结合紫外光谱、核磁共振谱、质谱以及其他理化数据进行综合判断。

三、核磁共振谱

在外磁场的作用下,具有磁矩的原子核存在着不同能级,当用一定频率的光照射分子时,可引起原子核自旋能级的跃迁,即产生核磁共振(nuclear magnetic resonance,NMR)。以核磁共振信号强度对照射频率(或磁场强度)作图,即为核磁共振谱(NMR spectrum)。核磁共振波谱法(NMR spectroscopy)是利用核磁共振谱进行结构(包括构型和构象)测定、定性分析及定量分析的方法。

知识链接 2-1

核磁共振现象是哈佛大学的 Purcell 与斯坦福大学 Bloch 等人在 1945 年发现的。自 1953 年出现第一台 30 MHz 连续波核磁共振波谱仪以来,氢核磁共振的应用已有 60 多年的历史。随着脉冲傅里叶变换技术和超导磁体的发展和普及,除 ^{1}H-NMR 外,又相继发展了 [13]C、[15]N 和 [19]P 等核磁共振谱,核磁共振新方法、新技术如二维核磁共振谱([2]D-NMR)等的不断涌现和完善,使核磁共振谱在化学、医药、生物学等领域应用广泛。

目前应用最多的是氢核磁共振谱(proton magnetic resonance spectrum,PMR),简称氢谱(^{1}H-NMR)和 C-13 核磁共振谱(^{13}C-NMR spectrum,^{13}C-NMR),简称碳谱。这里只介绍核磁共振氢谱。

(一)核磁共振的基本原理

核磁共振是由原子核的自旋运动引起的。不同原子核的自旋运动情况不同,它们可以用

核的自旋量子数 I 来表示。

核的自旋量子数与原子的质量数和原子序数之间存在着一定的关系:当原子的质量数和原子序数均为奇数或其中之一为奇数时,$I \neq 0$,该原子核就有自旋现象,可产生自旋磁矩;只有当原子的质量数和原子序数均为偶数时,$I=0$,原子核不能产生自旋运动,也没有磁矩。

各种核的自旋量子数见表 2-3 所示。

表 2-3　各种核的自旋量子数和核磁共振

质量数	电荷数	自旋量子数	NMR 信号	举例
偶数	偶数	0	无	^{12}C
奇数	奇数	1/2	有	^{1}H
		3/2	有	^{11}B
奇数	偶数	1/2	有	^{13}C
		3/2	有	^{33}S
偶数	奇数	1	有	^{2}H

当 $I \neq 0$ 的原子核置于一均匀的外磁场(H_0)中时,核的自旋具有($2I+1$)个不同的取向。对于氢原子核($I=1/2$),其自旋产生的磁矩在外磁场中可有两种取向:一种是与外磁场方向相同,即顺磁取向,该取向的磁量子数 $m=+1/2$,或用 α 表示;另一种是与外磁场方向相反,即反磁取向,该取向的磁量子数 $m=-1/2$,或用 β 表示。

若外界提供电磁波的能量恰好等于核的两个自旋能级之差 $h\nu = \Delta E$,则此原子核就可以从低能级跃迁到高能级,发生核磁共振吸收(nuclear magnetic resonance absorption)。核磁共振谱就是描述在不同电磁频率下的核磁共振吸收情况。在核磁共振仪中,这种能量由电磁辐射产生的无限电波照射核来提供。

(二)化学位移

在一固定的外加磁场(H_0)中,^1H 核磁共振谱应该只有一个峰,理想化的、裸露的氢核满足共振条件为

$$\nu_0 = \gamma H_0 / (2\pi)$$

式中 γ 为比例常数,称为磁旋比,随原子核不同而呈现不同的值。实际上,氢核受周围不断运动着的电子的影响。在外磁场作用下,运动着的电子产生相对于外磁场方向的感应磁场,起到屏蔽作用,使氢核实际受到的外磁场作用减小:

$$H = (1-\sigma)H_0$$

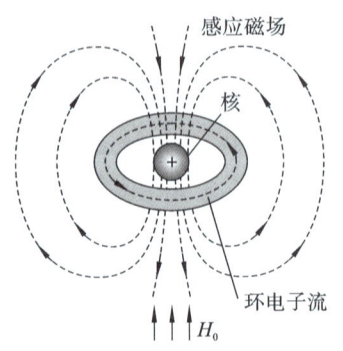
感应磁场

核

环电子流

H_0

图 2-8　核外电子的抗磁屏蔽图

其中 σ 为屏蔽常数,σ 越大,则屏蔽效应越大。所谓屏蔽效应,就是有机化合物分子中的氢核与独立质子相比较,由于分子中的电子对氢核有屏蔽作用,其核磁共振信号出现在高磁场。电子在外加磁场中产生感应磁场,其感应磁场的方向与外加磁场相反,所以作用于原子核的磁场强度比外加磁场略小一些(图 2-8)。由于屏蔽效应,外加磁场的强度只有略为增加,才能产生核磁共振信号。显然,核周围的电子云密度越大,屏蔽效应亦越大,共振信号将移向高磁场区。核周围的电子云密度受到所连基团的影响,因此不同化学环境的核,它们所受的屏蔽作用不同,

核磁共振信号就出现在不同的地方。这样就可以根据吸收峰的多少,判断化合物中有多少不同环境的质子,再根据峰的位置推测出是哪一类质子。

由于屏蔽作用的存在,氢核产生共振需要更大的外磁场强度(相对于裸露的氢核)来抵消屏蔽影响。在有机化合物中,各种氢核周围的电子云密度不同(结构中不同位置),共振频率有差异,即引起共振吸收峰的位移,这种现象称为化学位移。

由于屏蔽效应所造成磁场强度的改变量很小,通常难以准确地测出其绝对值,因此需要一个参考标准来对比。常用的标准物质是四甲基硅烷,$(CH_3)_4Si$,简写为 TMS,它只有一个峰,而且 TMS 中氢核所受的屏蔽效应很高,一般质子的吸收峰都出现在它的左边。其他峰与四甲基硅烷峰之间的距离称为化学位移(chemical shift),常用 δ 表示。按 IUPAC 的建议,将 TMS 的 δ 值规定为 0,因此 δ 值大的出现在低场,δ 值小的出现在高场。一般环境相同的质子,不论在哪一个分子中,都有大致相同的化学位移。表 2-4 列出了一些不同类型质子的化学位移。

表 2-4　不同类型质子的化学位移(δ值)

氢的类型	δ 值	氢的类型	δ 值
$F-CH_3$	4.3	$H-C-O$	$3.3\sim4$
$Cl-CH_3$	3.1	R_2NCH_3	$2.2\sim2.6$
$Br-CH_3$	2.7	RCH_2COOR	$2\sim2.2$
$I-CH_3$	2.2	RCH_2COOH	$2\sim2.6$
RCH_3	$0.8\sim1.2$	$RCOCH_2R$	$2\sim2.7$
R_2CH_2	$1.1\sim1.5$	$RCHO$	$9.4\sim10.4$
R_3CH	~1.5	R_2NH	$2\sim4$
$ArCH_3$	$2.2\sim2.5$	$ArOH$	$4\sim8$
ArH	$6\sim9$	RCO_2H	$10\sim12$
$R_2C=CHR$	$4.9\sim5.9$	ROH	$1\sim6$
$RC\equiv CH$	$2.3\sim2.9$		

(三)影响化学位移的主要因素

影响化学位移的主要因素有诱导效应、磁各向异性效应和氢键。

1. 诱导效应　由于氢核外面的电子围绕氢核运动而产生屏蔽效应,显然屏蔽效应的大小与核外电子密度有关,电子密度越高,屏蔽效应越大,质子在较高的磁场发生吸收。与质子相连元素的电负性越强,其吸电子作用越强,价电子偏离质子,屏蔽作用减弱,则信号峰在低场出现。如卤素、硝基、氰基、羰基、烷氧基、氨基等在较低的磁场发生吸收。例如,CH_3-C、CH_3-N 和 CH_3-O 的化学位移分别为 0.9、2.3 和 3.3。

同样在卤代烷中,甲基氢的化学位移 δ 值随卤素原子电负性的增大而增大。如 $CH_4(\delta=0.9)$、$CH_3I(\delta=2.2)$、$CH_3Br(\delta=2.7)$、$CH_3Cl(\delta=3.1)$、$CH_3F(\delta=4.3)$。

诱导效应具有加和性,故以下卤代烷的化学位移 δ 值随氯原子个数的增加而增大:$CH_3Cl(\delta=3.1)$、$CH_2Cl_2(\delta=5.3)$、$CHCl_3(\delta=7.3)$。

诱导效应会随距离的增加而迅速减弱,所以远离吸电子基团的质子在较高场出现吸收:

$$CH_3 \rightarrow CH_2 \rightarrow CH_2 \rightarrow Cl$$
$$\delta:1.05 \quad 1.77 \quad 3.45$$

2. 磁各向异性效应　由于 π 电子比 σ 电子容易流动,在外加磁场 H_0 作用下,产生一个附加磁场。其磁力线的方向在双键中间,与外加磁场的方向相反(屏蔽区域),而在双键周围,则与外加磁场的方向相同(去屏蔽区域),所以双键上的质子处于去屏蔽区(图 2-9),可以在较低场发生吸收,δ 值增大(约 5.3)。而三键上的质子处于屏蔽区(图 2-10),在高场发生吸收,δ 值较小(约2.5)。这种由于磁场感应使氢核受到的实际磁场强度不同的作用称为磁各向异性效应。

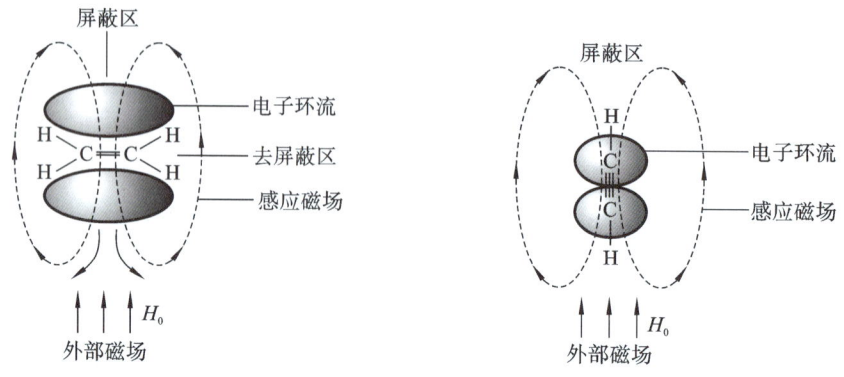

图 2-9　乙烯质子的去屏蔽效应　　　　图 2-10　乙炔质子的屏蔽效应

3. 氢键的影响　氢键可以降低质子周围的电子云密度,削弱氢键质子的屏蔽,使共振吸收移向低场。分子内氢键受环境(如样品浓度、温度等)影响较小,分子间氢键受环境影响较大,当样品浓度、温度发生变化时,氢键质子的化学位移会发生变化。如用惰性溶剂稀释,可使化学位移值下降。

(四) 吸收峰的面积与质子的数目

在核磁共振氢谱中,各组吸收峰的峰面积与它们氢核数目成正比。吸收峰的面积用阶梯曲线表示,它与积分曲线的高度成正比。通过核磁共振谱中各吸收峰的积分曲线高度可推算该组氢核的数目。

(五) 自旋偶合与自旋裂分

1. 等性质子与不等性质子　化学环境相同的一组质子称为等性质子,等性质子的化学位移相等。例如,丙酮的 6 个质子是等性质子,其 ^{1}H-NMR 谱图只有一组峰(图 2-11)。化学环境不相同的质子称为不等性质子,不等性质子的化学位移不相等。例如氯乙烷分子中甲基上的氢与亚甲基上的氢是不等性质子,其 ^{1}H-NMR 谱图有两组峰(图 2-12)。

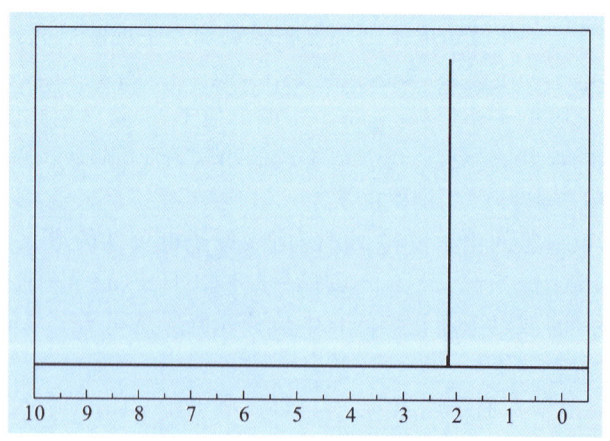

图 2-11　丙酮的 ^{1}H-NMR 谱图

2. 自旋偶合与自旋裂分　自旋核与自旋核之间通过价电子的相互干扰称为自旋-自旋偶合,简称为自旋偶合。自旋偶合不影响核磁的化学位移,但会使共振吸收峰发生裂分,使谱线增多,这种现象称为自旋-自旋裂分。自旋裂分可以为结构解析提供更多的信息。通常,当某氢核相邻碳原子上有 n 个相同的氢时,该氢核的吸收峰被分裂为 $n+1$ 个。这个规律称为 $n+$

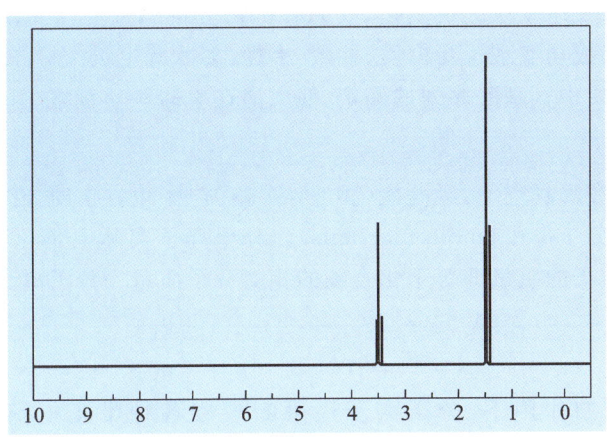

图 2-12　氯乙烷的^{1}H-NMR 谱图

1 规律。例如溴丙烷的^{1}H-NMR 谱图(图 2-13)有三组峰,每组峰分别裂分为三重峰、多重峰和三重峰。

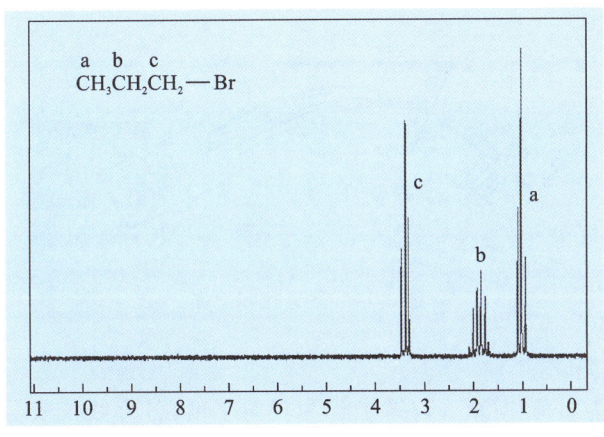

图 2-13　溴丙烷的^{1}H-NMR 谱图

　　自旋-偶合产生峰裂分后,裂分峰之间的间距称为偶合常数,用 J 表示,单位为 Hz。J 值大小表示氢核间相互偶合作用的强弱,只与相互作用核的核磁矩有关,与外磁场强度无关,这点与化学位移不同。由于偶合常数的大小与磁场强度无关,主要与原子核的磁性和分子结构(如氢核之间的化学键数目、化学键的性质、取代基的电负性、分子立体结构等)有关。因此可以根据 J 值大小及其变化规律,推断分子的结构和构象。

　　随堂检测 2-1　溴乙烷的^{1}H-NMR 谱图有几组信号?各组信号裂分为几重峰?

四、质谱

　　质谱法(mass spectrometry,MS)是应用多种离子化技术,将物质分子转化为气态离子并按质荷比(m/z)大小进行分离记录其信息,从而进行物质结构分析的方法,可以进行有机化合物及无机化合物定性和定量分析、化合物的结构分析、样品中各同位素比的测定及固体表面结构和组成分析等。质谱法因其应用广泛,已成为生物化学、药物学、食品化学、环境化学、医学、毒物学等各个领域进行分析和科学研究的重要手段,尤其在生命科学研究方面有了很大发展,特别是色谱-质谱联用技术的逐渐成熟,使质谱法成为各类科学研究中不可或缺的有力工具。

　　质谱是英国学者 J. J. Thomoson 于 1906 年发明的。20 世纪 60 年代出现了 GC-MS 联用仪,质谱仪的应用领域发生了巨大的变化,成为有机物分析的重要仪器。近几十年来,各种质谱软电离技术的发展,成功实现了蛋白质、核酸、多糖、多肽等生物大分子准确相对分子质量的测定以及多肽和蛋白质中氨基酸序列的测定,使质谱在生命科学领域中的应用备受瞩目。

(一)基本原理

有机化合物分子在高真空下,经高能(50~100 eV)电子束轰击时,化合物分子失去一个电子而成为带正电荷的分子离子(molecular ions)。分子离子实际上是正离子自由基。由于电子的质量很小,分子离子的质量即等于化合物的相对分子质量。分子离子一般用 M^+ 表示。

$$A:B+ e^- \longrightarrow A \cdot B^+ +2e^-$$
分子 　　电子 　　分子离子 　电子

在高能量电子束的作用下,分子离子还可断裂成各种带正电荷和不带电荷的碎片(fragment)。产生的正离子流先受电场的加速,然后在强磁场作用下沿着弧形轨道前进。每种离子的质量和电荷之间有一定比例,即质荷比(m/z)。质荷比(m/z)大小不同的正离子,因其轨道弯曲程度不同(图 2-14)而被分离开来,再通过变动磁场依次到达离子捕捉器,然后经过电子放大成电流后用记录装置记录下来即得质谱图。

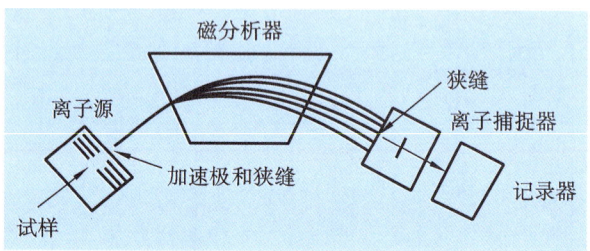

图 2-14　质谱仪示意图

(二)质谱法的特点

质谱图中横坐标为质荷比(m/z),纵坐标为相对丰度,各直线代表分子离子峰(有时不出现)和某一质荷比碎片的相对丰度,丰度为 100% 的峰称为基峰。图 2-15 为间硝基甲苯的质谱图,质荷比 137 和 91 分别为间硝基甲苯的分子离子峰和基峰,还有质荷比 65、39 的碎片峰。

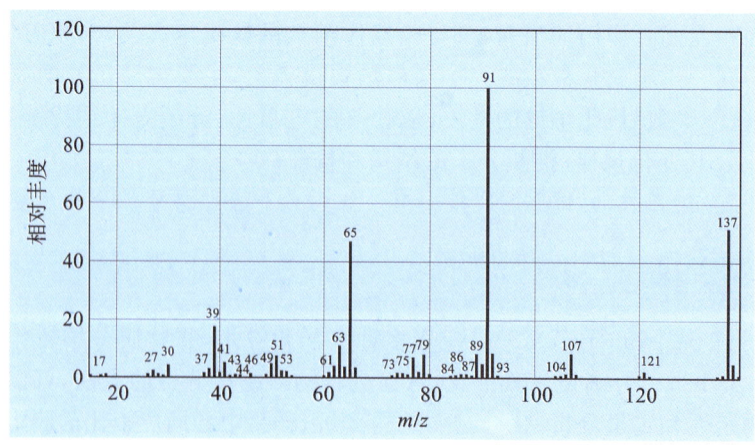

图 2-15　间硝基甲苯的质谱图

质谱法具有如下特点:灵敏度高,通常一次分析仅需几微克的样品,检测限可达 10^{-9}~10^{-11} g;响应时间短,分析速度快,扫描 1~1000 U 一般仅需一至几秒,易于实现与气相和液相色谱联用,自动化程度高;信息量大,能得到大量的结构信息和样品分子的相对分子质量。

随堂检测答案

小结

研究有机化合物的一般过程是:分离纯化、元素分析、相对分子质量的测定、有机化合物结构的表征。现代有机化合物结构表征的方法主要是波谱法,常用的波谱包括紫外光谱、红外光谱、核磁共振谱及质谱。

紫外光谱是物质分子的价电子吸收一定波长的紫外光时发生跃迁产生的吸收光谱。其主要反映有关化合物共轭体系与官能团之间的关系。

红外光谱是由于分子振动能级跃迁(同时伴随转动能级跃迁)而产生的振动光谱,可以确定化合物分子中存在什么官能团。

核磁共振谱是具有磁矩的原子核在外磁场的作用下,吸收一定频率的射频辐射,引起原子核自旋能级的跃迁而产生的波谱。利用核磁共振谱进行分析的方法,称为核磁共振波谱法(NMR),可以提供分子中氢原子与碳原子及其他原子的结合方式,它是测定有机化合物结构最主要的方法。

质谱是应用多种离子化技术,将物质分子转化为气态离子并按质荷比大小进行分离并记录其信息,从而进行物质结构分析的方法。此方法可确定分子的相对分子质量。

能力检测

2-1 有机化合物分子的价电子跃迁有哪几种主要类型?

2-2 核磁共振谱为什么用 TMS 作为基准?

2-3 下列基团的 C—H 伸缩振动 ν_{C-H} 出现在什么区域?

(1) —CH_3 (2) =CH_2 (3) ≡CH

2-4 指出下列化合物有几种不等性质子?

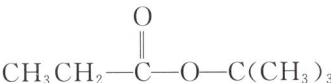

2-5 指出下列化合物在 ^{1}H-NMR 谱图中有几组峰及每组峰的裂分数。

(1) $(CH_3)_3CH$ (2) CH_3CHBr_2 (3) $CH_3CH_2COOCH(CH_3)_2$

2-6 给出具有下列 ^{1}H-NMR 谱的化合物的结构。

(1) C_2H_6O,一个单峰

(2) $C_3H_6O_2$,两个单峰

(3) C_3H_7Cl,一个二重峰和一个七重峰

2-7 什么是质谱?

2-8 什么是核磁共振谱?

能力检测答案

(郝红英)

第三章　烷烃和环烷烃

 学习目标

本章 PPT

> 1. 掌握：烷烃和环烷烃的通式、同分异构现象、系统命名法；烷烃的卤代反应；环己烷的椅式构象。
>
> 2. 熟悉：烷烃的结构；含 C 原子数较少的环烷烃与氢气和卤素的开环加成反应。
>
> 3. 了解：烷烃及环烷烃的分类；构象异构体的概念；取代环己烷的构象；角张力的概念。

仅由碳、氢两种元素组成的有机化合物称为碳氢化合物，简称为烃（hydrocarbon）。

根据碳架，烃可分为链烃（chain hydrocarbon）和环烃（cyclic hydrocarbon）。

根据碳原子之间的连接方式，烃可分为饱和烃（saturated hydrocarbon）和不饱和烃（unsaturated hydrocarbon）。碳原子之间以单键相连的烃称为饱和烃，碳原子之间除单键以外还有双键或三键的烃称为不饱和烃。饱和链烃又称为烷烃（alkane），通式为 C_nH_{2n+2}。饱和环烃称为环烷烃（cycloalkane）通式为 C_nH_{2n}。

烃广泛存在于自然界中，如液体石蜡和凡士林，其主要成分是烷烃的混合物，在医药上用作缓泻剂和各种软膏基质。

第一节　烷烃

一、同系列和同系物

具有相同的分子通式，在组成上相差一个或整数倍 CH_2 的一系列化合物称为同系列（homogeneous series）。同系列中的各化合物称为同系物（homologue），CH_2 称为同系差。

同系物的结构相似、化学性质相近，但反应活性往往存在着差异，物理性质随着碳原子数的增加呈现规律性的变化。

二、结构

甲烷是最简单的烷烃，分子式为 CH_4。现代物理方法的研究表明，甲烷分子呈正四面体结构。碳原子处于正四面体的中心，4 个氢原子占据正四面体的 4 个顶点，所有键角均为 109°28′，如图 3-1 所示。

其他烷烃分子中，碳碳键之间的夹角在 111°～113°之间，接近 109°28′。因此，可以认为烷烃分子中的碳原子都是 sp³ 杂化。

碳原子的 4 个 sp³ 杂化轨道，分别与碳原子的 sp³ 杂化轨道和氢原子的 1s 轨道沿对称轴方向以"头碰头"的方式形成 C—C σ键和 C—H σ键，如图 3-2 所示。

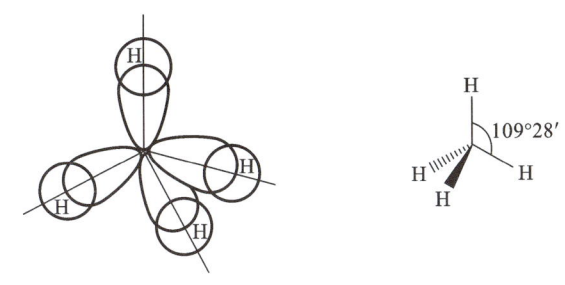

图 3-1　甲烷的结构

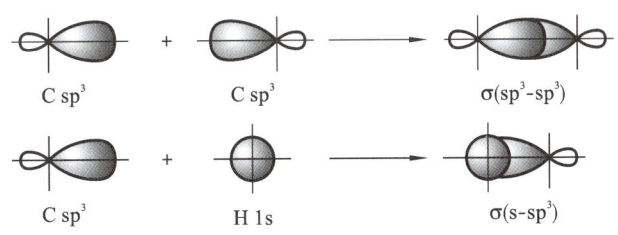

图 3-2　C—C σ键和 C—H σ键

三、异构现象

（一）饱和碳原子的类型

烷烃分子中的碳原子根据与其直接相连的碳原子的数目分为四类,仅与一个碳原子相连的碳原子,称为伯碳原子,或一级碳原子,用 $1°$ 表示;与两个碳原子相连的碳原子,称为仲碳原子,或二级碳原子,用 $2°$ 表示;与三个碳原子相连的碳原子,称为叔碳原子,或三级碳原子,用 $3°$ 表示;与四个碳原子相连的碳原子,称为季碳原子,或四级碳原子,用 $4°$ 表示。例如：

$$
\begin{array}{ccccc}
 & \overset{1°}{CH_3} & & & \\
\overset{1°}{H_3C}-\overset{4°}{\underset{\underset{\underset{1°}{CH_3}}{|}}{C}}-\overset{3°}{\underset{\underset{\underset{1°}{CH_3}}{|}}{CH}}-\overset{2°}{CH_2}-\overset{1°}{CH_3}
\end{array}
$$

（二）构造异构

分子式相同而结构不同的化合物称为同分异构体(isomer)。这种现象称为同分异构现象(isomerism)。结构包括构造、构型和构象,构造(constitution)是指分子中原子之间相互连接的方式和次序,构型和构象的含义将在后面介绍。因此,同分异构体包括构造异构体、构型异构体和构象异构体。构造异构体(constitutional isomers)是因构造不同而产生的同分异构体。烷烃的同分异构体包括构造异构体和构象异构体。

在烷烃的同系列中,甲烷、乙烷和丙烷没有构造异构体,从丁烷开始有构造异构体。

丁烷有两种构造异构体：

$$CH_3CH_2CH_2CH_3 \qquad CH_3\overset{\overset{\displaystyle CH_3}{|}}{CH}CH_3$$

正丁烷 　　　　　　　异丁烷

戊烷有三种构造异构体：

$$CH_3CH_2CH_2CH_2CH_3 \qquad CH_3\overset{\overset{\displaystyle CH_3}{|}}{C}HCH_2CH_3 \qquad CH_3\overset{\overset{\displaystyle CH_3}{|}}{\underset{\underset{\displaystyle CH_3}{|}}{C}}CH_3$$

正戊烷 异戊烷 新戊烷

从这里可以看出,烷烃的构造异构体是碳原子与碳原子之间连接的次序不同,这种构造异构体又称为碳架异构体或碳链异构体。

烷烃构造异构体的数目随着分子中碳原子数的增加而迅速增加,见表 3-1 所示。

表 3-1　烷烃构造异构体的数目

碳原子数	构造异构体数	碳原子数	构造异构体数
4	2	9	35
5	3	10	75
6	5	15	4347
7	9	20	366319
8	18		

(三) 构象

单键(σ键)能够旋转,当围绕分子中的单键旋转时,分子中的原子或基团在空间的排列就会发生变化,比如乙烷(CH_3—CH_3),当围绕 C—C 单键旋转时,分子中的 H 原子在空间的排列就会发生变化。由于单键的旋转使得分子中的原子或基团在空间的排列不同,每一种特定的排列称为构象(conformation)。由此产生的异构体称为构象异构体(conformation isomer)。构象异构体的分子构造是相同的,但空间排列不同,属于立体异构。

1. 乙烷的构象　当乙烷分子沿着 C—C 键旋转时,沿 C—C 键的键轴方向观察,前后两个碳原子上的 C—H 键之间交叉形成一定的角度,这个角度称为扭转角或两面角。

把乙烷分子沿着 C—C 键旋转一周(旋转角度从 0°到 360°),可以得到无数种构象,在这无数种构象中,有两种构象比较典型,一种是两个甲基上的氢原子之间的距离最近的构象,沿 C—C 键的键轴方向观察,前后两个碳原子上的 C—H 键重叠,这种构象称为重叠式构象;另一种是两个甲基上的氢原子之间的距离最远的构象,沿 C—C 键的键轴方向观察,前后两个碳原子上的 C—H 键相互交叉,这种构象称为交叉式构象(图 3-3),用模型表示如下:

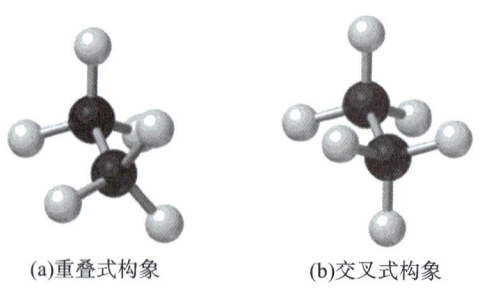

(a)重叠式构象　　(b)交叉式构象

图 3-3　乙烷分子的球棍模型

两面角等于 0°、120° 和 240° 时为重叠式构象,两面角等于 60°、180° 和 300° 时为交叉式构象。

烷烃的构象通常用锯架式和纽曼(Newman)投影式表示。锯架式是从 C—C 键轴斜 45°方向观察,每个碳原子上的三根键的夹角为 120°;纽曼投影式是沿 C—C 键的键轴方向观察,在纽曼投影式中,前面的碳原子用 $\bigwedge$ 表示,后面的碳原子用 $\bigcirc$ 表示。乙烷的构象用锯架式和纽曼投影式表示如下:

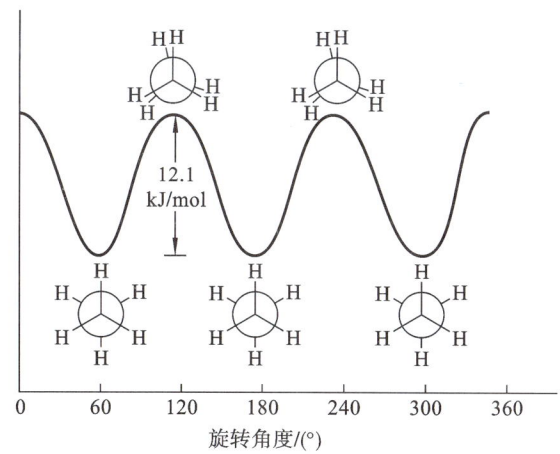

锯架式

重叠式构象　交叉式构象

纽曼投影式

重叠式构象　交叉式构象

在乙烷的重叠式构象中,两个重叠氢原子之间的距离是 229 pm,小于两个氢原子的半径之和(240 pm),因此,两个氢原子之间有排斥力,是势能最高的构象;而在交叉式构象中,两个碳原子上的两个氢原子之间的距离是 250 pm,大于两个氢原子的半径之和,是势能最低的构象,因此称为优势构象。两个构象的能量差为 12.1 kJ/mol,其他构象的能量介于交叉式构象和重叠式构象之间。乙烷的各种构象与势能关系如图 3-4 所示。

12.1
kJ/mol

0　60　120　180　240　300　360
旋转角度/(°)

图 3-4　乙烷的各种构象与势能的关系图

图中曲线上的任何一点代表一种构象及其势能,曲线上的最低点的势能最低,它代表的是交叉式构象,是最稳定的优势构象;曲线上的最高点的势能最高,它代表的是重叠式构象,是最不稳定的构象,重叠式构象和交叉式构象是乙烷的两种极限构象,一个势能最高,一个势能最低。在室温下,乙烷是由各种构象组成的动态平衡体,达到平衡时,交叉式构象(优势构象)所占比例较大。

2. 丁烷的构象 丁烷分子中有三条 C—C 单键,沿着 C_1—C_2 键、C_2—C_3 键和 C_3—C_4 键旋转都会产生无数种构象,这里只讨论 C_2—C_3 键旋转而产生的典型构象。用纽曼投影式表示如下。

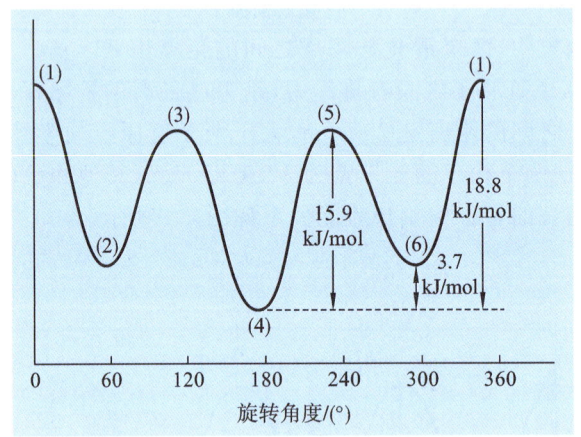

（1）全重叠式　　（2）邻位交叉式　　（3）部分重叠式

（4）对位交叉式　　（5）部分重叠式　　（6）邻位交叉式

它们之间的势能关系如图 3-5 所示。

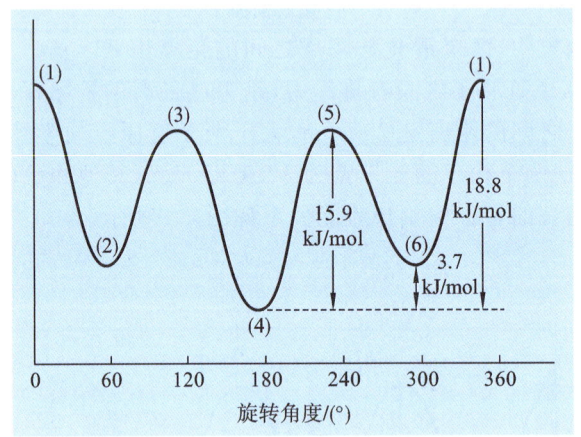

图 3-5　丁烷的各种构象与势能的关系图

重叠式构象是（1）、（3）和（5），在（1）中，甲基与甲基、氢原子与氢原子重叠，而在（3）和（5）中，甲基与氢原子、氢原子与氢原子重叠，所以（1）的势能最高，最不稳定。交叉式构象是（2）、（4）和（6），在（4）中，两个甲基相对，距离最远，而在（2）和（6）中，两个甲基相邻，距离较近，所以（4）的势能最低，最稳定，是优势构象。在室温下，丁烷主要以对位交叉式构象和邻位交叉式构象存在，对位交叉式构象约占 63%，而邻位交叉式构象约占 37%，其他构象所占的比例很小。

随堂检测 3-1　写出己烷（C_6H_{14}）的构造异构体，用键线式表示。

四、命名

（一）普通命名法

对于含有 1～10 个碳原子的直链烷烃，分别用甲、乙、丙、丁、戊、己、庚、辛、壬和癸表示碳原子数，后面再加上"烷"字。对于含有 10 个以上碳原子的直链烷烃，则用中文数字十一、十二等表示碳原子数，称为十一烷、十二烷等。烷烃英文名称的词尾为"ane"。例如：

$$CH_3CH_2CH_2CH_2CH_3 \qquad CH_3(CH_2)_6CH_3 \qquad CH_3(CH_2)_{13}CH_3$$

戊烷　　　　　　　　　辛烷　　　　　　　　　十五烷

pentane　　　　　　　　octane　　　　　　　　pentadecane

对于烷烃的同分异构体，用"正"某烷、"异"某烷和"新"某烷命名。"正"表示直链烷烃

（"正"字通常省去），"异"表示碳链的一端有 $\begin{matrix} CH_3-CH-\\ |\\ CH_3 \end{matrix}$ 结构，"新"表示碳链的一端有

$\begin{matrix} CH_3\\ |\\ CH_3-C-\\ |\\ CH_3 \end{matrix}$ 结构，且碳链的其他部位无支链的烷烃。例如：

$$CH_3CH_2CH_2CH_2CH_3 \qquad \begin{matrix} CH_3-CH-CH_2CH_3\\ |\\ CH_3 \end{matrix} \qquad \begin{matrix} CH_3\\ |\\ CH_3-C-CH_3\\ |\\ CH_3 \end{matrix}$$

（正）戊烷   异戊烷   新戊烷

n-pentane   *i*-pentane   *neo*-pentane

对于含有 4 个和 5 个碳原子烷烃的同分异构体，用"正""异""新"可以区别，但对于 5 个碳原子以上的烷烃就不能区别了。如 6 个碳原子的烷烃有 5 个同分异构体，用"正""异""新"只能区别三个，另外两个无法区别，所以，普通命名法只适用于简单的烷烃。

（二）系统命名法

鉴于普通命名法的局限性，1892 年 4 月在日内瓦召开的国际化学会议上讨论拟定了关于有机化合物的系统命名原则，后经国际纯粹与应用化学联合会（International Union of Pure and Applied Chemistry，简称 IUPAC）多次修订，于 1979 年正式公布了"有机化学命名法"，也称为 IUPAC 命名法，IUPAC 分别在 1993 年和 2004 年做过补充和修订。有机化合物的中文系统命名法以 IUPAC 命名法为基础，结合我国汉字的特点制定了《有机化学命名原则》。

1. 直链烷烃的命名 直链烷烃的命名与普通命名法相同，按照直链上的碳原子数不同分别称为甲烷、乙烷、十一烷、十二烷、十三烷等。某烷前面不需要加"正"字。

2. 支链烷烃的命名

（1）烷基的名称：烷基是指烷烃分子去掉氢原子后剩下的基团。常用 R 表示。表 3-2 列出了一些常见烷基的名称。

表 3-2 一些常见烷基的名称

烷基	中文名称	英文名称	缩写
CH_3-	甲基	methyl	Me
CH_3CH_2-	乙基	ethyl	Et
$CH_3CH_2CH_2-$	（正）丙基	*n*-propyl	*n*-Pr
$\begin{matrix} CH_3CH-\\ \|\\ CH_3 \end{matrix}$	异丙基	*i*-propyl	*i*-Pr
$CH_3CH_2CH_2CH_2-$	（正）丁基	*n*-butyl	*n*-Bu
$\begin{matrix} CH_3CHCH_2-\\ \|\\ CH_3 \end{matrix}$	异丁基	*i*-butyl	*i*-Bu
$\begin{matrix} CH_3CH_2CH-\\ \|\\ CH_3 \end{matrix}$	仲丁基	*sec*-butyl	*sec*-Bu

烷基	中文名称	英文名称	缩写
$CH_3-\overset{\overset{\displaystyle CH_3}{\vert}}{\underset{\underset{\displaystyle CH_3}{\vert}}{C}}-$	叔丁基	*t*-butyl	*t*-Bu
$CH_3CH_2CH_2CH_2CH_2-$	（正）戊基	*n*-pentyl	*n*-Pent
$CH_3\underset{\underset{\displaystyle CH_3}{\vert}}{CH}CH_2CH_2-$	异戊基	*i*-pentyl	*i*-Pent
$CH_3CH_2\overset{\overset{\displaystyle CH_3}{\vert}}{\underset{\underset{\displaystyle CH_3}{\vert}}{C}}-$	叔戊基	*t*-pentyl	*t*-Pent
$CH_3\overset{\overset{\displaystyle CH_3}{\vert}}{\underset{\underset{\displaystyle CH_3}{\vert}}{C}}CH_2-$	新戊基	*neo*-pentyl	*neo*-Pent

（2）支链烷烃的命名步骤：

①选主链：选择最长的碳链为主链，写出相当于主链的直链烷烃的名称，并把它作为母体，支链当作取代基。例如 $CH_3CH_2CH_2\underset{\underset{\displaystyle CH_2CH_3}{\vert}}{CH}CH_3$ ，主链为 $CH_3CH_2CH_2\underset{\underset{\displaystyle CH_2CH_3}{\vert}}{CH}CH_3$ ，母体名称为己烷。

当有多条相同长度的碳链可供选择时，应选择碳链上取代基最多的碳链为主链。例如：

$$CH_3CH_2\underset{\underset{\displaystyle CH_3}{\vert}}{CH}CH_2\overset{\overset{\displaystyle CH_3}{\vert}}{\underset{\underset{\displaystyle \underset{\underset{\displaystyle CH_3}{\vert}}{CH}CH_3}{\vert}}{CH}}CHCH_2CH_3$$

②给主链编号：从靠近取代基的一端开始，用阿拉伯数字对主链进行编号。例如：

$$\underset{5\quad 6\quad 7}{\underset{\underset{\displaystyle CH_2CH_2CH_3}{\vert}}{CH_3\overset{4\,\,3}{\underset{\underset{\displaystyle CH_3}{\vert}}{CH}}\overset{2\quad\,\,1}{CHCH_2CH_3}}} \qquad \underset{4\quad 5\quad 6\quad 7}{\underset{\underset{\displaystyle CH_2CH_2CH_2CH_3}{\vert}}{CH_3CH_2\overset{3\quad 2\quad\,\,1}{CHCH_2CH_3}}}$$

当有几种可能的编号时，按照最低系列原则，即使取代基的位号尽可能小，若有多个取代基，逐个比较，直到比出高低为止。例如：

$$\underset{6\quad\,\,5\quad\,\,4\quad\,\,3\quad\,\,2\quad\,\,1}{\overset{1\quad\,\,2\quad\,\,3\quad\,\,4\quad\,\,5\quad\,\,6}{CH_3-\overset{\overset{\displaystyle CH_3}{\vert}}{CH}-CH_2-\overset{\overset{\displaystyle CH_3}{\vert}}{CH}-\overset{\overset{\displaystyle CH_3}{\vert}}{CH}-CH_3}}$$

第一种编号，取代基位号为 2，4，5。

第二种编号，取代基位号为 2,3,5。

两种编号逐项比较，根据最低系列原则，应用第二种编号。

③书写名称：按取代基位号、取代基名称、母体名称顺序书写，取代基位号和名称之间用短线"-"连接。

如果含有几个相同取代基时，把它们合并，取代基的数目用二、三、四……来表示，写在取代基的前面，其位号必须逐个标明，位号的数字之间用","隔开。

如果含有几个不同的取代基时，按照"次序规则"排列（次序规则将在第四章讨论），简单基团写在前面，较优基团写在后面。常见烷基的先后排列次序：甲基，乙基，丙基，丁基，戊基，异戊基，异丁基，新戊基，异丙基，仲丁基，叔丁基。

例如：

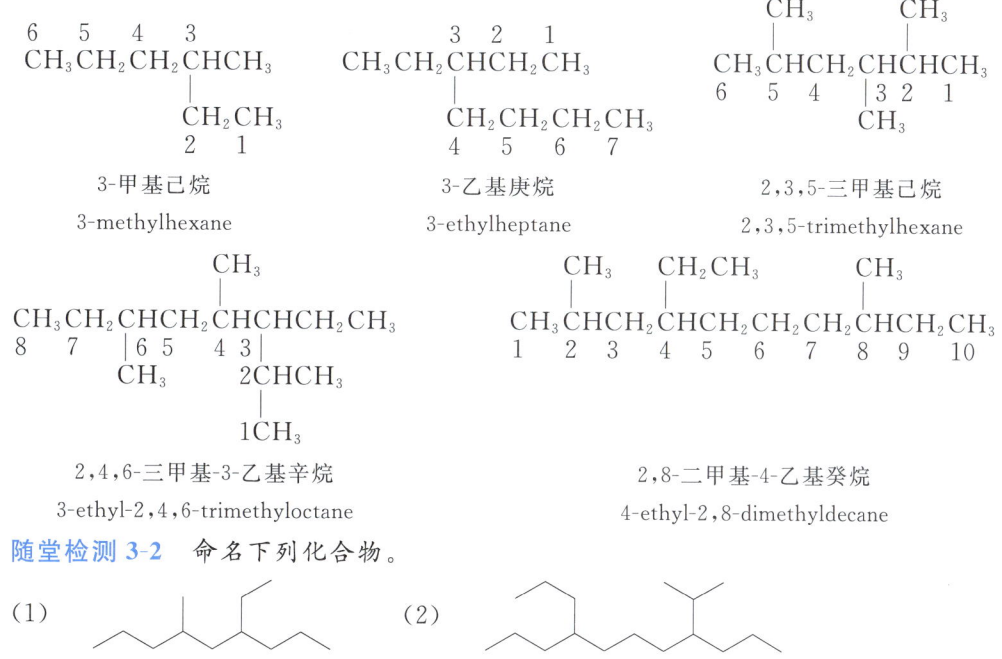

3-甲基己烷
3-methylhexane

3-乙基庚烷
3-ethylheptane

2,3,5-三甲基己烷
2,3,5-trimethylhexane

2,4,6-三甲基-3-乙基辛烷
3-ethyl-2,4,6-trimethyloctane

2,8-二甲基-4-乙基癸烷
4-ethyl-2,8-dimethyldecane

随堂检测 3-2 命名下列化合物。

（1）

（2）

五、物理性质

有机化合物的物理性质通常包括物态（气态、液态、固态）、沸点、熔点、相对密度和溶解度等。表 3-3 列出了部分直链烷烃的物理常数。

表 3-3 部分直链烷烃的物理常数

名称	英文名称	熔点/℃	沸点/℃	相对密度(d_4^{20})
甲烷	methane	−182.6	−161.6	0.466^{-164}
乙烷	ethane	−183.3	−88.5	0.572^{-108}
丙烷	propane	−187.1	−42.2	0.5005
丁烷	butane	−138.4	−0.5	0.6012
戊烷	pentane	−129.7	36.1	0.6262
己烷	hexane	−94.0	68.7	0.6603
庚烷	heptane	−90.5	98.4	0.6838
辛烷	octane	−56.8	125.7	0.7025
壬烷	nonane	−53.7	150.8	0.7176

名称	英文名称	熔点/℃	沸点/℃	相对密度(d_4^{20})
癸烷	decane	-29.7	174.1	0.7298
十一烷	undecane	-25.6	195.9	0.7402
十二烷	dodecane	-9.7	216.3	0.7487
十三烷	tridecane	-6	235.5	0.7564
十四烷	tetradecane	5.5	253.6	0.7628
十五烷	pentadecane	10.0	270.7	0.7685
十六烷	hexadecane	18.1	287.1	0.7733
十七烷	heptadecane	22.0	302.6	0.7780
十八烷	octadecane	28.0	317.4	0.7768
十九烷	nonadecane	32.0	329.7	0.7774
二十烷	eicosane	36.8	343.0	0.7886

1. 物质状态　在常温常压下,含 1～4 个碳原子的烷烃是气体,含 5～16 个碳原子的直链烷烃是液体,含 17 个以上碳原子的直链烷烃为固体。

2. 沸点　直链烷烃的沸点随着相对分子质量的增加而有规律的升高。每增加一个 CH_2 原子团所引起的沸点升高值随着相对分子质量的增加而逐渐减小。例如,乙烷的沸点比甲烷高 73.1 ℃,丙烷比乙烷高 46.3 ℃。在同分异构体中,直链烷烃异构体的沸点最高,支链越多,沸点越低。例如,正戊烷、异戊烷和新戊烷的沸点分别为 36.1 ℃、28 ℃、9 ℃。

3. 熔点　随着碳原子数的增大,直链烷烃(甲烷、乙烷、丙烷除外)的熔点逐渐升高。一般奇数碳原子变到偶数碳原子(如从庚烷变到辛烷),熔点升高得多些;而从偶数碳原子变到奇数碳原子(如从辛烷变到壬烷),熔点升高得少些。在同分异构体中,分子越对称,熔点越高。例如,正戊烷、异戊烷和新戊烷的熔点分别为 -129.7 ℃、-159.9 ℃、-16.8 ℃。

4. 溶解度　烷烃分子是非极性或弱极性分子,根据"相似相溶"原理,其不溶于水,易溶于非极性或弱极性的有机溶剂,如乙醚、苯、四氯化碳等。

5. 相对密度　烷烃的相对密度小于 1。

六、化学性质

烷烃分子中,由于 C—C 键和 C—H 键的键能较大,因此烷烃的化学性质比较稳定,在通常情况下,烷烃与大多数试剂如强酸、强碱、强氧化剂、强还原剂等都不发生化学反应。但在适宜的反应条件下,如光照、高温或催化剂作用下,烷烃也能发生化学反应。

(一)氧化反应

烷烃在空气中完全燃烧生成二氧化碳和水,并释放出大量的热。

$$C_nH_{2n+2}+\frac{3n+1}{2}O_2 \longrightarrow nCO_2+(n+1)H_2O+热量$$

例如:

$$C_{10}H_{22}+\frac{31}{2}O_2 \longrightarrow 10CO_2+11H_2O+6778\ kJ/mol$$

$$C_6H_{14}+\frac{19}{2}O_2 \longrightarrow 6CO_2+7H_2O+4138\ kJ/mol$$

因燃烧时放出大量热量,所以烷烃是人类应用的重要能源之一。

直链烷烃比支链烷烃燃烧时放出的热量多,支链越多,燃烧时放出的热量越少。烷烃燃烧所放出的热量少,说明它的势能低,而相对稳定性高。支链烷烃比同碳原子数的直链烷烃稳定。

(二)卤代反应

烷烃和卤素在光照或加热的条件下,烷烃分子中的氢原子被卤素原子取代的反应称为卤代反应(halogenation reaction)。

$$R-H+X_2 \xrightarrow[\text{或}\Delta]{h\nu} R-X+HX$$

卤代反应包括氟代、氯代、溴代和碘代。比较重要的卤代反应是氯代和溴代。

1. 甲烷的氯代　甲烷和氯气在紫外光照射或加热到较高温度(250～400 ℃)的条件下,会发生剧烈的反应,分子中的氢原子被氯原子取代,生成氯代甲烷和氯化氢,同时释放出大量的热。

$$CH_4+Cl_2 \xrightarrow[\text{或}\Delta]{h\nu} CH_3Cl+HCl$$

反应生成的一氯甲烷继续与氯气反应,生成二氯甲烷、三氯甲烷和四氯化碳。

$$CH_3Cl+Cl_2 \xrightarrow[\text{或}\Delta]{h\nu} CH_2Cl_2+HCl$$

$$CH_2Cl_2+Cl_2 \xrightarrow[\text{或}\Delta]{h\nu} CHCl_3+HCl$$

$$CHCl_3+Cl_2 \xrightarrow[\text{或}\Delta]{h\nu} CCl_4+HCl$$

甲烷的氯代反应较难停留在一氯甲烷的阶段,通常得到的都是四种氯代产物的混合物。但控制反应条件和反应物的相对比例,可以使某一种氯代产物是反应的主要产物。

2. 甲烷的氯代反应机制　甲烷和氯气反应的实验事实:①甲烷和氯气在室温及暗处不反应;②在紫外光照射或加热(高于250 ℃)的条件下反应;③当反应体系中有少量的氧气时,可使反应受到抑制。根据以上实验事实提出了甲烷氯代反应的机制。

在光照或加热的条件下,Cl_2发生共价键的均裂,生成两个氯原子,称为氯自由基。此为链引发(chain initiation)。

链引发:

$$Cl:Cl \xrightarrow[\text{或}\Delta]{h\nu} 2Cl\cdot$$

知识链接 3-1

由于氯自由基非常活泼,当与甲烷分子碰撞时,便从甲烷分子中夺取一个氢原子,生成氯化氢和带有孤立电子的甲基自由基。甲基自由基和氯原子一样,非常活泼,当它与另一个氯分子碰撞时,便从氯分子中夺取一个氯原子,生成一氯甲烷和另一个新的氯自由基,新的氯自由基可以重复上述反应,也可以与刚生成的一氯甲烷反应,生成二氯甲烷,此后的反应如此循环,便得到三氯甲烷和四氯化碳。此为链传递(chain propagation)。

链传递:

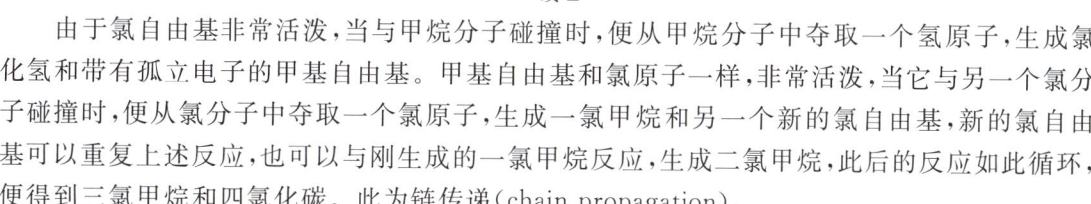

$$Cl\cdot+CH_4 \longrightarrow \cdot CH_3+HCl$$
$$\cdot CH_3+Cl_2 \longrightarrow CH_3Cl+Cl\cdot$$
$$Cl\cdot+CH_3Cl \longrightarrow \cdot CH_2Cl+HCl$$
$$\cdot CH_2Cl+Cl_2 \longrightarrow CH_2Cl_2+Cl\cdot$$
$$Cl\cdot+CH_2Cl_2 \longrightarrow \cdot CHCl_2+HCl$$
$$\cdot CHCl_2+Cl_2 \longrightarrow CHCl_3+Cl\cdot$$
$$Cl\cdot+CHCl_3 \longrightarrow \cdot CCl_3+HCl$$

$$\cdot CCl_3 + Cl_2 \longrightarrow CCl_4 + Cl \cdot$$

甲烷的氯代反应,每一步都会消耗一个自由基,同时又为下一步的反应生成另一个自由基,从而使反应连续进行下去。随着反应的不断进行,到一定阶段后,自由基之间碰撞的概率也逐渐增加,自由基之间的碰撞使活泼自由基转变为相应的中性分子,自由基消失,使得自由基反应中断,这称为链终止(chain termination)。

链终止:

$$Cl \cdot + \cdot CH_3 \longrightarrow CH_3Cl$$
$$\cdot CH_3 + \cdot CH_3 \longrightarrow CH_3CH_3$$

反应体系中如果有氧气或其他杂质存在,它们能与自由基结合成更为稳定的自由基($CH_3OO \cdot$),使反应减慢或停止,这种物质称为抑制剂。

烷烃的卤代反应主要是氯代反应和溴代反应,且氯代反应比溴代反应更容易进行,在氯代反应和溴代反应中,不同氢原子的反应活性不同,三种氢原子的反应活性顺序:$3°H > 2°H > 1°H$,这是由于自由基的稳定性顺序为 $R_3C \cdot > R_2CH \cdot > RCH_2 \cdot > CH_3 \cdot$。

第二节 环烷烃

一、分类和命名

(一) 分类

环烷烃可根据分子中碳环的数目,分为单环烷烃和多环烷烃。

单环烷烃根据环上碳原子的数目,分为小环($C_3 \sim C_4$)、普通环($C_5 \sim C_7$)、中环($C_8 \sim C_{11}$)和大环(C_{12}以上)。

多环烷烃根据环间连接方式不同分为螺环烃和桥环烃。

(二) 命名

1. 单环烷烃的命名 单环烷烃的命名通常以环作为母体,根据碳环中碳原子的数目称为环某烷。当环上有两个或多个取代基时,要对母体环进行编号,编号遵循最低系列原则。例如:

甲基环己烷
methylcyclohexane

1-甲基-3-丙基环己烷
1-methyl-3-propylcyclohexane

1-甲基-3-乙基环戊烷
3-ethyl-1-methylcyclopentane

2-甲基-4-乙基-1-丙基环己烷
4-ethyl-2-methyl-1-propylcyclohexane

2. 螺环烃的命名 螺环烃(spiro hydrocarbon)是指单环之间共用一个碳原子的多环烷烃,共用的碳原子称为螺原子。螺环烷烃的编号是从较小的环中与螺原子相邻的一个碳原子开始,经过螺原子到较大的环,当环上有取代基时,编号要使取代基的位号最小。螺环烷烃的命名是先写螺,在"螺"字的后面写一方括号,在方括号内用阿拉伯数字写出除螺原子以外的环上的碳原子数目,由小到大排列,数字之间用圆点隔开,然后根据环上的碳原子总数写出烷烃的名称,当环上有取代基时,取代基的位号、名称写在整个名称的前面。例如:

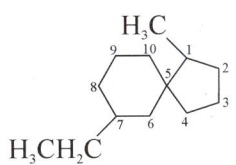

螺[3.4]辛烷

spiro[3.4]octane

1-甲基-7-乙基螺[4.5]癸烷

7-ethyl-1-methylspiro[4.5]decane

3. 桥环烃的命名 桥环烃(bridged hydrocarbon)是指共用两个或两个以上碳原子的多环烷烃,共用的碳原子称为桥头碳原子,两个桥头碳原子之间可以是碳链,也可以是一根键,称为桥。桥环烷烃的编号是从一个桥头碳原子开始,沿着最长的桥到另一个桥头碳原子,然后沿次长的桥回到第一个桥头碳原子,依次按照桥由长到短的顺序对其余的桥编号。当环上有取代基时,编号要使取代基的位号最小。桥环烷烃的命名是先写"某环"(某是碳环的数目,是将桥环烷烃变为链状化合物时,需要断裂的碳碳键的数目),在环字的后面写一方括号,在方括号内用阿拉伯数字写出每条桥上碳原子的数目(不包括桥头碳原子),由大到小排列,数字之间用圆点隔开,然后根据碳环上的碳原子总数写出烷烃的名称,当环上有取代基时,取代基的位号、名称写在整个名称的前面。例如:

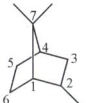

二环[2.1.1]己烷

bicyclo[2.1.1]hexane

2,7,7-三甲基二环[2.2.1]庚烷

2,7,7-trimethylbicyclo[2.2.1]heptane

二、结构与稳定性

在环烷烃中,环丙烷分子中的碳原子在同一个平面上,而 4 个或 4 个以上的环烷烃,成环碳原子都不在一个平面上。

环丙烷分子中的 3 个碳原子在同一个平面上,C—C—C 键角为 105.5°,H—C—H 键角为 114°(图 3-6)。对此现代理论的解释如下:按几何学要求,环丙烷分子中的 3 个碳原子必须在同一平面上,碳碳之间的夹角为 60°,但 sp^3 杂化碳原子沿键轴方向重叠成键,要求键角为 109°28′。因此,碳原子在成键时,不能沿着键轴的方向重叠成键,而是以弯曲方向重叠,形成了弯曲键,这种弯曲键的重叠程度小,键的稳定性差。

由于 sp^3 杂化碳原子沿键轴方向重叠成键,C—C—C 键角为 109°28′,而在环丙烷分子中 C—C—C 键角为 105.5°,所以,此时环丙烷分子内部产生一种恢复正常键角(109°28′)的力量,称为"角张力"。角张力越大,分子的能量越高,分子越不稳定。

环烷烃的稳定性可以通过燃烧热数据的大小推测。

燃烧热是指 1 mol 化合物完全燃烧生成二氧化碳和水时所放出的热量。表 3-4 列出了一

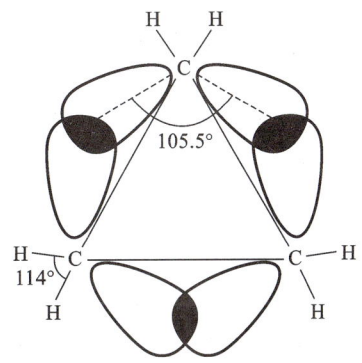

图 3-6 环丙烷分子的结构

些环烷烃的燃烧热。

表 3-4　环烷烃的燃烧热

环烷烃	英文名称	碳原子数(n)	燃烧热/(kJ/mol)	每个CH_2的平均燃烧热/(kJ/mol)
环丙烷	cyclopropane	3	2091	697.0
环丁烷	cyclobutane	4	2744	686.0
环戊烷	cyclopentane	5	3320	664.0
环己烷	cyclohexane	6	3952	658.7
环庚烷	cycloheptane	7	4637	662.4
环辛烷	cyclooctane	8	5310	663.6
环壬烷	cyclononane	9	5891	664.6
环癸烷	cyclodecane	10	6636	663.6
环十一烷	cycloundecane	11	7310	664.5
环十二烷	cyclododecane	12	7919	659.9
环十三烷	cyclotridecane	13	8583	660.2
环十四烷	cyclotetradecane	14	9220	658.6
环十五烷	cyclopentadecane	15	9885	659.0

从燃烧热的数据可以看出：①从环丙烷到环己烷，每个CH_2的平均燃烧热逐渐减小，这说明环越小，内能越大，环烷烃分子越不稳定，所以，稳定性大小顺序是环丙烷＜环丁烷＜环戊烷＜环己烷。②十一元以上的大环，每个CH_2的燃烧热为 659 kJ/mol 左右，和环己烷的每个CH_2的燃烧热数据(658.7 kJ/mol)接近，说明大环是稳定的。

三、构象异构

（一）环己烷的构象

在环己烷分子中，6 个碳原子不在同一平面内，而是形成了椅式和船式两种典型构象，在这两种构象中，键角接近正四面体的夹角$109°28'$(图 3-7)。

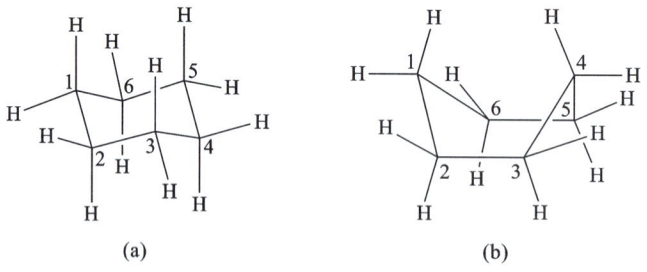

(a)　　　　　　(b)

图 3-7　环己烷的椅式构象(a)和船式构象(b)

1. **椅式构象**　在椅式构象(chair conformation)中，C_1、C_3和C_5在同一平面内，而C_2、C_4和C_6在另一平面内，两个平面互相平行，两个平面之间的距离为 50 pm。

在C_1、C_3和C_5碳原子上各有一个向上的 C—H 键，它们垂直于这三个碳原子所在的平面；在C_2、C_4和C_6碳原子上各有一个向下的 C—H 键，它们也垂直于这三个碳原子所在的平面。这 6 个 C—H 键称为直立键(axial bond)，也称为 a 键[图 3-8(a)]。另外，在C_1、C_3和C_5碳原子上还各有一个 C—H 键，它们相对于这三个碳原子所在的平面向下倾斜伸向环外，在C_2、C_4和C_6碳原子上各有一个 C—H 键，它们相对于这三个碳原子所在的平面向上倾斜伸向环外。这 6 个 C—H 键称为平伏键(equatorial bond),也称为 e 键[图 3-8(b)]。

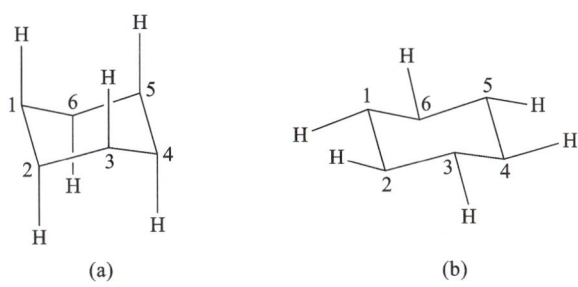

(a)　　　　　　　　　　　(b)

图 3-8　环己烷的直立键(a)与平伏键(b)

在椅式构象中,氢原子之间的距离都大于两个氢原子的半径之和 240 pm。

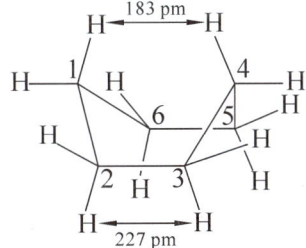

2. 船式构象　在船式构象(boat conformation)中,C_2、C_3、C_5 和 C_6 在同一平面内,可看成是船底,C_1 和 C_4 在平面的上方,可看成船头和船尾。船头和船尾向内 C—H 键上的氢原子之间的距离为 183 pm,船底两个碳原子上的氢原子之间的距离为 227 pm,都小于两个氢原子的半径之和 240 pm。

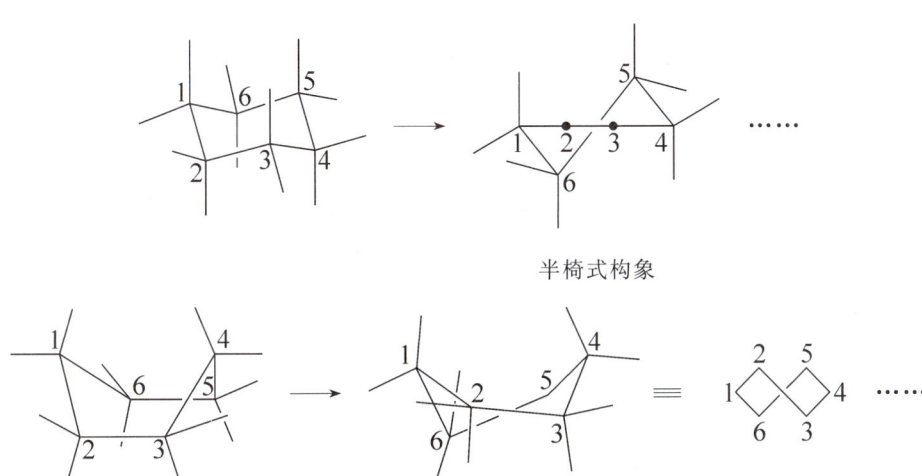

椅式构象和船式构象只是环己烷的两个典型构象,实际上随着碳碳单键的旋转,环己烷可以得到无数个构象。

半椅式构象

扭船式构象

椅式和船式在室温下可以快速转换,转换过程中各种构象的势能变化如图3-9所示。

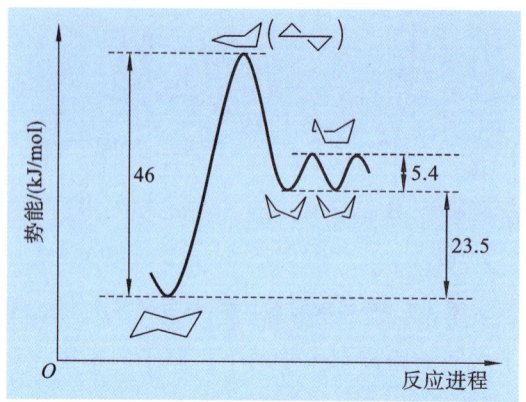

图3-9 环己烷各种构象的势能关系图

从图中可以看出,在各种构象中,椅式构象的势能最低,半椅式构象的势能最高,扭船式构象的势能比船式构象略低。

(二) 取代环己烷的构象

1. 一元取代环己烷 一元取代环己烷有两种椅式构象,一种是取代基占据直立键的椅式构象,另一种是取代基占据平伏键的椅式构象。例如甲基环己烷,有下面两种椅式构象:

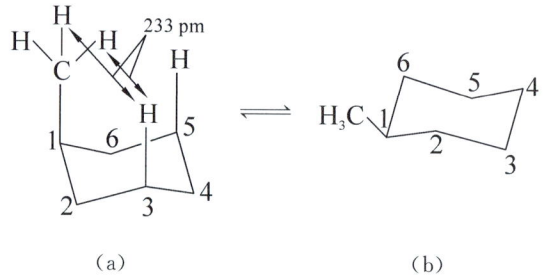

在这两种构象中,甲基占据平伏键的构象(b)比甲基占据直立键的构象(a)稳定,构象(b)约占95%,构象(a)约占5%。这是由于在构象(a)中,甲基上氢原子与3,5位直立键上的氢原子之间的距离是233 pm,小于两个氢原子的半径之和,甲基与3,5位直立键上的氢原子之间有排斥力,这种作用也称为1,3-二直立键的相互作用,而构象(b)中没有这种排斥力。其次,构象(b)中,甲基与C(3)、C(5)都是对位交叉,而在构象(a)中,甲基与C(3)、C(5)都是邻位交叉。

2. 二元取代环己烷 在二元取代环己烷中,除取代基在环上的位置不同而产生的构造异构之外,还有顺反异构,例如,1-甲基-3-乙基环己烷有两种顺反异构体,分别是

顺-1-甲基-3-乙基环己烷   反-1-甲基-3-乙基环己烷

这两种顺反异构体的构象分别是

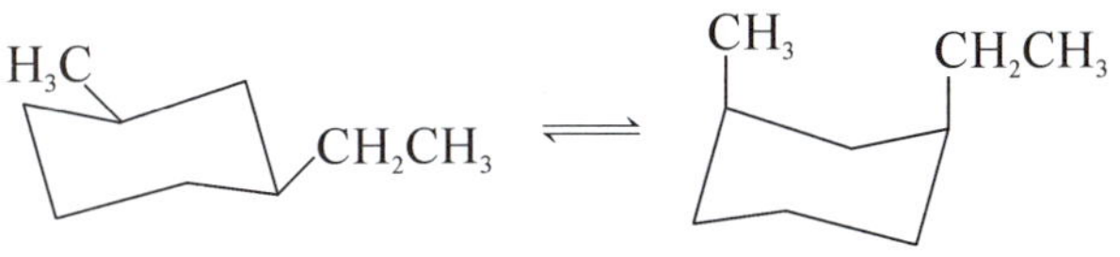

(a)   (b)

顺-1-甲基-3-乙基环己烷的构象

在这两个构象中,甲基和乙基连在平伏键上的构象(a)比连在直立键上的构象(b)稳定,(a)是优势构象。

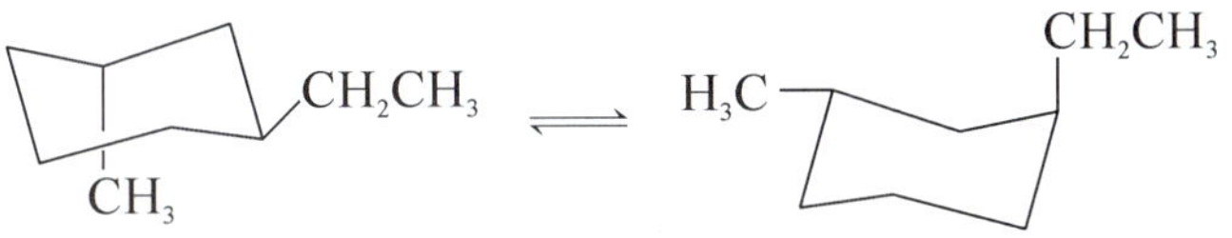

(a)   (b)

反-1-甲基-3-乙基环己烷的构象

在这两个构象中,乙基连在平伏键上的构象(a)比连在直立键上的构象(b)稳定,(a)是优势构象。

在多元取代环己烷中,构象的稳定性有如下的规律:

(1) 取代基相同,e 键取代最多的构象最稳定。

(2) 取代基不同,大基团在 e 键的构象最稳定。

随堂检测 3-3 试写出含有五个碳的环烷烃的构造异构体。

四、性质

(一) 物理性质

在常温下,$C_3 \sim C_4$ 的环烷烃为气体,$C_5 \sim C_{11}$ 的环烷烃为液体,C_{12} 以上的环烷烃除个别外,都为固体。环烷烃与烷烃相似,都不溶于水。部分环烷烃的沸点、熔点和相对密度如表 3-5 所示。

表 3-5 环烷烃的物理常数

名称	英文名称	熔点/℃	沸点/℃	相对密度(d_4^{20})
环丙烷	cyclopropane	−127.6	−32.7	0.617
环丁烷	cyclobutane	−80	−12.5	0.720
环戊烷	cyclopentane	−93.9	49.3	0.7457
环己烷	cyclohexane	6.6	80.7	0.7785
环庚烷	cycloheptane	−12.0	118.5	0.8098
环辛烷	cyclooctane	14.3	148.5	0.8394
环十二烷	cyclododecane	64	160*	0.861
环十五烷	cyclopentadecane	66	110*	0.860

注:* 表示升华温度。

(二) 化学性质

五元和五元以上的环烷烃和开链烷烃的化学性质相似,比较稳定。而三元、四元的小环烷

NOTE

烃化学性质比较活泼,容易发生开环加成反应。

1. 加氢 在催化剂的作用下,小环烷烃与氢气反应,生成开环的加成产物烷烃。

$$\triangle + H_2 \xrightarrow[\text{或 Ni,80 ℃}]{\text{Pt/C,50 ℃}} CH_3CH_2CH_3$$

$$\square + H_2 \xrightarrow[\text{或 Ni,200 ℃}]{\text{Pt/C,125 ℃}} CH_3CH_2CH_2CH_3$$

$$\pentagon + H_2 \xrightarrow[\text{300 ℃}]{\text{Pt/C}} CH_3CH_2CH_2CH_2CH_3$$

六元环、七元环在上述条件下很难发生反应。

2. 与卤素反应

$$\triangle + Cl_2 \longrightarrow ClCH_2CH_2CH_2Cl$$

$$\triangle + Br_2 \longrightarrow BrCH_2CH_2CH_2Br$$

3. 与卤化氢反应

$$\triangle + HBr \longrightarrow CH_3CH_2CH_2Br$$

取代环丙烷与卤化氢加成时,断裂的是连接取代基最多和最少的碳原子之间的共价键,卤素原子加在含氢原子较少的碳原子上。

从上述反应可以看出,小环烷烃容易发生开环反应,这与它们的稳定性大小是相符的。

小结

　　烷烃的通式为 C_nH_{2n+2}。其分子中的碳原子是 sp^3 杂化,碳原子和碳原子之间、碳原子和氢原子之间都是以 σ 键相连,烷烃的同分异构体包括构造异构体和构象异构体,乙烷的典型构象有两种,分别是交叉式构象和重叠式构象,交叉式构象是优势构象,丁烷的典型构象有四种,分别是对位交叉式构象、邻位交叉式构象、部分重叠式构象和全重叠式构象,对位交叉式构象是优势构象。

　　烷烃的命名分为普通命名法和系统命名法。普通命名法只适用于直链烷烃和有特定结构的简单烷烃。直链烷烃的系统命名和普通命名相同,支链烷烃的系统命名按照 IUPAC 规定,命名分三步进行:①选主链;②编位号;③写名称。

　　烷烃分子中,由于 C—C 键和 C—H 键的键能较大,因此烷烃的化学性质比较稳定,在通常情况下,烷烃不与强酸、强碱、强氧化剂和强还原剂发生化学反应。但在一定的条件下能发生氧化反应和卤代反应,其卤代反应为自由基反应。

　　环烷烃的通式为 C_nH_{2n}。其异构现象有构造异构、顺反异构和构象异构。环己烷有椅式和船式两种典型构象,椅式是优势构象。在环烷烃中,五元和五元以上的环烷烃和链烷烃的化学性质相似,比较稳定。而三元、四元的小环烷烃化学性质比较活泼,容易发生开环加成反应。

能力检测

能力检测答案

3-1　写出下列烷烃、环烷烃或烷基的构造式。

（1）3-甲基庚烷　（2）2,3,5-三甲基壬烷　（3）新戊烷　（4）3-甲基-4-异丙基十三烷

（5）新戊基　（6）1-甲基-3-叔丁基环己烷　（7）甲基环戊烷

3-2　用系统命名法命名下列化合物。

（1）$(CH_3)_3CCH_2CH_2CH_2CH_3$　　　　　（2）$(CH_3)_3CCH_2CH_2CH(CH_3)_2$

$$\begin{array}{c} CH(CH_3)_2 \\ | \end{array}$$

（3）$(CH_3)_3CCH_2\underset{\underset{CH_3}{|}}{\overset{\overset{CH_2CH_3}{|}}{C}}CH_2CH_3$　　（4）$(CH_3)_2CHCH_2\underset{\underset{CH(CH_3)_2}{|}}{\overset{\overset{CH(CH_3)_2}{|}}{C}}CH_2CH(CH_3)_2$

（5）$CH_3CH_2CH_2\underset{\underset{\underset{CH_3}{|}}{CH_3CH_2CCH_2CH_3}}{\overset{CH_2CH_2CH_3}{CH}}CH_2CH_2CH(CH_3)_2$　（6）$CH_3CH_2CH_2\underset{\underset{CH(CH_3)_2}{|}}{CHCHCH_2}CH_2CH(CH_3)_2$

（7）$CH_3\underset{\underset{CH_2CH_2CH_3}{|}}{\overset{\overset{CH_3 \quad CH_2CH_2CH_3}{|}}{C}}CHCH_2CH_3$　（8）$CH_3CH_2CH_2\underset{\underset{CH(CH_3)_2}{|}}{\overset{\overset{CH_2CH_2CH_3}{|}}{CH}}CHCH_2CH_3$

（9）$CH_3CH_2\underset{\underset{CH_3}{|}}{\overset{\overset{CH_3}{|}}{CH}}\underset{\underset{CH_3}{|}}{CH}\underset{\underset{CH_2CH_3}{|}}{CH}CH_2CHCH_2CH_3$　（10）$CH_3CH_2\underset{\underset{CH_3}{|}}{\overset{\overset{CH_3}{|}}{C}}CH_2\underset{\underset{CH_3}{|}}{CH}CH_2CH_2\underset{\underset{CH_3}{|}}{\overset{\overset{CH_3}{|}}{C}}CH_3$

3-3　某烷烃分子式为 C_7H_{16}，试写出其可能的构造式。

3-4　写出顺-1-甲基-4-溴环己烷的优势构象。

3-5　写出乙烷与氯气反应得到一氯代物的反应机制。

3-6　写出戊烷发生溴化反应时可能得到的一溴代产物。

3-7　根据以下实验事实，写出相对分子质量为 72 的三种烷烃的构造式。

（1）发生氯代反应时，只得到一种氯代产物；

（2）发生氯代反应时，得到三种氯代产物；

（3）发生氯代反应时，得到四种氯代产物。

3-8　写出在室温时将下列化合物进行一氯代反应，预计得到全部产物的构造式。

（1）正己烷　（2）异己烷　（3）2,2-二甲基丁烷

（张卫卫）

第四章 烯烃、炔烃和二烯烃

 学习目标

本章 PPT

1. 掌握:烯烃、炔烃和二烯烃的结构、命名及化学性质;次序规则;Markovnikov 规则。

2. 熟悉:亲电加成反应机制;碳正离子的相对稳定性顺序;诱导效应和共轭效应。

3. 了解:烯烃、炔烃的物理性质及催化加氢、自由基加成的反应机理。

烯烃(alkene)和炔烃(alkyne)的分子中分别含不饱和键碳碳双键(C═C)和碳碳三键(C≡C),属于不饱和烃。烯烃和炔烃的化学性质比烷烃活泼,在生命科学领域具有重要的地位。

第一节 烯烃

一、结构

烯烃是含有碳碳双键的不饱和烃。含有一个双键的开链烯烃的通式为 C_nH_{2n}。

乙烯是最简单的烯烃,两个碳原子通过碳碳双键连接(图 4-1)。乙烯为平面结构,其碳原子和氢原子均在同一平面上,键角接近 $120°$。乙烯中碳碳双键的键长为 134 pm,比碳碳单键的键长(154 pm)要短。

乙烯中形成双键的碳原子均为 sp^2 杂化,一个碳原子的 sp^2 杂化轨道与另一个碳原子的 sp^2 杂化轨道彼此"头碰头"重叠形成 1 个 σ 键,另两个 sp^2 杂化轨道沿伸展方向分别与两个氢原子的 s 轨道重叠形成 4 个 σ 键。每个碳原子剩余一个未参与杂化的 2p 轨道垂直于 σ 键所在平面,相互平行,从侧面"肩并肩"重叠形成 π 键,π 键电子云分布在平面的上方和下方(图 4-2)。

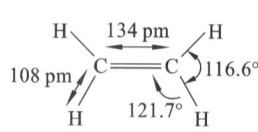

图 4-1 乙烯的键长和键角

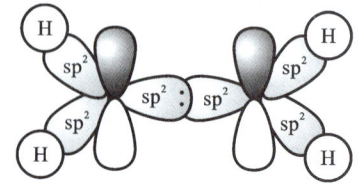

图 4-2 乙烯分子的结构示意图

乙烯中碳碳双键的键能为 610 kJ/mol,碳碳单键的键能为 361 kJ/mol,因此 π 键的键能约为 249 kJ/mol,比碳碳单键小。由此可知,π 键的重叠程度不如 σ 键的重叠程度大。π 键不能沿着键轴自由旋转,否则会断裂。

二、异构现象

（一）构造异构

烯烃的构造异构比同碳原子数的烷烃复杂，其不仅存在碳链异构，还存在双键的位置异构。例如，丁烯有三种构造异构体：1-丁烯和 2-烯烃互为位置异构，它们与异丁烯互为碳链异构。

$$CH_2{=}CHCH_2CH_3 \qquad CH_3CH{=}CHCH_3 \qquad \underset{\underset{CH_3}{|}}{CH_2{=}CCH_3}$$

1-丁烯　　　　　　　　2-丁烯　　　　　　　　异丁烯

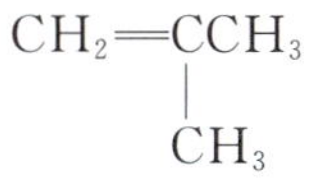

（二）顺反异构

顺反异构(cis-trans isomerism)属于立体异构。由于 π 键不能自由旋转，因此，当两个双键碳原子上分别连有不同的原子或基团时，在空间上就会有两种不同的排列方式。例如，2-丁烯就存在两种异构体：顺-2-丁烯和反-2-丁烯。它们在室温下不能通过化学键的旋转而相互转化。这种由于旋转受阻，导致分子中的原子或基团在空间排列位置不同，产生的异构体称为顺反异构体。

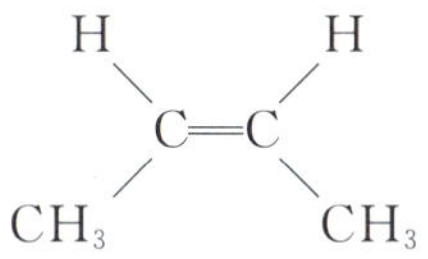

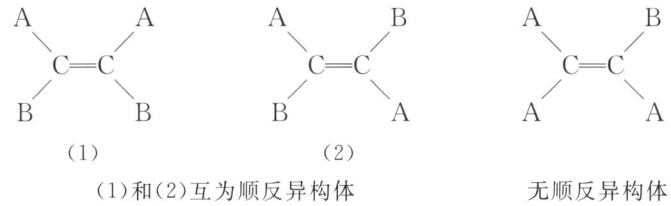

顺-2-丁烯 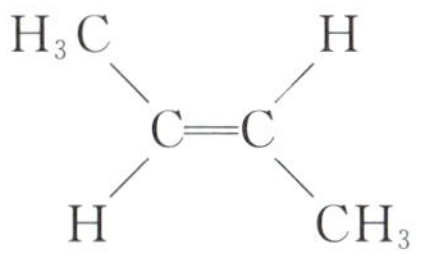　　　　　　　　反-2-丁烯

产生顺反异构必须具备以下条件：①分子中存在限制原子自由旋转的因素，如双键或脂环；②不能自由旋转的原子分别连接两个不同的原子或基团。

$$\underset{\underset{B}{|}}{\overset{\overset{A}{|}}{C}}{=}\underset{\underset{B}{|}}{\overset{\overset{A}{|}}{C}} \qquad\qquad \underset{\underset{B}{|}}{\overset{\overset{A}{|}}{C}}{=}\underset{\underset{A}{|}}{\overset{\overset{B}{|}}{C}} \qquad\qquad \underset{\underset{A}{|}}{\overset{\overset{A}{|}}{C}}{=}\underset{\underset{A}{|}}{\overset{\overset{B}{|}}{C}}$$

　　　　（1）　　　　　　　　（2）

（1）和（2）互为顺反异构体　　　　　　无顺反异构体

三、命名

（一）普通命名法

简单的烯烃常使用普通命名法命名，其命名原则与烷烃的命名类似，根据烯烃含有的碳原子数目，称为"某烯"。例如：

$$H_2C{=}CH_2 \qquad\qquad CH_3CH{=}CH_2 \qquad\qquad \underset{\underset{CH_3CC{=}CH_2}{}}{\overset{\overset{CH_3}{|}}{}}$$

乙烯　　　　　　　　　丙烯　　　　　　　　　异丁烯
ethylene　　　　　　　propylene　　　　　　isobutylene

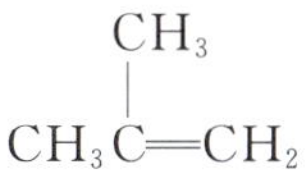

（二）系统命名法

烯烃系统命名法的基本规则如下：

（1）选择含碳碳双键的最长碳链作为主链，称为"某烯"；多于 10 个碳原子的烯烃在中文数字后加"碳烯"，如"1-十八碳烯"。

（2）从最靠近双键的一端开始，将主链碳原子依次编号，以双键碳原子中位次较小的编号标明双键的位置,写在烯烃名称的前面,用"-"隔开,烯烃的英文名称的词尾为"ene"。

$$H_2C=CHCH_2CH_2CH_3 \qquad CH_3CH=CHCH_2CH_2CH_3$$

1-戊烯 2-己烯

1-pentene 2-hexene

(3) 将取代基的位次、数目及名称写在双键位次之前。

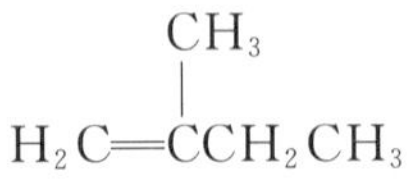

2-甲基-1-丁烯 2,4-二甲基-5-氯-2-己烯

2-methyl-1-butene 5-chloro-2,4-dimethyl-2-hexene

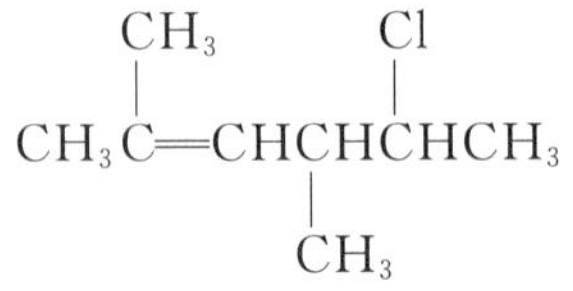

烯烃分子中去掉一个氢原子得到的基团称为"烯基"。例如:

$$CH_2=CH- \qquad CH_3CH=CH- \qquad CH_2=CHCH_2-$$

乙烯基 丙烯基 烯丙基(2-丙烯基)

ethenyl(vinyl) propenyl allyl(2-propenyl)

(4) 顺反异构体需在名称前注明烯烃的构型,顺反异构的标记方法有顺/反标记法和 Z/E 标记法。

①顺/反标记法:相同的原子或基团在双键的同侧,称为顺式(cis);若在双键的异侧,则称为反式($trans$)。命名时分别冠以顺、反,并用"-"与化合物名称相连。例如:

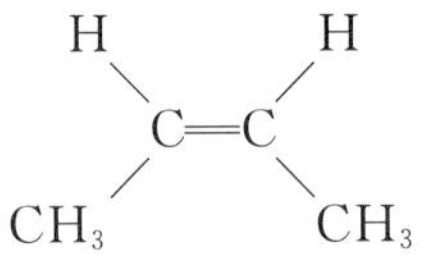

顺-2-丁烯 反-2-丁烯

cis-2-butene $trans$-2-butene

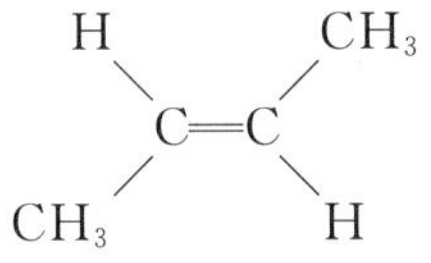

②Z/E 标记法:首先按照取代基的"次序规则"排出每个双键碳原子上所连接的两个取代基团的优先次序(大小),若两个碳原子上的优先基团在双键的同侧,称为 Z 型;若在双键的异侧,则称为 E 型。

次序规则(Cahn-Ingold-Prelod sequence)是确定有机化合物中基团优先次序(大小)的规则,其基本要点如下。

a.按游离价键所在原子的原子序数排序,原子序数较大者为优先(大)基团。

b.若基团中游离价键所在原子相同,则比较与该原子相连的其他原子的原子序数,直到比出大小为止。

c.若基团中含有双键或三键,将双键或三键看作是与 2 个或 3 个相同原子相连。

依据上述规则,常见基团的优先次序:—I>—Br>—Cl>—SO_3H>—SH>—OCOCH_3 >—OCH_3>—OH>—NO_2>—NH_2>—COOH>—COCH_3>—CHO>—CN>—C_6H_5 >—CH_2CH_3>—CH_3。

例如:

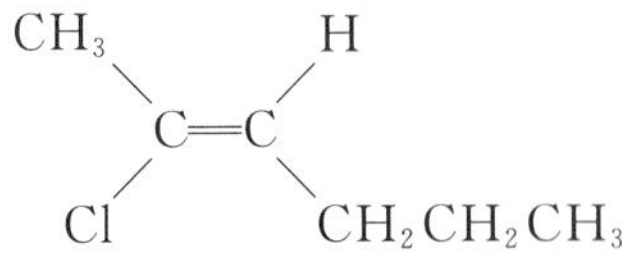

(Z)-2-氯-2-己烯 (E)-1-氯-1-溴丙烯

(Z)-2-chloro-2-hexene (E)-1-bromo-1-chloropropene

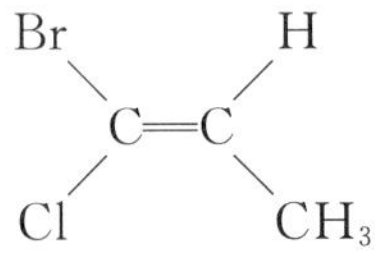

必须注意的是,Z/E 标记法和顺/反标记法是两个不同的体系,两者之间没有必然的联

系。例如：

H₃C　　　CH₃
　　C＝C
H　　　　H

顺-2-丁烯
cis-2-butene
(*Z*)-2-丁烯
(*Z*)-2-butene

H₃C　　　CH₃
　　C＝C
H　　　　Br

顺-2-溴-2-丁烯
cis-2-bromo-2-butene
(*E*)-2-溴-2-丁烯
(*E*)-2-bromo-2-butene

随堂检测 4-1 用系统命名法命名下列化合物。

(1)
H　　　CH₂CH₂CH₂CH₃
　C＝C
CH₃　　CH₂CH₃

(2)
H₃C　　　CH(CH₃)₂
　　C＝C
CH₃CH₂CH₂　　CH₃

四、物理性质

在常温下，2～4个碳的烯烃为气态，5～18个碳的烯烃为液态，19个碳以上的烯烃为固态。烯烃不溶于水，易溶于苯、烷烃和四氯化碳等非极性有机溶剂中。烯烃的熔点、沸点随碳原子数的增多而升高，支链的增多使沸点下降，反式比顺式的沸点低。但是反式异构体的熔点比顺式的高。因为顺式异构体的偶极矩比反式的大，反式异构体有较高的对称性。顺反异构体不仅理化性质不同，通常还具有不同的生理活性。例如，不饱和的高级脂肪酸油脂中的碳碳双键全部为顺式构型。因顺反异构现象导致双键碳上原子或基团之间相互作用力大小不同，从而造成顺反异构体与受体表面作用的强弱不同，出现生理活性差别。

常见烯烃的物理常数如表 4-1 所示。

表 4-1　常见烯烃的物理常数

名称	英文名	分子式	熔点/℃	沸点/℃	相对密度(d_4^{20})
乙烯	ethylene	C_2H_4	−169	−103.9	0.5678^{-104}
丙烯	propylene	C_3H_6	−185.2	−47.6	0.5050^{25}
1-丁烯	1-butene	C_4H_8	−185.3	−6.2	0.5880^{25}
顺-2-丁烯	cis-2-butene	C_4H_8	−139.0	3.7	0.621
反-2-丁烯	trans-2-butene	C_4H_8	−106.0	0.9	0.604
异丁烯	isobutene	C_4H_8	−140.4	−6.9	0.5890^{25}
1-戊烯	1-pentene	C_5H_{10}	−165.2	29.9	0.6405
1-己烯	1-hexene	C_6H_{12}	−139.7	63.4	0.6731
1-庚烯	1-heptene	C_7H_{14}	−119.7	93.6	0.6970
1-辛烯	1-octylene	C_8H_{16}	−101.7	121.2	0.7149

五、化学性质

烯烃的化学性质比烷烃活泼，π键电子云分布在成键原子平面的上下两侧，原子核对π键电子的束缚力较小，容易发生极化，从而具有较大的活性。烯烃的主要化学性质有催化氢化、亲电加成反应和氧化反应等。

（一）催化氢化

在金属催化剂（如 Pt、Pd、Ni 等）催化下，两个氢原子加到烯烃双键上生成烷烃，称为催化氢化(catalytic hydrogenation)。反应是在催化剂的表面进行,是一个非均相过程,氢原子加在双键的同侧,即得顺式产物。

$$\underset{\diagup}{\overset{\diagdown}{C}}=\underset{\diagdown}{\overset{\diagup}{C}} + H-H \xrightarrow{\text{催化剂}} -\underset{|}{\overset{|}{C}}-\underset{|}{\overset{|}{C}}-$$
$$\quad\quad\quad\quad\quad\quad\quad\quad\quad H\ \ H$$

烯烃的催化氢化是放热反应,每摩尔不饱和化合物氢化时所放出的热量称为氢化热(heat of hydrogenation),用 ΔH 表示。通过比较烯烃的氢化热,可以判断其稳定性大小。一般来说,烯烃随着双键碳原子上取代基的增多,其稳定性增强;反式烯烃比顺式烯烃稳定,这是由于顺式烯烃中的两个取代基处于双键同一侧,空间位阻较大,因而范德华张力较大,分子内能较高。

$$H_2C=CHCH_2CH_3 + H_2 \xrightarrow{Pt} CH_3CH_2CH_2CH_3 \quad\quad \Delta H = -127\ kJ/mol$$

$$\underset{H}{\overset{H_3C}{}}\ \underset{H}{\overset{CH_3}{}}\ C=C \quad + H_2 \xrightarrow{Pt} CH_3CH_2CH_2CH_3 \quad\quad \Delta H = -120\ kJ/mol$$

$$\underset{H}{\overset{H_3C}{}}\ \underset{CH_3}{\overset{H}{}}\ C=C \quad + H_2 \xrightarrow{Pt} CH_3CH_2CH_2CH_3 \quad\quad \Delta H = -116\ kJ/mol$$

(二)亲电加成反应

亲电试剂进攻双键的 π 电子,π 键断裂,双键碳原子分别加上两个原子或基团,生成两个 σ 键,此反应称为亲电加成反应(electrophilic addition reaction)。

1. 与卤素的加成 卤素分子与烯烃在四氯化碳等溶剂中发生加成反应,生成邻二卤代烷。

卤素的反应活性顺序:$F_2 > Cl_2 > Br_2 > I_2$。氟与烯烃的反应十分剧烈,无法控制,碘则几乎不发生反应。因此,通常使用 Cl_2、Br_2 与烯烃发生加成反应,其为反式加成。

$$\underset{\diagup}{\overset{\diagdown}{C}}=\underset{\diagdown}{\overset{\diagup}{C}} + Br_2 \xrightarrow{CCl_4} -\underset{|}{\overset{|}{C}}-\underset{Br}{\overset{Br}{C}}-$$

室温下,将烯烃加入至棕红色溴的四氯化碳溶液中,溴的棕红色很快退去,该反应通常用于烯烃的鉴别。

实验证实反应分两步完成,第一步,在极性环境下,Br—Br 键极化,与烯烃形成一个环状溴鎓离子和一个溴负离子。

第二步,溴负离子从环的背面进攻,生成反式加成的二溴代物。

2. 与卤化氢的加成 烯烃与卤化氢加成生成卤代烃。

$$\diagup C=C\diagdown + HX \longrightarrow -\overset{|}{\underset{H}{C}}-\overset{|}{\underset{X}{C}}- \qquad X=Cl,Br,I$$

当不对称烯烃与卤化氢反应时,理论上生成两种不同的产物,但实际上以一种产物为主。1870 年,俄国化学家 Markovnikov V. V. 总结出:卤化氢与不对称烯烃加成时,氢总是加到含氢较多的双键碳上,卤素则加到含氢较少的双键碳上。这一经验规则称为 Markovnikov 规则(Markovnikov's Rule),简称"马氏规则"。

$$CH_3CH_2CH=CH_2 + HBr \longrightarrow CH_3CH_2\overset{Br}{\underset{|}{C}}HCH_3 + CH_3CH_2CH_2CH_2Br$$
$$\qquad\qquad\qquad\qquad\qquad\qquad 80\% \qquad\qquad\qquad 20\%$$

烯烃和卤化氢的亲电加成反应分两步进行,第一步,卤化氢中带有正电荷的氢原子进攻碳碳双键的 π 电子,π 键断开,生成碳正离子(carbocation)中间体;第二步,卤素负离子很快与碳正离子中间体结合,生成卤代烷。

第一步

$$\diagup C=C\diagdown + H-X \xrightarrow{\text{慢}} -\overset{|}{\underset{H}{C}}-\overset{+}{C}- + X^-$$

第二步

$$-\overset{|}{\underset{H}{C}}-\overset{+}{C}- + X^- \longrightarrow -\overset{|}{\underset{H}{C}}-\overset{X}{\underset{|}{C}}-$$

卤化氢的反应活性为 HI＞HBr＞HCl＞HF,即反应活性随卤化氢酸性的增强而增强。

碳正离子中,缺电子的碳原子是 sp^2 杂化,与其他原子形成 3 个 σ 键,3 个 σ 键处于同一平面,一个空的 p 轨道垂直于该平面(图 4-3)。

同自由基一样,碳正离子也分为伯(1°)、仲(2°)、叔(3°)碳正离子。根据物理学的基本原理,一个带电荷的物体,其电荷越分散,体系就越稳定。碳正离子上所连接的烷基越多,其正电荷就越分散,碳正离子也就越稳定。碳正离子的稳定性可通过诱导效应(inductive effect)进行解释。

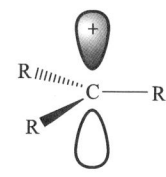

图 4-3 碳正离子结构示意图

诱导效应是指由于分子中成键原子的电负性不同,使得成键电子对由电负性小的原子偏向电负性大的原子,并沿着碳链传递的效应。诱导效应用"I"表示,以氢作为标准,表示如下:

$$\overset{\delta^-}{X} \longleftarrow C \qquad\qquad H—C \qquad\qquad \overset{\delta^+}{Y} \longrightarrow C$$
$$-I\text{效应} \qquad\qquad\qquad\qquad\qquad +I\text{效应}$$

X 是吸电子基,表现出吸电子的诱导效应(−I),常见的吸电子基主要有:—NO_2、—NH_2、—CN、—X、—OCH_3、—OH、—C_6H_5、—CH=CH_2 等。Y 是给电子基,表现为给电子的诱导效应(+I),常见的给电子基主要是各种烷基。

诱导效应是一种永久效应,沿着碳链传递,并随着链的增长而迅速减弱或消失,经过 3 个原子后,影响就弱了,超过 5 个原子其影响可忽略不计。例如:

$$\overset{\delta^-}{Cl} \longleftarrow \overset{\delta^+}{\underset{1}{CH_3}} \longleftarrow \overset{\delta\delta^+}{\underset{2}{C}} \longleftarrow \overset{\delta\delta\delta^+}{\underset{3}{C}}$$

根据诱导效应,伯(1°)、仲(2°)、叔(3°)碳正离子的中心碳都连有给电子基的烷基,烷基数目越多，给电子诱导效应越强，正电荷越分散，因此，碳正离子的稳定性顺序为 $R_3C^+ > R_2CH^+ > RCH_2^+ > CH_3^+$。

马氏规则可以通过碳正离子稳定性来加以解释，以丙烯与氯化氢的加成为例。

$$CH_3CH \!=\! CH_2 + H^+ \longrightarrow \begin{cases} CH_3\overset{+}{C}HCH_3 \\ CH_3CH_2\overset{+}{C}H_2 \end{cases}$$

反应的第一步，丙烯与氯化氢加成时，生成两种可能的碳正离子，正丙基碳正离子和异丙基碳正离子。根据诱导效应，异丙基碳正离子比正丙基碳正离子稳定，形成异丙基碳正离子所需活化能较低，反应速率较快，反应的主要产物为2-氯丙烷。因此，马氏规则也可以表述为：当不对称试剂与双键发生加成反应时，亲电试剂中带正电荷部分主要加到能形成较稳定碳正离子的碳原子上。

随堂检测 4-2　比较丙烯、2-甲基丙烯、3-氯丙烯和 HCl 发生亲电加成反应的活性顺序。

3. 与水的加成　烯烃在磷酸、硫酸催化下，直接与水反应生成醇，称为烯烃的直接水合法。此反应遵循马氏规则，因此除乙烯以外，其他烯烃的产物为仲醇或叔醇。

$$CH_2\!=\!CH_2 + H_2O \xrightarrow[\triangle]{H_3PO_4} CH_3CH_2OH$$

$$CH_2\!=\!CHCH_2CH_3 + H_2O \xrightarrow[\triangle]{H_3PO_4} \underset{\underset{OH}{|}}{CH_3CHCH_2CH_3}$$

$$\underset{\underset{CH_3}{|}}{CH_2\!=\!CCH_3} + H_2O \xrightarrow[\triangle]{H_3PO_4} \underset{\underset{CH_3}{|}}{\overset{\overset{CH_3}{|}}{CH_3-C-OH}}$$

4. 与硫酸加成　烯烃与冷的浓硫酸反应，生成硫酸氢酯，生成的硫酸氢酯可以进一步水解生成醇，称为烯烃的间接水合法。此反应同样遵循马氏规则。

$$CH_2\!=\!CHCH_2CH_3 + H_2SO_4 \longrightarrow \underset{\underset{SO_3H}{|}}{CH_3CHCH_2CH_3} \xrightarrow[\triangle]{H_2O} \underset{\underset{OH}{|}}{CH_3CHCH_2CH_3}$$

（三）自由基加成反应

自由基加成反应（radical addition reaction）是指不对称烯烃与溴化氢在过氧化物（R—O—O—R）存在下进行的加成反应。反应由过氧化物引起，又称为过氧化物效应（peroxide effect）。当不对称烯烃在过氧化物存在下，与溴化氢加成将得到反马氏规则产物。

$$CH_3CH\!=\!CH_2 + HBr \xrightarrow{ROOR} CH_3CH_2CH_2Br$$

其反应机制如下：

链的引发：

$$ROOR \longrightarrow 2RO\cdot$$
$$RO\cdot + HBr \longrightarrow ROH + Br\cdot$$

链的增长：

$$Br\cdot + CH_3CH\!=\!CH_2 \longrightarrow CH_3\overset{\cdot}{C}HCH_2Br$$

$$CH_3\overset{\cdot}{C}HCH_2Br + HBr \longrightarrow CH_3CH_2CH_2Br + Br\cdot$$

链的终止：

$$Br\cdot + Br\cdot \longrightarrow Br_2$$

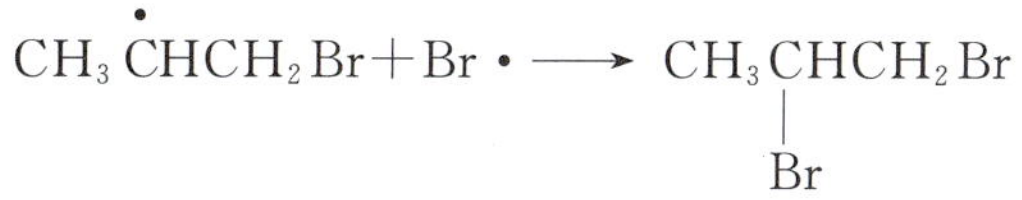

$$CH_3\overset{\cdot}{C}HCH_2Br + Br\cdot \longrightarrow CH_3\underset{|}{\overset{}{C}}HCH_2Br$$
$$\underset{Br}{|}$$

在链增长阶段,溴自由基与丙烯加成主要生成较稳定的仲自由基,再与氢原子结合主要得到反马氏规则的加成产物。HI 和 HCl 没有过氧化物效应。这是因为氯化氢中 H—Cl 键较强,均裂需要的活化能较高,难以形成自由基;HI 虽能产生自由基,但不活泼,难以反应。

(四)氧化反应

有机化学的氧化反应,是指有机化合物加入氧或脱去氢的反应。烯烃易被氧化,其产物取决于使用的氧化剂和反应条件。

1. 高锰酸钾氧化 酸性高锰酸钾溶液氧化烯烃,烯烃的双键会发生断裂,产物因双键碳上氢原子的个数变化而变化。双键碳上如果有 2 个氢原子则氧化成二氧化碳,有 1 个氢原子则生成羧酸,没有氢原子,则产物为酮。反应后高锰酸钾的紫红色会很快褪去。因此,该反应通常作为烯烃的鉴别反应,也可根据氧化产物推断烯烃的结构。

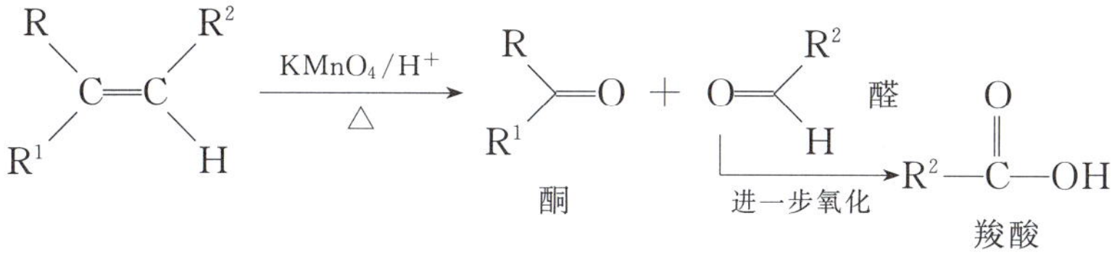

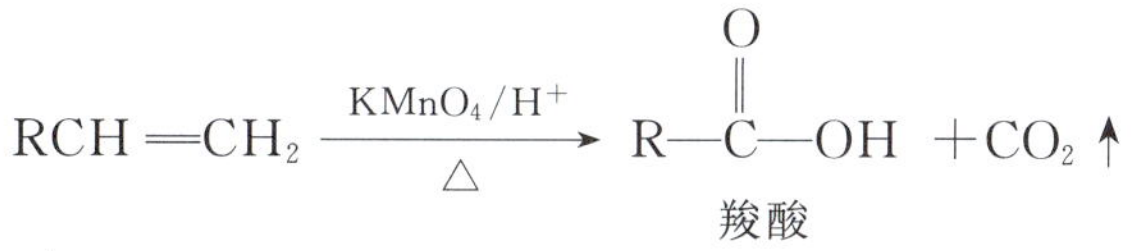

烯烃与稀冷的碱性高锰酸钾溶液反应,烯烃被氧化为邻二醇,高锰酸钾被还原为二氧化锰。

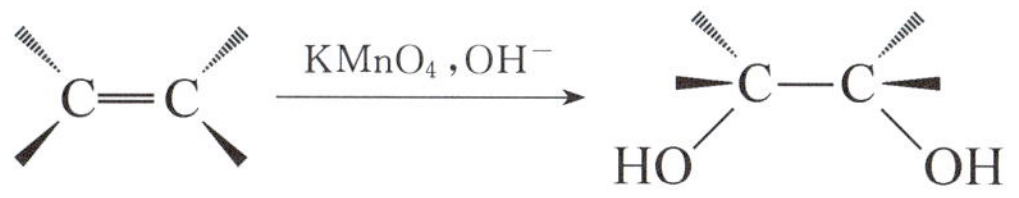

2. 臭氧氧化 将臭氧通入烯烃溶液时,臭氧可以迅速而且定量地与烯烃作用生成臭氧化物,进一步水解生成羰基化合物及 H_2O_2,该反应称为臭氧分解(ozonolysis)。为避免醛被 H_2O_2 氧化,常在水解时加入 Zn。依据氧化产物的结构可推断烯烃的结构。

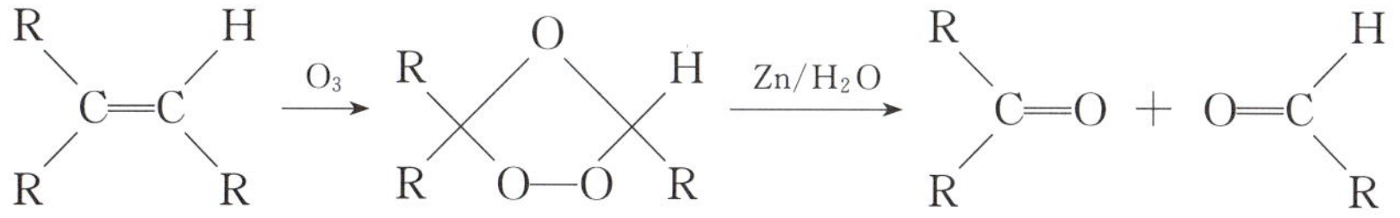

3. 过氧酸氧化 烯烃与过氧酸反应生成环氧化物称为环氧化反应(epoxidation reaction)。

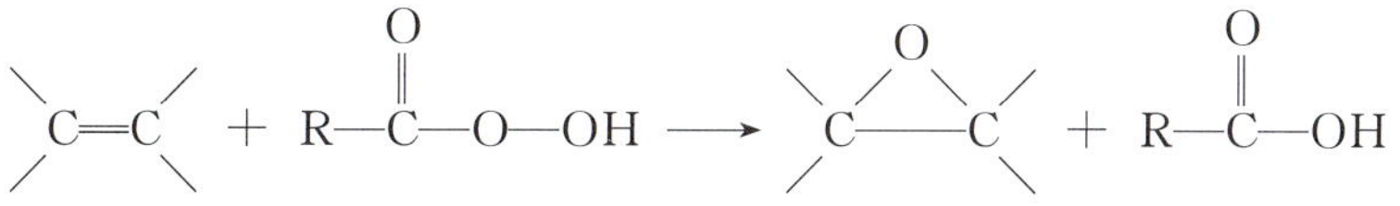

随堂检测 4-3 下列化合物是臭氧氧化产物,试写出烯烃的结构。

(1) $2CH_3COCH_3$ (2)  $HCCH_2CH_2CH_2CH$

(五)聚合反应

烯烃在催化剂和引发剂的作用下,π 键断开,分子间发生自身加成,形成大分子,这种由小

NOTE

分子结合成大分子的反应称为聚合反应(polymerization reaction)。烯烃的聚合反应称为加成聚合反应,简称加聚反应。例如:

$$n\ CH_2=\!\!=\!\!CH_2 \xrightarrow[60\sim75\ ℃,1\ MPa]{Al(CH_2CH_3)_3\text{-}TiCl_4} +CH_2-CH_2\,\}_n$$

聚乙烯

$$n\ CH_2=\!\!=\!\!CH-CH_3 \xrightarrow[50\ ℃,2\ MPa]{Al(CH_2CH_3)_3\text{-}TiCl_4} +CH_2-CH\,\}_n \\ | \\ CH_3$$

聚丙烯

第二节 炔烃

炔烃是含有碳碳三键的不饱和烃,炔烃的通式为$C_nH_{2n-2}(n\geqslant2)$。

一、结构

乙炔是最简单的炔烃,分子式为C_2H_2。乙炔分子是直线形结构,碳碳三键的键长为120 pm,碳氢键的键长为106 pm,碳碳三键与碳氢键的夹角为180°(图4-4)。分子中的两个碳原子都采用 sp 杂化,彼此各用一个 sp 杂化轨道沿键轴方向重叠形成碳碳 σ 键,每个碳原子的另一个 sp 杂化轨道分别与一个氢原子的 1s 轨道重叠形成碳氢 σ 键,三个 σ 键在一条直线上,因此乙炔分子为直线形分子。每个碳原子还各有两个未参与杂化且互相垂直的 p 轨道,这些 p 轨道两两相互平行、侧面重叠,形成两个相互垂直的 π 键,两个 π 键的电子云呈圆柱状对称分布在碳碳 σ 键周围(图4-5)。

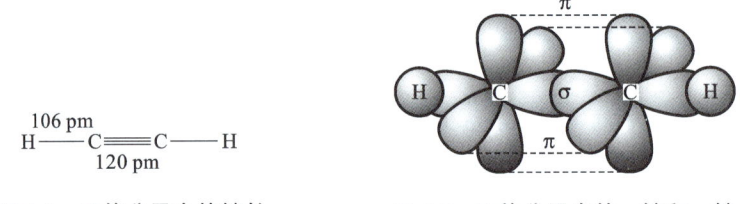

图 4-4 乙炔分子中的键长 　　　 图 4-5 乙炔分子中的 σ 键和 π 键

二、异构现象和命名

炔烃的构造异构同烯烃一样,也包括碳链异构和位置异构,但由于三键碳原子只能连一个取代基,因此炔烃不存在顺反异构体。因此与相同碳原子数的烯烃相比,其异构体的数目较少。例如,丁烯有四种异构体,而丁炔只有两种异构体:

HC≡CCH_2CH_3 　　　　　 CH_3C≡CCH_3

1-丁炔 　　　　　　　　　 2-丁炔

炔烃的系统命名法与烯烃类似,只需将"烯"改为"炔",英文名称以"yne"作词尾。例如:

CH_3CHC≡CCH_2CH_3 　　　 CH_3CH_2CHC≡CCH_2CH_3
　|　　　　　　　　　　　　　　　|
　CH_3　　　　　　　　　　　　　CH_3

2-甲基-3-己炔 　　　　　　　 5-甲基-3-庚炔

(2-methyl-3-hexyne) 　　　　　 (5-methyl-3-heptyne)

当分子中同时含有双键和三键时,应选取同时含有双键和三键的最长碳链作为主链,称为"某烯炔"。主链编号时应使双键或三键的位次最小,若在主链两端等距离处同时遇到双键和

三键,则要从靠近双键的一端开始编号。例如:

$$CH_3C{\equiv}CCH{=}CH_2 \qquad CH_3CH{=}CHC{\equiv}CH$$

1-戊烯-3-炔 3-戊烯-1-炔

(1-penten-3-yne) (3-penten-1-yne)

随堂检测 4-4 用系统命名法命名下列化合物。

(1) $CH_3CH{=}CHCH_2C{\equiv}CCH_3$ (2) $CH_3CH{=}\overset{\displaystyle |}{\underset{\displaystyle CH_2CH_3}{C}}{-}C{\equiv}CH$

三、物理性质

在常温下,$C_2{\sim}C_4$ 的炔烃是气体,$C_5{\sim}C_{15}$ 的炔烃是液体,C_{16} 以上的炔烃是固体。炔烃的熔点、沸点及相对密度比相应的烷烃和烯烃稍高,因炔烃分子中有线形结构的部分,分子排列较为紧密,分子间作用力增强。炔烃不溶于水,易溶于烷烃、四氯化碳、苯等非极性有机溶剂。表 4-2 列出了一些常见炔烃的物理常数。

表 4-2 常见炔烃的物理常数

名称	英文名	结构式	熔点/℃	沸点/℃	相对密度(d_4^{20})
乙炔	ethyne	$HC{\equiv}CH$	−81.8	−75	0.6179
丙炔	propyne	$HC{\equiv}CCH_3$	−101.5	−23.3	0.6714
1-丁炔	1-butyne	$HC{\equiv}CCH_2CH_3$	−122.5	8.6	0.6682
2-丁炔	2-butyne	$CH_3C{\equiv}CCH_3$	−24	27	0.6937
1-戊炔	1-pentyne	$HC{\equiv}C(CH_2)_2CH_3$	−98	39.7	0.6950
2-戊炔	2-pentyne	$CH_3C{\equiv}CCH_2CH_3$	−101	55.5	0.7127
1-己炔	1-hexyne	$HC{\equiv}C(CH_2)_3CH_3$	−124	71	0.7195
2-己炔	2-hexyne	$CH_3C{\equiv}CCH_2CH_2CH_3$	−92	84	0.7305
3-己炔	3-hexyne	$CH_3CH_2C{\equiv}CCH_2CH_3$	−51	82	0.7255
1-庚炔	1-heptyne	$HC{\equiv}C(CH_2)_4CH_3$	−80	100	0.7330
1-辛炔	1-octyne	$HC{\equiv}C(CH_2)_5CH_3$	−70	126	0.7470
1-壬炔	1-nonyne	$HC{\equiv}C(CH_2)_6CH_3$	−65	151	0.7630
1-癸炔	1-decyne	$HC{\equiv}C(CH_2)_7CH_3$	−36	182	0.7700

四、化学性质

炔烃具有和烯烃相似的化学性质,也能发生亲电加成、氧化、聚合等反应。但由于炔烃的三键碳原子为 sp 杂化,比双键碳原子的电负性强,三键碳原子对 π 键电子的束缚力较大,因此炔烃的亲电加成反应较烯烃难,也使得与三键碳原子相连的氢有微弱酸性。

(一) 酸性

与三键碳原子相连的氢具有弱酸性,可以与活泼金属或强碱反应,生成金属炔化物,例如:

$$2RC{\equiv}CH + Na \longrightarrow 2RC{\equiv}CNa + H_2$$

$$RC{\equiv}CH + NaNH_2 \xrightarrow{\text{液氨}} RC{\equiv}CNa + NH_3$$

乙炔的酸性很弱,它的酸性比水和醇的弱,但比乙烯、乙烷的强。

酸性: H_2O > CH_3CH_2OH > $CH{\equiv}CH$ > $CH_2{=}CH_2$ > CH_3CH_3

pK_a: 15.7 −16 −25 −45 −50

·有机化学·
NOTE

炔氢也可以被一些重金属离子取代,生成不溶性的重金属炔化物,此反应较灵敏,现象明显,可作为末端炔烃的鉴别方法。

$$RC{\equiv}CH + [Cu(NH_3)_2]Cl \longrightarrow RC{\equiv}CCu\downarrow(棕红色)$$

$$RC{\equiv}CH + [Ag(NH_3)_2]NO_3 \longrightarrow RC{\equiv}CAg\downarrow(白色)$$

干燥的金属炔化物不稳定,受热或震动易发生爆炸,所以实验结束后应立即用盐酸或硝酸将其分解,以免发生危险。

(二)催化氢化

炔烃在金属催化剂 Pt、Ni、Pd 等存在时,可与氢气发生加成反应,首先生成烯烃,继续与氢气加成生成烷烃。

$$R{-}C{\equiv}CH + H_2 \xrightarrow{Pt} R{-}CH{=}CH_2 \xrightarrow[Pt]{H_2} R{-}CH_2{-}CH_3$$

若采用一些活性较弱的特殊催化剂如 Lindlar 催化剂,则生成产率较高的顺式烯烃。Lindlar 催化剂是将金属钯吸附在硫酸钡或碳酸钙上再加入少量抑制剂(喹啉或醋酸铅)制成的。

$$CH_3C{\equiv}CCH_3 + H_2 \xrightarrow{Lindlar} \underset{CH_3\quad\quad CH_3}{\overset{H\quad\quad H}{C{=}C}}$$

顺式加成

(三)亲电加成反应

1. 与卤素加成　炔烃与卤素的加成反应分两步进行,首先生成邻二卤代烯,继续加卤素生成四卤代烷。

$$HC{\equiv}CH \xrightarrow{Br_2} BrCH{=}CHBr \xrightarrow{Br_2} Br_2CH{-}CHBr_2$$

炔烃与溴的四氯化碳溶液反应后,溴的棕红色消失,因此,此反应常用于鉴别炔烃。

炔烃的亲电加成活性比烯烃略小,当化合物中同时存在双键和三键时,卤素首先和双键发生加成反应。例如:

$$CH_2{=}CHCH_2C{\equiv}CH + Br_2 \longrightarrow \underset{Br\quad\quad Br}{CH_2{-}CHCH_2C{\equiv}CH}$$

随堂检测 4-5　用化学方法鉴别丙烷、丙烯、丙炔。

2. 与卤化氢加成　炔烃与一分子的卤化氢反应,生成一卤代烯,继续和一分子的卤化氢反应,生成同碳二卤代烷,加成产物符合马氏规则。

$$R{-}CH_2{-}C{\equiv}CH + HX \longrightarrow \underset{X}{R{-}CH_2{-}C{=}CH_2} \xrightarrow{HX} \underset{X}{\overset{X}{R{-}CH_2{-}C{-}CH_3}}$$

若控制反应条件也可以使炔烃与卤化氢的加成停留在一卤代烯阶段。

炔烃与溴化氢加成存在过氧化物效应。例如:

$$CH_3CH_2CH_2C{\equiv}CH + HBr \xrightarrow{ROOR} CH_3CH_2CH_2CH{=}CHBr$$

4. 与水加成　在催化剂硫酸汞和稀硫酸的存在下,炔烃与水发生加成反应,生成双键碳上连有羟基的烯醇式化合物。烯醇式化合物不稳定,很快异构化形成稳定的酮式结构。例如:

$$HC{\equiv}CH + H_2O \xrightarrow[H_2SO_4]{HgSO_4} \left[\underset{HC{=}CH_2}{\overset{OH}{|}}\right] \longrightarrow CH_3CHO$$

· 54 ·

炔烃的水合符合马氏规则,除乙炔水合生成乙醛外,其他炔烃水合得到酮。

$$RC{\equiv}CH + H_2O \xrightarrow[H_2SO_4]{HgSO_4} RC{\overset{\overset{\displaystyle O}{\|}}{-}}C{-}CH_3$$

（四）氧化反应

炔烃的碳碳三键在酸性高锰酸钾等氧化剂的作用下,可发生断裂,生成羧酸和二氧化碳等产物。

$$CH_3CH_2C{\equiv}CH \xrightarrow[H^+]{KMnO_4} CH_3CH_2COOH + CO_2$$

$$CH_3(CH_2)_2C{\equiv}C\underset{\underset{\displaystyle CH_3}{|}}{C}HCH_3 \xrightarrow[H^+]{KMnO_4} CH_3(CH_2)_2COOH + (CH_3)_2CHCOOH$$

反应现象明显,通常用于炔烃的鉴别,也可依据产物的结构推断炔烃的结构。

炔烃用臭氧氧化、水解后也得到羧酸。例如:

$$CH_3CH_2CH_2CH_2C{\equiv}CH \xrightarrow[(2)H_2O]{(1)O_3} CH_3CH_2CH_2CH_2COOH + HCOOH$$

（五）乙炔的聚合

乙炔在一定条件下可聚合生成二聚体或三聚体,一般不聚合成高聚体。

$$2HC{\equiv}CH \xrightarrow[NH_4Cl]{Cu_2Cl_2} CH_2{=}CHC{\equiv}CH$$

$$3HC{\equiv}CH \xrightarrow{高温}$$

第三节 二烯烃

含有两个碳碳双键的不饱和烃称为二烯烃(diene),其通式为 C_nH_{2n-2},与炔烃相同。

一、分类和命名

（一）分类

根据二烯烃中两个碳碳双键的相对位置,将二烯烃分为三类。

聚集二烯烃(cumulative diene)分子中两个碳碳双键连在同一个碳原子上,连接两个双键的碳原子为 sp 杂化。例如:$CH_2{=}C{=}CH_2$。

共轭二烯烃(conjugated diene)分子中两个碳碳双键被一个碳碳单键隔开。例如:$CH_2{=}CH{-}CH{=}CH_2$。

隔离二烯烃(isolated diene)分子中两个碳碳双键被两个或两个以上的碳碳单键隔离。例如:$CH_2{=}CH{-}CH_2{-}CH{=}CH_2$。

知识链接 4-1

在三类二烯烃中,隔离二烯烃的两个碳碳双键距离较远,相互影响较小,化学性质类似于单烯烃;聚集二烯烃不稳定,主要用于立体化学研究;共轭二烯烃中双键之间相互影响,具有一些特殊的性质。

（二）命名

二烯烃的命名原则与单烯烃相似,选含有两个碳碳双键的最长碳链作为主链,根据主链碳原子数称为“某二烯”。例如:

NOTE

$$CH_2\!=\!CH\!-\!CH\!=\!CH_2$$

1,3-丁二烯

(1,3-butadiene)

$$\underset{\underset{CH_3}{|}}{CH_2\!=\!CHCHCH\!=\!CH_2}$$

3-甲基-1,4-戊二烯

(3-methyl-1,4-pentadiene)

具有顺反异构体的二烯烃,需要标明其构型。例如:

$$\begin{array}{cccc} H_3C & & & H \\ & C\!=\!C & & H \\ H & & C\!=\!C & \\ & & H & CH_3 \end{array}$$

(2*E*,4*E*)-2,4-己二烯

(2*E*,4*E*)-2,4-hexadiene

二、共轭二烯烃的结构与共轭效应

(一)共轭二烯烃的结构

最简单的共轭二烯烃是1,3-丁二烯,在1,3-丁二烯分子中,4个碳原子都是sp²杂化,碳原子之间用sp²杂化轨道形成C—Cσ键,碳原子和氢原子之间以碳的sp²杂化轨道和氢的1s轨道形成C—Hσ键,4个碳原子和6个氢原子是共平面的,每个碳原子上未杂化的p轨道都垂直于这个平面,彼此侧面重叠形成π键(图4-6)。

1,3-丁二烯分子中π电子的运动空间不再局限在C_1—C_2及C_3—C_4之间的小范围,而是扩展到4个碳原子的大范围,这些电子比单烯烃中π键电子具有更大的运动空间,这种现象称为π电子的离域,这样的π键称为共轭π键。由于π电子的离域使得电子可以在更大的空间范围内运动,降低了体系的内能,因此共轭二烯烃比隔离二烯烃更稳定。

在1,3-丁二烯分子中,碳碳双键的键长(0.135 nm)比乙烯中碳碳双键的键长(0.134 nm)要长,碳碳单键的键长(0.147 nm)比烷烃中碳碳单键的键长(0.154 nm)短,即键长发生了平均化,说明1,3-丁二烯分子中不存在典型的单键和双键,C_2和C_3间具有部分双键的特性(图4-7)。

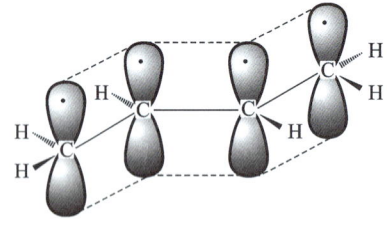

图4-6 1,3-丁二烯分子的共轭π键

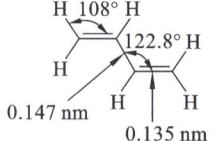

图4-7 1,3-丁二烯的键长和键角

(二)共轭效应

当共轭体系受到外电场的影响(或受到亲电试剂的进攻)时,整个分子可以通过π电子的运动,沿着共轭链而产生正负交替极化的现象,这种沿着共轭体系传递的电子效应称为共轭效应(conjugated effect),用C表示。根据共轭效应的结果,共轭效应分为给(供)电子共轭效应(+C)和吸电子共轭效应(-C)。共轭效应的特点是沿着共轭链传递,交替极化,其强度一般不因共轭体系的增长而减弱,共轭链有多长,交替极化便传递多远。例如:

$$\overset{\delta^+}{CH_2}\!=\!\overset{\delta^-}{CH}\!-\!\overset{\delta^+}{CH}\!=\!\overset{\delta^-}{CH_2} \quad H^+$$

1,3-丁二烯本身是非极性分子,当受到亲电试剂(如 H^+)进攻时,产生吸电子共轭效应,使 C_1—C_2 间的 π 电子向 C_1 方向偏移,则 C_1 带上微量负电荷,而 C_2 带上微量正电荷,C_2 上的正电荷继续吸引 C_3—C_4 间的 π 电子向 C_3 方向偏移,则 C_3 带上微量负电荷,而 C_4 带上微量正电荷,如此产生交替极化的现象。

共轭效应除存在上述的 π-π 共轭外,还存在 p-π 共轭,σ-π 超共轭及 σ-p 超共轭。

三、共轭二烯烃的特征反应

共轭二烯烃具有一般烯烃的化学性质,可发生加成、氧化、还原、聚合等反应。但由于共轭 π 键的存在,共轭二烯烃还有自身的一些特殊性质。

(一) 亲电加成

共轭二烯烃的亲电加成有两种方式,即 1,2-加成和 1,4-加成。

$$CH_2{=}CH{-}CH{=}CH_2 + Br_2 \longrightarrow \underset{Br\quad Br}{CH_2{-}CH{-}CH{=}CH_2} + \underset{Br\qquad\qquad Br}{CH_2{-}CH{=}CH{-}CH_2}$$

1,2-加成   1,4-加成

1,2-加成是试剂的两部分分别加到一个双键的两个碳原子上,1,4-加成则是加到 C_1 和 C_4 上,原来的两个双键消失,而在 C_2 和 C_3 之间形成一个新的双键。

1,3-丁二烯和氯化氢加成时,反应的第一步是质子加到共轭体系一端的碳原子上,形成烯丙型碳正离子,它既是 2°碳正离子,又由于形成 p-π 共轭体系,使其正电荷得到分散,内能降低,较稳定,是生成的主要中间体。而质子加到中间碳原子上形成的碳正离子不稳定。

$$CH_2{=}CH{-}CH{=}CH_2 + H^+ \longrightarrow CH_3{-}\overset{+}{CH}{-}CH{=}CH_2$$

$$\overset{+}{CH_3{-}CH{-}CH{-}CH_2} \equiv CH_3{-}\overset{\delta^+}{CH}{=}CH{-}\overset{\delta^+}{CH_2}$$

第二步是氯离子进攻烯丙型碳正离子,氯离子既可以加到带部分正电荷的 C_2 上,生成 1,2-加成产物,也可以加到带部分正电荷的 C_4 上,生成 1,4-加成产物。

$$CH_3{-}\overset{\delta^+}{CH}{=}CH{-}\overset{\delta^+}{CH_2} + Cl^- \longrightarrow \underset{Cl}{CH_3{-}CH{-}CH{=}CH_2} + \underset{Cl}{CH_3{-}CH{=}CH{-}CH_2}$$

1,2-加成   1,4-加成

1,3-丁二烯与等量的溴化氢发生加成反应时,可同时生成 1,2-加成产物和 1,4-加成产物,两种加成产物的比例取决于反应物结构、溶剂极性、产物稳定性及反应温度等诸多因素。就反应温度而言,一般在较高温度下有利于生成 1,4-加成产物,在较低温度下有利于生成 1,2-加成产物。例如:

$$CH_2{=}CH{-}CH{=}CH_2 \xrightarrow{HBr} \underset{Br}{CH_3CHCH{=}CH_2} + CH_3CH{=}CHCH_2Br$$

	1,2-加成	1,4-加成
−80 ℃	80%	20%
40 ℃	20%	80%

共轭二烯烃在较低温度下,受动力学控制影响,主要生成 1,2-加成产物,产物的比例由反应速率决定;在较高温度下,受热力学控制影响,主要生成 1,4-加成产物,产物的比例由产物的稳定性决定。

（二）双烯合成反应

共轭二烯烃可与含双键或三键的不饱和化合物发生1,4-加成,生成具有六元环状结构化合物的反应称为双烯合成或 Diels-Alder 反应。

$$\begin{array}{c} CH_2 \\ \| \\ CH \\ | \\ CH \\ \| \\ CH_2 \end{array} \quad + \quad \begin{array}{c} CH_2 \\ \| \\ CH_2 \end{array} \quad \xrightarrow[\text{高压}]{200\sim300\ ℃} \quad \begin{array}{c} CH_2 \\ CH \qquad CH_2 \\ \| \qquad | \\ CH \qquad CH_2 \\ CH_2 \end{array}$$

1,3-丁二烯 　　　　　乙烯 　　　　　　　　　　环己烯

小结

随堂检测答案

烯烃的官能团是碳碳双键,碳原子发生 sp² 杂化,双键是由 σ 键和 π 键组成的,π 键不能自由旋转,因此烯烃存在顺反异构现象。有顺反异构体的烯烃在命名时需标记其构型,顺反异构的标记方法有顺/反标记法和 Z/E 标记法。

烯烃的 π 键键能比 σ 键小,π 电子云分布在双键平面的上下方,受碳原子核的束缚力较弱,较易极化,因此化学性质较活泼。其化学反应主要有催化氢化、亲电加成、自由基加成、氧化反应、聚合反应等。亲电加成反应遵循 Markovnikov 规则,即试剂中带负电部分主要加到含氢较少的双键碳上。原因是亲电加成反应经历了碳正离子中间体,而碳正离子的稳定性顺序为 $R_3C^+ > R_2CH^+ > RCH_2^+ > CH_3^+$。该顺序可用诱导效应进行解释。

炔烃的官能团是碳碳三键,碳原子采取 sp 杂化。炔烃具有和烯烃相似的性质,能发生亲电加成、氧化、聚合等反应。但是 sp 杂化的碳原子的电负性较 sp² 杂化的碳原子电负性大,炔烃中的 π 键比烯烃的 π 键较难极化,亲电加成反应较烯烃难,也使得与三键碳原子相连的氢有弱酸性,可生成金属炔化物。

共轭二烯烃的结构特征是碳碳单键和碳碳双键交替排列的 π-π 共轭体系,π 电子可在共轭链上离域,这种共轭 π 键又称离域大 π 键。共轭效应是存在于共轭体系中的电子效应,其具有使体系能量降低、分子趋于稳定、键长平均化,以及在外电场影响下共轭分子链发生极性交替现象的特性。共轭二烯烃的特性反应是1,2-加成和1,4-加成、Diels-Alder 反应。

能力检测

能力检测答案

4-1 用系统命名法命名下列化合物。

(1) $\begin{array}{c} H \qquad\quad CH_2CH_3 \\ \diagdown \quad / \\ C=C \\ / \quad \diagdown \\ CH_3 \qquad CH_2CH_2CH_3 \end{array}$

(2) $\begin{array}{c} H \qquad\quad CH_2CH_2CH_3 \\ \diagdown \quad / \\ C=C \\ / \quad \diagdown \\ CH_3CH_2 \qquad CH_3 \end{array}$

(3) $CH_2{=}C{-}CH{=}CCH_3$
　　　　|　　　　|
　　　CH_3　　CH_3

(4) $CH{\equiv}CCH_2CHCH_3$
　　　　　　　　|
　　　　　　　CH_3

(5) $CH_3C{\equiv}CCH_2CH{=}CHCH_3$

(6) $CH{\equiv}CC{-}CHCH_3$
　　　　　　|
　　　　CH_2CH_3

4-2 写出下列化合物结构式。

(1) 3-甲基-1-戊烯

(2) 2,3-二甲基-3-己烯

(3) 1,3-戊二炔

(4) 3,5-二甲基-1-己炔

NOTE

（5）5-甲基-5-庚烯-1-炔 　　　　　　　（6）3-乙基-1-戊烯-4-炔

4-3 完成下列反应式。

（1）$CH_3CH_2CH{=}CH_2 + HBr \longrightarrow$

（2）$+ HBr \xrightarrow{ROOR}$

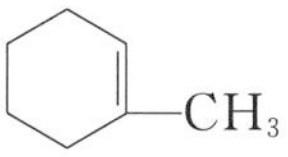

（3）$CH_3CH_2CH_2CH_2C{\equiv}CH + H_2O \xrightarrow[H_2SO_4]{HgSO_4}$

（4）$CH_3C{\equiv}CCH_2CH_3 + H_2 \xrightarrow{Lindlar}$

4-4 比较下列烯烃和 HCl 发生亲电加成反应的活性顺序。

（1）1-己烯、2-甲基-1-戊烯、2-甲基-2-戊烯

（2）乙烯、氯乙烯、溴乙烯

4-5 下列化合物是烯烃经高锰酸钾氧化生成的产物，试写出烯烃的结构。

（1）$(CH_3)_2CO$ 和 CH_3CH_2COOH 　　　（2）CH_3CH_2COOH 和 CO_2

（3）$HOOCCH_2CH_2CH_2CH_2COOH$

4-6 用化学方法鉴别下列各组化合物。

（1）戊烷、1-戊烯和 1-戊炔

（2）丁烷、3-甲基-1-丁炔和 2-丁炔

4-7 比较下列碳正离子的稳定性。

（1）$\overset{+}{C}H_2CH_2CH{=}CH_2$ 　　　　　　（2）$CH_3\overset{+}{C}HCH{=}CH_2$

（3）$\overset{+}{C}H_2CH{=}CH_2$ 　　　　　　　（4）$CH_3{-}\underset{\underset{CH_3}{|}}{\overset{+}{C}}CH{=}CH_2$

4-8 三种化合物具有相同分子式（C_5H_8），催化加氢后都生成 2-甲基丁烷。它们也都能与两分子溴加成，一种可与氯化亚铜的氨溶液作用产生红棕色沉淀，另外两种则不能。试推测这三种同分异构体的结构式。

（张玉军）

第五章 芳香烃

 学习目标

1. 掌握：苯的结构、单环芳烃的命名、化学性质；苯环上取代基的定位效应及其应用。
2. 熟悉：萘、蒽、菲的结构。
3. 了解：单环芳烃的物理性质；多环芳烃和典型非苯型芳香烃。

本章PPT

芳香族化合物(aromatic compound)最初是指从天然香树脂、香精油中提取的具有特殊芳香气味的化合物，它们都含有苯环结构单元，后来发现，大多数含苯环的化合物并没有香味，有些甚至有难闻的气味。虽然"芳香"一词沿用至今，但已失去了原来的含义。这类物质结构上具有高度的不饱和性，但化学性质很稳定，不易进行加成和氧化反应，而容易发生取代反应，这种特殊性被称为芳香性(aromaticity)。根据此定义，芳香烃(aromatic hydrocarbon)是具有"芳香性"的环状碳氢化合物，含有苯环结构的芳香烃称为苯型芳香烃(benzenoid aromatic hydrocarbon)；不含苯环结构的芳香烃称为非苯型芳香烃(non-benzenoid aromatic hydrocarbon)。苯型芳香烃根据分子中苯环的数量和连接方式不同，又可分为单环芳烃、多环芳烃和稠环芳烃。

单环芳烃是分子中只含有一个苯环的芳烃。例如：苯、甲苯、邻二甲苯等。

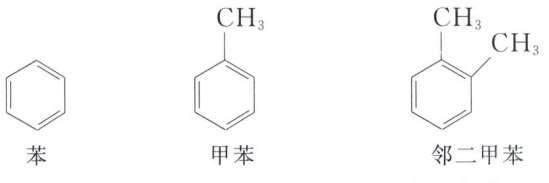

苯　　　　　　　甲苯　　　　　　　　邻二甲苯
benzene　　　methylbenzene　　　*o*-dimethylbenzene

多环芳烃是分子中含有两个或两个以上独立苯环的芳烃。例如：二苯甲烷、联苯。

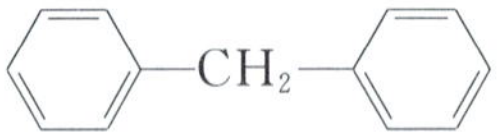

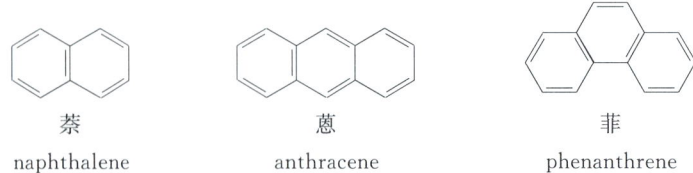

二苯甲烷　　　　　　　　　联苯
diphenylmethane　　　　　　biphenyl

稠环芳烃是分子中含有两个或两个以上苯环，苯环之间共用相邻两个碳原子的芳烃。例如：

萘　　　　　　　　蒽　　　　　　　　菲
naphthalene　　　anthracene　　　phenanthrene

第一节　苯及其同系物

一、苯的结构

1. 苯的凯库勒式　1825 年英国化学家 M. Faraday 从照明气中分离得到苯,1834 年德国化学家 E. Mitscherlich 将苯甲酸和氧化钙一起加热得到了同样的化合物,并测定出分子式为 C_6H_6,1845 年德国化学家 Hofmann. A. W. 从煤焦油中分离出苯,后来又从煤焦油中分离出苯的同系物。科学家对于分子中 6 个碳 6 个氢如何连接进行了大量的研究。从分子式上看,苯具有很高的不饱和度,应表现出不饱和烃的性质,容易发生加成、氧化、聚合等反应。然而苯却是一个比较稳定的化合物,不易与卤素发生加成反应,也很难被高锰酸钾溶液氧化。为解释苯的这些性质,凯库勒于 1865 年提出苯的凯库勒式:碳碳键首尾相连结合成六元环,环中 3 个单键、3 个双键相间,构成正六边形平面结构,每个碳原子上连接一个氢原子。

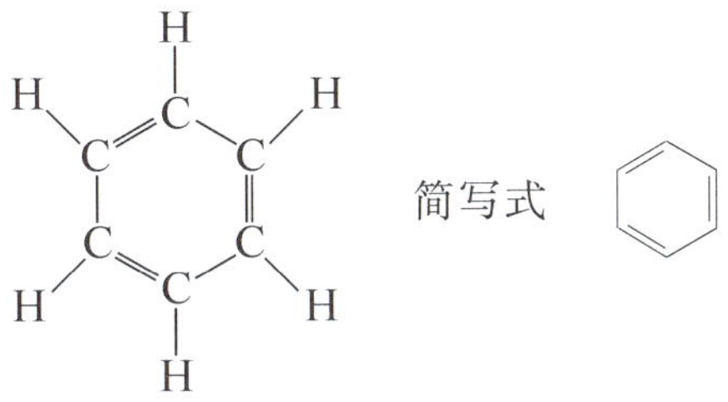

凯库勒结构中 6 个氢是完全等同的,所以苯的一取代物没有异构体,苯加氢以后得到环己烷。凯库勒提出的苯的结构式是有机化学理论研究中的重大发展,但却无法解释苯的二取代物只有一种,苯的六个键的键长完全相等,并无单双键之分,而且不易发生加成反应等实验事实。所以凯库勒结构式并不能完全解释苯的芳香性。

2. 苯的结构及稳定性　现代物理方法(光谱法、电子衍射法、X 射线衍射法)测定苯的结构,证明苯分子是一个平面正六边形,6 个碳和 6 个氢处于同一平面,键角均为 120°,键长为 139 pm,键长介于碳碳单键与碳碳双键之间。其结构如下:

知识链接 5-1

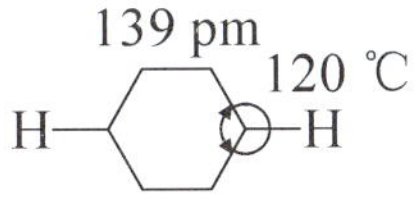

苯的结构可以用杂化轨道理论很好地解释。杂化轨道理论认为:苯的 6 个碳原子均为 sp^2 杂化,相邻碳原子之间以 sp^2 杂化轨道"头碰头"重叠,形成 6 个均等的碳碳 σ 键,每个碳原子又各用一个 sp^2 杂化轨道与氢原子的 1s 轨道重叠,形成碳氢 σ 键,键角均为 120°,所有的原子都在同一平面上。每个碳原子上未杂化的 p 轨道垂直于环所在平面,相互平行,相邻碳原子上的 p 轨道可以互相重叠,形成一个环状闭合的 π-π 共轭体系,称为大 π 键。电子云分布在环平面的上方和下方,形成了如图 5-1 所示的面包圈形状。

碳原子上的 6 个 p 电子为 6 个碳原子所共享,成键电子的离域导致每个碳原子上的电子云密度和键长完全平均化,在苯分子中没有一般意义上的单键和双键之分,6 个碳碳键是完全等同的,所以邻二取代物也只有一种构型。共轭体系的形成使苯分子的内能降低,也使苯环具有特殊的化学稳定性,表现出芳香性。鉴于苯分子中存在着共轭的大 π 键,也可以用 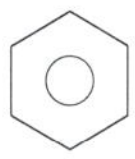  表示苯分子的结构。

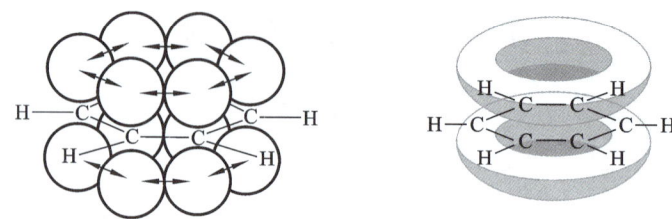

图 5-1 苯分子大 π 键的形成及电子云分布

二、苯的同系物的命名

苯的同系物指苯分子中的氢原子被烃基取代的衍生物。按取代基的多少可分为一元、二元和多元取代物。

1. 一元取代物 单环芳香烃的命名一般以苯环为母体,烷烃作为取代基,称为"某烷基苯",其中的"基"字常常省略。例如:

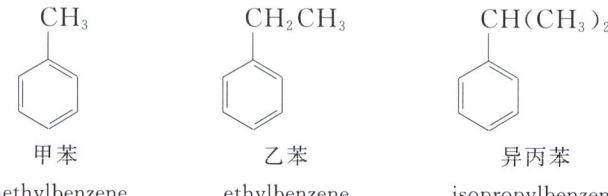

甲苯	乙苯	异丙苯
methylbenzene	ethylbenzene	isopropylbenzene

2. 二元取代物 由于两个取代基的相对位置不同,可以产生三种异构体,可用数字表示,也可以用"邻"或 *o*-(ortho-)、"间"或 *m*-(meta-)、"对"或 *p*-(para-)等词头表示,例如:

邻二甲苯	间二甲苯	对二甲苯
(1,2-二甲苯)	(1,3-二甲苯)	(1,4-二甲苯)
o-dimethylbenzene	*m*-dimethylbenzene	*p*-dimethylbenzene

3. 三元取代物 根据取代基的相对位置,常用数字编号来区别,如取代基相同,则常用"连""偏""均"等词头来表示,例如:

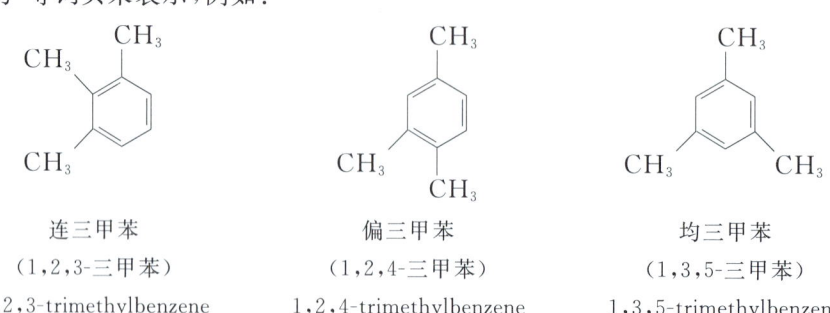

连三甲苯	偏三甲苯	均三甲苯
(1,2,3-三甲苯)	(1,2,4-三甲苯)	(1,3,5-三甲苯)
1,2,3-trimethylbenzene	1,2,4-trimethylbenzene	1,3,5-trimethylbenzene

若苯环上所连的几个烷基不同,取代基的编号要尽可能小,并按次序规则列出,小基团优先,若其中一个是甲基,则也可用甲苯作为母体,母体官能团的位置编号为1,其他烷基作为取代基。如:

$$\underset{\text{1-methyl-2-ethyl-4-isopropylbenzene(2-ethyl-4-isopropyl methylbenzene)}}{\text{1-甲基-2-乙基-4-异丙基苯(2-乙基-4-异丙基甲苯)}}$$

$$\begin{array}{c}\text{CH}_3 \\ | \\ \text{CH}_2\text{CH}_3 \\ \\ \text{CH(CH}_3\text{)}_2\end{array}$$

1-甲基-2-乙基-4-异丙基苯(2-乙基-4-异丙基甲苯)

1-methyl-2-ethyl-4-isopropylbenzene(2-ethyl-4-isopropyl methylbenzene)

若苯环上结合较复杂的烷基、含官能团的碳链、不饱和烃基(如烯基或炔基)时,苯环作为取代基(称苯基),如:

$$\underset{\overset{|}{\text{C}_6\text{H}_5}}{\text{CH}_3\text{—CH}}\text{—CH}_2\text{—}\underset{\overset{|}{\text{CH}_3}}{\text{CH}}\text{—CH}_3$$

2-甲基-4-苯基戊烷

2-methyl-4-phenyl pentane

$$\underset{\overset{|}{\text{C}_6\text{H}_5}}{\text{CH}_3\text{—CH}}\text{—CH}_2\text{—}\underset{\overset{|}{\text{CH}_3}}{\text{CH}}\text{—COOH}$$

2-甲基-4-苯基戊酸

2-methyl-4-phenyl pentanoic acid

CH₂OH

苯甲醇

benzyl alcohol

CH₂Cl

苯氯甲烷

benzene methyl chloride

CH=CH₂

苯乙烯

styrene

C≡CH

苯乙炔

phenylacetylene

CH₂—CH=CH₂

3-苯丙烯

3-phenyl propylene

CH₃—C=CH—CH₃

2-苯基-2-丁烯

2-phenyl-2-butene

若苯环与卤素、硝基、亚硝基直接相连,苯作为母体,如:

Cl

氯苯

chlorobenzene

$$\begin{array}{c}\text{NO}_2 \\ \\ \text{NO}_2\end{array}$$

间二硝基苯

m-dinitrobenzene

若苯环与—NH₂、—OH、—SO₃H 直接相连,可以把苯胺、苯酚、苯磺酸作为母体,如:

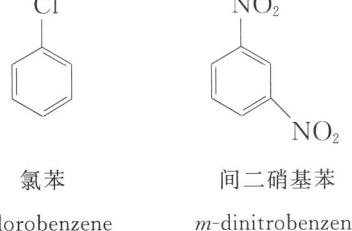

$$\begin{array}{c}\text{OH} \\ \\ \text{NO}_2\end{array}$$

邻硝基苯酚

o-nitrophenol

芳香烃中少一个氢原子形成的基团称为芳香基或芳基(aryl-),简写为 Ar—。苯去掉一个氢形成的基团称为苯基,简写为 Ph—。甲苯分子中苯环上去掉一个氢,得到甲苯基,甲苯的甲基上去掉一个氢形成的基团称为苄基,也称为苯甲基。

苯基　　　邻甲苯基　　　间甲苯基　　　对甲苯基　　　苄基
phenyl　 o-methylphenyl　 m-methylphenyl　 p-methylphenyl　 benzyl

随堂检测 5-1 苯的同系物的命名，只有与少数基团连接时，苯环作为母体，请列举苯环作为母体时所连的基团。

三、物理性质

苯及其同系物的一般为液体，具有特殊的气味，易燃，不溶于水，易溶于石油醚、乙醚等有机溶剂，液态芳香烃本身就是良好的溶剂。苯及其同系物的蒸气有毒，苯蒸气能通过呼吸道对人体产生损害，高浓度的苯蒸气主要作用于中枢神经引起急性中毒，长期接触低浓度的苯蒸气会损害造血器官，引起白细胞数减少和头晕乏力等症状。

苯及其同系物的相对密度都小于 1，但比链烃、环烷烃、环烯烃的高。部分苯及同系物的物理常数如表 5-1 所示。

表 5-1　苯及同系物的物理常数

名称	英文名	熔点/℃	沸点/℃	相对密度(d_4^{20})
苯	benzene	5.5	80.1	0.8765
甲苯	methylbenzene	-95	110.6	0.8669
乙苯	ethylbenzene	-94.5	136.2	0.8670
邻二甲苯	o-dimethylbenzene	-25.2	144.4	0.8802
间二甲苯	m-dimethylbenzene	-47.9	139.1	0.8642
对二甲苯	p-dimethylbenzene	13.3	138.3	0.8611
丙苯	propylbenzene	-99.5	159.2	0.8620
异丙苯	isopropylbenzene	-96	152.4	0.8618

四、化学性质

由于苯系芳香烃都含有稳定的共轭体系，它们的性质与烷烃及不饱和烃有显著的不同，主要表现为易于取代，难于加成和氧化。

（一）亲电取代反应

苯环富有 π 电子，易受亲电试剂的进攻，芳香烃取代反应有卤代、硝化、磺化、烷基化和酰基化等亲电取代反应。

1. 卤代反应　苯与卤素在铁粉或三卤化铁的催化下，苯环上的氢原子被卤素原子取代。如：

$$\text{（苯）} + Cl_2 \xrightarrow[55\sim60\ ℃]{FeCl_3} \text{（氯苯）} + HCl$$

氟代反应非常剧烈，不易控制；碘代反应不完全且速度太慢，所以此反应多用于制备氯代苯和溴代苯。反应常用 $FeCl_3$、$FeBr_3$ 作为催化剂，也可以用铁粉作为催化剂，因为铁粉可与卤素反应生成卤化铁。

甲苯比苯更容易发生卤代反应,得到邻对位取代产物。如:

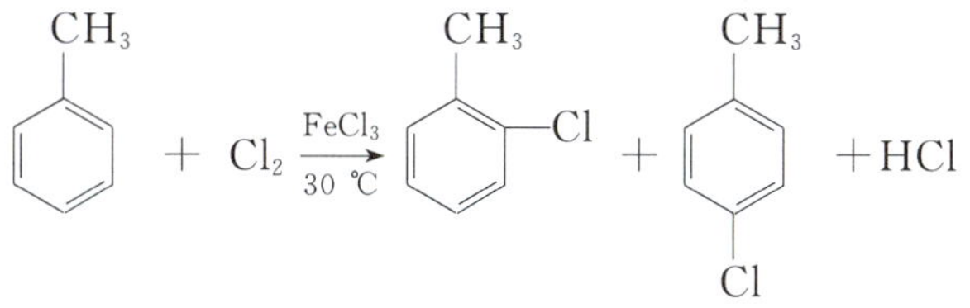

2. 硝化反应 苯与浓硝酸和浓硫酸的混合物(称为混酸)作用,苯环上的氢原子被硝基取代,生成硝基苯,此反应称为硝化反应(nitration reaction)。

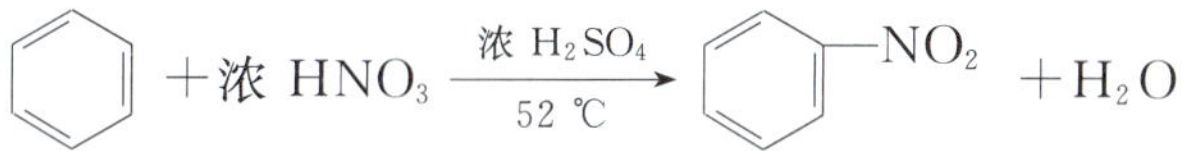

甲苯比苯易硝化,生成邻硝基甲苯和对硝基甲苯。

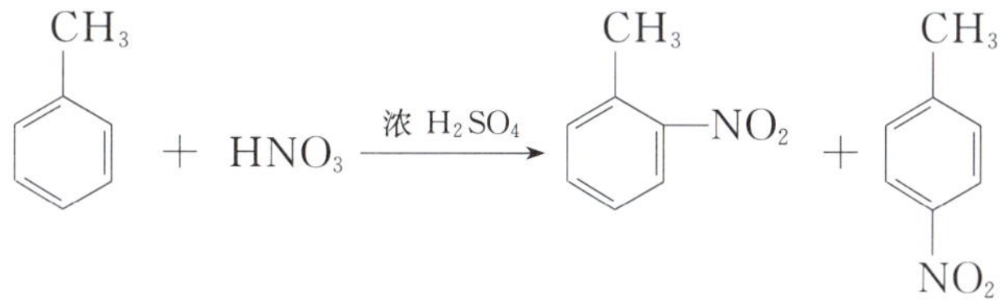

3. 磺化反应 苯与浓硫酸在加热情况下,或苯与发烟硫酸(三氧化硫与硫酸的混合物)反应,生成苯磺酸,此反应称为磺化反应(sulfonation reaction)。磺化反应是一个可逆反应,苯磺酸与过热水蒸气可以发生水解,生成苯和稀硫酸。

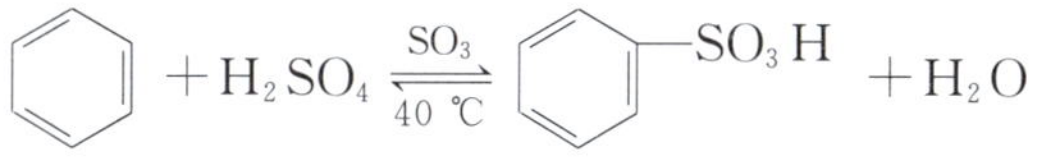

甲苯的磺化反应主要生成对位产物。

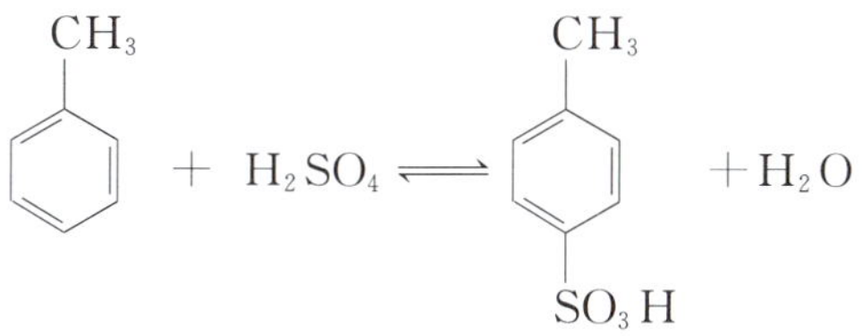

4. Friedel-Crafts 烷基化和酰基化反应 苯与卤代烃在无水 AlCl₃ 等催化剂作用下反应,苯可以被烷基化生成烷基苯,此反应称为 Friedel-Crafts 烷基化反应(Friedel-Crafts alkylation reaction)。

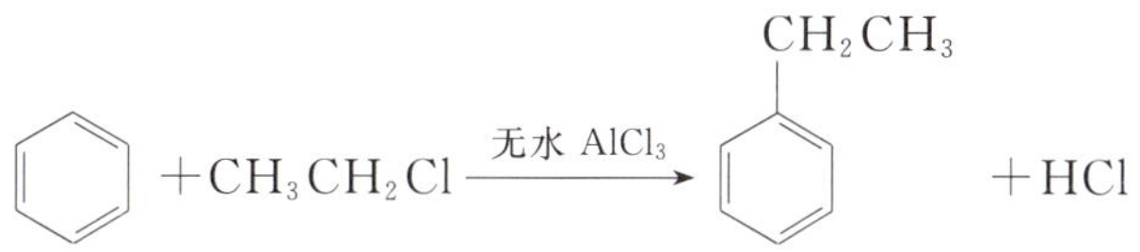

在无水 AlCl₃ 的催化下,苯与酰卤反应,苯环上的氢原子被酰基取代,称为 Friedel-Crafts 酰基化反应(Friedel-Crafts acylation reaction)。

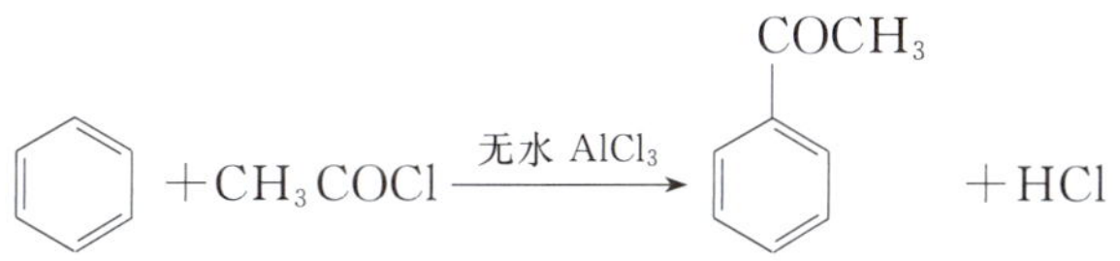

Friedel-Crafts 烷基化反应要注意:

(1) 在烷基化反应中,如导入的烷基大于乙基,则常发生复杂的异构化作用,这是因为由于碳正离子稳定性的不同,在反应过程中烷基碳正离子会自动重排为较稳定的烷基碳正离子,使得引入的烷基与卤代烷中原先的烷基不同,例如:

$$ \text{苯} + CH_3CH_2CH_2Cl \xrightarrow{\text{无水 } AlCl_3} \underset{30\%}{\text{（}CH_2CH_2CH_3\text{）}} + \underset{70\%}{\text{（}CH(CH_3)_2\text{）}} $$

（2）当芳环上连有—NO_2、—CN、—SO_3H 等强吸电子基团时，苯环被钝化，Friedel-Crafts 烷基化反应不能进行。

苯环亲电取代反应的机制为

$$ \text{苯} + E^+ \xrightarrow{\text{慢}} \underset{(+)}{\overset{H\ E}{\text{（}}} \xrightarrow{\text{快}} \overset{E}{\text{（}} + H^+ $$

亲电取代反应分两步。第一步，亲电试剂（E^+）进攻苯环，获取苯环上的 2 个 π 电子形成碳正离子中间体，在此过程中，与 E^+ 连接的碳原子由原来的 sp^2 杂化变为 sp^3 杂化，它不再有 p 轨道，退出了 6 个碳的共轭体系，剩下 5 个碳原子的大 π 键只有 4 个 π 电子，带 1 个正电荷。第二步：碳正离子中间体失去 H^+，sp^3 杂化的碳原子回到 sp^2 杂化，恢复苯环 6 个 π 电子的闭合共轭体系，生成取代产物。

第一步生成碳正离子是整个反应的决速步骤，这和烯烃加成反应中生成的碳正离子的情况相似。因此碳正离子中间体越稳定，中间体越易形成，取代反应越易进行。

（二）侧链的卤代反应

烷基苯在光照或加热的条件下，与卤素可以发生侧链上的取代，卤素原子主要取代 α-H。例如：

$$ \overset{CH_3}{\text{（）}} \xrightarrow{Cl_2,\ h\nu} \overset{CH_2Cl}{\text{（）}} $$

$$ \overset{CH(CH_3)_2}{\text{（）}} \xrightarrow{Cl_2,\ h\nu} \overset{C(CH_3)_2Cl}{\text{（）}} $$

苯环侧链的卤代反应与烷烃的卤代反应机制相同，是自由基取代。反应的中间体是苄基自由基。

随堂检测 5-2 烷基苯与卤素发生取代反应属于亲电取代反应吗？试解释原因。

（三）氧化反应

苯环由于其特殊的稳定性，一般的强氧化剂如高锰酸钾、重铬酸钾等难以氧化苯。但烷基苯可被酸性高锰酸钾、酸性重铬酸钾等强氧化剂氧化，且被氧化的是烷基，而不是苯环，这进一步说明苯环的稳定性。氧化时，苯环上含 α-H 的侧链，不论侧链的长短，最后都被氧化为苯甲酸，不含 α-H 的侧链不能被氧化。例如：

$$ \overset{CH_3}{\text{（）}} \xrightarrow{KMnO_4/H^+} \overset{COOH}{\text{（）}} $$

$$ \overset{CH_3}{\underset{CH(CH_3)_2}{\text{（）}}} + KMnO_4 \longrightarrow \overset{COOH}{\underset{COOH}{\text{（）}}} $$

由于是一个侧链氧化成一个羧基，因此通过分析氧化产物中羧基的数目和相对位置可以推测出原化合物中烷基的数目和相对位置。

(四)加成反应

苯及其同系物与烯烃相比,不易发生加成反应,但在一定条件下(高温、高压或催化剂)仍可以与氢气、氯气等物质加成,加成产物为脂环烃及其衍生物,不会停留在生成环己二烯或环己烯。因为苯环中 6 个 p 电子形成的是一个整体的大 π 键,不存在孤立的双键,不可能进行分步加成反应。

六氯环己烷(六六六)

六氯环己烷曾用作杀虫剂,由于它性质稳定,难以分解,造成积累性中毒,现已禁用。

五、苯环亲电取代反应的定位规律

当苯环已有一个取代基时,如果继续在苯环上发生亲电取代反应,第二个取代基进入苯环的位置取决于苯环上原有取代基的性质,而与第二个取代基的性质无关,我们把苯环上原有的取代基称作定位基(directing group)。

(一)定位规律

根据定位效应的不同,把定位基分为两种类型:邻对位定位基(邻对位取代产物比例大于60%)和间位定位基(间位取代产物比例大于 40%)。

定位基不仅影响苯的第二个取代基的位置,也影响苯的亲电取代活性,以苯为参考标准,酚和甲苯的硝化反应比苯快,即环上的羟基和甲基具有使芳环亲电取代反应活性提高的作用,能使芳环亲电取代反应活性提高的取代基称为致活基团(activating group);氯苯和硝基苯的硝化反应比苯慢,即环上的氯和硝基具有使芳环亲电取代反应活性降低的作用,能使芳环亲电取代反应活性降低的取代基称为致钝基团(deactivating group),不同的基团致活和致钝的强度也不一样。表 5-2 列出了苯环亲电取代反应常见的定位基及其对苯活性的影响。

表 5-2 苯环亲电取代反应常见的定位基及其对苯环活性的影响

邻对位定位基	对活性的影响	间位定位基	对活性的影响
$—NH_2(R)$、$—OH$	强致活	$—NR_3^+$、$—NO_2$、$—CF_3$	很强致钝
$—OR$、$—NHCOR$	中等致活	$—CN$、$—SO_3H$	强致钝
$—R$、$—Ar$、$—CH{=}CR_2$	弱致活	$—COR$、$—COOH$	中等致钝
$—X$、$—CH_2Cl$	弱致钝	$—COOR$、$—CHO$	弱致钝

1. 邻对位定位基(ortho/para directing group) 邻对位定位基又称为第一类定位基,邻对位定位基可使第二个取代基进入它的邻位和对位,主要生成邻二取代苯和对二取代苯 2 种产物。如甲苯的溴代,主要生成邻溴甲苯和对溴甲苯 2 种产物。邻对位定位基具有如下的特点:①与苯环相连的原子均以单键与其他原子相连;②与苯环相连的原子大多带有孤对电子;③除卤素以外,均为致活基团。

2. 间位定位基(meta directing group) 间位定位基又称为第二类定位基,间位定位基可使第二个取代基进入它的间位,主要生成间二取代苯。间位定位基具有如下的特点:①与苯环相连的原子带正电荷或是极性不饱和基团;②均为致钝基团。

3. 二取代苯亲电取代的定位规律　若两个取代基的定位作用一致,则它们的作用相互加强。例如:

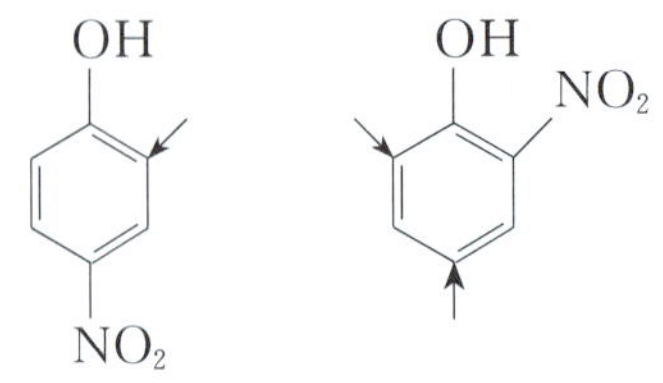

若两个取代基的定位作用不一致时,一般情况下,邻对位定位基的作用超过间位定位基的作用,强致活基团的作用超过弱致活基团的作用。新取代基进入苯环的位置主要取决于定位作用较强者(新取代基一般不进入1,3-二取代苯的2位):

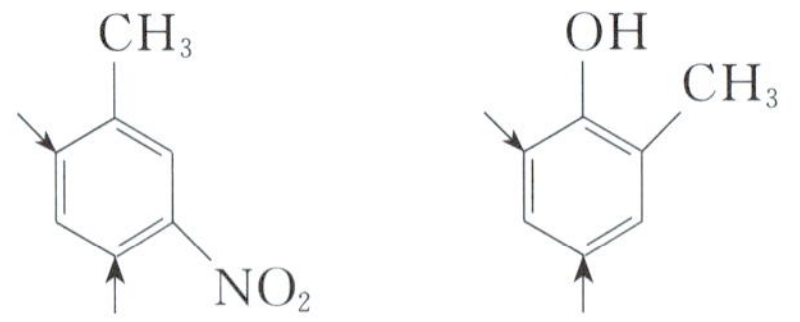

应用定位效应,可以预测亲电取代反应的主要产物及选择最合理的合成路线,从而获得高的产率并避免复杂的分离操作。

随堂检测 5-3　预测间硝基苯酚发生亲电取代时,新引入的取代基的位置,并说明原因。

(二)定位规律的理论解释

两类定位基有不同的定位效应,并且可对苯环的反应活性产生不同的影响,原因在于它们使苯环上碳原子的电子云分布发生改变,即产生了电子效应。

苯环是一个闭合的共轭体系,未取代的苯环上6个碳原子的π电子云分布是均等的。当苯环上的氢原子被一个取代基取代时,取代基就会改变苯环π电子云密度的分布,使苯分子发生了极化。取代基对苯环的影响主要是由于发生了诱导效应和共轭效应。

1. 邻对位定位基　当苯环带有甲基或其他烷基时,甲基是给电子基,由于诱导效应使苯环上的电子云密度增大,致使苯环发生亲电取代反应的活性增大。而且诱导效应沿共轭体系传递时,由于共轭效应交替极化的影响,定位基的邻位和对位电子云密度增加更为显著,所以主要生成邻、对位取代的产物。

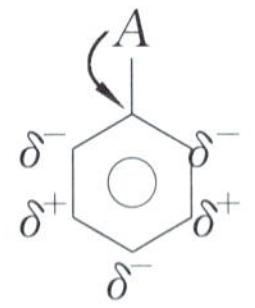

邻对位定位基(A)对苯环电子云的影响

例如甲基有供电子诱导效应(+I),同时,甲基与苯环π键有σ-π超共轭效应(+C)。该诱导效应与超共轭效应的方向是一致的,都使苯环的电子云密度增加。

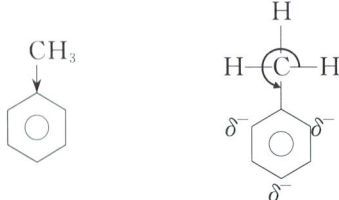

甲基诱导效应　　甲基超共轭效应

当苯环上连有—OH、—OR、—NH₂等取代基时,由于氧原子和氮原子电负性较大,会发生吸电子的诱导效应($-I$),吸引苯环上电子向氧原子或氮原子方向转移。但同时氧原子与氮原子 p 轨道上的未共用电子对与苯环形成 p-π 共轭,导致氧原子的孤对电子向苯环方向转移。p-π 共轭效应与诱导效应的方向相反,共轭效应占优势,总的结果使苯环上电子云密度增加,发生亲电取代反应的活性增大,且由于交替极化,使羟基的邻、对位电子云密度增加更为显著,所以产生邻、对位定位效应。

羟基诱导效应　　　　　　羟基的 p-π 共轭效应

卤素对苯环的定位效应也是两种电子效应综合的结果。卤素原子电负性较大,具有较强的吸电子诱导效应,同时卤素原子上的未共用电子对也会与苯环形成 p-π 共轭。但与—OH、—OR、—NH₂等基团不同的是,卤素的诱导效应大于其共轭效应。因此卤素原子会使苯环上的电子云密度减小,使苯环发生亲电取代反应的活性降低。而共轭效应又会使其邻位和对位的电子云密度比其间位大,所以卤素也是邻对位定位基。

卤素的诱导效应　　　　　　卤素的 p-π 共轭效应

2. 间位定位基　　间位定位基大多是吸电子基,发生吸电子诱导效应,使苯环电子云密度降低,不利于亲电试剂的进攻,对苯环亲电取代反应有致钝作用。由于共轭效应交替极化的影响,定位基的邻位和对位电子云密度降低更为显著,间位电子云密度相对较高,所以亲电试剂容易进攻间位碳原子。

例如硝基具有吸电子的诱导效应($-I$),吸电子的共轭效应($-C$),硝基 π 键与苯环 π 键构成 π-π 共轭,氮、氧电负性比碳强,共轭链电子云移向硝基,诱导效应与共轭效应方向一致,降低了苯环的电子云密度,不利于亲电取代,硝基苯取代反应比苯慢;由于交替极化的影响,硝基的邻、对位电子云密度比间位下降更多,间位电子云密度相对较高,因此,硝基苯取代的主要产物是间位取代物。

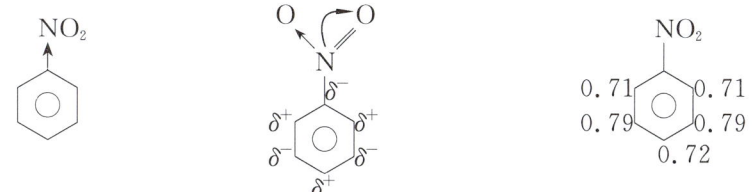

硝基的诱导效应　　　　硝基的 π-π 共轭效应　　　　硝基苯的 π 电子云密度

（苯分子 π 电子云密度定为 1）

综上所述,致活或钝化作用由总的电子效应决定,而定位由苯环的共轭效应决定。

（三）定位规律的应用

应用定位规律,可以推测芳香族化合物亲电取代反应的主要产物。在合成具有两个或多个取代基的苯的衍生物时,应用定位规律制定合理的反应路线,可以获得较高的产率,得到较纯净的目标化合物。例如,由苯制备对硝基溴苯和间硝基溴苯需要采取不同的合成路线。

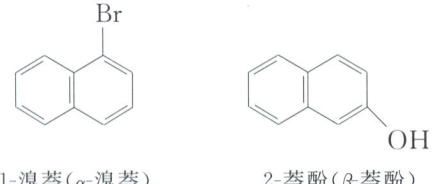

由于溴原子是邻对位定位基,苯溴代生成溴苯,溴苯继续进行硝化反应得到的主要产物为邻硝基溴苯和对硝基溴苯。所以制备对硝基溴苯应采用第一条合成路线,即先溴代后硝化。而硝基为间位定位基,苯环发生硝化反应生成硝基苯,硝基苯继续进行溴代反应得到的主要产物为间二取代物——间硝基溴苯。所以制备间硝基溴苯应采用第二条合成路线,即先硝化再溴代。

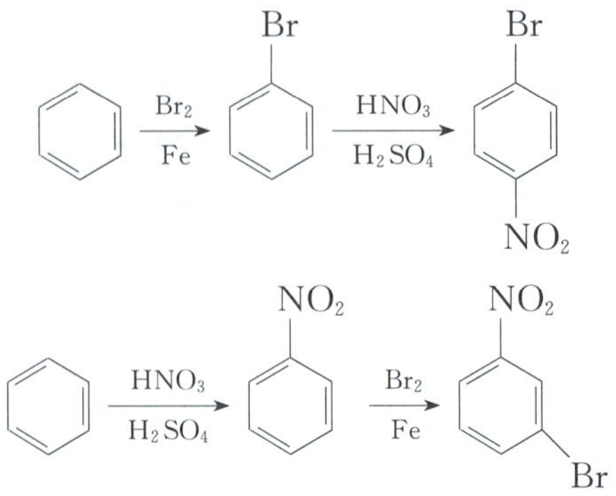

随堂检测 5-4 以甲苯为原料制备间硝基苯甲酸和邻硝基苯甲酸。

第二节 稠环芳烃

稠环芳烃(polycyclic aromatic hydrocarbon)是由两个或两个以上的苯环以两个邻位碳原子并联在一起的化合物,重要的有萘、蒽、菲等,它们是合成染料、药物的重要原料。萘及其他稠环芳烃主要是从煤焦油中提取获得的。

一、萘

1. 萘的结构 萘(naphthalene)的分子式为 $C_{10}H_8$。其结构式及环编号表示如下:

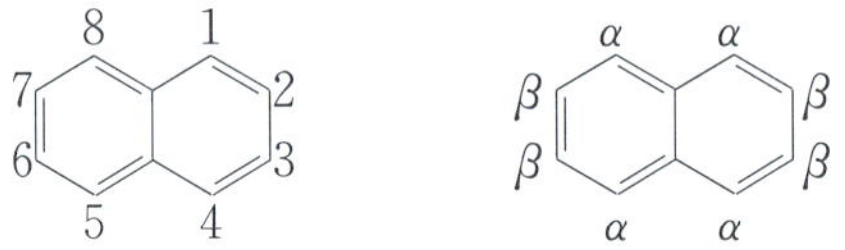

其中 C_1、C_4、C_5、C_8 位置等同,标为 α;C_2、C_3、C_6、C_7 位置等同,标为 β。

如果碳环只有一个取代基,命名时可以用 α、β 标明取代基的位置:

1-溴萘(α-溴萘) 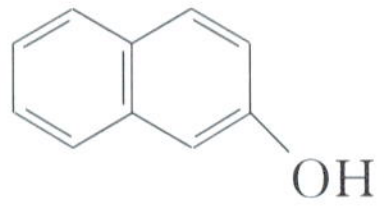　　2-萘酚(β-萘酚)

现代结构分析表明,萘的 2 个环是对称的,萘的 10 个碳原子处于同一平面上,每个碳原子的 p 轨道都平行重叠,形成闭合共轭体系。

2. 萘的性质 萘为无色片状结晶,有特殊气味,熔点为 80 ℃,沸点为 215 ℃,不溶于水,易溶于苯、乙醚等有机溶剂,易升华。以前市售卫生丸用萘做成,因有害于人体,已禁止使用。

根据萘的结构,各 p 轨道重叠程度不是完全相同,因此萘分子中碳碳键长不完全相等,α 位碳的电子云密度高于 β 位碳,这样萘的亲电取代反应易发生在 α 位上,萘分子的 π 键稳定性即"芳香性"比苯差,比苯容易发生加成和氧化反应。

（1）亲电取代反应:萘可发生卤代、硝化、磺化反应。磺化反应根据温度不同,反应产物可为 α-萘磺酸或 β-萘磺酸。例如:

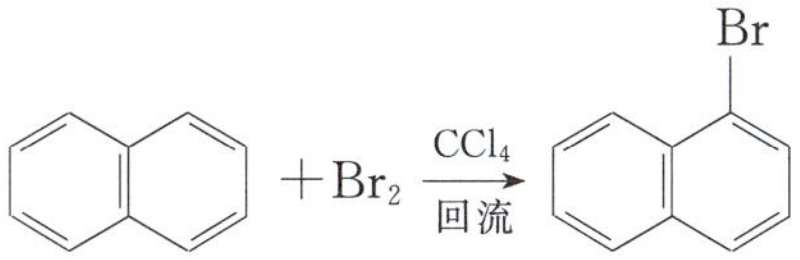

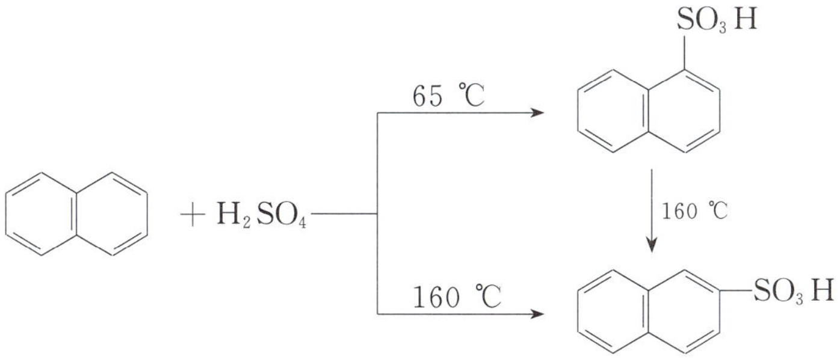

（2）加成反应:萘加成活性比苯强,控制不同的反应条件,可以得到不同的产物。

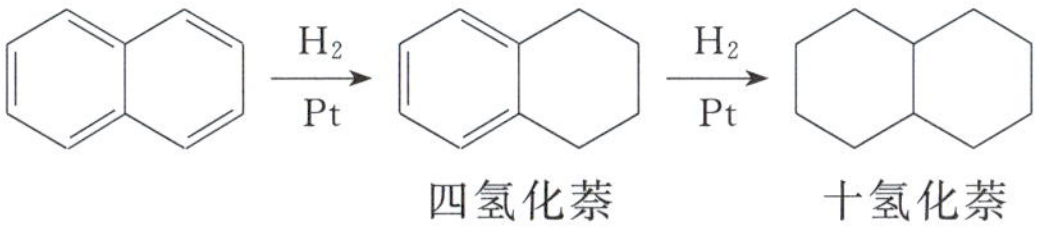

（3）氧化反应:萘在高温和五氧化二钒的催化作用下,以空气氧化可得邻苯二甲酸酐(简称苯酐)。这是工业上合成邻苯二甲酸酐的方法。邻苯二甲酸酐是重要的化工原料,用于制造油漆、增塑剂和染剂等。

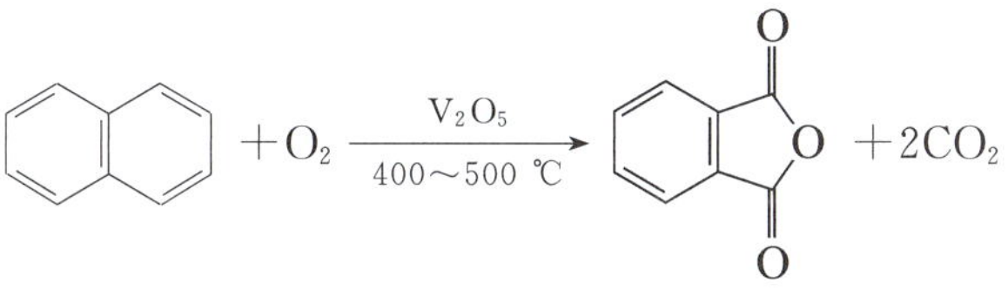

二、蒽与菲

1. 蒽与菲的结构　蒽(anthracene)与菲(phenanthrene)分子式皆为 $C_{14}H_{10}$,互为同分异构体,其结构式及碳原子编号为

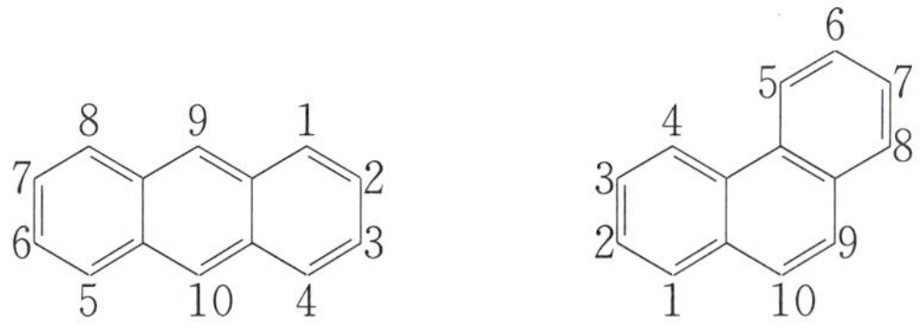

2. 蒽与菲的性质　蒽与菲都存在于煤焦油的馏分中,都是具有荧光的无色片状晶体,不溶于水,微溶于醇及醚,易溶于苯及苯的同系物。蒽的熔点为 216 ℃,沸点为 340 ℃;菲的熔点为 101 ℃,沸点为 340 ℃。蒽与菲闭合共轭体系上的各碳电子云密度不均等,各碳原子的反应活性不同,其中的 9、10 位碳原子特别活泼。

蒽可被还原,也可与卤素反应,在9、10位加氢或加溴原子。

菲易发生加成反应和氧化反应,氧化时可得菲醌(或称菲二酮-[9,10])。

完全氢化的菲与环戊烷稠合的结构称作环戊烷多氢菲,其碳骨架如下:

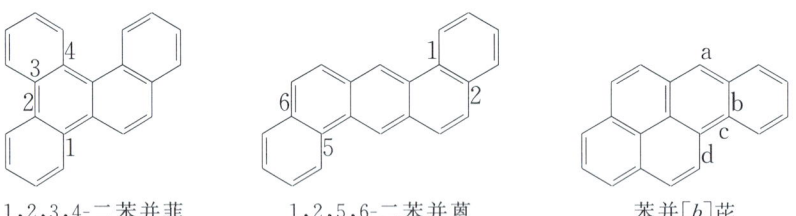

环戊烷多氢菲的衍生物广泛分布在动植物体内,具有重要的生理作用。例如,胆固醇、胆酸、维生素D、性激素等,这类化合物被称为甾族化合物,将在第十五章专门讲述。

三、致癌烃

一些有机物经过高温或不完全燃烧处理后可产生致癌烃(carcinogenic hydrocarbons)。致癌烃存在于煤焦油、沥青、汽车废气、香烟烟雾、烟熏烘烤食品等物质中,它们大多是4个或4个以上苯环稠合,如苯并[b]芘(benzopyrene)等。

1,2,3,4-二苯并菲　　　　1,2,5,6-二苯并蒽　　　　苯并[b]芘

第三节　芳香性和非苯型芳香烃

苯、萘、蒽、菲都具有苯环结构,具有"芳香性",实际上,还有一类不含苯环结构的环烯烃类分子也具有"芳香性",这类化合物称为非苯型芳香烃。

一、Hückel规则

1931年德国化学家Hückel用量子力学原理提出了判断芳香性的规则:凡是具有平面环状闭合共轭体系,且π电子数符合$4n+2$($n=0,1,2,3\cdots$)的化合物就具有芳香性。这个规律称为Hückel规则(Hückel rule)。按此规则,芳香性分子必须具备三个条件:①分子必须是环

状化合物且成环原子共平面；②构成环的原子必须都是 sp^2 杂化原子，它们能形成一个离域的 π 电子体系；③π 电子数等于 $4n+2$。

二、非苯型芳香烃

凡符合 Hückel 规则而没有苯环结构的烃称为非苯型芳香烃，如一些芳香性离子和轮烯。

（一）芳香性离子

某些环状烯烃虽然没有芳香性，但转变成离子（正离子或负离子）后，则可表现出芳香性。例如：环丙烯没有芳香性，但环丙烯正离子 π 电子数为 2，符合 $4n+2$ 规则（$n=0$），具有芳香性。

经测定，环丙烯正离子 3 个 C—C 键的键长均为 140 pm，这说明 3 个碳原子完全等同。2 个 π 电子在 3 个碳原子的 p 轨道上离域，因此环丙烯正离子较稳定。目前已合成了一些有取代基的环丙烯正离子的盐，如三苯基环丙烯正离子氟硼酸盐。

一些常见的芳香性离子如下：

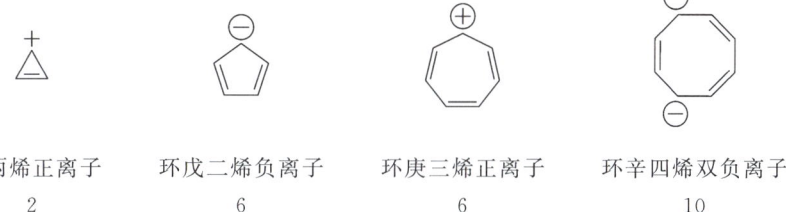

	环丙烯正离子	环戊二烯负离子	环庚三烯正离子	环辛四烯双负离子
π 电子数	2	6	6	10

（二）轮烯

单环共轭多烯称为轮烯，单双键交替排列。环丁二烯称为 [4] 轮烯，环辛四烯称为 [8] 轮烯。根据 Hückel 规则，[10] 轮烯、[14] 轮烯、[18] 轮烯应该是具有芳香性的。

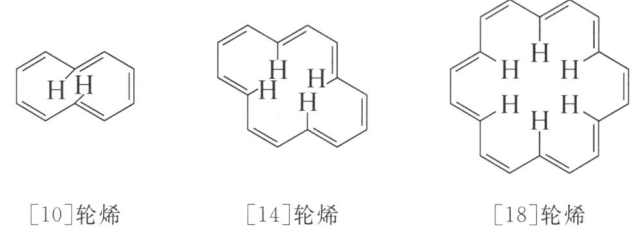

[10] 轮烯　　　[14] 轮烯　　　[18] 轮烯

但是 [10] 轮烯、[14] 轮烯分子中，环内氢原子具有强烈排斥作用，致使环中碳原子不能在同一平面上，故没有"芳香性"。[18] 轮烯环较大，允许成为平面环，所以具有芳香性。

小结

结构上具有高度的不饱和性，但化学性质很稳定，不易进行加成和氧化反应，而容易发生取代反应的这种特性称为芳香性。芳香烃是具有"芳香性"的环状碳氢化合物，含有苯环结构的称为苯型芳香烃；不含苯环结构的称为非苯型芳香烃。

苯是苯型芳香烃的母体，苯分子中有一个闭合的共轭大 π 键。性质很稳定，但在一定条件下可发生亲电取代反应、侧链取代反应、氧化反应等。亲电取代反应主要包括卤化、硝化、磺化、Friedel-Crafts 烷基化及酰基化反应；侧链取代是在光或热的作用下，苯环侧链 α-碳上的氢原子被卤素取代；氧化反应是含有 α-H 的烷基苯侧链被氧化得到苯甲酸。

苯环的定位基有两类：邻对位定位基使第二个取代基进入它的邻位和对位，且使苯环活化（卤素除外）；间位定位基使第二个取代基进入它的间位，且使苯环钝化。二元取代苯的定位效应是当两原有取代基定位一致时，新基团进入指定位置；定位不一致而属于同类定位基时，新

随堂检测答案

基团进入的位置由定位效应强的定位基决定;定位不一致且又不属于同类定位基时,新基团进入苯环的位置由邻对位定位基决定。

稠环芳烃是由两个或两个以上的苯环以两个邻位碳原子并联在一起的化合物,常见的有萘、蒽、菲及一些有机物经过高温或不完全燃烧后产生的致癌烃。

Hückel 规则指出凡是具有平面环状闭合共轭体系,且 π 电子数符合 $4n+2$ 的化合物就具有芳香性。非苯型芳香烃是指没有苯环结构,但符合 Hückel 规则的化合物,如一些芳香性离子和轮烯。

能力检测

能力检测答案

5-1 命名下列化合物。

(1) 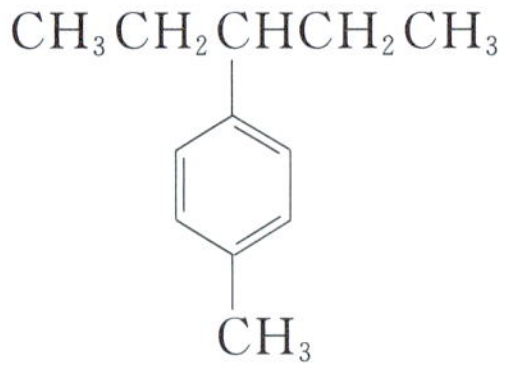 $CH_3CH_2CHCH_2CH_3$ 苯环 CH_3

(2) 苯基CH_2 $C=C$ H, H, CH_3

(3) CH_3 Cl NO_2 苯环

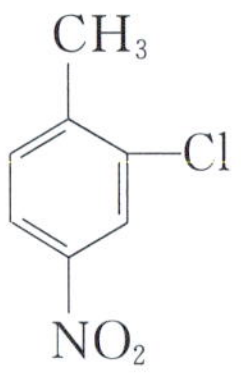

(4) 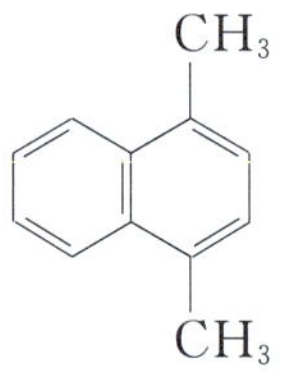 CH_3 CH_3 萘环

(5) 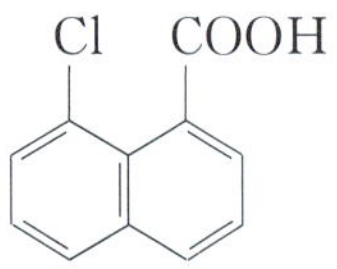 Cl COOH 萘环

(6) 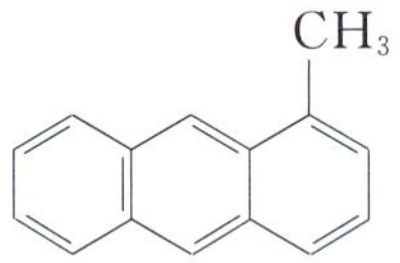 CH_3 蒽环

(7) 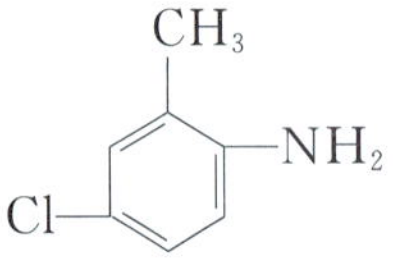 CH_3 NH_2 Cl 苯环

(8) 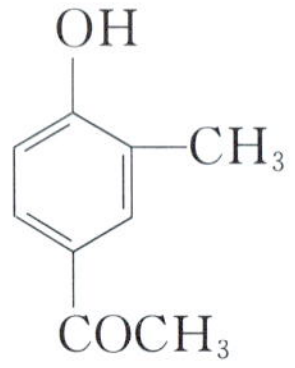 OH CH_3 $COCH_3$ 苯环

(9) 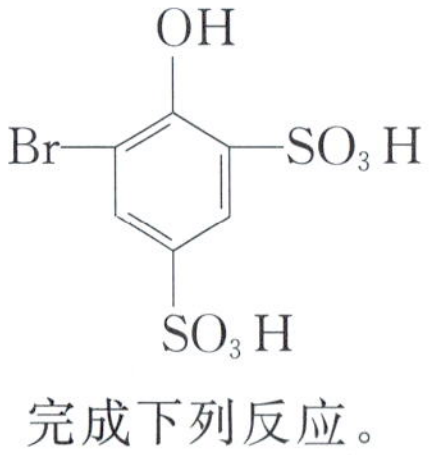 OH Br SO_3H SO_3H 苯环

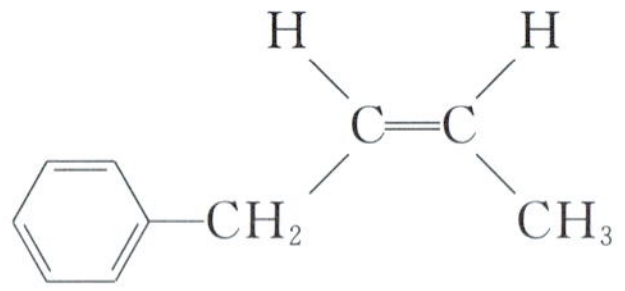

5-2 完成下列反应。

(1) 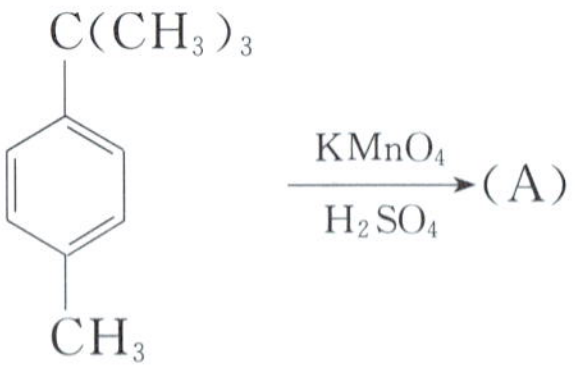 $C(CH_3)_3$ 苯环 CH_3 $\xrightarrow[H_2SO_4]{KMnO_4}$ (A)

(2) (A) $\xrightarrow[Fe]{Br_2}$ C_7H_7Br $\xrightarrow{K_2Cr_2O_7}$ (B) + (C)

(3) C_8H_8 (A) $\xrightarrow{KMnO_4}$ 苯环—COOH

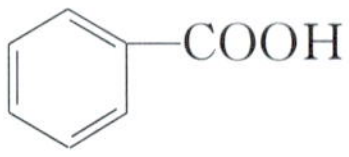

NOTE

(4) 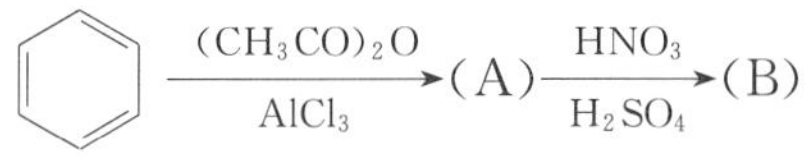 $\xrightarrow[\text{AlCl}_3]{\text{(CH}_3\text{CO)}_2\text{O}}$ (A) $\xrightarrow[\text{H}_2\text{SO}_4]{\text{HNO}_3}$ (B)

5-3 用箭头表示下列化合物发生一元硝化反应时硝基进入苯环的主要位置。

(1)

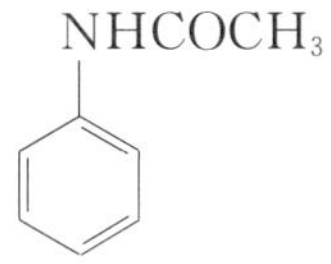

(2)

(3)

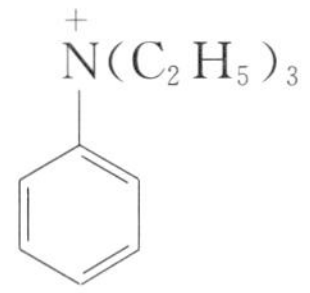

(4)

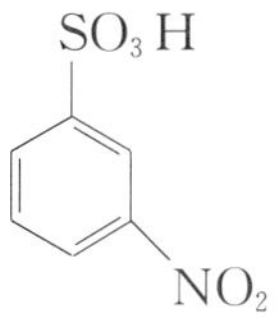

(5)

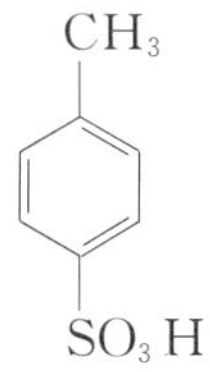

(6)

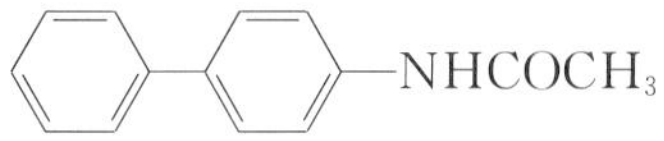

(7)

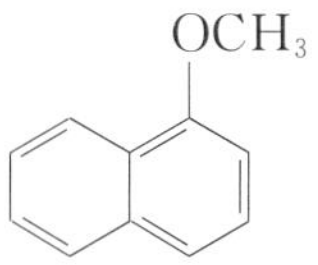

(8)

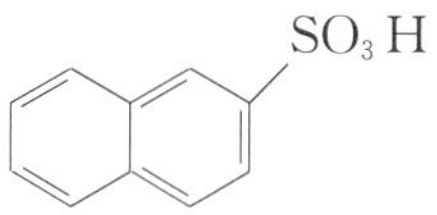

5-4 根据休克尔规则判断下列结构有无芳香性。

(1)

(2)

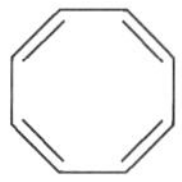

(3)

(4)

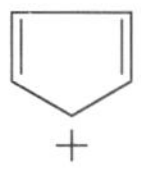

(5)

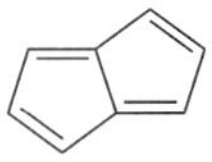

(6)

(7)

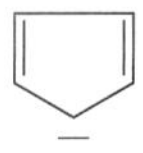

(8)

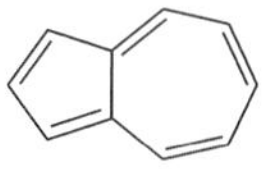

(9)

(10)

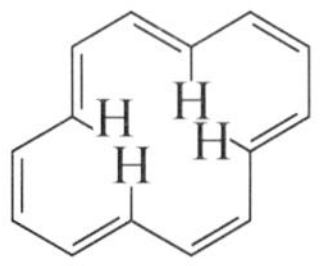

(11)

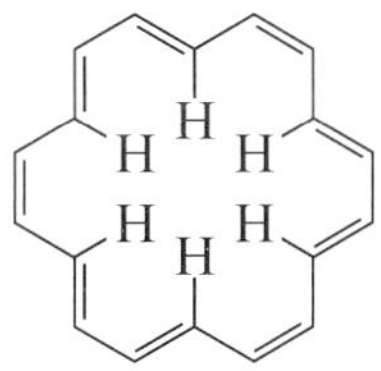

5-5　鉴别下列有机物。

（1）苯　苯乙炔　苯乙烯　乙苯

（2）环丙烯　环戊烯　甲苯　叔丁基苯

5-6　芳香烃 A 分子式为 $C_{10}H_{14}$，有五种可能的一溴取代物 $C_{10}H_{13}Br$。A 经过氧化以后得到酸性化合物 B，分子式为 $C_8H_6O_4$。B 的一硝基取代产物只有一种 C，分子式为 $C_8H_5O_4NO_2$。写出 A、B、C 的结构式。

（罗　旭）

第六章　立体化学

本章 PPT

学习目标

> 1. 掌握：判断手性分子的方法、费歇尔投影式、对映异构体的构型标记法（D/L 构型标记法、R/S 构型标记法）。
> 2. 熟悉：手性碳原子、手性分子、对映体、旋光度、比旋光度、内消旋体及外消旋体的概念。
> 3. 了解：对映异构体在医学上的意义。

有机化合物结构复杂，种类繁多，其中一个重要的原因就是存在同分异构现象。同分异构可分为两大类：一类是由原子或基团之间相互连接的方式和顺序不同而引起的，这类异构称为构造异构；另一类是分子的构造相同，但分子中的原子或基团在空间的排布不同而产生的异构现象，称为立体异构（stereoisomerism），包括构象异构和构型异构。后者又可以分为顺反异构和对映异构（旋光异构）。

$$
同分异构
\begin{cases}
构造异构
\begin{cases}
碳链异构 \\
位置异构 \\
官能团异构 \\
互变异构
\end{cases} \\
\\
立体异构
\begin{cases}
构型异构
\begin{cases}
顺反异构 \\
旋光异构
\end{cases} \\
构象异构
\end{cases}
\end{cases}
$$

本章主要讨论对映异构的有关内容。对映异构现象在自然界中普遍存在，生物体对对映异构体有很强的"识别"功能，生命过程中的核酸、酶、蛋白质等活性分子的结构和功能与对映异构现象密切相关。因此对映异构现象的研究有助于我们在分子水平上探索生命的奥秘。

第一节　物质的旋光性

一、偏振光和旋光性

光是一种电磁波，它的振动方向与其前进方向垂直，而且是在无数个垂直于光传播方向的平面内振动。如果让一束普通光通过一个尼科耳棱镜（Nicol prism），只有振动方向与棱镜晶轴平行的光才能通过。这种只在一个平面上振动的光称为平面偏振光（plane polarized light），简称偏振光（图 6-1）。偏振光的振动平面习惯称为偏振面。

当偏振光通过包含单一对映体的溶液时，偏振光的振动平面发生旋转，我们把这种能使偏振光振动平面发生旋转的性质称为物质的旋光性（optical activity）或光学活性，单一对映体都

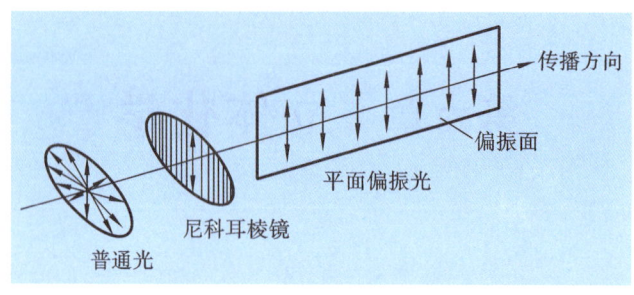

图 6-1 平面偏振光的形成

具有旋光性。具有旋光性的物质称为旋光性物质或光学活性物质，如葡萄糖、果糖、乳酸等。不同的旋光性物质能使偏振光产生不同的偏转角度和不同的偏转方向。

二、旋光度和比旋光度

（一）旋光度

偏振光的偏振面被旋光性化合物所旋转的角度称为旋光度（optical rotation），用 α 表示。有些旋光性物质能使偏振光的振动面向右（顺时针）旋转，称为右旋体（用"＋"表示），另外一些则使偏振光的振动面向左（逆时针）旋转，称为左旋体（用"－"表示）。例如（＋）-2-丁醇表示使偏振光向右旋转，（－）-2-丁醇表示使偏振光向左旋转。（＋）和（－）仅表示旋光方向不同，与旋光度的大小无关。

在实际工作中通常用旋光仪测定物质的旋光度。旋光仪（图 6-2）是由一个光源和两个棱镜组成。把两个尼科耳棱镜平行放置，光源产生的普通光通过第一个棱镜后产生偏振光，这个棱镜称为起偏镜。第二个棱镜连有刻度盘，可以旋转，这个棱镜称为检偏镜。在两个棱镜中间有一个盛液管，如果在盛液管内装入水或乙醇等非旋光性物质，偏振光可直接通过检偏镜，视场内光亮度不变。若盛液管内放入葡萄糖等旋光性物质，它们使偏振光的振动面发生旋转，若检偏镜不做相应的转动，则视场内光亮度变暗，只有将检偏镜（向右或向左）旋转相同的角度，旋转了的平面偏振光才能完全通过，视场才能恢复原来的亮度。这时检偏镜上的刻度盘所旋转的角度，即为该被测物质的旋光度。

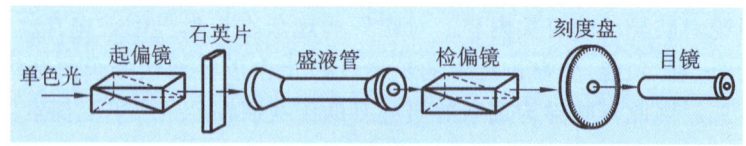

图 6-2 旋光仪的简图

目前科研中广泛使用的是自动旋光仪，可直接显示被测化合物的旋光度和旋光方向，其基本原理和普通旋光仪类似。

（二）比旋光度

化合物的旋光度不仅与物质本身的结构有关，而且与测定旋光度时所配溶液的浓度、盛液管的长度、测定时的温度、光的波长以及使用的溶剂有关。为了使化合物的旋光度成为特征物理常数，而只考虑物质本身的结构对旋光度的影响，通常用 1 dm 长的盛液管，待测溶液的浓度为 $1\ g \cdot mL^{-1}$，用波长为 589 nm 的钠光（用符号 D 表示），测得的旋光度称为比旋光度（specific rotation），用 $[\alpha]_D^t$ 表示。在实际操作中，常用不同长度的盛液管和不同浓度的样品，测定旋光度。可按以下公式计算出比旋光度。

$$[\alpha]_D^t = \frac{\alpha}{l\rho}$$

式中：α 是旋光仪上测得的旋光度；t 是测定时的温度（℃）；D 是旋光仪使用的光源（589 nm）；l 是盛液管的长度（dm）；ρ 是溶液的浓度（$g \cdot mL^{-1}$，纯液体用密度）。

比旋光度像物质的熔点、沸点等物理常数一样，也是旋光性物质特有的物理常数，许多物质的旋光度可以从手册中查找。在文献中查到的物质的比旋光度，一般会在 $[\alpha]_D^t$ 值之后用括号标出实验中测定旋光度时使用的溶剂和用小写 c 表示的百分浓度。如 L-酒石酸的比旋光度表示为 $[\alpha]_D^{20} = +12.5°(c\ 20, H_2O)$，表示在 20 ℃，使用偏振的钠光作光源，酒石酸的水溶液浓度为 20％时，天然酒石酸为右旋体，比旋光度为 12.5°。测定旋光度，可用来鉴定旋光性物质，也可测定旋光性物质的纯度和含量。

例题：将胆固醇样品 260 mg 溶于 5 mL 氯仿中，然后将其装满 5 cm 长的旋光管，在 20 ℃ 测得旋光度为 −2.5，计算胆固醇的比旋光度。

解：$[\alpha]_D^t = \frac{\alpha}{\rho l} = \frac{-2.5°}{0.26/5 \times 0.5} = -96°$

答：胆固醇的比旋光度为 −96°（氯仿）。

随堂检测 6-1 比旋光度为 +35° 的某物质，在 1 dm 的盛液管中测得的旋光度为 +10°，请问此物质溶液的浓度是多少？

第二节　手性分子和对映异构

一、手性的概念

人们的左右手是什么关系？看起来左右手没什么区别，可是左右手套戴反了，手会不舒服，说明左右手有差异。那么左右手到底是什么关系呢？让我们看 6-3 手性关系图，右手照镜子得到的镜像恰恰是左手的正面像，但左右手不能重叠。这种左右手互为实物与镜像的关系，彼此又不能重叠的现象称为手性（chirality）。手性现象在自然界中广泛存在，手性是自然界的基本属性。例如：剪刀、螺丝钉等都具有手性。微观世界中的分子同样存在手性现象，在化学医药领域有许多手性分子。

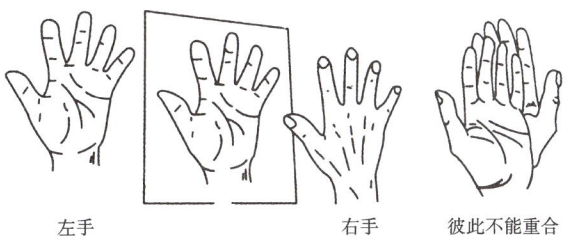

左手　　　　　　　　右手　　　彼此不能重合

图 6-3　手性关系图

二、分子的手性和对称性

（一）手性分子与手性碳原子

乳酸（$CH_3CHOHCOOH$）用楔线式表示有以下两种形式：

乳酸 a 和 b 的关系正像人的左右手关系,互为实物和镜像,又不能重叠,因此是两种不同的化合物。这两种物质都具有旋光性,其旋光度大小相等,旋光方向相反,一个是(＋)-乳酸,一个是(－)-乳酸。这种不能与镜像重叠的分子称为手性分子(chiral molecule)。乳酸分子 a 和 b 都是手性分子,由手性分子组成的物质具有旋光性,具有旋光性的物质一定是手性分子。

研究发现,具有手性的分子大都具有一个共同的结构特点,即分子中都存在一个连有 4 个互不相同的原子或基团的碳原子,这种碳原子称为不对称碳原子(asymmetric carbon atom)或手性碳原子(chiral carbon atom),常用 C^* 表示。有一个手性碳的化合物必定是手性化合物,有一对对映异构体。手性碳原子是手性原子中的一种,此外还有手性氮、磷、硫原子等。这些原子也常称为手性中心(chirality center)。例如,以下结构式中标有"＊"号者为手性原子。

值得注意的是手性分子不一定都含手性碳原子(如丙二烯型和联苯型等化合物),含手性碳原子的化合物也不一定都具有手性(如内消旋酒石酸)。

(二) 对称因素与手性

判断一个有机物分子是否具有手性,最直接的办法是看其与镜像能否重合,但较烦琐,尤其是对复杂分子的判断较为困难。研究发现,实物与镜像能否重合与物体的对称性有关,与分子手性密切相关的对称因素主要有对称面和对称中心。

1. 对称面　能将分子结构剖成互为实物与镜像的一个假想平面,称为分子的对称面 (symmetric plane),也可称为镜面,用 σ 表示。寻找对称因素时,可将分子中的一些原子和基团看作是一个圆球,可以被对称面分割成相同的两半。对于平面形分子,分子平面本身就是对称面(图 6-4)。

有对称面的对称分子可与其镜像重合,故无手性。所以,1,1-二氯乙烷、反-1,2-二氯乙烯因对称面的存在成为非手性分子。

2. 对称中心　假设分子中能找到一点"i",从分子中任何一个原子或基团向"i"点作连线,在其延长线等距离处能找到相同的原子或基团,这个点"i"称为对称中心(symmetric center) (图 6-5)。

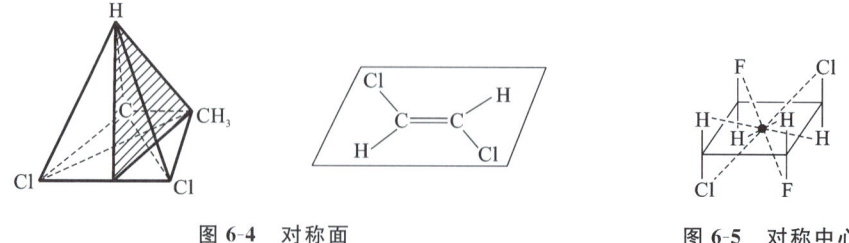

图 6-4　对称面　　　　　　　　　　　　　　　图 6-5　对称中心

凡有对称面或对称中心的分子,一定是非手性的,无对映异构体,无旋光性。由此可知,一个化合物有无旋光性,主要看它的分子是否对称,如对称则无手性也无旋光性,如不对称则有手性也有旋光性。

三、对映异构

1874 年荷兰化学家 J. H. Van't Hoff 提出了碳原子的四面体结构理论,并认为连有四个不同原子或基团的四面体碳原子,在空间会有两种不同的排列方式,也可以说是有两种不同的构型,二者极为相似,互呈实物与镜像的关系,但却无法重合,如右旋乳酸与左旋乳酸。这种彼此成镜像对映关系,又不能重叠的异构体称为对映异构体(enantiomer)。手性分子均存在对映异构现象。

第三节 含一个手性碳原子的化合物的对映异构

凡是含有一个手性碳原子的化合物都有一对对映异构体,每个对映异构体都是手性分子且具有旋光性,一个是左旋体,另一个是右旋体。

一、对映异构体的理化性质

一对对映异构体有相同的熔点、沸点和溶解度(在水和其他非手性的普通溶剂中)。对于化学性质,除了与手性试剂反应外,对映异构体的化学性质也是相同的。例如,乳酸的一对对映异构体分别与氢氧化钠溶液发生酸碱中和反应,两者的反应速度都是相同的。

一对对映异构体的性质差异主要是对偏振光的作用不同,通常旋光度数相同,旋光方向相反。另外,两者在生理作用上有着显著的差异。例如,天然药用肾上腺素为 R 型,其旋光度为 $-50°$,其对映异构体比旋光度为 $+50°$,有很强的毒性。

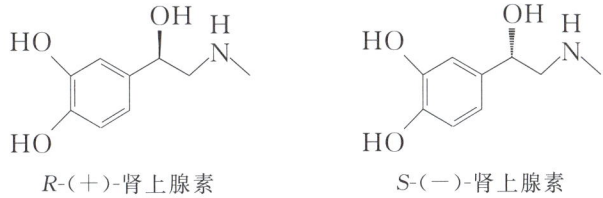

R-(＋)-肾上腺素 S-(－)-肾上腺素

二、外消旋体

一对对映异构体的等量混合物称为外消旋体(racemate),通常用(±)表示。由于两种旋光体的旋光度相同,旋光方向相反,因而旋光作用互相抵消,所以外消旋体没有旋光性。例如,乳酸,它的旋光性现象有三种不同的情况:从肌肉组织中分离出的乳酸为右旋乳酸;由左旋乳酸杆菌使葡萄糖发酵而产生的乳酸为左旋乳酸;由一般化学反应合成的乳酸(如丙酮酸经还原反应得到的乳酸)为外消旋体,不具有旋光性。

外消旋体和纯的单一对映异构体除旋光性不同外,其他物理性质如熔点、密度、在同种溶剂中的溶解度等也常有差异,但沸点与纯的单一对映异构体相同。表 6-1 列出了(＋)-乳酸、(－)-乳酸及(±)-乳酸的物理常数。

表 6-1 乳酸的一些物理常数

名称	熔点/℃	$[\alpha]_D^{20}$	pK_a	溶解度/g
(＋)乳酸	26	＋3.8°	3.76	∞
(－)乳酸	26	－3.8°	3.76	∞
(±)乳酸	18	0°	3.76	∞

三、费歇尔投影式

对映异构体在构造上是相同的,但是原子或基团在空间的排布不同,因此立体构型的三维表示方法最好使用分子球棍模型和楔线式(见绪论)。这两种表示方法虽然清楚、直观,但书写不便。

1891 年,德国化学家费歇尔提出了显示连接手性碳原子的四个基团空间排列的一种简便方法:费歇尔投影式(Fischer projection)。投影时将主链放在竖键上,竖键连接的原子或基团表示伸向纸平面的后方,横键连接的原子或基团表示伸向纸平面的前方,即按"横前竖后"的原则投影到平面上,其中两条直线的垂直相交点为手性碳原子。乳酸的一对对映异构体的费歇尔投影式如图 6-6 所示。

图 6-6 乳酸对映异构体的费歇尔投影式

由于费歇尔投影式规定横键的两个基团朝前,竖键的两个基团朝后,在使用费歇尔投影式时要注意以下几点:

(1)费歇尔投影式在纸面上旋转 90°的偶数倍,其构型不变,但不能在纸面上旋转 90°的奇数倍,也不能离开纸平面翻转,否则会引起原构型的改变。

(2)费歇尔投影式中任意两个基团相互对调奇数次后构型改变,成为其对映异构体。对调偶数次构型不变。

(3)费歇尔投影式中手性碳原子上的一个基团保持不动,另三个基团按顺时针或逆时针方向旋转,构型不变。

例如:

四、构型的标记方法

对映异构体的构型标记方法有 D/L 标记法和 R/S 标记法两种。

(一)D/L 标记法

有机化合物分子中各原子或基团在空间的真实排布称为分子的绝对构型(absolute

configuration)，但在 1951 年之前，人们无法确定手性碳原子的绝对构型，为了便于研究，费歇尔选择了一个简单的旋光性物质（＋）-甘油醛（glyceraldehyde）为标准物，将其构型用费歇尔投影式表示时，碳链竖直放置，醛基放在碳链上端，羟基处于碳链右侧的为右旋甘油醛的立体构型，称为 D 构型，而羟基处于左侧的为左旋甘油醛的立体构型，称为 L 构型。

$$\begin{array}{ccc} & \text{CHO} & & \text{CHO} \\ \text{H}-\!\!\!\!\!-\text{OH} & & \text{HO}-\!\!\!\!\!-\text{H} \\ & \text{CH}_2\text{OH} & & \text{CH}_2\text{OH} \end{array}$$

D-（＋）-甘油醛   L-（－）-甘油醛

以甘油醛为标准物，通过合适的化学反应转化成其他手性化合物，所得化合物的构型可与甘油醛进行直接或间接比较来确定，不涉及手性碳原子四条价键断裂的，构型保持不变。由此分别得到 D 和 L 构型系列化合物。例如：

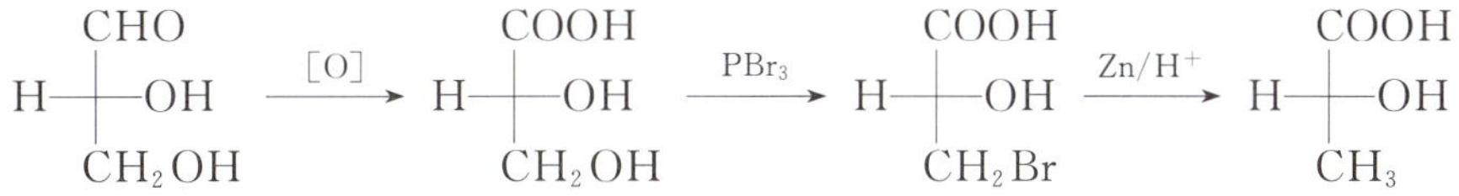

$$\begin{array}{cccc} \text{CHO} & \xrightarrow{[\text{O}]} & \text{COOH} & \xrightarrow{\text{PBr}_3} & \text{COOH} & \xrightarrow{\text{Zn/H}^+} & \text{COOH} \\ \text{H}-\text{OH} & & \text{H}-\text{OH} & & \text{H}-\text{OH} & & \text{H}-\text{OH} \\ \text{CH}_2\text{OH} & & \text{CH}_2\text{OH} & & \text{CH}_2\text{Br} & & \text{CH}_3 \end{array}$$

D-（＋）-甘油醛   D-（－）-甘油酸   D-（－）-3-溴-2-羟基丙酸   D-（－）-乳酸

上述通过化学反应而确定的构型，是相对于人为指定的标准物质右旋甘油醛而言的，所以称为相对构型。

1951 年，J. M. Bijvoet 用 X 射线单晶衍射法成功地测定了右旋酒石酸铷钠的绝对构型，并由此推断出（＋）-甘油醛的绝对构型。巧合的是，人为规定的（＋）-甘油醛与其绝对构型相一致。从此与甘油醛相关联的其他化合物的 D/L 构型也都代表绝对构型了。

D/L 标记法有其局限性，许多复杂的有机化合物，很难与标准物质相关联，有时也会引起混乱。所以，D/L 标记法目前只在糖和氨基酸等天然化合物中沿用。如天然产物中获得的单糖多为 D 构型，而生物体中普遍存在的 α-氨基酸则主要为 L 构型。

（二）R/S 标记法

1979 年，按 IUPAC 建议采用 R/S 构型标记。其方法如下：首先按照次序规则确定与手性碳原子相连的四个原子或基团（a、b、c、d）的优先次序；较优先的排在前面，如 a＞b＞c＞d，将次序最低的原子或基团 d 置于远离自己的视线方向，然后观察其余三个基团由大到小（a →b →c）的排列方式，顺时针排列为 R 构型，逆时针排列为 S 构型（图 6-7）。

$$R \qquad\qquad S$$

图 6-7 R/S 标记法示意图

例如，对于乳酸分子的构型，根据次序规则，乳酸分子手性碳原子所连的四个原子或基团的优先次序为—OH＞—COOH＞—CH₃＞—H，其 R、S 构型确定如图 6-8 所示。

R-（－）-乳酸 S-（＋）-乳酸

图 6-8 乳酸 R、S 构型判断方法

·有机化学·

用费歇尔投影式表示手性分子的构型时,可用下列经验方法判断 R/S 构型。

（1）如果次序最低的原子或基团 d 在竖键上,表示该原子或基团在纸平面的后方,这时从前面看,次序最低的原子或基团已经远离观察者,如果 a→b→c 在纸平面上旋转,顺时针为 R 构型,逆时针则为 S 构型。

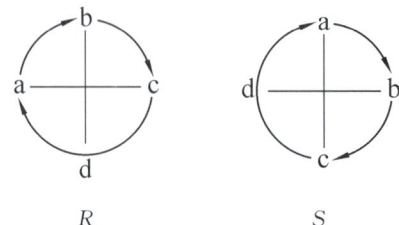

R S

（2）如果次序最低的原子或基团 d 在横键上,观察者从前面看时,若 a→b→c 在纸平面上旋转,顺时针为 S 构型,逆时针则为 R 构型。这是由于在平面内观察时,次序最低的原子或基团离观察者最近,与 IUPAC 命名法的规定相反,因此结果也相反。

对于手性化合物来说,D/L 及 R/S 是两种不同的构型标记方法,二者之间没有对应的关系,也与手性化合物的旋光方向无关。

一对对映异构体之中,如果一个异构体的构型为 R,另一个必然是 S,但它们的旋光方向（"＋"或"－"）目前是不能通过构型来推断的,只能通过旋光仪测定得到。

随堂检测 6-2 标出以下化合物中的手性碳原子的构型。

$$(1)\ \underset{CH_2OH}{\overset{COOH}{Br \rule[0.5ex]{1em}{0.4pt}\!\!\!\!\!\!\!\rule{0.4pt}{1.5ex}\ H}} \qquad (2)\ \underset{CH_2OH}{\overset{CHO}{H \rule[0.5ex]{1em}{0.4pt} OH}} \qquad (3)\ \underset{CH_2OH}{\overset{CHO}{Cl \rule[0.5ex]{1em}{0.4pt} H}} \qquad (4)\ \underset{H}{\overset{CHO}{Br \rule[0.5ex]{1em}{0.4pt} CH_3}}$$

第四节　含多个手性碳原子的化合物的对映异构

一般来说,在旋光性化合物中含手性碳原子数越多,其旋光异构体的数目也越多。

一、非对映异构体

化合物分子中含有两个不同的手性碳原子,即两个手性碳原子分别所连的四个原子或基团不完全相同。每个手性碳原子都可以有两种不同的构型,它们可以组合成四种旋光异构体。如 2,3,4-三羟基丁醛(丁醛糖),分子中含有 C_2 和 C_3 两个不同的手性碳原子,C_2 上连的 4 个原子或基团是—H、—OH、—CHO 和—CH(OH)CH₂OH,而 C_3 上连的 4 个原子或基团是—H、—OH、—CH₂OH 和—CH(OH)CHO,2,3,4-三羟基丁醛有 4 个旋光异构体。4 个旋光异构体用费歇尔投影式分别表示如下:

CHO	CHO	CHO	CHO
H—OH	HO—H	HO—H	H—OH
H—OH	HO—H	H—OH	HO—H
CH₂OH	CH₂OH	CH₂OH	CH₂OH
Ⅰ (2R,3R)	Ⅱ (2S,3S)	Ⅲ (2S,3R)	Ⅳ (2R,3S)
D-(－)-赤藓糖	L-(＋)-赤藓糖	D-(－)-苏阿糖	L-(＋)-苏阿糖

上述 4 个异构体中,Ⅰ 和 Ⅱ、Ⅲ 和 Ⅳ 是对映异构体,而 Ⅰ 和 Ⅲ、Ⅰ 和 Ⅳ、Ⅱ 和 Ⅲ、Ⅱ 和 Ⅳ 之间不存在实物与镜像的关系,这种彼此不成镜像关系的立体异构体称为非对映异构体(diastereomer)。非对映异构体之间不仅旋光度不同,其他性质也不相同。

若分子中含有 n 个手性碳原子,则旋光异构体的数目最多为 2^n 个,对映异构体的对数最多为 2^{n-1} 个。

二、内消旋体

酒石酸(2,3-二羟基丁二酸)分子中,含有两个相同的手性碳原子 C_2 和 C_3,其上所连的原子或基团完全相同,均为—H、—OH、—COOH、—CH(OH)COOH。

$$\begin{array}{cccc}
\text{COOH} & \text{COOH} & \text{COOH} & \text{COOH} \\
\text{H}\!-\!\text{OH} & \text{HO}\!-\!\text{H} & \text{HO}\!-\!\text{H} & \text{H}\!-\!\text{OH} \\
\text{H}\!-\!\text{OH} & \text{HO}\!-\!\text{H} & \text{H}\!-\!\text{OH} & \text{HO}\!-\!\text{H} \\
\text{COOH} & \text{COOH} & \text{COOH} & \text{COOH}
\end{array}$$

Ⅰ (2R,3S)	Ⅱ (2S,3R)	Ⅲ (2S,3S)	Ⅳ (2R,3R)
meso-酒石酸	*meso*-酒石酸	D-(—)-酒石酸	L-(＋)-酒石酸

Ⅲ 和 Ⅳ 为一对对映异构体,Ⅰ 和 Ⅱ 看起来似乎也是一对对映体,但如果将 Ⅰ 在纸平面上旋转 180°则变为 Ⅱ,说明 Ⅰ 与 Ⅱ 为同一构型。Ⅰ 和 Ⅲ、Ⅳ 之间互为非对映异构体。

仔细观察 Ⅰ 的分子结构,可以在其分子内部找到一个对称面,并将分子分成了互为实物与镜像的两部分,它们分别是 R 构型和 S 构型,由于 C_2 和 C_3 上所连的原子和基团是相同的,所以其旋光度相同,但旋光方向相反,因此,上下两部分对偏振光的旋光作用相互抵消,所以,整个分子没有旋光性,是一个非手性分子,无对映异构体存在。这种分子结构中含有手性碳原子,但整个分子不具有旋光性的化合物称为内消旋体(meso compound)。由此可见,物质产生旋光性的根本原因在于分子的不对称性,也就是分子具有手性,并不在于有无手性碳原子。

内消旋体和外消旋体虽然都无旋光性,但两者之间却有本质的区别。外消旋体是由等量对映异构体组成的混合物,可以通过一定的方法分离成具有旋光性的左旋体和右旋体;而内消旋体是一个化合物,不能分离成具有旋光性的化合物。

第五节 对映异构体在医学上的意义

一、对映异构体的生理活性

一对对映异构体在非手性环境中,其物理及化学性质完全相同,只有旋光方向上的区别。但在自然界中存在的一些天然物质及生物体中的分子绝大多数是手性的,手性化合物的生理活性与其构型密切相关。手性药物(chiral drugs)的两个对映异构体往往表现出不同的药理和毒副作用。手性药物进入生物体内后,其药理作用多与它和体内靶分子之间的手性匹配和分子识别能力有关。因此含手性的药物,不同对映异构体显示出不同的药理作用和毒副作用。已发现很多手性化合物的对映异构体具有不同的生理活性。生命现象中的化学过程都是在高度不对称的环境中进行的。生物大分子如蛋白质、多糖、核酸等全都有手性。除细菌等以外的蛋白质都是由左旋的 L-氨基酸组成;多糖和核酸中的糖则是右旋的 D 构型;在机体的代谢和调控过程中所涉及的物质,如酶和细胞表面的受体,一般也都具有手性,它们在生物体内造成手性环境。正是因为这种立体化学的手性特征,使生命体系对药物中的一对对映异构体表现出不同的生物反应。例如,(S,S)-乙胺丁醇是治疗结核病的药物,而它的对映异构体(R,R)-乙胺丁醇却会导致失明,非甾体抗炎药布洛芬只有 S-对映体具有抗炎、抗风湿及解热镇痛的功效,R-对映体无活性。如合成甜味剂阿斯巴甜(aspartame)的(S,S)-异构体,其甜度是蔗糖的 200 倍,但其对映异构体却呈现苦味。

知识链接 6-2

NOTE

有些手性药物的两种对映异构体有完全不同的药理作用,如曲托喹酚(tretoquinol,喘速宁)的 S-异构体是支气管扩张剂,R-异构体则有抑制血小板凝聚的作用。有些对映异构体还会引起毒副作用,一个灾难性的例子是反应停(thalidomide,沙利度胺),于 20 世纪 50 年代末用作镇静和安眠药,用于治疗妊娠期的不良反应。但后来发现,怀孕早期的妇女服用此药会引起胎儿严重畸形。

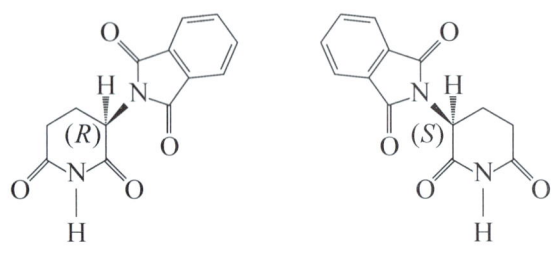

R-沙利度胺   S-沙利度胺

1979 年发现,仅 R-(＋)对映异构体沙利度胺具有镇静和安眠作用,而 S-(－)对映异构体对胎儿有致畸作用。因此,如果单独服用 R-(＋)对映体,就不会产生致畸作用,这种药或许还可能继续使用。手性化合物对映异构体生理活性的差别说明对药物、农业和食品及其他化学品测定对映异构体组成和纯度的重要性。目前,大约有 60% 以上的处方药分子中含有一个或多个不对称中心,而这类手性药物中的绝大部分是以外消旋的形式在市场销售。由于要得到两种光学纯的对映异构体十分困难,所以对许多手性药物药理活性差异没有经过充分的研究。这些药物中的一种对映异构体对患者可能无用或者甚至有害。由此可见,将手性药物以外消旋体的形式使用是具有潜在危险的。因此,制备光学纯的手性化合物具有实际意义。

二、获得单一对映异构体的方法

通过化学合成得到的化合物往往是外消旋体,但在实际应用中,经常只需要其中一种异构体,尤其是临床上使用的药物。获得单一对映异构体的主要途径有三种:一是从天然产物中提取;二是将合成的外消旋体分离成两个对映异构体,即外消旋体的拆分;三是不对称合成,当反应在手性条件(手性试剂、手性溶剂、手性催化剂等)下进行时,一对对映异构体可按不同的比例生成,因而得到的产物就有旋光性,这种合成方法称为不对称合成。不对称合成是近代有机合成中十分活跃的研究领域。

(一)外消旋体的拆分

将外消旋体分离成右旋体和左旋体的过程称为外消旋体的拆分(resolution)。外消旋体的拆分一般有以下几种方法。

1. 化学拆分法 一对对映异构体除旋光方向相反外,其他的物理性质(如溶解度、沸点等)都相同,因此不能用常用的分馏、重结晶等方法分离。目前应用最广的是化学拆分法,其原理是将对映异构体转变为非对映异构体,再利用非对映异构体之间不同的物理性质进行分离。例如将(±)乳酸与光学活性的(R)-1-苯基乙胺反应,生成(R,R)和(S,R)两种盐,由于两者是非对映异构体,溶解度不同,可以通过分步结晶将两者分开,然后分别向分离得到的两种盐中加入盐酸,置换出的乳酸再经过进一步分离,可分别得到左旋乳酸和右旋乳酸。

2. 生物拆分法 酶都是旋光性物质,而且具有很强的化学反应专一性,可选用某些酶与外消旋体中的某个异构体反应,将这个异构体消耗掉,剩下另一构型的异构体,从而达到分离的目的。例如青霉素菌在含有外消旋体的酒石酸培养液中生长时,将右旋酒石酸消耗掉,只剩下左旋体。这种方法的优点是反应选择性强、产率高、条件温和、所用的酶无毒且易降解,缺点是会有一半的原料损失。

3. 诱导结晶法 在外消旋体的过饱和溶液中加入一定量的此外消旋体中任一种单一对映异构体的纯晶种。与晶种旋光方向相同的对映异构体先结晶出来，将其滤出。再向滤液中加入一些外消旋体并重新制成过饱和溶液，此时溶液中另一对映异构体的含量相对较多，因而优先结晶出来，如此反复进行结晶，就可把一对对映异构体完全分开，此法也称晶种结晶法。

4. 色谱分离 选用某种手性物质作吸附剂，这种吸附剂对左旋体和右旋体的吸附能力不同，因而一对对映异构体被其吸附的程度也不同，用溶剂洗脱时，某一对映异构体被优先洗脱下来，另一对映异构体后被洗脱下来，从而达到分离的目的。

（二）不对称合成法

采用上述外消旋体拆分获得单一光学异构体的方法既烦琐，又不经济。因为拆分后，另一个异构体如果没有使用价值的话，则合成的效率至少要降低50%。通过不对称合成（asymmetric synthesis）的方法可只获得或主要获得所需要的光学异构体，这是一种既经济有效、又合理的合成方法，是有机合成发展的一个重要方面。不对称合成又可分为化学计量的不对称合成反应和催化不对称合成反应两种，其中催化不对称合成反应的效率更高。

20世纪有机化学的发展中，最重要的突破之一是不对称催化反应的研究成功，它作为手性技术应用于合成工业，尤其是涉及人类健康——手性药物工业，受到国际社会的普遍关注，使得不对称催化领域的研究迅速发展。日本名古屋大学野依良治教授于1974年开始进行手性过渡金属氢化催化剂的研究工作，用了6年时间，到1980年才发表了第一篇有关这方面的研究论文，并于1984年打通了人工合成（一）-薄荷醇的路线。1986年他又用钌催化剂代替铑催化剂，成功地应用于一些药物和中间体的制备。后来，他又将应用范围从烯烃扩展到酮羰基的不对称氢化反应。由于在不对称催化反应研究方面的贡献，野依良治获得2001年诺贝尔化学奖。

小结

能使偏振光振动平面发生旋转的性质称为物质的旋光性，旋光性物质分为左旋体和右旋体两种，分别用"－"和"＋"表示。比旋光度是旋光性物质的特征常数，计算公式为 $[\alpha]_D^t = \dfrac{\alpha}{l\rho}$。

互为实物与镜像的关系，彼此又不能重叠的现象称为手性。不能与镜像重叠的分子称为手性分子，手性分子具有旋光性，有对映异构体。手性分子中不存在对称面或对称中心。连有四个不同原子或基团的碳原子称为手性碳原子，手性碳原子是手性分子的常见手性因素，但有手性碳原子的不一定都是手性分子，手性分子也不一定都有手性碳原子。

彼此成镜像关系，又不能重叠的立体异构体称为对映异构体。一对对映异构体有相同物理性质（旋光度除外）和化学性质（非手性环境中），但在生理活性上往往有着显著的差异。对映异构体常采用费歇尔投影式表示其构型。

对映异构体的构型标记有 R/S 和 D/L 两种方法，但以 R/S 标记法为主。先将手性碳原子上的4个原子或基团按次序规则排序，将次序最低的原子远离观察者放置，则靠近观察者的三个基团如果以次序递减的形式顺时针排列时，为 R 构型，逆时针排列为 S 构型。

内消旋体和外消旋体均无旋光性，但外消旋体是混合物，可拆分成等量的左旋体和右旋体，单个分子具有手性，而内消旋体是化合物，是非手性分子，无对映异构体。

随堂检测答案

NOTE

能力检测答案

能力检测

6-1 解释下列名词术语。

（1）手性分子　　　　　（2）手性碳原子　　　　　（3）对映异构体

（4）旋光性　　　　　　（5）内消旋体　　　　　　（6）外消旋体

6-2 指出下列分子中每个手性碳原子，用"＊"标出。

（1）$CH_3CHClCHO$　　（2）$CH_3CH_2CH(OH)CH_3$　　（3）$CH_3CH_2CH(CH_3)CH{=}CH_2$

（4）$H_2NCH_2CH(OH)COOH$　　（5）$HOOCCH(OH)CH(OH)COOH$

6-3 写出下列化合物的费歇尔投影式。

（1）（S）-2-丁醇

（2）（R）-3 甲基-1-戊烯

（3）（S）-2,3-二羟基丙醛

6-4 判断下列化合物哪些是同一物，哪些是对映异构体。

$$
\begin{array}{cccc}
\text{COOH} & \text{COOH} & \text{COOH} & \text{Cl} \\
\text{H}{-}\!\!-\!\!{-}\text{Cl} & \text{Cl}{-}\!\!-\!\!{-}\text{H} & \text{H}{-}\!\!-\!\!{-}\text{CH}_2\text{OH} & \text{HOOC}{-}\!\!-\!\!{-}\text{H} \\
\text{CH}_2\text{OH} & \text{CH}_2\text{OH} & \text{Cl} & \text{CH}_2\text{OH} \\
(a) & (b) & (c) & (d)
\end{array}
$$

6-5 用 R/S 构型标记法表示下列化合物。

$$
\begin{array}{cccc}
\text{CHO} & \text{CHO} & \text{CH}_2\text{OH} & \text{C}_2\text{H}_5 \\
\text{H}{-}\!\!-\!\!{-}\text{OH} & \text{H}_3\text{C}{-}\!\!-\!\!{-}\text{OH} & \text{H}{-}\!\!-\!\!{-}\text{Cl} & \\
\text{CH}_2\text{OH} & \text{CH}_2\text{OH} & \text{Cl}{-}\!\!-\!\!{-}\text{H} & \text{H}{\cdots}\text{CH}_3 \\
 & & \text{CH}_2\text{OH} & \text{Cl} \\
(1) & (2) & (3) & (4)
\end{array}
$$

6-6 下列化合物哪些存在内消旋体？

（1）2,3-二羟基丁酸

（2）酒石酸

（3）2,3-二溴戊烷

（郝红英）

第七章 卤代烃

 学习目标 ┃……

1. 掌握：卤代烃的结构、命名和主要的化学性质。
2. 熟悉：卤代烃亲核取代反应和消除反应的机制。
3. 了解：卤代烃结构对反应速率的影响，重要的医学代表物。

本章 PPT

　　烃分子中的氢原子被卤素原子取代后的化合物称为卤代烃（halohydrocarbon），简称卤烃。卤代烃大多为人工合成，天然卤代烃种类较少。卤代烃的官能团为 X（X＝F、Cl、Br、I），由于卤素原子的电负性（F 4.0，Cl 3.0，Br 2.8，I 2.5）与碳原子电负性（2.5）的差异，碳卤键易发生异裂，卤素易被取代。结构不同的卤代烃性质差别较大，有的卤代烃性质稳定，有的卤代烃性质活泼，能发生多种化学反应，生成各种其他类型的化合物，在有机合成中占据着重要地位，也是药物合成的常见中间体。

┃第一节　分类和命名┃

一、分类

根据卤代烃的结构特点，有不同的分类方法。

（1）根据分子中与卤素原子连接的烃基的种类不同，将卤代烃分为饱和卤代烃、不饱和卤代烃和芳香卤代烃。

$$R—CH_2—X \qquad R—CH=CH—X \qquad$$
饱和卤代烃　　　　　不饱和卤代烃　　　　芳香卤代烃

（2）根据分子中所含卤素原子的不同，卤代烃可分为氟代烃（R—F）、氯代烃（R—Cl）、溴代烃（R—Br）和碘代烃（R—I）。

（3）根据分子中所含卤素原子数目的不同，卤代烃可分为一卤代烃（CH_3Cl）和多卤代烃（$CHCl_3$）。

（4）根据分子中卤素所连碳原子的类型不同，卤代烃可分为伯卤代烃（$1°$卤代烃）、仲卤代烃（$2°$卤代烃）和叔卤代烃（$3°$卤代烃）。

$$R—CH_2—X \qquad R_2CH—X \qquad R_3C—X$$
伯卤代烃（$1°$）　　　仲卤代烃（$2°$）　　　叔卤代烃（$3°$）

二、命名

（一）普通命名法

对于简单的卤代烃，可用普通命名法命名。即按与卤素原子相连的烃基来命名，称为卤某烃，或某基卤。

	溴甲烷	正丁基氯	异丁基氯
	bromomethane	n-butyl chloride	isobutyl chloride

$CH_2=CH-CH_2-Br$ $C_6H_5-CH_2-Br$

烯丙基溴   溴苄   异丙基溴

allyl bromide   benzyl bromide   isopropyl bromide

（二）系统命名法

（1）对于较复杂的卤代烃，应采用系统命名法，以相应的烃为母体，将卤素原子当作取代基，命名的基本原则与烃类似。选择连有卤素原子的碳在内的最长碳链作为主链，编号遵守最低系列原则。取代基按"次序规则"，优先基团在后的原则排列在烃名称前面。

2-甲基-3-氯丁烷   2-氯-3-溴丁烷   4-乙基-2,4-二氯己烷

3-chloro-2-methylbutane   2-chloro-3-bromobutane   2,4-dichloro-4-ethylhexane

（2）不饱和卤代烃应选含有不饱和键和卤素原子在内的最长碳链作为主链，编号时，使不饱和键的位次最小。

$CH_2=CH-CH_2-Cl$ $CH_2=CH-CH_2-CH_2Br$

3-氯-1-丙烯   4-溴-1-丁烯

3-chloro-1-propene   4-bromo-1-butene

（3）芳香族卤代烃一般以芳烃为母体，卤素原子作为取代基。

溴苯   2-溴甲苯   1-苯基-2-氯丙烷

bromobenzene   2-bromotoluene   2-chloro-1-phenylpropane

除此之外，有些卤代烃常用俗名，如氯仿、碘仿、氟利昂等。

随堂检测 7-1 用系统命名法命名下列化合物或写出结构式。

（1）$CH_3CHCH_2CHCH_2CHBr$
　　　　$\overset{|}{CH_3}$　$\overset{|}{I}$　$\overset{|}{CH_3}$

（2）$CH_3C=CHCH_2CHCH_2CH_3$
　　　$\overset{|}{CH_3}$　　$\overset{|}{CH_2CH_2Br}$

（3）2-氯-2-丁烯

（4）烯丙基溴

第二节　物理性质

在常温常压下，除氯甲烷、溴甲烷、氯乙烷、氯乙烯等少数卤代烃为气体外，其余大多数低级一卤代烃为液体，15个碳原子以上的卤代烃和一些多元卤代烃常为固体。

卤代烃的沸点通常大于相应的烃。在卤素原子相同的同一系列的卤代烃中,沸点随着碳原子数的增加而升高。在烃基相同的卤代烷中,沸点的规律:$RI > RBr > RCl$。在卤代烃的异构体中,与烷烃相似,支链越多的卤代烃沸点越低。

除氟代烃和一氯代烃外,其余卤代烃的密度比水大,且一般随烃基中碳原子数增加而减小。一些常见卤代烃的物理常数如表 7-1 所示。

卤代烃难溶于水,易溶于醇、醚、酯等有机溶剂。许多有机化合物可溶于卤代烃,因此氯仿、二氯甲烷、四氯化碳等常用作有机溶剂。

许多卤代烃有强烈的刺激性气味。卤代烃蒸气有毒,应避免吸入。卤代烃在铜丝上灼烧会产生绿色火焰,这是鉴定含卤素有机物的最简便方法。

表 7-1　一些常见卤代烃的物理常数

名称	英文名	结构式	沸点/℃	密度/($g \cdot mL^{-1}$,20 ℃)
氯甲烷	chloromethane	CH_3Cl	−24	0.920
溴甲烷	bromomethane	CH_3Br	3.5	1.732
碘甲烷	iodomethane	CH_3I	42	2.279
氯乙烷	chloroethane	CH_3CH_2Cl	12	0.898
溴乙烷	bromoethane	CH_3CH_2Br	38.4	1.430
碘乙烷	iodoethane	CH_3CH_2I	72	1.936
氯乙烯	chloroethylene	$CH_2{=}CHCl$	−14	0.911
溴乙烯	bromethylene	$CH_2{=}CHBr$	15.6	1.493
碘乙烯	iodoethylene	$CH_2{=}CHI$	43.5	1.909
二氯甲烷	dichloromethane	CH_2Cl_2	39.75	1.325
三氯甲烷	chloroform	$CHCl_3$	61.3	1.501
四氯化碳	tetrachloromethane	CCl_4	76.8	1.595
氯苯	chlorobenzene	C_6H_5Cl	132.2	1.110
溴苯	bromobenzene	C_6H_5Br	156.2	1.501
碘苯	iodobenzene	C_6H_5I	188	1.820

第三节　化学性质

卤素原子是卤代烃的官能团。由于卤素原子的电负性较大,所以碳卤键(C—X)是较强的极性共价键,极易发生异裂,从而发生一系列反应。X^- 是良好的离去基团,C 原子带部分的正电荷,易发生亲核取代反应;能与活泼金属发生反应生成金属有机化合物;由于诱导效应,β-H 很活泼,可发生消除反应。卤代烃的化学性质与结构的关系如图 7-1 所示。

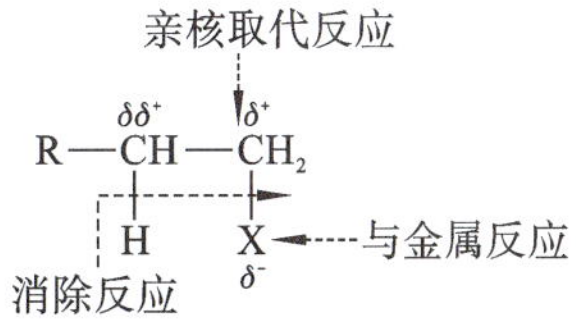

图 7-1　卤代烃的化学性质与结构的关系

一、亲核取代反应

由于极性的碳卤键导致了中心碳原子具有明显的缺电子性,是缺电子中心,即其带有部分的正电荷而具有亲电性,当卤代烃与一些亲核试剂(Nu^-)作用时,碳卤键较易发生异裂,其分子中的卤素原子被其他基团取代。这种由亲核试剂进攻所引起的取代反应称为亲核取代反应

(nucleophilic substitution)，用 S_N 表示。亲核试剂有 OH^-、CN^-、^-OR、NH_3、NO_3^-、R^-、H_2O 等，都是带负电荷的离子或者带孤对电子的分子。

亲核取代反应通式为

$$R—X \quad + \quad Nu^- \quad \longrightarrow \quad R—Nu \quad + \quad X^-$$

底物　　　亲核试剂　　　　产物　　　　离去基团

碳卤键断裂由易到难的顺序：$C—I > C—Br > C—Cl$。

常见的亲核取代反应有：

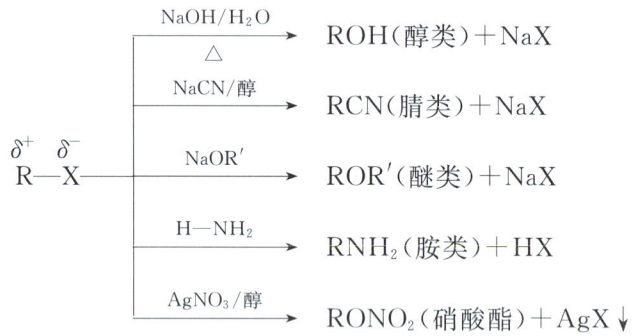

（一）水解反应

卤代烃能够与水作用发生水解反应，产物是醇和相应的卤化氢。由于离去基 X^- 的亲核性及碱性比水分子强，其反应是可逆反应。为了使水解反应进行完全，用强碱（KOH 或 NaOH）使反应产生的卤化氢被碱中和，则反应为不可逆反应。例如：

$$R—X + HOH \xrightarrow{NaOH} ROH + HX$$

（二）醇解反应

卤代烃与醇分子作用，发生醇解反应，卤素原子被烷氧基取代而生成醚。醇解反应和卤代烷的水解反应一样，也是可逆的。如果采用醇的碱金属盐为亲核试剂，而醇起溶剂作用，则烷氧基负离子与卤代烷之间所进行的亲核取代反应可以顺利地完成。例如：

$$R—X + R'ONa \longrightarrow R—O—R' + NaX$$

此方法常用于合成不对称的醚，称为 Williamson 法合成醚。

（三）氨解反应

卤代烃与过量的氨在醇溶液中共热，卤素原子被氨基（—NH_2）取代而生成胺。

$$RX + :NH_3 \longrightarrow R—NH_2 + HX$$

（四）氰解反应

卤代烃与氰根负离子的亲核取代反应称为卤代烷的氰解。卤素原子被氰基（—CN）取代，生成的产物称为腈。产物腈比原卤代烃多一个碳原子，这是有机合成中增长碳链的一种重要方法。生成的腈在酸性条件下水解可得羧酸，因此常用此反应合成多一个碳的羧酸。

$$R—X + NaCN \xrightarrow[\triangle]{乙醇} R—CN + NaX$$

$$\downarrow H_2O/H^+$$

$$RCOOH$$

（五）与含氧酸根的反应

如果以 $AgNO_3$ 为亲核试剂与卤代烷进行 S_N 反应，由于反应中生成的 AgX 以分子态或固相存在,使反应体系发生了相变化,反应得以顺利进行。

$$R—X+AgONO_2 \xrightarrow[\triangle]{EtOH} R—O—NO_2+AgX\downarrow$$

实验证明,不同类型卤代烃与硝酸银的醇溶液反应生成卤化银沉淀的快慢不同。当卤素原子相同时,卤代烃的活性次序:叔卤代烃＞仲卤代烃＞伯卤代烃。当烃基相同时,卤代烃的反应活性顺序:R—I＞R—Br＞R—Cl。此反应可用于不同类型卤代烃的鉴别和不同卤素原子活性的判断。

二、不饱和卤代烃的亲核取代反应

不饱和卤代烃根据卤素原子与双键相对位置的不同,可分成三类:

1. 卤代乙烯型 卤素直接连在双键上,结构通式为 R—CH＝CH—X。

这类卤代烃极不活泼,这是由于卤素原子上的孤对电子与 π 键形成 p-π 共轭体系,使C—X键电子云密度增加,键较牢固,与硝酸银的醇溶液共热,无卤化银沉淀产生。

2. 卤代烯丙型 卤素与双键相隔一个碳原子,结构通式为 R—CH＝CH—CH$_2$—X。

这类卤代烃非常活泼,这是由于卤素原子获得电子离去后生成了稳定的烯丙基碳正离子中间体。在此碳正离子中,带正电荷的碳原子的一个缺电子的 p 空轨道和相邻的 C＝C 键的两个 p 轨道相互平行重叠形成 p-π 共轭体系,使得正电荷得以分散而趋向稳定,因而容易发生取代反应,能在室温下与硝酸银的醇溶液立即反应,生成卤化银沉淀。

3. 孤立型卤代烯 卤素与双键相隔两个或多个碳原子,结构通式为 RCH$_2$＝CH—(CH$_2$)$_n$—X($n\geqslant2$)。

孤立型卤代烯中的卤素原子,其活泼性与卤代烷相似,与硝酸银的醇溶液室温下一般不反应,在加热条件下才能缓慢反应,生成卤化银沉淀。

可见,三种类型卤代烯的活性顺序为

卤代烯丙型＞孤立型卤代烯＞卤代乙烯型

不同结构的卤代烯中卤素原子的活性不同,与硝酸银醇溶液的反应条件不同,所以根据产生卤化银沉淀的速度可以区分不同类型的卤代烯。

随堂检测 7-2 用化学方法鉴别苄基氯、环己基氯、氯苯。

三、消除反应

一卤代烷与 KOH 或 NaOH 的乙醇溶液共热时,脱去 HX 生成烯烃,这种分子内消去一个简单分子(如 HX、H$_2$O)形成不饱和烃的反应称为消除反应(elimination),常用 E 表示。由于此反应消除的是卤素原子和 β-碳上的氢,也称为 β-消除反应。有机合成中可利用此反应引入碳碳不饱和键。

$$CH_3—\overset{\underset{|}{Br}}{CH}—CH_2 \xrightarrow[\triangle]{NaOH/EtOH} CH_3—CH＝CH_2+H_2O+NaBr$$
$$\underset{\alpha}{} \underset{\beta|}{} \underset{H}{}$$

仲卤代烃和叔卤代烃含有 2 个或 3 个 β-碳,消除反应可在不同的 β-碳原子上进行,从而得到不同的烯烃。例如:

$$CH_3\overset{\underset{|}{\beta}}{CH}\overset{\underset{|}{Br}}{CH}\overset{\underset{|}{\beta}}{CH}CH_2 \xrightarrow[\triangle]{NaOH(醇)}$$

CH$_3$CH＝CHCH$_3$
主要产物
81%

CH$_3$CH$_2$CH＝CH$_2$
次要产物
19%

实验证明,卤素原子主要是与含氢较少的β-碳原子上的氢脱去卤化氢。或者说,主要产物是双键碳原子上连接烃基最多的烯烃。这一经验规律称为 Saytzeff 规则(Saytzeff rule)。卤代烃发生消除反应的活性顺序:叔卤代烃＞仲卤代烃＞伯卤代烃。

四、亲核取代反应和消除反应机制

(一)亲核取代反应机制

同样为卤代烷的水解反应,根据化学动力学的研究及许多实验表明,溴甲烷 CH_3Br 的水解机制与叔丁基溴$(CH_3)_3CBr$ 水解机制却完全不同。溴甲烷的水解速率取决于卤代烷和碱的浓度,而叔丁基溴的水解速率只取决于卤代烷的浓度。20 世纪 30 年代,英国伦敦大学 Hughes 和 Ingold 教授提出了单分子亲核取代反应(S_N1)和双分子亲核取代反应(S_N2)两种机制,很好地解释了这种反应现象。

1. S_N2 机制　溴甲烷 CH_3Br 的水解速率 v 与 CH_3Br 和 NaOH 的浓度成正比。

$$CH_3Br+OH^- \longrightarrow CH_3\text{—}OH+Br^-$$
$$v=k[CH_3Br][OH^-]$$

式中 k 为反应速率常数。CH_3Br 的水解遵循二级动力学,由于涉及两种分子的浓度,故称为双分子亲核取代反应。目前认为 CH_3Br 的碱性水解按下列机制进行。

从背面进攻　　　　　　过渡态　　　　　　构型转化
（瓦尔登转化）

在反应过程中,亲核试剂(OH^-)从溴的背面沿 C—Br 键的轴线进攻碳原子,在接近的过程中,C—O 键逐渐形成,与此同时,C—Br 键逐渐伸长变弱。新键未完全形成,旧键也未完全断裂的过程(用虚线表示)称为过渡态,这时体系能量最高,碳原子为 sp^2 杂化。随着 OH^- 与碳原子进一步接近,最终形成稳定的 C—O 键,C—Br 键完全断裂,碳原子恢复 sp^3 杂化。反应结果生成构型完全转换的醇,即甲基的 3 个氢原子翻到原溴原子的一侧,就像大风中的雨伞翻转的情况,这种构型转换称为瓦尔登转换。

S_N2 反应机制具有如下特点:①反应一步完成,旧键的断裂和新键的形成同时进行,因此是一种协同反应,没有活性中间体,只有一个决定速率的过渡态;②反应速率 v 与底物和亲核试剂的浓度有关;③构型完全转化是 S_N2 反应的标志。

2. S_N1 机制　叔丁基溴$(CH_3)_3CBr$ 水解速率 v 只与$(CH_3)_3CBr$ 的浓度成正比。

$$(CH_3)_3C\text{—}Br+OH^- \longrightarrow (CH_3)_3C\text{—}OH+Br^-$$
$$v=k[(CH_3)_3CBr]$$

$(CH_3)_3CBr$ 的水解遵循一级动力学,由于速率只与$(CH_3)_3CBr$ 的浓度有关,故称为单分子亲核取代反应。目前认为$(CH_3)_3CBr$ 的碱性水解按下列机制进行。

第一步:$(CH_3)_3C\text{—}Br \xrightarrow{\text{慢}} (CH_3)_3C^+ +Br^-$

第二步:$(CH_3)_3C^+ +OH^- \xrightarrow{\text{快}} CH_3\text{—}\underset{\underset{CH_3}{|}}{\overset{\overset{CH_3}{|}}{C}}\text{—}OH$

第一步是$(CH_3)_3CBr$ 解离为叔丁基碳正离子和溴负离子。这个过程需要能量,反应比较慢。第二步是碳正离子与亲核试剂(OH^-)结合生成产物,由于碳正离子反应活性极强,反应很快。所以整个反应速率只与卤代烷的浓度成正比,与亲核试剂(OH^-)的浓度无关。

S_N1 反应机制具有如下特点:①反应分两步进行;②有活性中间体碳正离子 R^+ 生成;③反应速率只与底物的浓度有关;④由于有中间体碳正离子 R^+,所以有重排产物生成是 S_N1 反应的标志。

3. 不同烃基卤代烃的亲核取代反应活性 实验测得不同烃基卤代烷 S_N1 反应的活性顺序为

叔卤代烷>仲卤代烷>伯卤代烷>卤代甲烷

这是因为中间体碳正离子的稳定性决定了单分子取代反应 S_N1 的反应速率,卤代甲烷生成的碳正离子最不稳定,叔卤代烷生成的碳正离子最稳定,因此叔卤代烷反应速率最快,而卤代甲烷的反应速率最慢。

S_N2 反应的活性顺序为

卤代甲烷>伯卤代烷>仲卤代烷>叔卤代烷

这是因为亲核试剂(OH^-)从卤素原子的背面进攻碳原子时,如果碳原子上烃基越多,体积越大,其进攻受到的空间阻力就越大,过渡态越难形成,反应越慢;相反,如果碳原子上烃基越少,体积越小,其进攻受到的空间阻力就越小,过渡态越易形成,反应越快。

通常卤代甲烷和伯卤代烷按 S_N2 机制反应,叔卤代烷按 S_N1 机制反应,仲卤代烷既可按 S_N1 机制又可按 S_N2 机制反应,或两者都有,这取决于反应条件。

(二)消除反应机制

与卤代烷的 S_N 反应相似,卤代烷消除反应机制也有两种,即单分子消除反应(E1)和双分子消除反应(E2)。

1. E1 机制 E1 与 S_N1 相似分两步进行,第一步均生成碳正离子,不同的是第二步试剂进攻 β-H 生成烯烃。

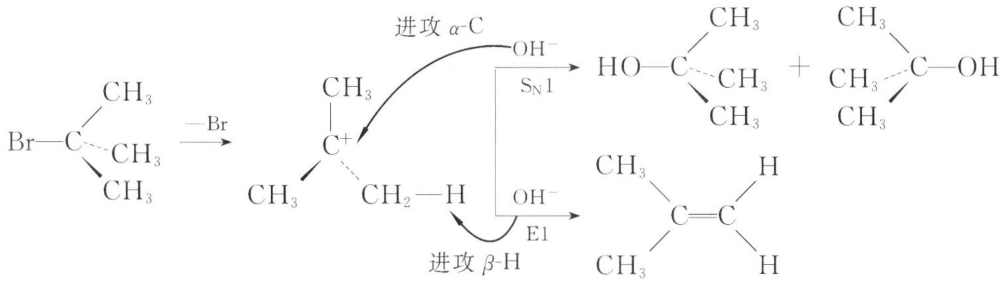

$$(CH_3)_3C—Br \xrightarrow{\text{慢}} (CH_3)_3C^+ + Br^- \qquad ①$$

$$(CH_3)_2C^+—CH_2 + OH^- \xrightarrow{\text{快}} (CH_3)_2C=CH_2 + H_2O \qquad ②$$

反应只与 $(CH_3)_3CBr$ 的浓度有关,所以称为单分子消除反应(E1)。反应要在浓的强碱条件下进行,是一级反应。有活性中间体碳正离子生成,可能发生分子重排。此外,E1 和 S_N1 反应是同时发生的,在反应中都能生成碳正离子,还能通过重排转变为更稳定的碳正离子,然后再与亲核试剂结合发生 S_N1 反应或者消除 β-碳原子上的氢发生 E1 反应。因此 E1 和 S_N1 反应是一对竞争反应。

2. E2 机制 E2 与 S_N2 相似,反应速率 v 与反应物和试剂的浓度成正比。反应也是一步完成。

$$\underset{\substack{HO^- \\ \downarrow}}{\overset{\substack{R \quad X \\ \downarrow}}{\underset{\substack{H \ H}}{H-C-C-H}}} \longrightarrow \left[\underset{\substack{HO\cdots H \ H}}{\overset{\substack{R \ X \\ \delta \quad }}{H-C=C-H}} \right] \longrightarrow \underset{\substack{H}}{\overset{\substack{R}}{C}} = \underset{\substack{H}}{\overset{\substack{H}}{C}} + H_2O + X^-$$

反式消除

碱对卤代烃分子中的 β-H 进攻,同时 C—X 键开始发生异裂,在达到过渡态时,C_β—H 键和 C_α—X 键都达到了高度异裂活化状态,此时 C_β-C_α 之间已经有了部分双键的性质,这两个 C 原子已经有了 sp^2 杂化的特性。随着反应的进行,β-H 完全与碱结合,X^- 彻底离去,最终 α-碳原子和 β-碳原子之间形成 C=C 键而生成烯烃。由于过渡态的形成与碱性试剂的参与有关,E2 反应速率不仅与卤代烃的浓度有关,还与进攻试剂的浓度有关,因此称为双分子消除反应(E2)。

S_N2 反应中,亲核试剂进攻 α-碳原子,E2 反应中,碱性试剂进攻 β-H,反应要在浓的强碱条件下进行,C—H 键和 C—X 键的断裂与双键的形成是同时发生的,无重排产物。

$$\text{进攻 } \alpha\text{-C}$$
$$\text{进攻 } \beta\text{-H}$$

不论 E1 还是 E2 反应机制,卤代烃发生消除反应的活性顺序:叔卤代烷>仲卤代烷>伯卤代烷。

在卤代烷的反应中,试剂既可进攻 α-碳原子而发生 S_N 反应,也可进攻 β-H 而发生 E 反应,这是两个相互竞争的反应。然而,究竟哪一种反应占优势,则与卤代烷的分子结构及反应条件如试剂的碱性、溶剂的极性、反应温度等有关。若 α-碳原子上烃基空间结构增大,因空间位阻增大,故对 S_N2 反应不利而对 S_N1、E1 反应有利。α-碳原子上烃基空间结构增大,虽然对进攻 α-碳原子不利,但对进攻 β-H 的影响不大,相对而言,对 E2 反应有利。亲核试剂的亲核能力越强,对 S_N2 反应越有利。试剂的亲核性增强,碱性下降,对 S_N2 反应有利,试剂的亲核性减弱,碱性增强,对 E2 反应有利。除此之外,也受溶剂和反应温度的影响。

综上所述,一般规律是:伯卤代烷、稀碱、强极性溶剂及较低温度有利于取代反应;叔卤代烷、浓的强碱、弱极性溶剂及高温有利于消除反应。

随堂检测 7-3 卤代烃亲核取代反应中,S_N1 和 S_N2 反应各有何特点? 消除反应中 E_1 和 E_2 分别与 S_N1 和 S_N2 反应存在哪些相同点和不同点?

五、与金属反应

卤代烃能与 Li、Na、K、Mg、Al 等金属反应生成有机金属化合物。其中,卤代烃在无水乙醚中与金属镁反应生成的烃基卤化镁,称为 Grignard 试剂(Grignard reagent),简称格氏试剂。

$$RX + Mg \xrightarrow{\text{无水乙醚}} RMgX(\text{烃基卤化镁})$$

Grignard 试剂性质非常活泼,能与许多含活泼氢的化合物(如水、醇、酸、氨等)作用,生成相应的烃。

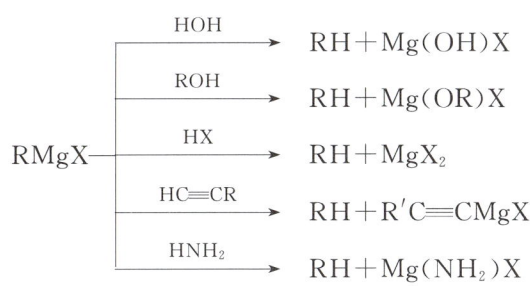

第四节 应用于医药中的化合物

卤代烃的应用非常广泛,在医药上可用于药物、医学材料的合成,许多卤代烃具有麻醉作用,是常用的吸入麻醉药。

知识链接 7-1

一、氯乙烷

氯乙烷(chloroethane)室温常压下是带有甜味的气体,沸点为 12.2 ℃,在低温时可液化,微溶于水,能和乙醚、乙醇等有机溶剂任意混溶,可用作烟雾剂、冷冻剂、局部麻醉剂、杀虫剂、乙基化剂、烯烃聚合溶剂、汽油抗震剂等,还可用作聚丙烯的催化剂,磷、硫、油脂、树脂、蜡等的溶剂,可用于农药、染料、医药及其中间体的合成,将其喷于皮肤表面时能造成局部低温(约—20 ℃)引起骤冷而失去痛觉,被称为运动场上的化学大夫。氯乙烷还可广泛应用于小手术局部麻醉,也可以用于诱导麻醉,忌用于黏膜局部麻醉。

二、三氯甲烷

三氯甲烷俗名氯仿(chloroform),是无色有香甜气味的液体,不易燃,不溶于水,比水重,是优良的有机溶剂。氯仿有麻醉性,是最早应用于外科手术的全身麻醉药,但因其对心脏和肝的毒性较大,已被淘汰。

三、氟烷、异氟烷、恩氟烷

人们在寻找新型麻醉药的过程中发现在烃类和醚类分子中引入卤素原子可降低其易燃性,增强麻醉作用,但却使毒性增大,后来发现如果引入氟原子,毒性比引入其他卤素原子小,从而发现了有应用价值的氟烷(halothane)、异氟烷(isoflurane)、恩氟烷(enflurane)等一系列优良的吸入麻醉药。

氟烷(三氟氯溴乙烷)的麻醉作用比乙醚强而快,吸入 1‰～3‰的蒸气 3～5 min 即达全身麻醉,对呼吸道黏膜无刺激性,苏醒快,不燃烧爆炸,但毒性较大,镇痛及肌松作用弱,通常只用于浅表麻醉。

异氟烷又名异氟醚,系统名称为 1-氯-1-(二氟甲氧基)-2,2,2-三氟乙烷,性质稳定,可用于各种手术的麻醉,吸入后药物在血中迅速达到平衡,诱导迅速,苏醒也快。其麻醉作用较强,毒性低。

恩氟烷为异氟烷的同分异构体,系统名称为 2-氯-1-(二氟甲氧基)-1,1,2-三氟乙烷,性质稳定。其麻醉作用强,诱导比乙醚快且平稳,对呼吸道黏膜无刺激性,肌肉松弛作用良好,毒性小。恩氟烷一般用于复合全身麻醉,可与多种静脉全身麻醉药和全身麻醉辅助药联用。目前恩氟烷和异氟烷在国内外已逐步成为较常用的吸入全麻药物。

氟烷　　　　　　　　　恩氟烷　　　　　　　　　异氟烷

四、氯乙烯与聚氯乙烯

氯乙烯（$CH_2=CHCl$）常温下是无色气体，其主要应用于合成聚氯乙烯（polyvinyl chloride, PVC）。

$$\left[CH_2CH\right]_n$$
$$|$$
$$Cl$$

聚氯乙烯

聚氯乙烯的化学稳定性好，可溶于二甲基甲酰胺、环己酮、氯苯等溶剂，机械性能良好，但对光和热的稳定性较差。聚氯乙烯的性质可以利用增塑剂、稳定剂等添加剂来改善。聚氯乙烯无毒，但某些添加剂有毒，加添加剂的聚氯乙烯制品，如用作植入物及制作输血管、输液袋和储血袋等用时，必须考虑所用添加剂的溶出量及毒性，必须按材料安全条件严格筛选。近年来还发现单体氯乙烯有致癌毒性，许多国家规定医用及食品包装用聚氯乙烯制品的氯乙烯残留量必须小于 $1~mg \cdot kg^{-1}$，溶出量小于 $0.05~mg \cdot kg^{-1}$。

聚氯乙烯制品大量用作储血、输血袋，以及用来制作血液导管、人工腹膜、人工尿道、袋式人工肺（氧合袋）、心导管及人工心脏等。

小结

随堂检测答案

烃分子中的一个或多个氢原子被卤素取代而生成的化合物称为卤代烃，简称卤烃。结构通式为 R—X。卤素原子（F、Cl、Br、I）是卤代烃的官能团。根据分子中卤素所连碳原子的类型不同，卤代烃可分为伯卤代烃、仲卤代烃和叔卤代烃。卤代烃的系统命名法是以相应的烃为母体，卤素原子作取代基，命名的基本原则与烃类似。

卤代烃的化学性质活泼，能与水、醇钠、氰化物、氨、硝酸银醇溶液等多种试剂发生亲核取代反应，生成醇、醚、腈、胺等有机化合物；与强碱的醇溶液共热发生消除反应生成烯烃；与金属反应生成 Grignard 试剂。卤代烯与硝酸银醇溶液反应的活性顺序：卤代烯丙型＞孤立型卤代烯＞卤代乙烯型，根据产生卤化银沉淀的速度可以区分不同类型的卤代烯。卤代烃消除反应的方向选择性遵循 Saytzeff 规律，即主要生成双键碳原子上连接烃基最多的烯烃。

亲核取代反应有 S_N1 和 S_N2 两种机制，消除反应也有 E1 和 E2 两种机制，S_N1 和 E1 相似，反应分两步进行，S_N2 和 E2 相似，反应一步完成，不同的是亲核试剂（碱）进攻 α-碳原子则发生取代，进攻 β-H 则发生消除。S_N1、E1 和 E2 反应的活性顺序：叔卤代烷＞仲卤代烷＞伯卤代烷＞卤代甲烷；S_N2 反应的活性顺序：卤代甲烷＞伯卤代烷＞仲卤代烷＞叔卤代烷。

能力检测

能力检测答案

7-1　命名下列化合物。

(1) $CH_3CH_2CHCH_2CHCH_2CH_3$
　　　　　　$|$　　　$|$
　　　　　　CH_3　　Cl

(2) $CH_3CHCH_2CHCH_2CH_3$
　　　　　$|$　　　$|$
　　　　　Cl　　CH_3

NOTE

(3) $CH_3CH_2\underset{\underset{Br}{|}}{C}H\underset{\underset{Cl}{|}}{C}HCH_2CH_3$

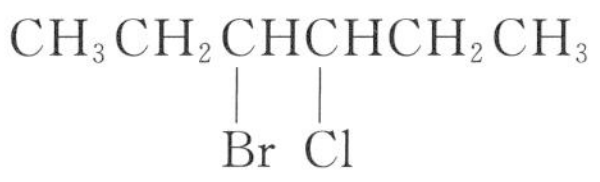

(4) 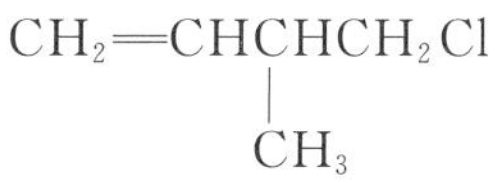 $CH_2{=}CHCHCH_2Cl$
$\underset{\underset{CH_3}{|}}{}$

(5)

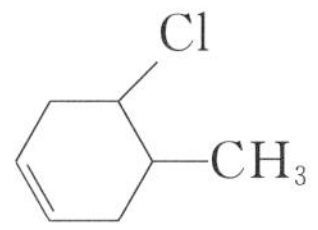

7-2 写出下列化合物的结构式。

(1) 2-苯基-1-氯丙烷

(2) 烯丙基溴

(3) 丙烯基溴

(4) 氯化苄

(5) 邻氯甲苯

(6) 3-甲基-5-溴-2-戊烯

7-3 完成反应式。

(1) 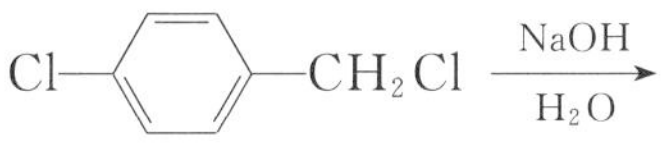 $Cl{-}\bigodot{-}CH_2Cl \xrightarrow[H_2O]{NaOH}$

(2) 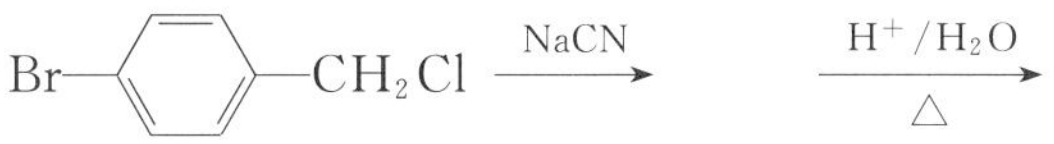 $Br{-}\bigodot{-}CH_2Cl \xrightarrow{NaCN} \xrightarrow[\triangle]{H^+/H_2O}$

(3) $\bigodot{-}CH{=}CH_2 \xrightarrow{HBr} \xrightarrow[醚]{Mg} \xrightarrow[②H_2O/H^+]{①CH_3COCH_3}$

(4)  $(CH_3)_2CH{-}\underset{\underset{Cl}{|}}{C}HCH_3 \xrightarrow[\triangle]{KOH/C_2H_5OH}$

(5)  $\bigodot{-}CH_2\underset{\underset{Cl}{|}}{C}HCH_2CH_3 \xrightarrow[\triangle]{KOH/醇}$

7-4 解释下列反应现象。

(1) 全氟叔丁基溴 $(CF_3)_3CBr$ 在进行 S_N1 反应和 S_N2 反应时都很困难。

(2) 在用 $CH_2{=}CHCH_2Br$ 制备 Grignard 试剂时常常有大量的 $CH_2{=}CHCH_2CH_2CH{=}CH_2$ 生成。

(3) (S)-4-溴-反-2-戊烯在加热时会发生外消旋化。

7-5 化合物 A(C_6H_{12})不与溴水反应,在紫外光照射下,与溴取代得到产物 B($C_6H_{11}Br$),B 在 KOH 的醇溶液中加热得到化合物 C(C_6H_{10}),C 能被酸性 $KMnO_4$ 氧化得到己二酸,写出 A、B、C 的结构式。

7-6 化合物分子式为 $C_8H_{17}Br$,用 CH_3CH_2ONa/CH_3CH_2OH 处理生成烯烃 B,分子式为 C_8H_{16},B 经过臭氧化、锌/水处理生成 C,C 催化氢化时吸收 1 mol H_2 生成醇 D,分子式为 $C_4H_{10}O$,试推测 A 到 D 的结构式。

（余燕敏）

第八章 醇、酚、醚

本章PPT

学习目标

1. 掌握:醇、酚、醚的分类和命名方法,醇、酚、醚的主要化学性质。
2. 熟悉:醇、酚、醚的结构特点及氢键对醇、酚、醚物理性质的影响。
3. 了解:硫醇的结构及理化性质,冠醚的结构与功能。

醇、酚、醚都是烃的含氧衍生物。醇(alcohol)是脂肪烃、脂环烃或芳香烃侧链上的氢原子被羟基(—OH,醇羟基)取代而形成的化合物;酚(phenol)是芳香环上的氢原子被羟基(—OH,酚羟基)取代而形成的化合物;醚(ether)可看作是醇和酚分子中羟基上的氢原子被烃基(—R或—Ar)取代而形成的化合物。

醇、酚和醚的结构通式如下:

$$R—OH \qquad Ar—OH \qquad (Ar)R—O—R'(Ar')$$

醇   酚   醚

醇、酚、醚都是重要的有机化合物,与医学的关系十分密切,如医院里常见的乙醇、苯酚、甲酚皂溶液(来苏水)等,也是研究生物体生理、病理变化及药物作用的重要物质基础。

第一节 醇

一、结构、分类和命名

(一)醇的结构

醇的结构特点是羟基直接与饱和碳原子结合,醇羟基中的氧与水分子中的氧具有相同的

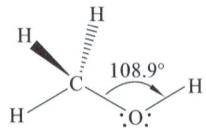

图8-1 甲醇的结构

杂化类型,均为 sp^3 不等性杂化,2对孤对电子分别占据 2 个 sp^3 不等性杂化轨道,因此醇分子中的氧与水分子中的氧构型相同,醇分子中 C—O—H 键角接近 sp^3 杂化轨道的角度。例如,甲醇分子中的 C—O—H 键角为 108.9°(图 8-1)。

由于氧原子的电负性大于碳原子和氢原子,醇分子中的 C—O 键和 O—H 键的电子云均偏向于氧原子,因此 C—O 键、O—H 键均为极性共价键,因此醇为极性分子,偶极方向指向羟基。一般情况下,醇的偶极矩为 6.667×10^{-30} C·m 左右。甲醇的偶极距为 5.70×10^{-30} C·m。

(二)醇的分类

醇的分类主要有以下 3 种情况:

(1)根据醇分子中羟基所连接的碳原子的种类,可将醇分为三类,伯醇(一级醇,1°醇)、仲醇(二级醇,2°醇)和叔醇(三级醇,3°醇)。

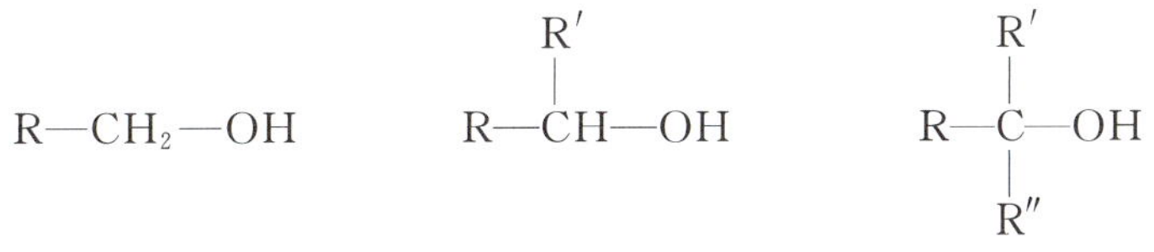

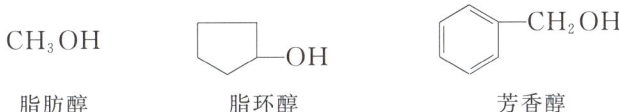

R—CH₂—OH　　　R—CH—OH　　　R—C—OH

伯醇(1°醇)　　　　仲醇(2°醇)　　　　叔醇(3°醇)

（2）根据羟基所连烃基结构的不同可分为脂肪醇、脂环醇和芳香醇，又可分为饱和醇和不饱和醇。

CH₃OH　　　　　　　　　　—OH　　　　　　　—CH₂OH

脂肪醇　　　　　　　　脂环醇　　　　　　　　芳香醇

（3）根据醇分子中所含羟基的数目，可分为一元醇、二元醇和多元醇，含 2 个以上羟基的醇统称为多元醇。

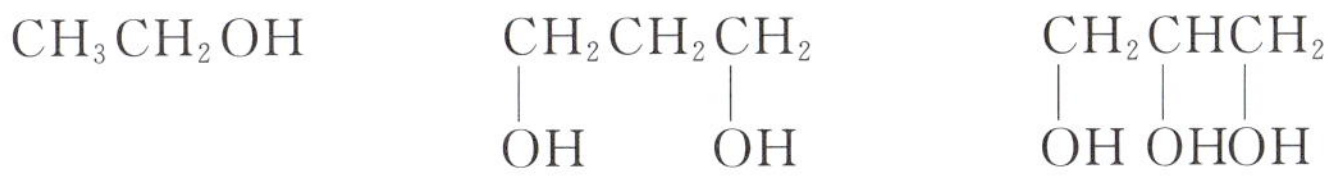

CH₃CH₂OH　　　CH₂CH₂CH₂　　　CH₂CHCH₂
　　　　　　　　　　|　　　|　　　　　|　|　|
　　　　　　　　　　OH　OH　　　　　OH OHOH

一元醇　　　　　　　二元醇　　　　　三元醇（多元醇）

羟基连接在相邻碳原子上的二元醇又称为邻二醇；2 个羟基在同一碳原子上的二元醇称为偕二醇。偕二醇结构很不稳定，容易发生分子内的脱水反应而生成醛或酮。

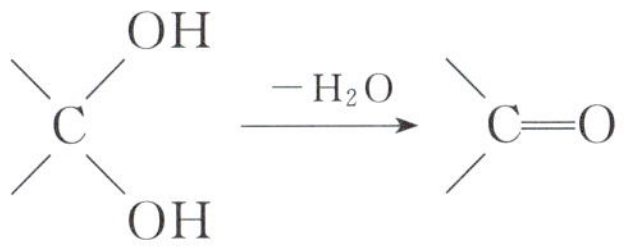

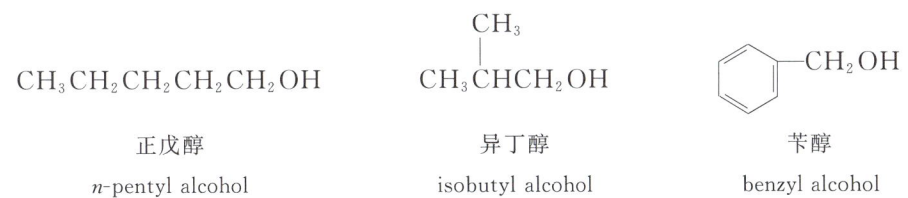

（三）醇的命名

1. 普通命名法　一般适用于结构较简单的醇，通常是在"醇"前加上烃基名称，称为"某醇"，通常省去"基"字。英文名称是在相应的烷基名称后加"alcohol"。例如：

CH₃CH₂CH₂CH₂CH₂OH　　　CH₃CHCH₂OH（CH₃）　　　　—CH₂OH

正戊醇　　　　　　　　　异丁醇　　　　　　　　苄醇
n-pentyl alcohol　　　　isobutyl alcohol　　　　benzyl alcohol

2. 系统命名法　系统命名法适用于各种结构醇的命名，命名原则：选择含有羟基的最长碳链作为主链，称为"某醇"；从靠近羟基的一端开始依次给主链碳原子编号，在"某"字前用阿拉伯数字标出羟基的位置；将取代基的位次、数目、名称按"次序规则"的规定及羟基的位号依次写在母体名称的前面，并在阿拉伯数字与汉字之间用短线隔开。醇的英文名称是将相应的烷基名称中词尾"ane"改为"anol"。例如：

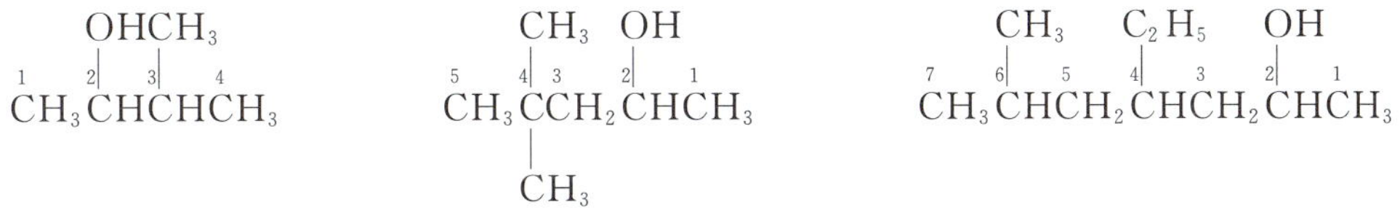

3-甲基-2-丁醇　　　　　4,4-二甲基-2-戊醇　　　　6-甲基-4-乙基-2-庚醇
3-methyl-2-butanol　　　4,4-dimethyl-2-pentanol　　4-ethyl-6-methyl-2-heptanol

对于脂环醇，根据与羟基相连的脂环烃基命名为"环某醇"，环碳原子的编号从羟基开始。对于芳香醇，通常把链醇作为母体，芳基作为取代基。例如：

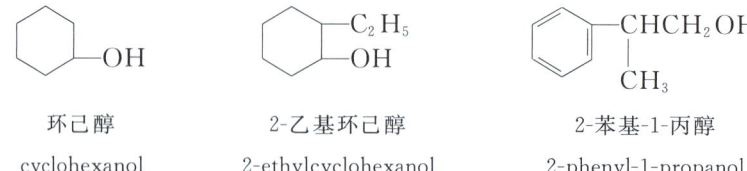

环己醇
cyclohexanol

2-乙基环己醇
2-ethylcyclohexanol

2-苯基-1-丙醇
2-phenyl-1-propanol

对于不饱和醇,应选择同时含有不饱和键和羟基的最长碳链作为主链,从靠近羟基一端开始编号,命名时把"烯"放在醇字前面,称为"某烯(炔)醇",双键位次放在"某烯"字之前,羟基的位次则标在"醇"字之前。根据主链碳原子数称为"某烯醇",并在母体名称前面标明不饱和键及羟基的位置。

$$CH_3—CH—C=CH_2$$
$$\quad\quad |\quad\quad |$$
$$\quad\quad OH\quad CH_3$$

3-甲基-3-丁烯-2-醇
3-methyl-3-butene-2-ol

$$HC\equiv C—CH—CH_2OH$$
$$\quad\quad\quad\quad |$$
$$\quad\quad\quad\quad CH_3$$

2-甲基-3-丁炔-1-醇
2-methyl-3-butyne-1-ol

$$CH_3CHCH_2CHCHCH_3$$
$$\quad\; |\quad\quad\quad\; |$$
$$\quad\; OH\quad\quad OHCH_3$$

5-甲基-2,4-己二醇
5-methyl-2,4-hexanediol

多元醇的命名,选择连有尽可能多的羟基的碳链作为主链,依羟基的数目称某二醇或某三醇等,并在名称前标明羟基的位次。英文名称中,二元醇是在烷烃名称词尾加"diol",三元醇词尾加"triol"等。例如:

$$\begin{array}{l}1\;\; CH_2—OH\\ \;\;\;\; |\\ 2\;\; CH_2\\ \;\;\;\; |\\ 3\;\; CH_2—OH\end{array}$$

1,3-丙二醇
1,3-propanediol

$$\begin{array}{l}CH_2—OH\\ |\\ CH—OH\\ |\\ CH_2—OH\end{array}$$

1,2,3-丙三醇(甘油)
1,2,3-propanetriol(glycerol)

一些天然醇习惯用俗名,例如:

$$\begin{array}{ccccc} & OH & OH & H & H\\ & | & | & | & |\\ HOCH_2—C—C—C—C—CH_2OH\\ & | & | & | & |\\ & H & H & OH & OH\end{array}$$

甘露醇(mannitol)

$$\begin{array}{ccccc} & H & OH & H & H\\ & | & | & | & |\\ HOCH_2—C—C—C—C—CH_2OH\\ & | & | & | & |\\ & OH & H & OH & OH\end{array}$$

山梨醇(sorbitol)

随堂检测 8-1 用系统命名法命名下列化合物。

$$(1)\;\; CH_3CH_2CHCHCH_2CH_3$$
$$\quad\quad\quad\quad |\quad\quad |$$
$$\quad\quad\quad\quad CH_2OH\;\; CH_2Cl$$

$$(2)\quad\quad\quad\quad\;\; CH_3$$
$$\quad\quad\quad\quad\quad\quad |$$
$$\quad\quad\quad\quad\quad C—OH$$
$$\quad\quad\quad\quad\quad\quad |$$
$$\quad\quad\quad\quad\quad CH_3$$

$$(3)\quad\quad CH_3$$
$$\quad\quad\quad\quad\quad OH$$

二、物理性质

低级一元醇为无色中性液体,具有特殊的气味和辛辣的味道,甲醇、乙醇和丙醇可以与水以任意比例互溶,4~11个碳原子的醇为油状黏稠液体,仅部分溶于水,11个以上碳原子的高级醇为蜡状固体,多数无臭无味,几乎不溶于水。随着醇相对分子质量的增大,烷基对整个醇分子的影响越来越大,醇的物理性质越来越接近烷烃。一元醇的密度虽然比相应的烷烃大,但仍小于水的密度。一些常见醇的物理常数如表 8-1 所示。

表 8-1　一些常见醇的物理常数

化合物	英文名称	熔点/℃	沸点/℃	相对密度/(g/cm³)	水中溶解度/g
甲醇	methanol	−97.8	64.7	0.792	∞
乙醇	ethanol	−117.3	78.3	0.789	∞
1-丙醇	1-propanol	−126.0	97.8	0.804	∞
2-丙醇	2-propanol	−88.0	82.3	0.786	∞
正丁醇	*n*-butyl alcohol	−90.0	117.8	0.810	7.9
正戊醇	*n*-pentyl alcohol	−78.5	138.0	0.817	2.3
正己醇	*n*-hexyl alcohol	−52.0	156.5	0.819	0.6
苯甲醇	benzyl alcohol	−15.0	205.0	1.040	4.0
乙二醇	ethanediol	−12.6	197.5	1.113	∞
甘油	glycerol	18.0	290.0	1.260	∞

　　醇在水中的溶解度的大小取决于亲水性羟基和疏水性烃基所占的比例大小。对于 3 个以下碳原子的低级醇,因烃基所占的比例小,羟基与水分子之间可以形成很强的氢键(图 8-2)。

　　此时醇与水之间的氢键结合力大于烃基与水之间的排斥力,醇可与水互溶。随着醇分子中烃基的增大,烃基与水之间的排斥力也逐渐增大,醇在水中的溶解度明显下降。多元醇分子中,羟基数目较多,与水形成氢键的部位增多,因此在水中的溶解度更大。

　　醇的沸点比相对分子质量相近的烷烃要高,这是因为液态醇分子间能以氢键相互缔合(图 8-3)。直链饱和一元醇的沸点随碳原子数的增加而上升,在直链的同系列中,10 个以下碳原子的相邻醇之间的沸点相差 18～20 ℃;多于 10 个碳原子的相邻醇之间沸点差变小。碳原子数相同的醇,含支链越多者沸点越低。多元醇的沸点随着羟基数目的增加而增加。

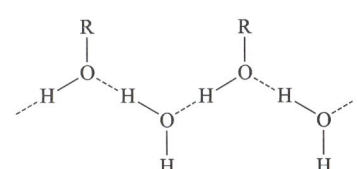

图 8-2　醇分子与水分子间形成氢键

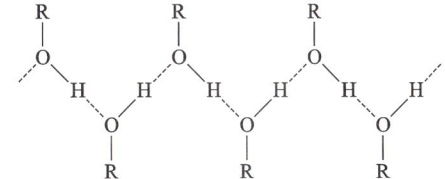

图 8-3　醇分子间形成氢键

三、化学性质

　　醇的官能团是羟基—OH,其化学性质主要由羟基和受它影响的相邻基团决定,主要反应形式是 O—H 键和 C—O 键的断裂,羟基的结构特征是氧的电负性很大,分子中的 C—O 键和 O—H 键都是极性键,因而醇分子中有 2 个反应中心。由于 α-H 和 β-H 受到 C—O 键极性的影响具有一定的活性,因此它们还能发生氧化反应和消除反应等。醇的化学性质与结构的关系如图 8-4 所示。

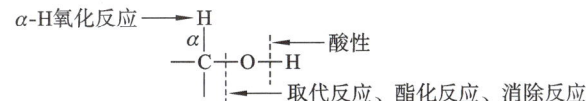

图 8-4　醇的化学性质与结构的关系

NOTE

(一) 醇与活泼金属的反应

醇与水相似,醇羟基的 O—H 键是极性键,容易断裂而提供质子,具有一定的酸性,羟基上的氢原子可以和 Na 等活泼金属发生取代反应生成醇的金属化合物,放出氢气。

$$R—OH + Na \longrightarrow R—ONa + H_2 \uparrow$$
醇钠

钠与醇的反应要比与水的反应缓和得多,产生的热量不足以使氢气燃烧,说明醇的酸性比水还弱。生成的醇钠是强碱,碱性比氢氧化钠强,不稳定,遇水分解成氢氧化钠和醇。

$$CH_3CH_2ONa + H_2O \Longleftrightarrow NaOH + CH_3CH_2OH$$

由于烃基给电子效应使酸性降低,因此不同醇与钠的反应活性:甲醇>伯醇>仲醇>叔醇。醇钠是有机合成中常用的碱性试剂,不同类型的醇所生成的醇钠其碱性强弱顺序:叔醇钠>仲醇钠>伯醇钠>甲醇钠。

随堂检测 8-2 按酸性由强到弱的顺序排列下列各组化合物。

(1) 正丁醇、仲丁醇、叔丁醇

(2) 甲醇、乙醇、正丙醇、异丙醇

(二) 醇生成卤代烃的反应

1. 与氢卤酸反应 醇与氢卤酸作用,C—O 键断裂,生成卤代烃和水。

$$ROH + HX \Longleftrightarrow RX + H_2O$$

不同氢卤酸的反应活性顺序:HI>HBr>HCl。

不同醇的反应活性顺序:烯丙型醇>叔醇>仲醇>伯醇>CH_3OH。

盐酸与醇的反应较困难,加无水氯化锌可催化反应的进行。无水氯化锌的浓盐酸溶液称为 Lucas 试剂(Lucas reagent)。含有 6 个碳以下的醇可以溶解于 Lucas 试剂中,生成的卤代烷则难溶于 Lucas 试剂,产生细小的油状液滴分散在 Lucas 试剂中,使反应液变混浊,从反应液出现混浊所需的时间可以衡量醇的反应活性,判断醇的类型。室温下,叔醇立即反应使溶液变混浊;仲醇在 5~10 min 内反应使溶液变混浊;伯醇在数小时后也不反应。

醇与卤代酸的反应是在酸催化下的亲核取代反应,其反应机理与卤代烃的亲核取代反应相似,根据醇的结构,反应可按 S_N1 或 S_N2 机理进行。叔醇或烯丙型醇的反应主要按 S_N1 反应机理进行,有碳正离子中间体产生。

$$(CH_3)_3C—OH + HX \Longleftrightarrow (CH_3)_3C—\overset{+}{O}H_2 + X^-$$

$$(CH_3)_3C—\overset{+}{O}H_2 \overset{慢}{\Longleftrightarrow} (CH_3)_3\overset{+}{C} + H_2O$$

$$(CH_3)_3\overset{+}{C} + X^- \overset{快}{\Longleftrightarrow} (CH_3)_3C—X$$

S_N1 反应通过碳正离子进行,因而可能有重排产物生成,尤其是 β-碳原子上有支链的醇,更易产生重排现象。仲醇的反应既可以按 S_N2 机理进行,也可以按 S_N1 机理进行,有时会出现重排现象。伯醇的反应主要按 S_N2 机理进行,一般不发生重排。

$$CH_3—\overset{\overset{\displaystyle CH_3}{|}}{\underset{\underset{\displaystyle CH_3}{|}}{C}}—\overset{|}{\underset{\underset{\displaystyle OH}{|}}{CH}}—CH_3 + HCl \longrightarrow CH_3—\overset{\overset{\displaystyle CH_3}{|}}{\underset{\underset{\displaystyle Cl}{|}}{C}}—\overset{|}{\underset{\underset{\displaystyle CH_3}{|}}{CH}}—CH_3$$

随堂检测 8-3 下列化合物中哪一个与 Lucas 试剂反应最先变混浊?

(1) 苯甲醇 (2) α-苯基乙醇 (3) β-苯基乙醇

2. 与卤化磷反应 醇与卤化磷(PX_3、PX_5)反应生成卤代烃,是制备卤代烃的常用方法,可以避免氢卤酸可能带来的重排,这样可以使卤代产物保持醇原来的碳架结构。

$$3ROH + PX_3 \longrightarrow 3RX + H_3PO_3$$
$$ROH + PCl_5 \longrightarrow RCl + POCl_3 + HCl$$

三氯氧磷

醇与 PX_5 的反应,因副产物磷酸酯比较多,进行产物分离较为困难,因此不是制备卤代烃的好方法。实际工作中,三溴化磷或三碘化磷常用溴或碘与磷的反应产生。

$$2P + 3X_2 \longrightarrow 2PX_3 \quad (X = Br, I)$$

3. 与卤化亚砜反应 醇与卤化亚砜($SOCl_2$)反应生成卤代烃,也是制备卤代烃的常用方法,也可以使卤代产物保持醇原来的碳架结构,用 $SOCl_2$ 作为卤代试剂,副产物 SO_2 和 HCl 很容易离开反应体系,产物容易分离和纯化。

$$ROH + SOCl_2 \xrightarrow[\triangle]{\text{醚}} RCl + SO_2 \uparrow + HCl \uparrow$$

(三)醇与含氧酸反应

醇与酸之间脱水生成酯,此反应称为酯化反应(esterification reaction)。

1. 与无机含氧酸的反应 醇与无机含氧酸(如硝酸、亚硝酸、硫酸和磷酸等)之间脱水,可生成相应的无机酸酯。

$$ROH + HONO_2 \longrightarrow RONO_2 + H_2O$$

硫酸二甲酯和硫酸二乙酯是有机合成上常用的甲基化试剂及乙基化试剂。多元醇与硝酸反应生成多元硝酸酯。

$$
\begin{array}{l}
CH_2OH \\
| \\
CHOH \\
| \\
CH_2OH
\end{array}
+ 3HNO_3 \xrightarrow{98\% H_2SO_4}
\begin{array}{l}
CH_2ONO_2 \\
| \\
CHONO_2 \\
| \\
CH_2ONO_2
\end{array}
+ 3H_2O
$$

甘油三硝酸酯

甘油与硝酸反应生成甘油三硝酸酯(glycerol trinitrate),临床上称为硝酸甘油,是一种黄色的油状透明液体,这种液体可因震动而爆炸,属化学危险品。同时,硝酸甘油具有扩张血管的功能,也可用作心绞痛的缓解药物,是冠心病患者的必备药物,主要用于心绞痛急性发作时的抢救。多数硝酸酯受热后能猛烈分解而发生爆炸,硝化甘油是烈性炸药的主要成分。1866 年 Nobel 发明的安全炸药就是由硝化甘油和硅藻土等成分组成的。

知识链接 8-1

醇的无机酸酯具有重要的作用,如存在于软骨中的硫酸软骨素就具有硫酸酯结构;生物体内的重要成分核糖核酸(RNA)和脱氧核糖核酸(DNA)都含有磷酸酯结构;磷脂及重要的供能物质三磷酸腺苷(adenosine triphosphate,ATP)也都含有磷酸酯结构。

2. 与有机含氧酸的反应 醇与有机酸脱水生成有机酸酯。在酸(如浓硫酸)催化下,羧酸与醇生成酯和水。

$$
\begin{array}{c}
O \\
\parallel \\
CH_3 - C + OH
\end{array}
+ HO - CH_2CH_3 \underset{\triangle}{\overset{H^+}{\rightleftharpoons}}
\begin{array}{c}
O \\
\parallel \\
CH_3 - C - OCH_2CH_3
\end{array}
+ H_2O
$$

该反应可逆,在相同条件下,酯水解生成羧酸和醇,称为酯的水解反应。为提高酯的产率,可适当增大反应物浓度或将生成物酯和水不断蒸出反应体系,使平衡向右移动。

(四)醇的脱水反应

醇在酸性条件下加热可发生脱水反应。醇脱水可按两种方式进行:一种是醇分子内脱一分子水生成烯烃(消除反应),另一种是两个分子的醇发生分子间脱水生成醚(亲核取代反应)。

1. 分子内脱水反应 醇在浓硫酸等催化下加热,分子内消去一个水分子,生成不饱和产物烯烃,此反应属于消除反应。

$$CH_2—CH_2 \xrightarrow[170\ ℃]{98\% H_2SO_4} CH_2 =CH_2 +H_2O$$

$$\begin{matrix}| & | \\ H & OH\end{matrix}$$

醇在酸催化下发生分子内脱水的反应机理，一般遵循 E1 机理，醇的羟基先质子化，再脱去一分子水生成碳正离子中间体，然后消除 β-H 生成烯烃。

$$R—\underset{\underset{H}{|}}{\overset{\overset{H}{|}}{CH}}—CH_2—\overset{+}{O}H_2 \longrightarrow R—\overset{\overset{H}{|}}{CH}—\overset{+}{C}H_2 +H_2O$$

$$R—\overset{\overset{H}{|}}{CH}—\overset{+}{C}H_2 \longrightarrow R—CH =CH_2 +H^+$$

第一步生成碳正离子中间体决定整个反应的速率，因此碳正离子的稳定性决定醇消除的难易，由于碳正离子的稳定性为 3°(叔)＞2°(仲)＞1°(伯)，因此不同醇的反应活性顺序为叔醇＞仲醇＞伯醇。

醇分子内脱水生成烯烃的反应遵循 Saytzeff 规则，即主要产物是双键上连有较多烃基的烯烃。例如：

$$CH_3CH_2\underset{\overset{|}{OH}}{C}HCH_3 \xrightarrow[100\ ℃]{60\% H_2SO_4} CH_3CH =CHCH_3 +CH_3CH_2CH =CH_2$$

$$\quad\quad\quad\quad\quad\quad\quad\quad\quad\quad\quad\quad\quad\quad\text{2-丁烯}\quad\quad\quad\quad\quad\text{1-丁烯}$$
$$\quad\quad\quad\quad\quad\quad\quad\quad\quad\quad\quad\quad\quad\text{（主要产物）}\quad\quad\quad\text{（次要产物）}$$

2. 分子间脱水反应　两分子醇也可以发生分子间的脱水而生成醚。

$$CH_3CH_2—O\!\!\begin{array}{|}H+H\end{array}\!\!—O—CH_2CH_3 \xrightarrow[140\ ℃]{\text{浓 } H_2SO_4} CH_3CH_2—O—CH_2CH_3 +H_2O$$

这是制备醚的一种方法，但仅仅适用于伯醇，仲醇在此条件下反应，生成醚和烯烃的混合物，而叔醇则只生成烯烃。

此反应实际上是一种亲核取代反应。一般伯醇按 S_N2 反应机制进行，仲醇按 S_N1 或 S_N2 反应机制进行，而叔醇在一般情况下易发生消除反应生成烯烃，很难形成醚。

醇的消除反应和成醚反应都是在酸的作用下进行，消除反应成醚反应是并存和相互竞争的，反应方向与醇的结构和反应条件有关。伯醇易发生成醚反应，而叔醇易发生消除反应；较低的温度下有利于成醚反应，而在高温条件下有利于消除反应生成烯烃，若能控制好反应条件可以使其中一种产物为主要产物。

（五）醇的氧化反应

在有机化学反应中，把加氧或去氢的反应称为氧化反应（oxidation reaction）；把加氢或去氧的反应称为还原反应（reduction reaction）。

由于羟基的影响，使得 α-H 比较活泼，容易与羟基中的氢原子一起脱去而发生氧化反应。伯醇和仲醇分子中含有 α-H，很容易被氧化。伯醇被氧化生成醛，进一步氧化生成羧酸；仲醇则被氧化生成相应的酮。叔醇因没有 α-H，在相同的条件下不被氧化，但在强氧化剂作用下，发生 C—C 键断裂，生成小分子的醛、酮或羧酸。常用的氧化剂有 $K_2Cr_2O_7/H^+$、$KMnO_4/H^+$ 溶液等。

$$\underset{\text{伯醇}}{R—CH_2OH} \xrightarrow{[O]} \underset{\text{醛}}{R—CHO} \xrightarrow{[O]} \underset{\text{羧酸}}{R—COOH}$$

$$\underset{\text{仲醇}}{R—\underset{\overset{|}{OH}}{C}H—R'} \xrightarrow{[O]} \underset{\text{酮}}{R—\overset{\overset{O}{\|}}{C}—R'}$$

在体内,乙醇主要在肝内脱氢酶的作用下氧化成乙醛,再进一步氧化生成乙酸,供机体利用。肝脏处理乙醇的能力有限,过量饮酒将会造成酒精中毒。

强氧化剂 $KMnO_4$ 及 $K_2Cr_2O_7$ 都能将伯醇氧化成羧酸,反应不能停留在生成醛的阶段。用特殊的氧化剂如 $[(C_5H_5N)_2 \cdot CrO_3]$(Sarrett 试剂)氧化伯醇,反应可停留在醛的阶段,分子中的双键和三键不受影响,反应一般在二氯甲烷中进行。

$$CH_3(CH_2)_5CH_2OH \xrightarrow[CH_2Cl_2,25\ ℃]{[(C_5H_5N)_2 \cdot CrO_3]} CH_3(CH_2)_5CHO$$

$$CH_3(CH_2)_4C\equiv CCH_2OH \xrightarrow[CH_2Cl_2,25\ ℃]{[(C_5H_5N)_2 \cdot CrO_3]} CH_3(CH_2)_4C\equiv CCHO$$

利用氧化反应的难易,可以鉴别叔醇和伯醇、仲醇。伯醇、仲醇与 $KMnO_4$ 或者 H_2CrO_4 都能反应,使 $KMnO_4$ 溶液紫色褪去并产生褐色沉淀,使橙色 H_2CrO_4 溶液变成暗绿色,而叔醇则不能。

(六)邻二醇的特殊化学性质

分子中含 2 个或 2 个以上羟基的多元醇具有一元醇的所有性质,此外还具有一些特殊的性质。

1. 与氢氧化铜反应　邻二醇可与氢氧化铜形成配合物,使氢氧化铜沉淀溶解变为深蓝色的溶液,利用此反应可鉴别具有邻二羟基结构的有机物。

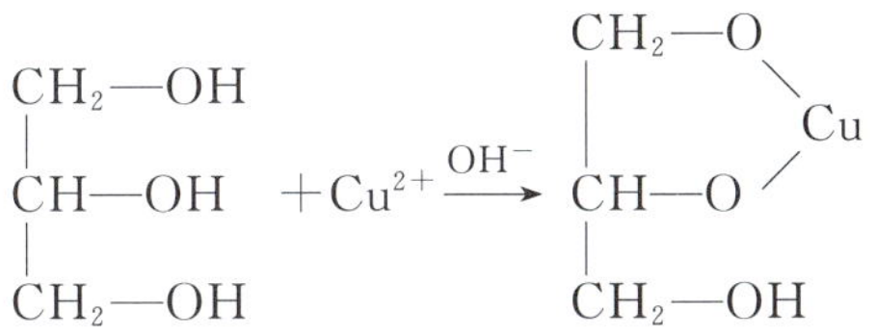

2. 与高碘酸反应　邻二醇可被高碘酸(HIO_4)或四乙酸铅氧化,连接 2 个—OH 的 C—C 键断裂,生成醛、酮或羧酸等含羰基的化合物。

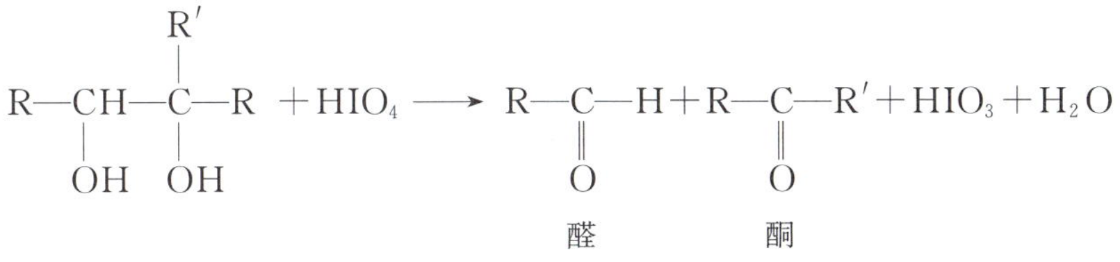

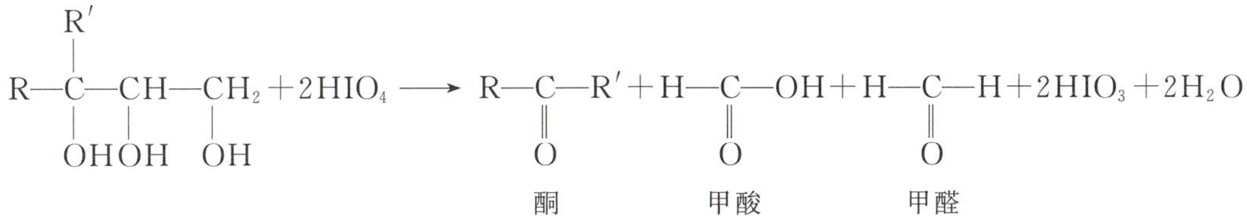

生成的 HIO_3 可以与 $AgNO_3$ 反应生成白色的 $AgIO_3$ 沉淀,可用于鉴别邻二醇的结构。高碘酸对邻二醇的氧化反应可定量进行,根据生成产物的结构、数量及消耗 HIO_4 的量,可以推断邻二醇的结构。

四、硫醇

(一)结构和命名

硫醇(mercaptan)的结构通式为 R—SH。巯基(—SH)为硫醇的官能团。简单硫醇的命名,只需要在相应的醇名称中加上"硫"字。结构较复杂的硫醇,将—SH 作为取代基进行命名。

$$CH_3SH \qquad CH_3CH_2SH \qquad HSCH_2CH_2SH \qquad HSCH_2CH_2OH$$

甲硫醇　　　　　　乙硫醇　　　　　　1,2-乙二硫醇　　　　　2-巯基乙醇

methanethiol　　　ethanethiol　　　1,2-ethanedithiol　　2-mercaptoethanol

（二）物理性质

大多数硫醇易挥发,且具有特殊臭味,少量的硫醇就能产生很明显的气味,低级硫醇常作为臭味剂使用。例如,城市燃气中加入少量叔丁硫醇,一旦燃气泄漏,硫醇的气味可起泄漏示警的作用。

硫醇与水形成氢键及硫醇分子间形成氢键的能力均不如醇,因此,硫醇的水溶性不如醇,沸点也较相应的醇低。

甲硫醇和乙硫醇的沸点分别为 6.2 ℃ 和 37 ℃。乙硫醇在水中的溶解度只有 1.5 g。

（三）硫醇的化学性质

1. 弱酸性　与氧原子相比,硫原子半径大,巯基的硫氢键的键长较羟基的氧氢键的键长长,硫氢键易被极化,异裂放出质子。硫醇在水溶液中解离出质子,生成 RS⁻,显酸性。硫醇的酸性比水和醇强很多,其 pK_a 为 9～12,但仍属于弱酸。

$$RSH \Longrightarrow RS^- + H^+$$

硫醇难溶于水,易溶于氢氧化钠溶液,生成易溶于水的硫醇钠(盐)。

$$CH_3CH_2SH + NaOH \longrightarrow CH_3CH_2SNa + H_2O$$

乙硫醇　　　　　　　　　　　乙硫醇钠

2. 与重金属化合物作用　与无机硫化物类似,硫醇可以与汞、银、铅等重金属盐或氧化物作用,生成难溶于水的硫醇盐。

$$2RSH + HgO \longrightarrow (RS)_2Hg\downarrow + H_2O$$

利用硫醇的这一性质,在临床上常将某些含巯基的化合物作为重金属中毒的解毒剂(antidote)。常见的重金属解毒剂如下:

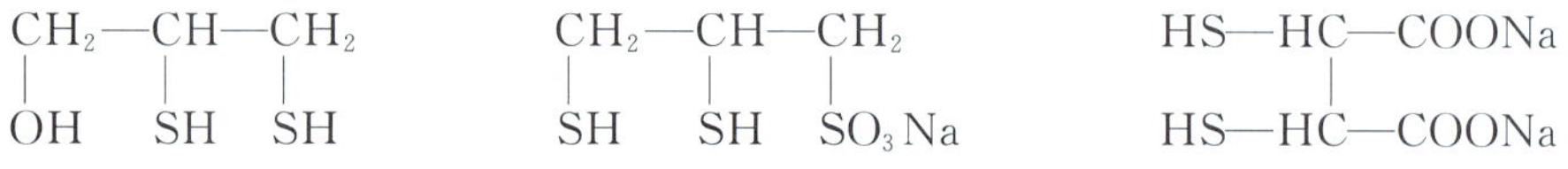

$$
\begin{array}{ccc}
CH_2{-}CH{-}CH_2 & CH_2{-}CH{-}CH_2 & HS{-}HC{-}COONa\\
| \quad\ | \quad\ | & | \quad\ | \quad\ | & \\
OH \quad SH \quad SH & SH \quad SH \quad SO_3Na & HS{-}HC{-}COONa
\end{array}
$$

二巯基丙醇(BAL)　　　　二巯基丙磺酸钠　　　　　二巯基丁二酸钠

这些解毒剂如二巯基丁二酸钠(dimercaptosuccinated sodium)与金属离子的亲和力较强,不仅能与进入人体内的游离重金属离子结合,而且还能夺取已经与酶结合的重金属离子,生成不易解离的水溶性大的无毒配合物,最后随尿液排出体外,从而达到解毒的目的。但是,若酶与重金属离子结合时间太久,酶已彻底失去活性,即使与酶结合的重金属离子被解毒剂结合排出体外,酶也难以恢复活性,因此重金属中毒需要尽早用药解毒(图 8-5)。

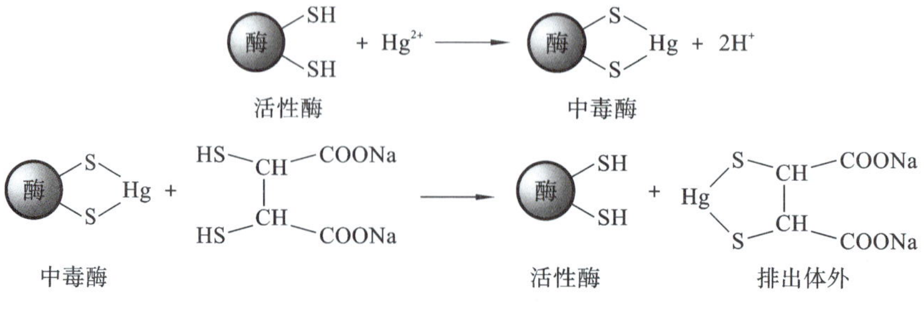

图 8-5　重金属中毒及解毒过程

3. 氧化反应　硫醇比醇更容易被氧化,在稀的过氧化氢、碘,甚至空气中氧气的作用下,硫醇能够被氧化成二硫化物(disulfide)。

$$2CH_3CH_2CH_2SH + H_2O_2 \longrightarrow CH_3CH_2CH_2S—SCH_2CH_2CH_3 + 2H_2O$$

1-丙硫醇 　　　　　　　　　二丙基二硫化物

此反应可以定量地进行,因此,通过测定反应剩余过氧化氢的量,可以分析巯基化合物的含量。

二硫化物分子中的"—S—S—"键称为二硫键(disulfide bond)。二硫键在生物化学上有重要意义。蛋白质中的氨基酸残基(半胱氨酸)中存在巯基,这些氨基酸残基的巯基可以形成二硫键将蛋白质链连接到一起,这样有助于维持蛋白质的三级结构。二硫化物很稳定,但在一定的还原条件下可以被还原为巯基。

$$CH_3—S—S—CH_3 \xrightarrow{[H]} 2CH_3—SH$$

在生物体内这种氧化还原作用是一个非常重要的生理过程。

在强氧化剂(如高锰酸钾、硝酸等)作用下,甲硫醇可以被氧化成甲磺酸(methanesulfonic acid)。

$$CH_3SH \xrightarrow{KMnO_4} CH_3SO_3H$$

硫原子连有 2 个烃基的化合物称为硫醚(thioether),其结构通式为 R—S—R。最简单的硫醚为二甲基硫醚。

硫醚也较容易被氧化。在室温条件下,二甲基硫醚就能被过氧化氢氧化成二甲基亚砜(dimethyl sulfoxide,DMSO)。

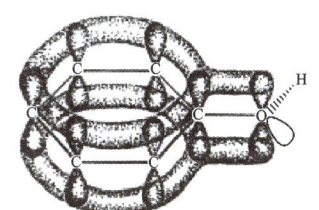

二甲基硫醚 　　　　　　　二甲基亚砜

第二节 　酚

一、结构和命名

(一) 酚的结构

羟基直接连在芳环上的化合物称为酚,用通式 Ar—OH 表示。苯酚是最常见的酚,俗称石炭酸(carbolic acid)。酚羟基中氧原子为 sp^2 杂化,氧原子上的 2 对未共用电子对中,1 对处于 sp^2 杂化轨道,另 1 对处于未杂化的 p 轨道中,p 轨道中的未共用电子对与苯环的大 π 键形成 p-π 共轭体系(图 8-6)。

氧原子 p 轨道中的电子向苯环偏移,降低了氧原子的电子云密度,使 O—H 键的极性增大;羟基与苯环之间的 p-π 共轭效应使 σ 键极性降低;与苯比较,p-π 共轭效应使苯酚分子中苯环上电子云密度增大。

图 8-6 苯酚的 p-π 共轭体系示意图

(二) 酚的命名

根据酚羟基的数目不同,酚分为一元酚、二元酚和多元酚。根据所含芳基的不同,酚又可分为苯酚、萘酚等。

简单酚的命名是在酚字前加上芳环名称作为母体,再冠以取代基的位次、数目和名称。多元酚命名时,要标明酚羟基的相对位置。对结构复杂的酚,可将酚羟基作为取代基来命名。萘酚因官能团的位置不同,分为 α-萘酚和 β-萘酚。

苯酚	邻甲基苯酚	β-萘酚	1,3-苯二酚(间苯二酚)
phenol	o-cresol	β-naphthol	m-dihydroxybenzene

随堂检测 8-4 用系统命名法命名下列化合物。

(1) （结构式）

(2) （结构式）

二、物理性质

在常温下,酚类化合物多数为结晶性固体,只有少数烷基酚(如甲酚)为高沸点的液体。由于酚分子间及酚与水分子间能形成氢键,所以其熔点、沸点和水溶性均比相应的烃高。酚具有特殊的气味,能溶于乙醇、乙醚和苯等有机溶剂。一元酚微溶于水,加热时易溶于水,多元酚易溶于水。苯酚常温下为无色晶体(实验室打开过的苯酚表面显淡粉色,是由于被氧化成了有颜色的醌),有毒,有腐蚀性,微溶于水,易溶于有机溶剂。一些常见酚类化合物的物理常数如表8-2所示。

表 8-2　常见酚类化合物的物理常数

名称	英文名称	熔点/℃	沸点/℃	水中溶解度/g	pK_a
苯酚	phenol	43.0	181.8	8.2	10.00
邻甲苯酚	o-cresol	30.9	191.0	2.5	10.29
间甲苯酚	m-cresol	11.3	203.0	0.5	10.09
对甲苯酚	p-cresol	34.8	202.0	1.8	10.26
邻氯苯酚	o-chlorophenol	7.0	174.9	2.8	8.48
间氯苯酚	m-chlorophenol	32.0	219.8	2.6	9.02
对氯苯酚	p-chlorophenol	42.0	214.0	2.7	9.38
邻硝基苯酚	o-nitrophenol	46.0	216.0	0.2	7.22
间硝基苯酚	m-nitrophenol	97.0	分解	1.3	8.39
对硝基苯酚	p-nitrophenol	115.0	分解	1.6	7.15
2,4-二硝基苯酚	2,4-dinitrophenol	113.0	分解	0.6	4.00
2,4,6-三硝基苯酚	2,4,6-trinitrophenol	122.0	分解	1.4	0.71

三、化学性质

醇和酚分子中都含有O—H,所以酚能发生与醇类似的反应,由于受苯环的影响,其性质与醇又有显著的差异。酚类化合物中的酚羟基氧原子p轨道中的电子向苯环偏移,结果增加了苯环上电子云密度,降低了氧原子的电子云密度,使O—H键的极性增大,容易断裂给出质子而显酸性;羟基与苯环之间的p-π共轭效应使σ键极性降低,通常情况下羟基与苯环之间的

σ键较难断裂;与苯比较,p-π共轭效应更有利于苯环上亲电取代反应的发生,尤其是羟基的邻、对位。酚与醇结构上的差异造成它们性质上的不同。如酚的 C—O 键不易断裂,酚羟基不易被取代,不能与 HX 发生反应等。酚的化学性质与结构的关系如图 8-7 所示。

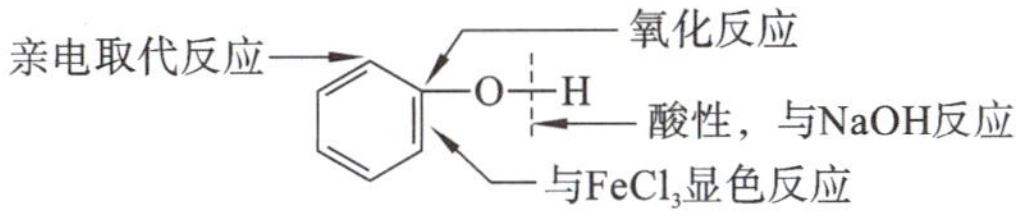

图 8-7 酚的化学性质与结构的关系

(一)酚羟基的反应

1. 酚羟基的酸性 由于 p-π 共轭,使酚羟基上的氢更容易解离,因此,酚的酸性比醇强很多,但仍属于弱酸,苯酚的 $pK_a=9.96$。

苯酚与氢氧化钠反应生成易溶于水的苯酚钠。

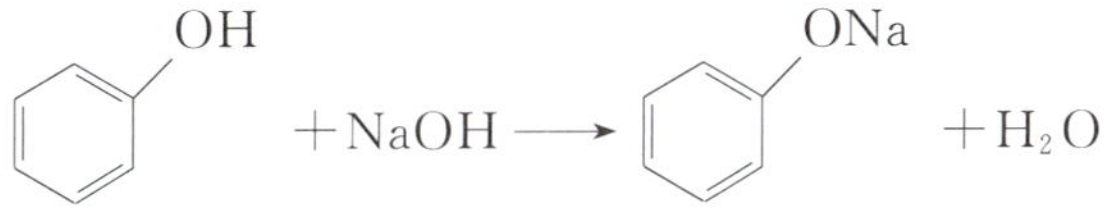

若向苯酚钠溶液中通入二氧化碳,则苯酚又游离出来。苯酚($pK_a=9.96$)的酸性比碳酸($pK_a=6.35$)还弱,因此苯酚只能溶于氢氧化钠或碳酸钠溶液,而不溶于碳酸氢钠溶液。利用酚的弱酸性和成盐性质,可以将酚类化合物与近中性化合物(如环己醇、硝基苯等)分离,也可区分酚与羧酸。

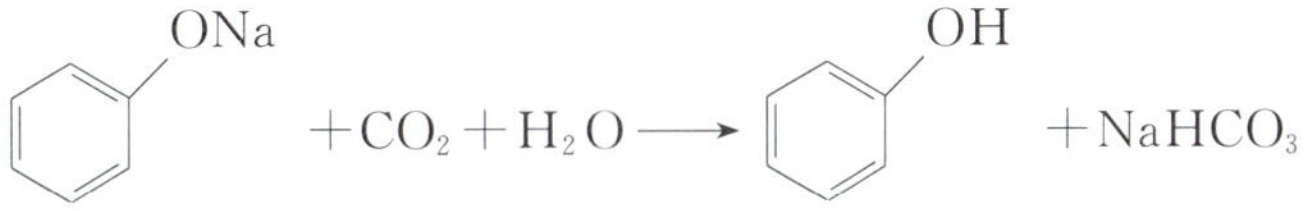

苯环上连了取代基的酚,酸性发生改变,如表 8-2 中取代酚的 pK_a 值所显示的,连接吸电子基,增加苯酚的酸性;连接给电子基,降低苯酚的酸性。相同取代基连在不同位置上,对酸性的影响也有差异。

随堂检测 8-5 下列化合物中酸性最强的是哪一个?
(1)间溴苯酚 (2)间甲苯酚 (3)间硝基苯酚 (4)苯酚 (5)乙醇 (6)水

2. 酚的显色反应 羟基连在碳碳双键碳原子上的化合物称为烯醇(enol)。酚类化合物是一种特殊的烯醇。

烯醇式结构   苯酚

凡是具有烯醇式结构的化合物与三氯化铁水溶液都可以发生显色反应,显示不同的颜色。如苯酚、间苯二酚、1,3,5-苯三酚显紫色;甲酚显蓝色;邻苯二酚和对苯二酚显绿色;1,2,3-苯三酚显红色。

因此,可以利用酚与三氯化铁的显色反应鉴别酚或具有烯醇式结构的化合物。

3. 酚的氧化反应 酚类化合物容易被氧化,其产物很复杂,无色的苯酚在空气中能逐渐被氧化而显红色或暗红色。如果用重铬酸钾的酸性溶液作氧化剂,苯酚能被氧化成对苯醌。

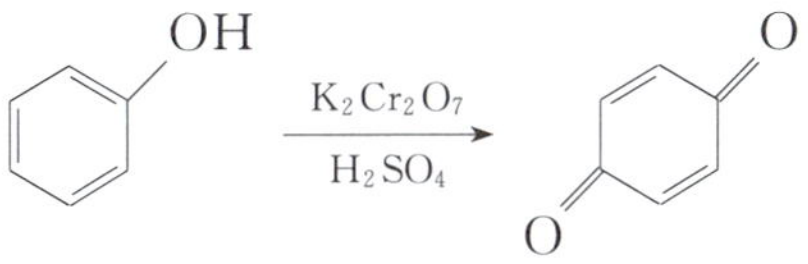

对苯醌

p-benzoquinone

多元酚更容易被氧化,在室温下也能被弱氧化剂氧化,其产物为醌类化合物。因此保存酚类药物时,应避免与空气接触,必要时需加抗氧剂。

(二) 芳环上的取代反应

由于 p-π 共轭效应使苯环活化,尤其是羟基的邻、对位,因此苯酚的邻、对位上很容易发生卤代、硝化和磺化等亲电取代反应。

1. 卤代反应　苯酚与溴水在室温下反应,立即生成白色沉淀 2,4,6-三溴苯酚。

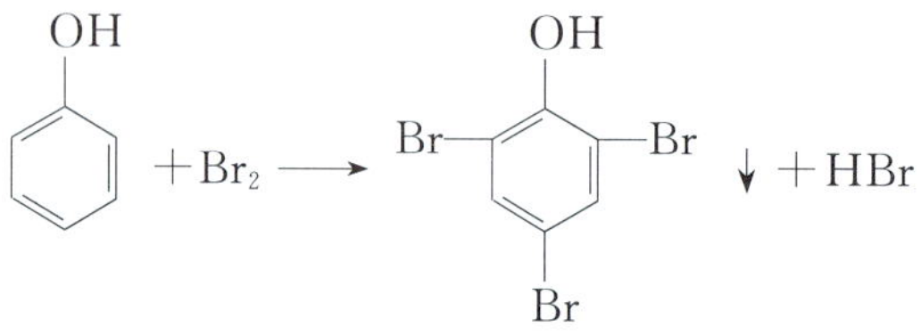

2,4,6-三溴苯酚

该反应非常灵敏,很稀的苯酚溶液($10\ mg \cdot L^{-1}$)也能与溴水产生明显的混浊现象且定量进行,常用于苯酚的定性和定量分析。

若想得到一溴苯酚或二溴苯酚,可以改变反应条件,加氯溴酸使反应停留在生成二溴苯酚的阶段,在低温条件下使用非极性溶剂(如二硫化碳)得到一溴取代物——对溴苯酚。

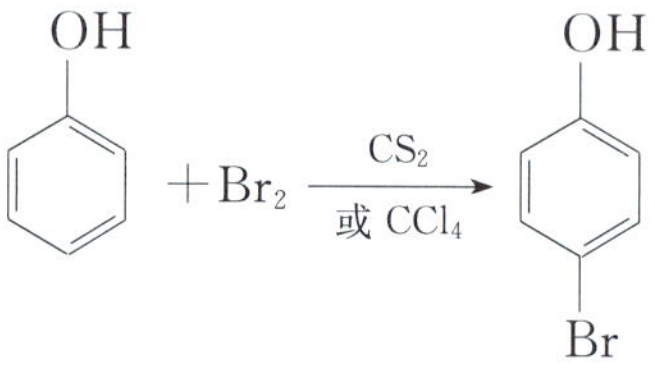

对溴苯酚(80%~84%)

2. 硝化反应　由于羟基的活化作用,苯酚的硝化反应在不需要混酸(HNO_3/H_2SO_4)的条件就能进行。硝酸是氧化性的无机酸,而苯酚很容易被氧化,所以苯酚的硝化反应应该在较低浓度的硝酸和较低温度下进行,这样可以最大限度地避免副反应,提高反应收率。苯酚与稀硝酸在室温下反应,生成邻硝基苯酚与对硝基苯酚的混合物,若选择低极性溶剂,低温下苯酚与硝酸的反应主要生成对硝基苯酚;苯酚与浓硝酸反应,生成 2,4,6-三硝基苯酚。

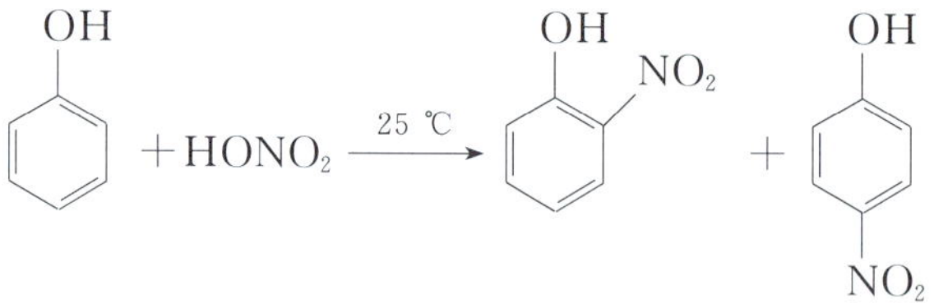

邻硝基苯酚(30%~40%)　　对硝基苯酚(15%)

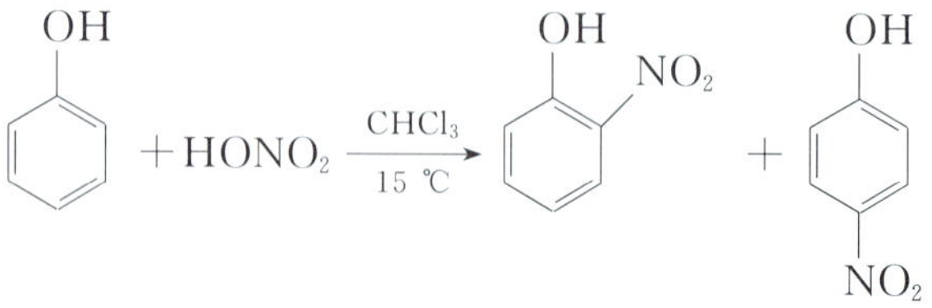

26%　　　　　61%

通过水蒸气蒸馏可以分离邻硝基苯酚和对硝基苯酚。这是由于对硝基苯酚通过分子间氢键相互缔合,其挥发性小,不能随水蒸出;而邻硝基苯酚通过分子内氢键,形成分子内六元环状螯合物,阻碍其与水形成氢键,其水溶性低,挥发性大,能随水蒸出。

3. 磺化反应

苯酚与浓硫酸反应生成羟基苯磺酸,在较低温度(25 ℃)时主要生成邻位取代物——邻羟基苯磺酸(受速率控制);在较高温度(100 ℃)时主要生成对位取代物——对羟基苯磺酸(受平衡控制);若采用发烟硫酸,则生成 2-羟基-1,3,5-三磺酸苯。

第三节 醚

一、结构和命名

(一) 醚的结构

醚可以看作醇(酚)羟基上的氢原子被烃基取代的化合物,也可以看作 1 个氧原子连接 2 个烃基形成的,其通式为(Ar)R—O—R′(Ar′),C—O—C 称为醚键,是醚的官能团。根据与氧原子相连烃基的结构或方式不同,可将醚分为单醚、混醚和环醚。与氧原子相连的两个烃基相同的称为单醚;两个烃基不相同的称为混醚;如果醚键是环的一部分,分子呈环状,则称为环醚,三元环醚称为环氧化合物。两个烃基都是脂肪烃基的为脂肪醚;一个或两个烃基是芳基的则为芳香醚。

最简单的醚是甲醚 CH_3OCH_3,甲醚分子中 C—O—C 键角为 111.7°,氧原子为 sp^3 不等性杂化,两对孤对电子位于 sp^3 杂化轨道(图 8-8)。

图 8-8 甲醚分子的结构

(二) 醚的命名

开链醚命名时,在两个烃基名称后加"醚"字,烃基名称中的"基"字通常可以省略。单醚命名时,在烃基名称前加数字"二";结构简单的单醚,"二"字通常可以省略。混醚命名时,分别写出两个烃基的名称,加上"醚"字,如果是两个脂肪烃基,较优基团放在后面,即"先小后大",称"某某醚";如果有芳基,则芳基放在前面,即"先芳香后脂肪"。

$$CH_3OCH_3 \qquad CH_3OC_2H_5 \qquad CH_3OCH=CH_2 \qquad \text{⟨苯环⟩}-OCH_3$$

甲醚	甲乙醚	甲基乙烯基醚	苯甲醚
methyl ether	ethyl methyl ether	methyl vinyl ether	methyl phenyl ether

结构复杂的醚,采用系统命名法,将烷氧基作为取代基,比较复杂的烃基作为母体命名。

$$\underset{CH_3CH_2\underset{Cl}{C}H\underset{OCH_3}{C}HCH_3}{} \qquad CH_3\underset{CH_3}{C}HCH_2\underset{OHOCH_3}{C}HCHCH_3 \qquad HO-\text{⟨苯环⟩}-OCH_3$$

2-甲氧基-3-氯戊烷	5-甲基-2-甲氧基-3-己醇	对甲氧基苯酚
2-methoxy-3-chloropentane	5-methyl-2-methoxy-3-hexanol	p-methoxyphenol

随堂检测 8-6 用系统命名法命名下列化合物。

$$(1)\ \text{⟨环己基⟩}-O-\underset{CH_3}{C}HCH_3 \qquad (2)\ \text{⟨苯基⟩}-O-CH_2CH_3$$

二、物理性质

常温下除了甲醚、乙醚和甲乙醚为气体外,大多数醚是无色液体。低级醚挥发性大,易燃,有特殊气味,使用时要注意通风及避免使用明火和电器。醚分子间不能形成氢键,沸点低于相对分子质量相同的醇,而接近于相对分子质量相近的烷烃,如甲醚沸点为−23 ℃(表 8-3),而丙烷和乙醇的沸点分别是−42 ℃和78.5 ℃。醚分子中的氧可与水形成氢键,所以低级醚在水中的溶解度与相对分子质量相近的醇接近,如乙醚在水中的溶解度为8 g。醚既能溶于有机溶剂,又能溶解其他有机物,因此是常用的有机溶剂。

表 8-3 一些常见醚的物理常数

化合物	英文名称	熔点/℃	沸点/℃	密度/(g·cm⁻³)
甲醚	methyl ether	−140	−23	0.67
乙醚	diethyl ether	−116	34.6	0.713
丙醚	propyl ether	−122	91	0.736
异丙醚	isopropyl ether	−60	69	0.735
正丁醚	dibutyl ether	−95	142	0.769
苯甲醚(茴香醚)	methyl phenyl ether	−37	154	0.994
苯乙醚	ethoxybenzene	−33	172	0.985
二苯醚	diphenyl ether	27	259	1.075

三、化学性质

醚键是稳定的官能团,因此醚的化学性质比较稳定,稳定性仅次于烷烃。醚不能与活泼金属、还原剂、氧化剂、碱和稀酸反应,只能在强酸条件下发生反应。

(一)醚的质子化:锌盐的生成

醚分子中氧原子上的孤对电子能接受质子而生成锌盐(oxonium salt)。醚作为碱接受质子的能力很弱,必须与浓强酸作用才能生成锌盐,因此,醚能溶于浓盐酸和浓硫酸等强酸中。锌盐是弱碱强酸盐,不稳定,遇水立即分解,释放出原来的醚。利用醚能溶于强酸的性质,可以把醚与烷烃、卤代烃区分开来。

$$R\!-\!\overset{\cdot\cdot}{O}\!-\!R'+HCl\longrightarrow[R\!-\!\overset{\overset{\textstyle H}{|}}{\overset{\cdot\cdot}{O}}\!-\!R']^+Cl^-$$

镁盐

（二）醚键的断裂

醚与氢碘酸(HI)一起加热,醚分子中的 1 个 C—O 键断裂,生成碘代烃和醇。生成的醇进一步与过量的氢碘酸反应,生成碘代烃。高温下,浓氢溴酸和盐酸也可以发生上述反应。

$$CH_3CH_2\!-\!O\!-\!CH_2CH_3+HI\xrightarrow{\triangle}CH_3CH_2OH+ICH_2CH_3$$
$$\qquad\qquad\qquad\qquad\qquad\qquad\qquad\downarrow HI \to CH_3CH_2I+H_2O$$

氢卤酸的反应活性:HI>HBr>HCl

混合醚与氢碘酸反应时,通常是较小的烃基生成卤代烃,较大的烃基生成醇;含有苯基的混合醚与氢卤酸反应时,总是生成苯酚和卤代烃,二苯基的混合醚不被氢卤酸分解。

$$CH_3\!-\!O\!-\!CH_2\underset{\underset{\textstyle CH_3}{|}}{CH}CH_2CH_3\ +HI\xrightarrow{100\ ℃}CH_3I+\ HO\!-\!CH_2\underset{\underset{\textstyle CH_3}{|}}{CH}CH_2CH_3$$

$$\text{〇}\!-\!O\!-\!CH_3\ +HI\xrightarrow[120\sim130\ ℃]{57\%HI}\text{〇}\!-\!OH\ +CH_3I$$

（三）过氧化物的生成

醚与一般氧化剂(KMnO$_4$、K$_2$Cr$_2$O$_7$)不反应,但是含有 α-H 的醚在空气中久置或光照,会慢慢地发生氧化反应,生成过氧化物(peroxide)。

$$CH_3CH_2\!-\!O\!-\!CH_2CH_3\xrightarrow{O_2}CH_3\underset{\underset{\textstyle O\!-\!O\!-\!H}{|}}{CH}\!-\!O\!-\!CH_2CH_3$$

过氧乙醚

过氧化物的沸点比醚高,受热易分解爆炸,所以乙醚蒸馏时要避免蒸干。为了检查乙醚中是否有过氧化物,蒸馏前取少量乙醚与酸性碘化钾混合、振荡,如有过氧化物存在,碘离子被氧化成碘,遇淀粉变蓝。也可以取少量乙醚与 FeSO$_4$ 和 KSCN 水溶液一起振荡,如果有过氧化物存在,可将 Fe^{2+} 氧化成 Fe^{3+},Fe^{3+} 与 KSCN 反应生成[Fe(SCN)$_6$]$^{3-}$ 而显红色。如果要除去乙醚中的过氧化物,可用硫酸亚铁水溶液将乙醚充分洗涤。保存醚时应将其置于深色瓶内,避免暴露于空气中。

四、环氧化物

（一）结构与命名

1,2-环氧化合物简称为环氧化物(epoxides),是指一个氧原子与相邻的两个碳原子相连所构成的三元环醚及其取代产物,最简单的是环氧乙烷。

环氧化合物的命名,根据相应碳原子个数和氧原子所在位次,称为环氧某烷。

$$H_2C\overset{\displaystyle O}{\underset{\displaystyle\diagup\ \ \diagdown}{\quad}}CH_2 \qquad\qquad H_2C\overset{\displaystyle O}{\underset{\displaystyle\diagup\ \ \diagdown}{\quad}}CH\!-\!CH_2CH_3$$

环氧乙烷   1,2-环氧丁烷
oxirane   1,2-epoxybutane

五元环以上的环醚具有和开链醚相似的性质,例如四氢呋喃和 1,4-二氧六环是有机化合物合成反应中常用的溶剂,在强酸作用下五元以上环的环醚醚键断裂,发生开环反应。但是三

元环氧化合物的张力作用和C—O键的极性,导致它的化学性质比较活泼,可以发生多种开环反应,这些反应在有机合成中广泛应用,所以环氧化物是有机化工重要的中间体。环氧乙烷是最简单的三元环氧化物,它非常活泼,能与多种试剂反应,可以用于制备乙二醇、聚乙二醇等多种产物,它可以在银的催化下,由乙烯氧化得到。

$$H_2C=CH_2 \xrightarrow[Ag_2O,300\ ℃]{O_2} \triangle O$$

（二）环氧化物的开环反应

三元结构具有较大的张力,因此环氧化物在酸或碱的作用下,易受亲核试剂的进攻,发生C—O键断裂的开环反应(ring opening reaction)。因此,环氧化合物与一般的醚不同,化学性质比较活泼。

在酸性条件下,环氧乙烷易与多种亲核试剂发生反应,生成相应的开环产物。

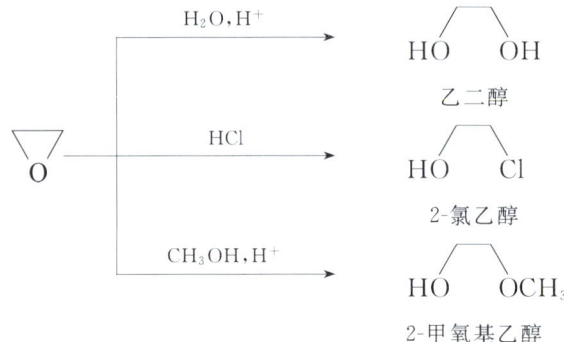

在碱性条件下,环氧乙烷与氢氧化钠、氨、醇钠发生以下反应:

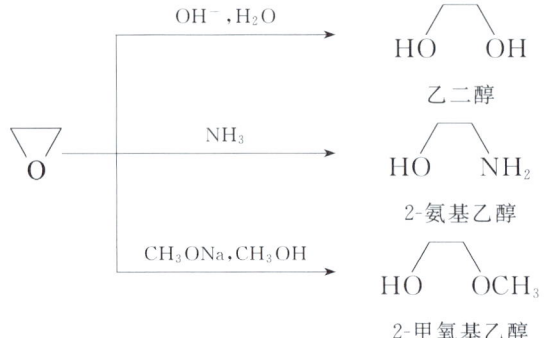

上述反应都生成了含有两种官能团的化合物,在有机合成中,它们有特殊的用途。环氧乙烷与 Grignard 试剂发生开环反应,生成多2个碳原子的醇。这是有机合成中常用的增长碳链的方法之一。

（三）环氧化合物的开环反应机制

不论在酸性条件下,还是碱性条件下,环氧化物的开环反应都可以通过 S_N1 或 S_N2 反应机制进行,亲核试剂都是从氧原子的背面进攻反应中心环碳原子,结果亲核试剂与新形成的—OH分别处于C—C键的两侧,生成反式产物。

当碳原子上连接取代基时,在酸性条件和碱性条件下,亲核试剂进攻不同的碳原子,得到不同的开环产物。在酸性条件下,亲核试剂主要进攻连接烃基较多的碳原子,例如2,2-二甲基环氧乙烷与甲醇在酸催化下的反应。

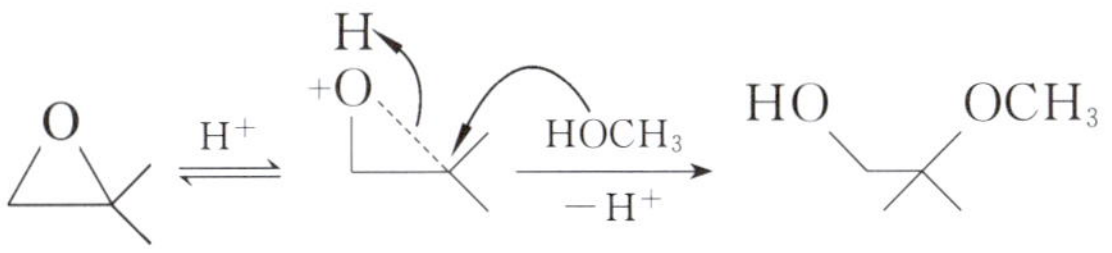

2-甲基-2-甲氧基丙醇

在碱性条件下,反应按 S_N2 机制进行,亲核试剂进攻含取代基较少的碳原子,受到的空间位阻较小,如果亲核试剂的亲核能力很强,反应会更加容易发生。

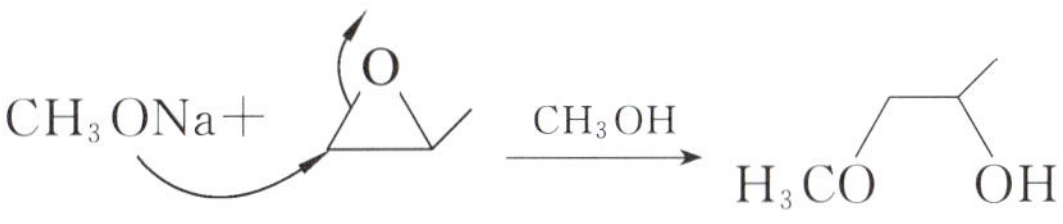

1-甲氧基-2-丙醇

五、冠醚

冠醚(crown ether),可以看作 4 个或 4 个以上的乙二醇分子头尾相连发生分子间脱水形成的闭合环状化合物,可表示为—$(OCH_2CH_2)_n$—。

冠醚命名时把环上所含原子的总数标注在"冠"字之前,把其中所含氧原子数标注在名称之后。

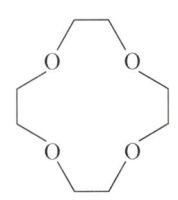

1,4,7,10-四氧杂环十二烷
（12-冠-4）

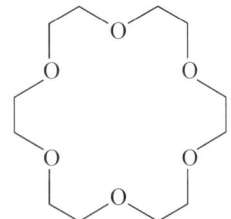

1,4,7,10,13,16-六氧杂环十八烷
（18-冠-6）

冠醚分子的氧原子可与水分子形成氢键,因此具有亲水性。而冠醚外部的—CH_2CH_2—又决定了它具有亲油性。冠醚最大的特点就是能与阳离子,尤其是与碱金属离子络合,并且随环的大小不同而与不同的金属离子络合,例如,12-冠-4 与锂离子络合而不与钠离子、钾离子络合;18-冠-6 不仅与钾离子络合,还可与重氮盐络合,但不与锂或钠离子络合。冠醚的这种性质在合成上极为有用,许多在传统条件下难以反应甚至不发生的反应可以顺利进行。冠醚与试剂中阳离子络合,使该阳离子可溶解在有机溶剂中,而与它相对应的阴离子也随同进入有机溶剂内,冠醚不与阴离子络合,使游离或裸露的阴离子反应活性很高,能迅速反应。在此过程中,冠醚把试剂带入有机溶剂中,称为相转移剂或相转移催化剂(phase transfer catalyst,PTC),这样发生的反应称为相转移催化反应(phase transfer reaction)。这类反应速率快、条件简单、操作方便、产率高。

第四节 应用于医药中的化合物

一、乙醇

乙醇俗称酒精,常温常压下是一种易燃、易挥发的无色透明液体,沸点为 78.5 ℃,低毒,纯

液体不可直接饮用;具有特殊香味,并略带刺激;微甘,并伴有刺激的辛辣滋味。其蒸气能与空气形成爆炸性混合物。乙醇能与水以任意比例互溶,能与氯仿、乙醚、甲醇、丙酮和其他多数有机溶剂混溶。

在临床上,75%的乙醇溶液常用作外用消毒剂;50%的乙醇溶液用于长期卧床病人涂擦皮肤,具有收敛作用,并能促进血液循环,预防褥疮;95%的乙醇溶液常用于制备酊剂及提取中草药的有效成分。

二、丙三醇

丙三醇俗称甘油,是无色的黏稠液体,具有甜味,能与水或乙醇混溶,能从空气中吸收水分,也能吸收硫化氢、氰化氢和二氧化硫,难溶于苯、氯仿、四氯化碳、二硫化碳、石油醚和油类。丙三醇是甘油三酯分子的骨架成分。其相对密度为 1.26362,熔点为 17.8 ℃,沸点为 290.0 ℃(分解)。甘油有润肤作用,但由于其吸湿性极强,会对皮肤产生刺激,故使用时需先用适量水稀释。在医学方面,甘油用以制取各种制剂、溶剂、吸湿剂、防冻剂和甜味剂,配制外用软膏或栓剂等。

三、苯酚

苯酚俗称石炭酸,是一种具有特殊气味的无色针状晶体,有毒,熔点为 43 ℃,沸点为 182 ℃。苯酚微溶于水,68 ℃以上则可完全溶解,易溶于乙醇、乙醚和苯等有机溶剂,是生产某些树脂、杀菌剂、防腐剂以及药物(如阿司匹林)的重要原料。苯酚能使蛋白质凝固,有杀菌作用,可用于外科器械的消毒和排泄物的处理,在医药上用作消毒剂和防腐剂。由于苯酚有毒,现已不用作人体消毒剂。苯酚有腐蚀性,接触后会使局部蛋白质变性,其溶液沾到皮肤上可用酒精洗涤。

四、甲苯酚

甲苯酚简称甲酚,因其来源于煤焦油,又称为煤酚。它有邻、间、对三种异构体,由于它们的沸点接近,不易分离,故实际常用其混合物。甲酚抗菌作用较苯酚强,可用作器械和环境的消毒,而毒性与苯酚几乎相等,故治疗指数更大,能杀灭包括分枝杆菌在内的细菌繁殖体,2%的溶液经 10～15 min 能杀死大部分致病性细菌,2.5%的溶液经 30 min 能杀灭结核杆菌。因其难溶于水,能溶于肥皂溶液,常配成 50%的肥皂溶液,称为煤酚皂溶液(俗称"来苏水")。

五、维生素 E

维生素 E 是一种天然存在的酚,是一种脂溶性维生素,其水解产物为生育酚,是重要的抗氧剂之一。因有抗不育作用,故又称为生育酚(tocopherol)。自然界中有 α-、β-、γ-、δ-多种异构体,其中 α-生育酚活性最高。

α-生育酚

维生素 E 是一种人体所必需的营养素,能溶于脂肪和乙醇等有机溶剂,不溶于水,对热、酸稳定,对碱不稳定,对氧敏感,对热不敏感,但油炸时维生素 E 活性明显降低。生育酚能促进性激素分泌,使男性精子活力和数量增加;使女性雌性激素浓度增大,提高生育能力,预防流产。其还可用于防治男性不育症、烧伤、冻伤、毛细血管出血、更年期综合征等。近来还发现维生素 E 可抑制眼睛晶状体内的脂质过氧化,使末梢血管扩张,改善血液循环,预防近视眼的发生和发展。

维生素 E 临床上常用于先兆流产和习惯性流产的治疗。近年来维生素 E 用于治疗心血管疾病,其具有提高机体的免疫功能,防癌、抗癌以及抗衰老作用。

六、乙醚

乙醚是常见的醚类化合物,是无色的液体,沸点为 34.5 ℃,有特殊气味,易挥发,易燃。乙醚的蒸气与空气混合达到一定比例时,遇火即可引起爆炸。因此在制备和使用乙醚时,周围要避免明火,并采取必要的安全措施。乙醚比水轻,微溶于水,是一种良好的有机溶剂,能溶解多种有机化合物,常用于提取中草药的有效成分。乙醚有麻醉作用,曾用作吸入型全身麻醉剂,由于可引起恶心、呕吐等反应,现已被更高效、安全的麻醉剂异氟醚和七氟醚等代替。

小结

羟基是醇和酚的官能团。醇羟基的活性氢具有酸性,可以被活泼金属所取代,生成醇的金属化合物;醇可以与卤化氢发生亲核取代反应生成卤代烃;与酸生成酯;醇分子内脱水发生消除反应生成烯烃,其消除产物遵循 Saytzeff 规则,醇分子间发生亲核取代反应可以生成醚;含有 α-H 的醇可发生氧化反应,伯醇氧化生成醛,继续氧化生成酸,仲醇氧化生成酮。

酚羟基氧与苯环的 p-π 共轭作用使 C—O 键牢固,不易断裂,但使 O—H 键极性增强,酚具有一定的弱酸性;酚特别容易被氧化成醌;酚可以与三氯化铁溶液发生显色反应。

醚键的氧可以与强酸形成锌盐而溶解于强酸中,在氢卤酸作用下醚键发生断裂。环氧化合物在酸或碱的作用下发生开环反应,不对称的环氧化合物在酸性条件下开环和碱性条件下开环生成的产物不同。

硫醇具有一定的酸性,可以和重金属化合物反应,含硫醇结构的药物可以作为重金属中毒的解毒剂。硫醇氧化生成二硫键在生物体内具有重要意义。

冠醚的空穴结构对离子有选择作用,在有机反应中可作为相转移催化剂。

随堂检测答案

能力检测

8-1　写出下列化合物的结构式。

(1) 顺-3-戊烯-2-醇　　　　　(2) 亚硝酸异戊酯

(3) 巯基乙酸　　　　　　　　(4) (Z)-2-丁烯-1-醇

(5) 苦味酸　　　　　　　　　(6) 4-甲氧基-1-萘酚

能力检测答案

8-2　完成下列反应式。

(1) $CH_3CH_2OH + Na \longrightarrow$

(2) $C_6H_5CH_2CHCH_3 + H_2SO_4 \xrightarrow{\triangle}$
　　　　　　　|
　　　　　　 OH

(3) $C_6H_5SH + NaOH \longrightarrow$

(4)
　　　　　　 CH₂OH
　　　　　　　|
　 [苯环] + NaOH $\longrightarrow$
HO

(5)  $HSCH_2\underset{\underset{NH_2}{|}}{CH}COOH \xrightarrow{[O]}$

(6)  $CH_3-O-\underset{\underset{CH_3}{|}}{CH}CH_3 + HI(过量) \longrightarrow$

(7) 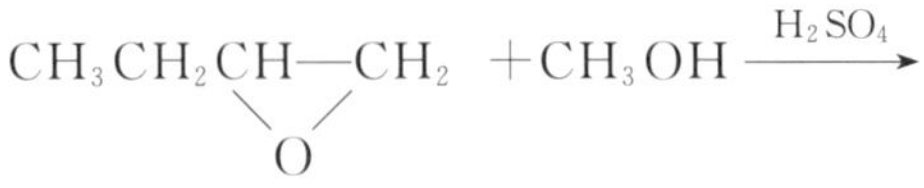 $CH_3CH_2\underset{\underset{O}{\diagdown\diagup}}{CH-CH_2} + CH_3OH \xrightarrow{H_2SO_4}$

(8) 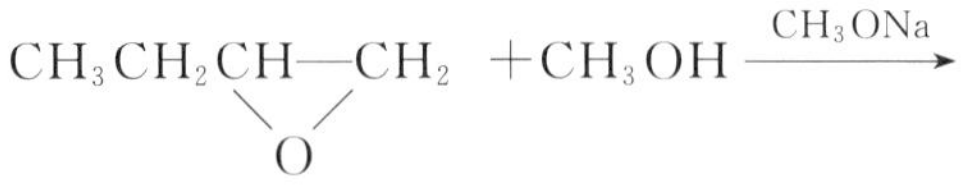 $CH_3CH_2\underset{\underset{O}{\diagdown\diagup}}{CH-CH_2} + CH_3OH \xrightarrow{CH_3ONa}$

8-3 用化学方法鉴别下列各组化合物。

(1) 1-丁醇与正戊烷 　　　　(2) 1-戊醇与 2-戊烯-1-醇

(3) 对苯酚与苯甲醇 　　　　(4) 1,2-丙二醇与 1,3-丙二醇

8-4 请用适当的方法将下列混合物中的少量杂质除去。

(1) 乙醚中含少量乙醇 　　　　(2) 环己醇中含少量苯酚

8-5 化合物 A 的分子式为 $C_6H_{10}O$，A 能与 Lucas 试剂较快反应，能被 $KMnO_4$ 氧化，能吸收等物质的量的溴，经催化加氢得到 B。将 B 氧化得到 C（分子式为 $C_6H_{10}O$），将 B 在加热条件下与浓硫酸作用得到 D。D 还原可以得到环己烷。试推断 A、B、C、D 的可能结构。

8-6 化合物 A 的分子式为 $C_6H_{14}O$，A 能与 Na 反应，A 在酸催化作用下脱水生成 B。以冷 $KMnO_4$ 溶液氧化 B 可以得到 C（分子式为 $C_6H_{14}O_2$）。C 与 HIO_4 反应只能生成丙酮。试推断 A、B、C 的可能结构。

8-7 具有 R 构型化合物 A 的分子式为 $C_8H_{10}O$，A 与 NaOH 不反应；与金属钠反应放出氢气。A 与浓硫酸共热只生成化合物 B（分子式为 C_8H_8）。将 B 与 $KMnO_4$ 的酸性溶液反应可以得到 CO_2 和化合物 C（分子式为 $C_7H_6O_2$）。试推断 A、B、C 的可能结构。

8-8 某化合物 A 的分子式为 C_7H_8O，A 与金属钠不反应，与浓氢碘酸反应生成化合物 B 和 C。B 能溶于氢氧化钠，并与 $FeCl_3$ 溶液作用显紫色，C 与硝酸银乙醇溶液作用生成黄色沉淀。试推断 A、B、C 的可能结构。

（张　悦）

第九章 醛、酮、醌

学习目标 ▶····

本章 PPT

> 1. 掌握：醛、酮的结构特点与命名方法；醛与酮的主要化学性质，亲核加成反应，羟醛缩合反应、卤代反应和卤仿反应，氧化和还原反应。
> 2. 熟悉：醛和酮的分类、物理性质；醌的结构特点与命名。
> 3. 了解：醌的化学性质；醛、酮和醌的应用。

醛、酮和醌是烃的含氧衍生物，其分子中都含有羰基（carbonyl group），因此醛、酮和醌又称为羰基化合物（carbonyl compound）。醛、酮的化学性质非常活泼，是有机合成中重要的原料和常见的中间体。羰基是一个活性位点，在有机化学的手性合成中具有重要的意义。羰基化合物在自然界中广泛存在，有些是工业原料，有些是药物的有效成分，有些是动植物代谢的中间体，体内普遍存在着羰基化合物与伯、仲醇之间的氧化还原反应。醌和酚羟基的电子转移在体内具有很重要的作用，许多基团转移酶的辅酶都含有羰基。

▌第一节 醛和酮▐

一、结构、分类和命名

（一）醛、酮的结构

醛（aldehyde）分子中的羰基与 1 个烃基和 1 个氢原子相连（甲醛除外），位于碳链的末端，称为醛基（—CHO），醛基是醛类化合物的官能团。酮（ketone）分子中的羰基与 2 个烃基相连，又称为酮基（—CO—），是酮的官能团，酮分子中的羰基也可以称为酮羰基。

$$(Ar)R\text{—}\overset{\displaystyle O}{\overset{\|}{C}}\text{—}H \text{ 或}(Ar)R\text{—}CHO \qquad (Ar_1)R_1\text{—}\overset{\displaystyle O}{\overset{\|}{C}}\text{—}R_2(Ar_2)$$

醛   酮

醛、酮的羰基是由碳原子和氧原子以双键结合而成的官能团，碳氧双键中一个是 σ 键，一个是 π 键。羰基碳原子为 sp^2 杂化，因而羰基碳和所连的 3 个原子都在一个平面上，其键角接近 120°。碳原子的 3 个 sp^2 杂化轨道与氧和其他 2 个原子形成 3 个 σ 键，剩余的一个未参与杂化的 p 轨道与氧形成 π 键（图 9-1）。在碳氧双键中，由于碳原子和氧原子的电负性差别较大，双键上电子的分布是不均匀的，呈现出较强的极性，这种双键属于极性不饱和键，其偶极矩为 $7.67 \times 10^{-30} \sim 9.34 \times 10^{-30}$ C·m（2.3～2.8 D）。电子云偏向氧原子一方，使氧原子带部分负电荷，碳原子带部分正电荷，这种结构特点使羰基具有较高的反应活性，亲核试剂容易进攻带部分正电荷的碳原子，从而发生亲核加成反应。

图 9-1　羰基的结构

（二）醛、酮的分类

醛、酮有如下几种分类：

（1）根据与羰基相连的烃基的不同,醛、酮可分为脂肪醛、脂肪酮和芳香醛、芳香酮（羰基与芳环直接相连）。

$$CH_3CH_2\overset{\displaystyle O}{\overset{\|}{C}}CH_3 \qquad\qquad \text{苯环}-CHO$$

脂肪酮　　　　　　　　　芳香醛

（2）在脂肪族醛、酮中,根据所连的烃基是否含有碳碳不饱和键,又可分为饱和醛、酮,不饱和醛、酮。

$$CH_3CH_2\overset{\displaystyle O}{\overset{\|}{C}}CH_2CH_3 \qquad\qquad CH_3CH_2CH\!=\!CHCHO$$

饱和酮　　　　　　　　　不饱和醛

（3）根据分子中所含羰基数目的不同,可分为一元醛、酮和多元醛、酮。

$$CH_3CH_2CH_2CH_2CHO \qquad\qquad CH_3CH_2\overset{\displaystyle O}{\overset{\|}{C}}CH_2\overset{\displaystyle O}{\overset{\|}{C}}CH_3$$

一元醛　　　　　　　　　　多元酮

（三）醛、酮的命名

简单的醛、酮可采用普通命名法命名,结构较复杂的醛、酮则采用系统命名法（IUPAC 命名法）命名。

1. 普通命名法　醛的普通命名与醇的命名相似,简单的脂肪醛根据分子中的碳原子数目称为某醛,芳香醛则将芳基作为取代基。酮则是依据羰基所连接的烃基名称进行命名,通常将较简单的烃基放在前面,较复杂的烃基放在后面,最后加上"酮"。

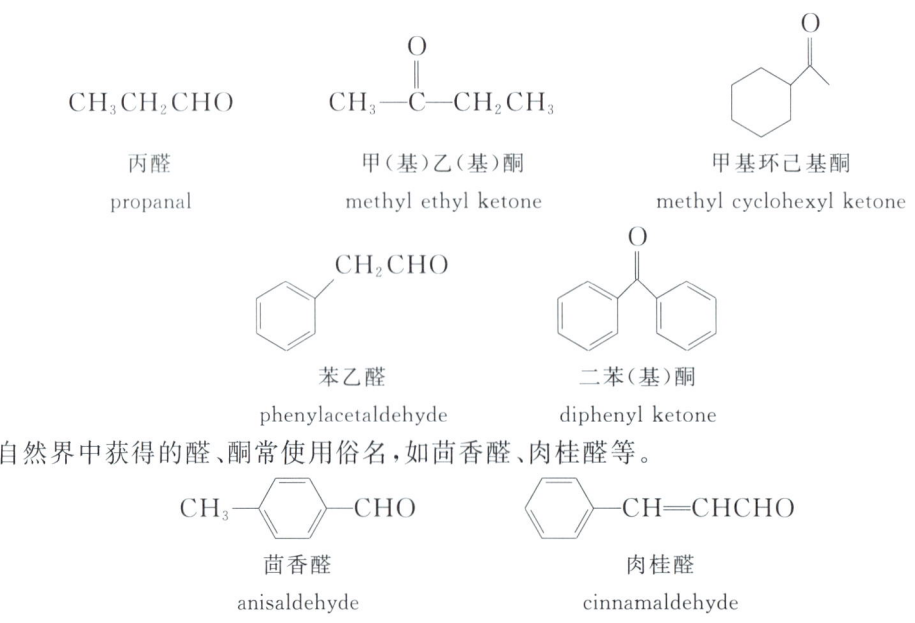

$$CH_3CH_2CHO$$

丙醛

propanal

$$CH_3\!-\!\overset{\displaystyle O}{\overset{\|}{C}}\!-\!CH_2CH_3$$

甲（基）乙（基）酮

methyl ethyl ketone

甲基环己基酮

methyl cyclohexyl ketone

苯乙醛

phenylacetaldehyde

二苯（基）酮

diphenyl ketone

自然界中获得的醛、酮常使用俗名,如茴香醛、肉桂醛等。

茴香醛

anisaldehyde

肉桂醛

cinnamaldehyde

2. 系统命名法 结构复杂的醛、酮的命名主要采用系统命名法。①选主链:选择含有羰基碳原子在内的最长碳链作为主链,称为某醛或某酮;②标位次:从醛基或靠近羰基的一端开始编号,编号也可以用希腊字母表示(与羰基碳直接相连接的碳原子编为 α,依次为 β、γ…),命名不饱和醛和酮时,羰基的编号应尽可能小并标明不饱和键的位置;③定名称:表示羰基位次的数字写在其名称前,并在母体醛、酮名称前标明支链或取代基的位次、数目和名称。

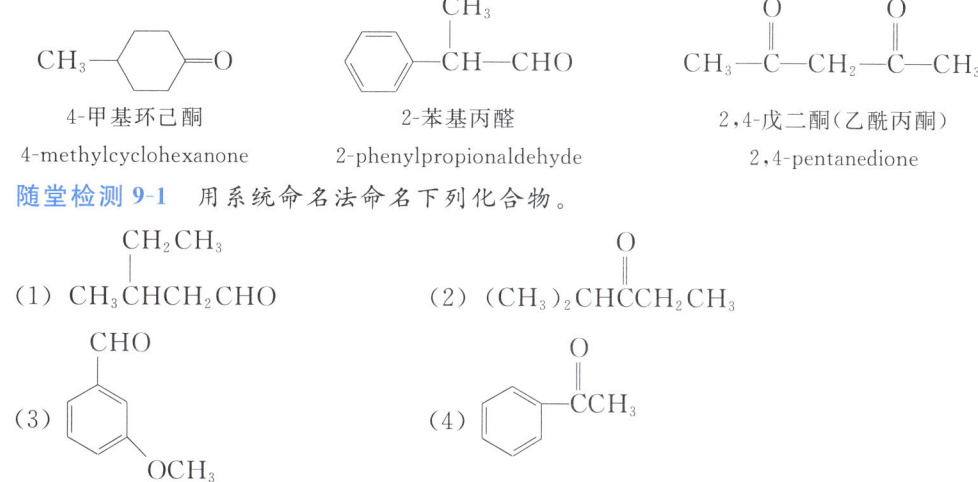

| 2,3-二甲基丁醛(α,β-二甲基丁醛) | 3-甲基-2-丁酮 | 3-甲基-2-丁烯醛 |
| 2,3-dimethyl butanal | 3-methyl-2-butanone | 3-methyl-2-butenal |

脂环酮的命名类似于脂肪酮,编号从羰基碳原子开始,在名称前加"环"字;芳香醛、酮是以脂肪醛、酮作为母体,芳基作为取代基来命名;多元醛、酮命名时要标明羰基的位置和数目。例如:

| 4-甲基环己酮 | 2-苯基丙醛 | 2,4-戊二酮(乙酰丙酮) |
| 4-methylcyclohexanone | 2-phenylpropionaldehyde | 2,4-pentanedione |

随堂检测 9-1 用系统命名法命名下列化合物。

(1) CH_3CHCH_2CHO (带 CH_2CH_3 取代基)

(2) $(CH_3)_2CHCCH_2CH_3$ (带 O)

(3) 苯环带 CHO 和 OCH_3

(4) 苯环带 CCH_3 (带 O)

二、物理性质

常温(25 ℃)下,除甲醛是气体以外,12 个碳以下的低级脂肪族醛、酮都是无色液体;高级脂肪族醛、酮和芳香族醛、酮大多为固体。低级脂肪醛常有刺激性臭味,而某些天然醛、酮具有特殊的芳香气味,可作为香料用于食品及化妆品生产工业,如香草醛具有浓烈的奶香气味,苯乙酮有类似山楂的香味。由于羰基中的氧原子可以与水形成分子间氢键,所以低级醛、酮易溶于水,高级醛、酮的水溶性随着分子中烃基比例的增大而迅速降低。由于醛和酮分子中羰基氧原子上没有氢原子,分子间不能形成氢键,其沸点比相对分子质量相近的醇和羧酸低。但由于醛、酮分子有较强的极性,羰基的极性使得醛、酮分子间的作用力增大,因此其沸点比相应的烷烃和醚类高。常见醛、酮的熔点和沸点见表 9-1 所示。

表 9-1　常见醛、酮的熔点和沸点

名称	英文名称	熔点/℃	沸点/℃
甲醛	formaldehyde	−92	−19
乙醛	aldehyde	−123	21
苯甲醛	benzaldehyde	−26	179
丙酮	acetone	−95	56

续表

名称	英文名称	熔点/℃	沸点/℃
环己酮	cyclohexanone	−45	156
苯乙酮	acetophenone	20	202

三、化学性质

醛和酮的化学性质主要由羰基决定。羰基氧的电负性大于碳,使 π 电子云偏向氧原子一方,氧原子带部分负电荷,碳原子带部分正电荷,因此醛和酮有较高的化学活性。由于羰基是一个极性不饱和基团,因此容易被亲核试剂进攻,发生亲核加成反应;分子中的羰基具有很强的吸电子诱导效应,使得羰基邻位碳上的氢具有较高的反应活性,发生 α-H 的反应,主要包括羟醛缩合反应和卤代反应;醛、酮分子中的羰基可以被催化加氢,发生还原反应。但由于醛、酮结构上的差异,导致它们在反应性能上表现出差异。醛中的羰基与氢原子相连,氢原子受羰基吸电子效应影响比较活泼,使得醛可以被某些弱氧化剂氧化,而酮则不能,可利用这一特点鉴别醛和酮。醛、酮的化学性质与结构的关系如图 9-2 所示。

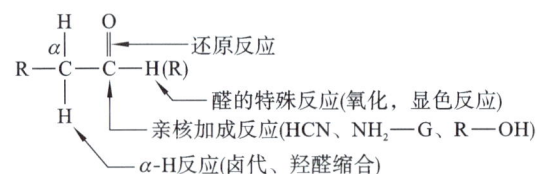

图 9-2　醛、酮的化学性质与结构的关系

(一) 亲核加成反应

由亲核试剂进攻带正电荷的羰基碳而引起的加成反应称为亲核加成(nucleophilic addition)反应,它是羰基的特征反应。反应分两步进行,试剂(NuA)中带负电荷的部分(Nu^-)首先进攻羰基碳,生成氧负离子中间体,这一步的反应慢,是亲核加成反应的控速步骤;随后试剂中带正电荷的部分(A^+)进攻氧负离子,生成最终产物,此步的反应很快。原来羰基碳原子是 sp^2 杂化,在加成后反应产物中该碳原子则是 sp^3 杂化。在反应中,亲核试剂对羰基碳的进攻步骤决定了整个反应的速率,因此称之为亲核加成。其结果是试剂中带负电荷的部分加到羰基碳原子上,带正电荷的部分加到氧原子上,羰基的 π 键断裂,生成加成产物。醛、酮羰基亲核加成反应机制如下:

$$\overset{\delta^+}{C}=\overset{\delta^-}{O} \quad :Nu^- \xrightarrow[\text{慢}]{} \left[-\overset{Nu}{\underset{|}{C}}-O^- \right] \xrightarrow[\text{快}]{A^+} -\overset{Nu}{\underset{|}{C}}-OA$$

在醛、酮的羰基上实际上有两个反应中心。一个是带部分正电荷的羰基碳原子,另一个是带部分负电荷的氧原子。碳原子先被进攻生成的是氧负离子中间体,而如果氧原子先被进攻,则生成的是碳正离子中间体。由于氧原子的电负性强,其容纳负电荷的能力比碳原子容纳正电荷的能力更强,使得氧负离子中间体的稳定性要强于碳正离子中间体,因此总是碳原子优先被进攻。

亲核试剂一般是负离子或带孤对电子的中性分子,如氢氰酸、亚硫酸氢钠、醇、水、氨和氨的衍生物等。不同的亲核试剂由于亲核能力的差异而具有不同的反应活性。除了亲核试剂的性质影响,亲核加成反应的难易程度还与醛、酮的结构有密切关系,主要取决于羰基碳上所连基团的电子效应和空间效应。在电子效应方面,烷基具有给电子诱导效应,使羰基碳正电性减

弱,不利于亲核试剂的进攻;空间效应方面,烷基的数量增加和体积增大会使空间位阻增大,同样不利于亲核试剂的进攻。芳香醛、芳香酮由于 π-π 共轭效应也能使羰基碳的正电性减弱,且芳环具有较大的空间位阻,使反应活性降低。因此,醛的反应活性通常比酮高,脂肪醛(酮)的反应活性要比芳香醛(酮)高。不同结构的醛、酮发生亲核加成反应的难易程度不同,活性由易到难的顺序如下:

$$
\begin{array}{ccccc}
\overset{H}{\underset{H}{C}}=O & > & \overset{(Ar)R}{\underset{H}{C}}=O & > & \overset{R}{\underset{CH_3}{C}}=O & > & \overset{Ar}{\underset{CH_3}{C}}=O \\
\text{甲醛} & & \text{其他醛} & & \text{脂肪族甲基酮} & & \text{芳香族甲基酮}
\end{array}
$$

醛和酮可以与氢氰酸、醇及氨的衍生物等亲核试剂发生加成反应。加成时都是试剂中的氢加到羰基氧原子上,其余部分加到羰基碳原子上,形成新的化合物。

1. 与氢氰酸的加成 大多数醛、脂肪族甲基酮和 8 个碳原子以下的环酮与氢氰酸(HCN)发生加成反应,生成相应的 α-羟基腈,也称为氰醇(cyanohydrin),而芳香酮等由于活性太低而难以发生反应。

$$
-\overset{O}{\underset{}{C}}-\ + HCN \ \rightleftharpoons\ -\overset{OH}{\underset{CN}{C}}-
$$

α-羟基腈(氰醇)

反应中氰基负离子(CN⁻)作为亲核试剂,其浓度是决定反应速率的重要因素之一。HCN 的酸性很弱,不易解离生成 CN⁻,因此在酸性条件下,几乎不能发生加成反应;而向体系中加入少量碱,增大溶液的 pH 值,则可增加 CN⁻ 的浓度,使反应大大加快。

醛、酮和 HCN 的加成在有机合成中可用来增长碳链,因为生成物比反应物增加了 1 个碳原子。氰醇具有氰基和醇羟基两种官能团,是一种重要的有机合成中间体,由氰醇可以制备 α-羟基酸、β-羟基胺等化合物。

$$
-\overset{OH}{\underset{CN}{C}}-\ \xrightarrow{+H_2O,H^+}\ -\overset{OH}{\underset{COOH}{C}}-
$$

$$
-\overset{OH}{\underset{CN}{C}}-\ \xrightarrow{[H]}\ -\overset{OH}{\underset{CH_2NH_2}{C}}-
$$

由于 HCN 挥发性强,有剧毒,使用不方便,实验室中常将醛、酮与氰化钠或氰化钾溶液混合,然后加入无机酸得到 HCN。

$$
CH_3COCH_3 \ \xrightarrow{NaCN,HCl}\ H_3C-\overset{OH}{\underset{CN}{C}}-CH_3
$$

2. 与亚硫酸氢钠的加成反应 醛、脂肪族甲基酮和 8 个碳原子以下的环酮能与饱和亚硫酸氢钠溶液发生加成反应,生成 α-羟基磺酸钠,由于硫原子的亲和性强,反应不需要催化剂。α-羟基磺酸钠可溶于水,但在饱和亚硫酸氢钠溶液中的溶解度较小,以白色结晶析出。该反应可用于某些醛、酮的鉴别。另外,α-羟基磺酸钠与稀酸或稀碱共热又可生成原来的醛、酮,因此该反应还可用于某些醛、酮的分离和提纯。

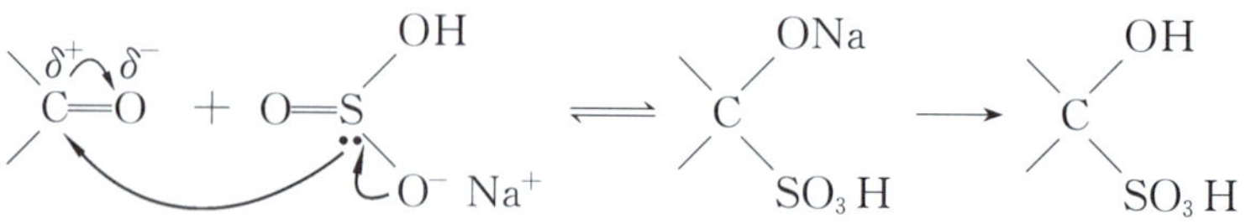

$$\overset{\delta^+ \frown \delta^-}{C=O} + \overset{OH}{\underset{O^- Na^+}{O=S}} \Longrightarrow \overset{ONa}{\underset{SO_3H}{C}} \longrightarrow \overset{OH}{\underset{SO_3H}{C}}$$

该反应中的亲核试剂为 HSO_3^-，体积比 CN^- 更大，受空间位阻影响也更为明显，导致其与醛、酮的加成比 HCN 更为困难，因此常用过量的亚硫酸氢钠以提高产率。

3. 与水的加成反应 醛、酮可以和水发生加成，生成醛、酮的水合物，称为偕二醇（geminal diol）。

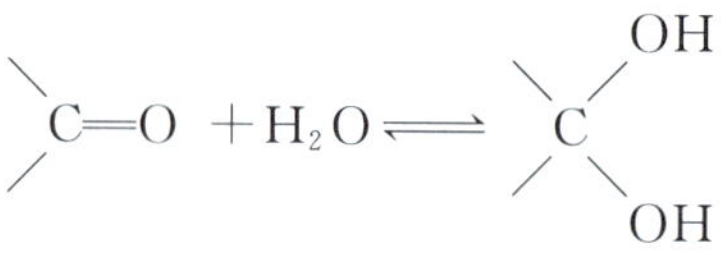

$$C=O + H_2O \Longrightarrow \overset{OH}{\underset{OH}{C}}$$

偕二醇

多数情况下偕二醇不稳定，容易脱水生成原来的醛或酮，因此反应的平衡主要偏向反应物一侧。个别醛、酮如甲醛在水溶液中几乎全部以水合物形式存在，但若将水合物分离出来则会迅速发生脱水。

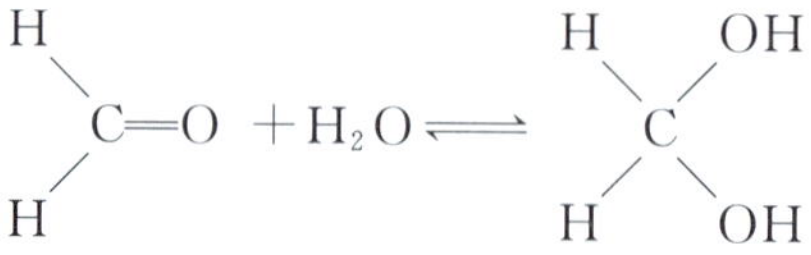

$$\overset{H}{\underset{H}{C}}=O + H_2O \Longrightarrow \overset{H}{\underset{H}{C}}\overset{OH}{\underset{OH}{}}$$

当羰基与强的吸电子基团相连时，羰基碳原子的正电性增强，可以生成比较稳定的水合物。如水合氯醛是三氯乙醛的水合物，曾用于镇静催眠和麻醉，也是生产农药和某些抗生素的重要中间体。茚三酮是不稳定的化合物，分子中的三个带正电荷的羰基碳原子连在一起，使分子的能量升高，形成水合物后，降低了电荷的排斥力，而且分子中形成了氢键，所以平衡偏向生成物的一边，在水溶液中极易生成水合茚三酮，水合茚三酮可作为 α-氨基酸和蛋白质的鉴别试剂。

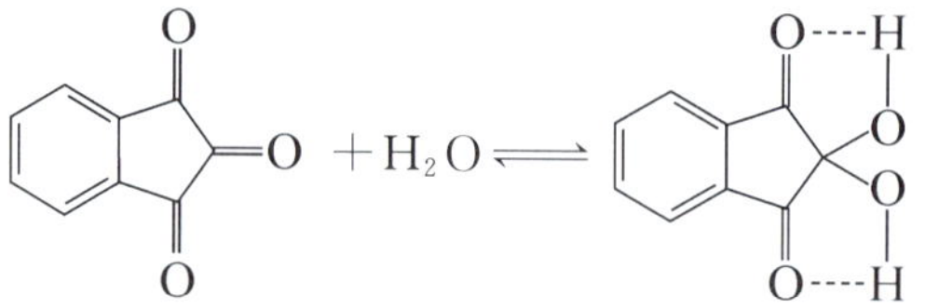

环丙酮很容易生成水合物，是因为环丙酮环的张力大，生成水合物以后可以降低分子的张力。

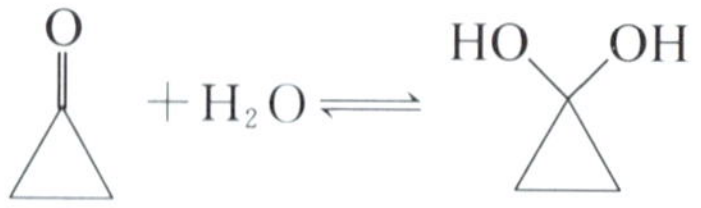

4. 与醇的加成反应 醇是较弱的亲核试剂，在干燥氯化氢的催化下，一分子醛能与一分子醇发生亲核加成反应，生成半缩醛（hemiacetal）。半缩醛分子中新生成的羟基与原来的醇羟基不同，它的化学活性较高，称为半缩醛羟基。半缩醛一般不稳定，可以继续与另一分子醇作用，失去一分子水生成稳定的缩醛（acetal）。半缩醛羟基，因与醚键连在同一碳原子上，通常稳定性差，容易分解成原来的醛和醇。但某些环状半缩醛稳定性较好，如单糖（多羟基醛或酮）能以环状半缩醛（酮）的形式稳定存在（见第十四章糖类）。而缩醛分子中具有偕二醚结构（2个醚键连在同一碳原子上），其性质与醚类似。

$$
\underset{\text{半缩醛羟基}}{}
$$

$$
R-\overset{O}{\underset{}{C}}-H + HOR_1 \rightleftharpoons[\text{干燥 HCl}]{} R-\underset{OR_1}{\overset{\boxed{OH}}{\underset{|}{C}}}-H \xrightleftharpoons[R_1OH]{\text{干燥 HCl}} R-\underset{OR_1}{\overset{OR_1}{\underset{|}{C}}}-H + H_2O
$$

半缩醛   缩醛

缩醛在中性和碱性溶液中比较稳定,但遇到稀酸则水解成原来的醛和醇。因此在有机合成中,常利用这一特性来保护羰基,避免其与氧化剂、还原剂发生反应。在同样情况下,酮也能发生类似的反应,生成半缩酮(hemiketal)和缩酮(ketal),但是反应要比醛慢得多,产率也非常低,但环状缩酮却比较容易生成。如在酸催化下,乙二醇可以和酮反应,生成具有五元环结构的缩酮,利用这个反应,在有机合成中可以用乙二醇保护酮羰基,也可以用丙酮保护邻二醇。

$$
\underset{R'}{\overset{R}{\underset{}{}}}C=O + HOCH_2CH_2OH \xrightarrow{\text{干燥 HCl}} \underset{R'}{\overset{R}{\underset{}{}}}C\underset{O}{\overset{O}{\underset{}{}}}
$$

5. 与 Grignard 试剂的加成反应 Grignard 试剂中的 C—Mg 键是极性很强的键,与金属(Mg)相连的碳带部分负电荷,可与醛、酮发生亲核加成反应。例如 Grignard 试剂与甲醛反应得到伯醇,与其他醛反应得到仲醇,与酮反应得到叔醇,这是制备结构复杂的醇的重要方法。

$$
R-\underset{}{\overset{H(R')}{\underset{}{C}}}=O + R''MgX \xrightarrow[\text{乙醚}]{\text{无水}} R-\underset{R''}{\overset{H(R')}{\underset{|}{C}}}-O\ MgX \xrightarrow{H_2O} R-\underset{R''}{\overset{H(R')}{\underset{|}{C}}}-OH + HOMgX
$$

6. 与氨的衍生物的加成反应 醛、酮可以和多种氨的衍生物(如羟胺、肼、苯肼、2,4-二硝基苯肼等)发生亲核加成反应,生成的加成产物再脱去一分子水,生成稳定的含碳氮双键的化合物。如果用 $H_2N—G$ 代表不同的氨的衍生物,其反应过程可用通式表示如下:

$$
\underset{}{\overset{}{}}C=O + \underset{}{\overset{H}{\underset{}{N}}}H-G \longrightarrow -\underset{}{\overset{\boxed{OH}}{\underset{}{C}}}-\underset{}{\overset{H}{\underset{}{N}}}-G \xrightarrow{-H_2O} \underset{}{\overset{}{}}C=N-G
$$

表 9-2 列出了常见的氨的衍生物及其与醛和酮反应的产物。这些缩合产物均为结晶性固体,具有一定的熔点和形状,在稀酸作用下可以水解生成原来的醛、酮,常用于鉴别羰基化合物及分离、提纯醛或酮,所以通常把这些氨的衍生物称为羰基试剂(carbonyl reagent)。特别是2,4-二硝基苯肼,几乎能与所有的醛或酮迅速反应,生成橙黄色或橙红色结晶状 2,4-二硝基苯腙。该类反应应用最为广泛,临床上用于组织器官转氨酶的活性测定。

表 9-2 常见氨的衍生物及其与醛和酮反应的产物

氨的衍生物	氨的衍生物的结构式	加成缩合产物结构式	加成缩合产物名称
羟胺	$H_2N—OH$	$C=N—OH$	肟
肼	$H_2N—NH_2$	$C=N—NH_2$	腙
苯肼	$H_2N—NH—C_6H_5$	$C=N—NHC_6H_5$	苯腙

续表

氨的衍生物	氨的衍生物的结构式	加成缩合产物结构式	加成缩合产物名称
2,4-二硝基苯肼	H_2NNH—(苯环, O_2N, NO_2)	C=N—NH—(苯环, O_2N, NO_2)	2,4-二硝基苯腙
伯胺	H_2N—$R(Ar)$	C=N—$R(Ar)$	Schiff 碱

Schiff 碱易被稀酸水解，而重新生成醛、酮及伯胺，常用来保护羰基。将 Schiff 碱还原可以得到仲胺。

$$\begin{array}{c} R \\ | \\ C=NAr \\ | \\ R' \end{array} \xrightarrow{Pt,H_2} \begin{array}{c} R \\ | \\ CH—NHAr \\ | \\ R' \end{array}$$

（二）α-H 的反应

醛、酮分子中与羰基直接相连的碳原子称为 α-碳，α-碳的氢原子称为 α-H。由于羰基的强吸电子作用，醛、酮 α-碳上的 C—H 键极性增强，α-H 变得异常活泼，容易以质子的形式离去；α-H 离去之后形成碳负离子，碳负离子能够发生异构化转变为烯醇负离子，使负电荷离域到 α-碳原子和氧原子上，稳定性增强。质子与碳负离子结合得到原来的醛、酮，质子与烯醇负离子结合则得到烯醇。醛、酮与烯醇互为异构体，它们能够相互转化并处在动态平衡中，这种异构现象称为互变异构(tautomerism)，醛、酮与相应的烯醇称为互变异构体。

$$\begin{array}{ccc} OH & & O \\ | & & \| \\ CH_2=C—CH_3 & \rightleftharpoons & CH_3—C—CH_3 \\ 烯醇式 & & 酮式 \end{array}$$

随堂检测 9-2 写出 CH_3COCH_2CHO 的稳定烯醇式的结构。

1. 卤代反应 在酸或碱的催化下，卤素能与含有 α-H 的醛、酮迅速反应，将 α-H 完全取代，生成 α-卤代醛酮。

$$\begin{array}{c} O \\ \| \\ (苯环)—C—CH_3 + Br_2 \end{array} \longrightarrow \begin{array}{c} O \\ \| \\ (苯环)—C—CH_2Br \end{array} + HBr$$

苯乙酮   α-溴苯乙酮

如果 α-碳上连有 3 个氢原子(即羰基与甲基直接相连，如乙醛和甲基酮等)，3 个 α-H 都能被卤素取代，生成三卤代物，但它在碱性溶液中很不稳定，立刻发生 C—C 键断裂，分解成为三卤甲烷(卤仿)和羧酸盐，此反应称为卤仿反应(haloform reaction)。若用的是碘的碱溶液($I_2/NaOH$)，则生成碘仿(CHI_3)，称为碘仿反应(iodoform reaction)。碘仿是具有特殊气味的淡黄色晶体，在反应时由于其难溶于水而产生沉淀，易于观察，因此实验室常用来鉴别乙醛和甲基酮。

$$\begin{array}{c} O \\ \| \\ CH_3—C—H(R) \end{array} \xrightarrow{X_2+NaOH} \begin{array}{c} O \\ \| \\ CX_3—C—H(R) \end{array} \xrightarrow{OH^-} CHX_3\downarrow + (R)HCOONa$$

$$X_2 + 2NaOH \longrightarrow NaOX + NaX + H_2O$$

因为碘和氢氧化钠溶液歧化生成的次碘酸钠($NaOI$)是一种氧化剂，能将 α-甲基醇(如乙醇、异丙醇等)氧化为乙醛或 α-甲基酮。因此，能发生碘仿反应的有机物有

$$CH_3-\overset{\overset{O}{\|}}{C}-H(R)(乙醛、甲基酮) \quad 和 \quad CH_3-\overset{\overset{OH}{|}}{\underset{|}{C}}-H(R)(\alpha-甲基醇)$$

随堂检测 9-3 下列哪些化合物能发生碘仿反应？

(1)乙醇；(2)丙醇；(3)异丙醇；(4)乙醛；(5)丙醛；(6)丙酮；(7)3-戊酮；(8)2-戊酮。

2. 羟醛缩合反应 在稀碱(10%NaOH)溶液中，含有 α-H 的醛，能和另一分子醛发生加成反应。一分子醛的 α-H 加到另一分子醛的羰基氧原子上，余下的部分加到羰基碳原子上，生成 β-羟基醛的反应称为羟醛缩合反应或醇醛缩合(aldol condensation)。

$$CH_3-\overset{\overset{O}{\|}}{C}-H +\overset{\alpha}{C}H_2-CHO \xrightarrow{稀\ OH^-} CH_3-\overset{\overset{OH}{|}}{C}H-CH_2-CHO \xrightarrow{\triangle} CH_3CH=CHCHO$$

3-羟基丁醛   2-丁烯醛

羟醛缩合反应过程主要有碳负离子的生成和亲核加成两个关键步骤，其反应机理是一分子醛在碱的作用下转变为碳负离子；碳负离子作为亲核试剂进攻另一分子醛的羰基碳，发生亲核加成，生成氧负离子中间体；氧负离子和水发生质子交换生成 β-羟基醛。

通过羟醛缩合反应可以由碳原子数较少的醛制备得到碳原子数翻倍的 β-羟基醛，当生成的 β-羟基醛上仍有 α-H 时，受热容易发生分子内脱水，生成 α,β-不饱和醛。进一步还可以转变为其他多种类型的化合物，因此该反应是有机合成中用于增长碳链的重要方法之一。

如果两种不同的含 α-H 的醛进行羟醛缩合，一般情况下得到的是 4 种缩合产物的混合物，分离困难，实用价值不大。但如果其中一种醛没有 α-H，则可以通过控制反应过程得到单一的缩合产物，在合成上有应用价值。例如，在稀碱存在下将乙醛缓慢加入过量的苯甲醛中，可以得到很高产率的肉桂醛。这是因为苯甲醛无 α-H，不能产生碳负离子，乙醛生成的碳负离子会立即与苯甲醛的羰基发生加成，而且苯甲醛又是过量的，抑制了乙醛自身的缩合，所以产物比较单一。另外该反应不需要加热也能得到 α,β-不饱和肉桂醛，主要是由于分子中双键和苯环之间存在 π-π 共轭，增强了产物的稳定性，使脱水更容易发生。

$$\text{〔苯环〕}-CHO +CH_3CHO \xrightarrow{NaOH} \text{〔苯环〕}-CH=CHCHO +H_2O$$

含有 α-H 的酮在稀碱催化下也能发生羟醛缩合反应，但由于酮羰基吸电子作用比醛的羰基弱，同时酮羰基周围的空间位阻也比较大，使得羟醛缩合反应更难发生。

(三) 氧化还原反应

1. 氧化反应 在醛分子中，醛基上的氢原子比较活泼，极容易被氧化生成羧酸，醛具有较强的还原性。醛不仅能和 $KMnO_4$ 等强氧化剂作用，还能和一些弱氧化剂作用。酮分子中无活泼氢，在一般条件下很难被氧化。这是醛和酮化学性质的主要差异之一。因此可以利用弱氧化剂能氧化醛而不能氧化酮的特性，来鉴别醛与酮。常见的弱氧化剂有托伦试剂(Tollen reagent)、费林试剂(Fehling reagent)和班氏试剂(Benedict reagent)等(表 9-3)。

表 9-3   醛与弱氧化剂的反应

名称	组 成	反应式	现象	范围
托伦试剂	$AgNO_3$ 的氨水溶液	$RCHO+[Ag(NH_3)_2]OH \xrightarrow{\triangle} RCOONH_4+Ag\downarrow$	$Ag\downarrow$ 银镜	所有醛

续表

名称	组　　成	反应式	现象	范围
费林试剂	CuSO₄ 与酒石酸钾钠的 NaOH 溶液	$RCHO + Cu^{2+} \xrightarrow[\triangle]{碱性溶液} RCOONa + Cu_2O\downarrow$	$Cu_2O\downarrow$ 砖红色	脂肪醛
班氏试剂	CuSO₄、Na₂CO₃ 及柠檬酸钠的混合液	$RCHO + Cu^{2+} \xrightarrow[\triangle]{碱性溶液} RCOONa + Cu_2O\downarrow$	$Cu_2O\downarrow$ 砖红色	脂肪醛

托伦试剂是硝酸银的氨溶液,其中的二氨合银离子$[Ag(NH_3)_2]^+$作为氧化剂,将醛氧化成羧酸,$[Ag(NH_3)_2]^+$本身被还原成金属银沉淀析出,当反应器壁光滑洁净时能形成银镜,故该反应又称为银镜反应。

费林试剂是硫酸铜与酒石酸钾钠的氢氧化钠溶液,Cu^{2+}作为氧化剂,将脂肪醛氧化成羧酸,Cu^{2+}本身被还原成砖红色的氧化亚铜沉淀。费林试剂的稳定性较差,久置易失去反应活性,需要现用现配。

班氏试剂是硫酸铜、柠檬酸钠和碳酸钠的混合溶液,反应原理与费林试剂一致,也生成砖红色的氧化亚铜沉淀,但其稳定性好,可长期放置。临床上班氏试剂可用于检验尿液中是否含有葡萄糖。

综上所述,弱氧化剂和醛反应现象明显,但不能和酮发生反应,和分子中的羟基和双键也不反应,因此可用于醛类化合物的鉴别。需要注意的是,费林试剂和班氏试剂只能氧化脂肪醛,不能氧化芳香醛,利用这一特点可以区分脂肪醛和芳香醛。

通常情况下酮很难被氧化,若使用硝酸、高锰酸钾等强氧化剂则发生 C—C 键断裂,生成多种羧酸的混合物,没有实用价值。但某些环酮能被氧化得到较单一的产物,如环己酮在强氧化剂作用下生成己二酸,是工业生产己二酸的有效方法。

2. 醛和酮的还原反应　醛和酮都能发生还原反应,使用不同的还原剂可以将羰基还原成醇羟基或亚甲基(—CH₂—)。

(1) 催化氢化:在金属催化剂 Pt、Pd、Ni 等存在下,醛和酮的羰基经催化氢化还原为羟基,醛加氢被还原成伯醇,酮则被还原成仲醇,可用于制备相应的醇。催化氢化是非选择性的还原方法,分子中的 C＝C 等其他不饱和键也都被加氢还原。

$$醛：R-\overset{O}{\overset{\|}{C}}-H + H_2 \xrightarrow{Ni} RCH_2OH(伯醇)$$

$$酮：R_1-\overset{O}{\overset{\|}{C}}-R_2 + H_2 \xrightarrow{Ni} R_1-\overset{OH}{\underset{H}{\overset{|}{C}}}-R_2(仲醇)$$

(2) 金属氢化物还原:使用金属氢化物如氢化铝锂、硼氢化钠等作为还原剂,也能将醛、酮还原成相应的醇。

$$C_6H_5CH＝CHCHO \xrightarrow[(2)H^+,H_2O]{(1)NaBH_4,CH_3OH} C_6H_5CH＝CHCH_2OH$$

此反应发生时经历了亲核加成过程,金属氢化物中的负氢离子(H^-)作为亲核试剂进攻羰基碳,金属基团与羰基氧结合,生成加成产物,经水解后得到醇。金属氢化物 $LiAlH_4$、$NaBH_4$ 不能还原碳碳双键,是选择性的还原剂。

$LiAlH_4$ 极易水解,因此反应需在无水条件下进行。而 $NaBH_4$ 的还原能力比 $LiAlH_4$ 弱,但其反应时不需无水环境,使用方便。

(3) 还原成亚甲基的反应:醛、酮与锌汞齐(Zn-Hg)和浓盐酸一起加热回流反应,可将羰基还原成亚甲基,称为 Clemmensen 还原。此反应是利用芳香酮还原合成带侧链的芳烃的一种好方法。但由于需在强酸性环境下进行,Clemmensen 还原只适用于对酸稳定的化合物。

$$\text{（苯环）—COCH}_2\text{CH}_3 \xrightarrow{\text{Zn-Hg, HCl(浓)}} \text{（苯环）—CH}_2\text{CH}_2\text{CH}_3$$

对酸不稳定而对碱稳定的醛和酮,可使用 Wolff-Kishner-黄鸣龙还原法将羰基还原成亚甲基。此反应是以高沸点的水溶性液体(如缩二乙二醇)为溶剂,将醛或酮与肼和浓碱在常压下加热,羰基即被还原为亚甲基。

$$\text{（环酮）}=O \xrightarrow[\text{(HOCH}_2\text{CH}_2)_2\text{O},\triangle]{\text{KOH, NH}_2\text{NH}_2} \text{（环烷）}$$

该反应是由德国化学家 Wolff 和苏联化学家 Kishner 首先发现的,称为 Wolff-Kishner 还原法。我国化学家黄鸣龙对此还原法进行了重要改进,主要有以下 3 个方面:①原反应使用价格昂贵的无水肼和难以保存的金属钠,改良后使用便宜的肼的水溶液和 NaOH;②原反应需要在封管或高压釜中进行,对设备要求高,改良后能在常压下进行,更适应工业化生产;③原反应的反应时间很长(50～100 h),改良后反应时间大大缩短(3～5 h),提高了效率。正是因为黄鸣龙对反应的改进做出了很大贡献,改良后的反应被称为 Wolff-Kishner-黄鸣龙还原。这也是有机化学的反应中仅有的几个以中国人名字命名的反应之一。

(4) 醛的 Cannizzaro 反应:不含 α-H 的醛在浓碱作用下,一分子醛被氧化成羧酸,另一分子醛被还原成伯醇,这种反应称为 Cannizzaro 反应,反应中醛同时发生氧化和还原两种反应,因此也称为歧化反应(disproportionation)。

$$2C_6H_5CHO \xrightarrow{\text{浓 NaOH}} C_6H_5COONa + C_6H_5CH_2OH$$

两种不同的无 α-H 的醛在浓碱存在下,将同时发生自身 Cannizzaro 反应和交叉 Cannizzaro 反应,生成多种产物的混合物。但使用甲醛与其他不含 α-H 的醛进行反应时,由于甲醛的醛基最活泼,总是先被 OH^- 进攻而被氧化生成甲酸,另一种醛则被还原成为伯醇。因此产物比较单一,可用于有机合成。

$$\text{（呋喃）—CHO} + HCHO \xrightarrow{\text{浓 NaOH}} \text{（呋喃）—CH}_2\text{OH} + HCOONa$$

(四)醛与品红亚硫酸试剂的显色反应

品红亚硫酸试剂又称希夫试剂(Schiff reagent)。醛和品红亚硫酸试剂作用呈紫红色,而酮却不显色。由此来鉴别醛与酮。甲醛与希夫试剂作用后生成的紫红色在加入 H_2SO_4 后不消失,而其他醛却褪色,由此来鉴别甲醛和其他醛。

第二节 醌

醌类化合物在植物中的分布非常广泛,多数存在于植物的根、皮、叶及心材中,也可存在于茎、种子和果实中。如大黄、何首乌、茜草、决明子、芦荟、丹参等,均含有醌类化合物。醌类化合物在一些低等植物,如地衣类和菌类的代谢产物中也存在。

醌类化合物的生物活性是多方面的。如番泻叶中的番泻苷类化合物具有较强的致泻作用;大黄中游离的羟基蒽醌类化合物具有抗菌作用,尤其是对金黄色葡萄球菌具有较强的抑制作用;茜草中的茜草素类成分具有止血作用;紫草中的一些萘醌类色素具有抗菌、抗病毒及止血作用;丹参中丹参醌类具有扩张冠状动脉的作用,可用于治疗冠心病、心肌梗死等;还有一些

醌类化合物具有驱绦虫、解痉、利尿、利胆、镇咳、平喘等作用。

一、结构和命名

醌(quinone)是具有共轭环己二烯二酮结构的化合物,主要分为苯醌、萘醌、菲醌和蒽醌4种类型。

醌类化合物的命名法是以苯醌、萘醌、蒽醌、菲醌等作为母体,2个羰基的位置用阿拉伯数字加在前面注明,有时也用对、邻、α、β等表明2个羰基的相对位置,如有取代基则可注明位置,写在醌的前面。

1,4-苯醌(对苯醌)
1,4-benzoquinone(*p*-benzoquinone)

1,2-苯醌(邻苯醌)
1,2-benzoquinone(*o*-benzoquinone)

1,4-萘醌(α-萘醌)
1,4-naphthoquinone

9,10-蒽醌
9,10-anthraquinone

9,10-菲醌
9,10-phenanthrenequinone

二、化学性质

(一)酸碱性

醌类衍生物多具有酚羟基,有的尚具有其他的酸性取代基(如羧基),故呈酸性。苯醌和萘醌醌核上的羟基的酸性类似于羧酸,酸性较强。

萘醌和蒽醌的苯环上的羟基酸性:β-羟基>α-羟基。

游离蒽醌衍生物酸性强弱排序:含—COOH>含2个以上β-OH>含1个β-OH>含2个α-OH>含1个α-OH。

(二)颜色反应

醌类衍生物在碱性条件下经加热能迅速与醛类及邻二硝基苯反应,生成紫色化合物。这一反应,称为Feigl反应。无色亚甲蓝溶液是检出苯醌类及萘醌类的专用显色剂,可用来与蒽醌类化合物相区别,常用于纸色谱法(PPC),显蓝色斑点。

(三)碳碳双键的加成反应

在乙酸溶液中,溴与醌分子中的碳碳双键加成,生成二溴或四溴化合物。

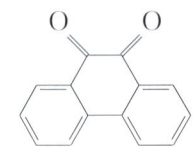

(四)羰基的反应

醌具有二元羰基化合物的特性,对苯醌能够与一分子羟胺作用生成对苯醌一肟,与两分子羟胺作用生成对苯醌二肟。

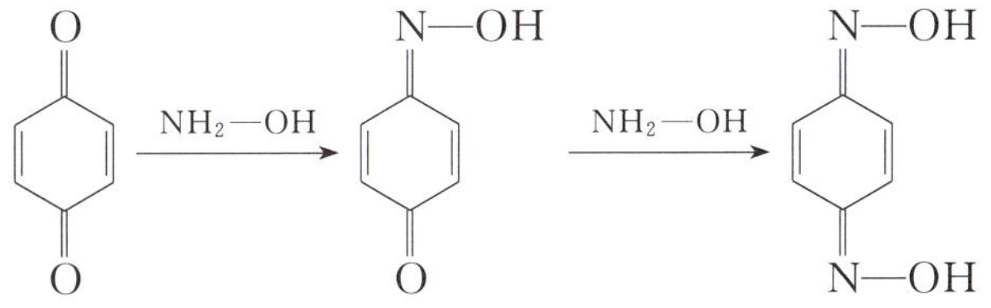

$$\text{(结构式图：对苯醌 + NH}_2\text{-OH → 对苯醌单肟 + NH}_2\text{-OH → 对苯醌二肟)}$$

（五）1,4-加成反应

醌中碳碳双键与碳氧双键共轭,可与氢卤酸、氢氰酸等试剂发生1,4-加成反应。

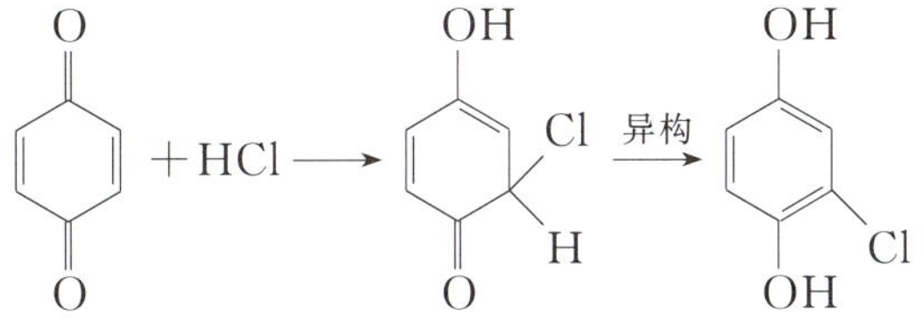

$$\text{(结构式图：对苯醌 + HCl → 中间体 —异构→ 2-氯氢醌)}$$

（六）还原反应

对苯醌在亚硫酸钠水溶液中很容易被还原为对苯二酚(也称为氢醌),对苯二酚也容易被氧化为对苯醌。

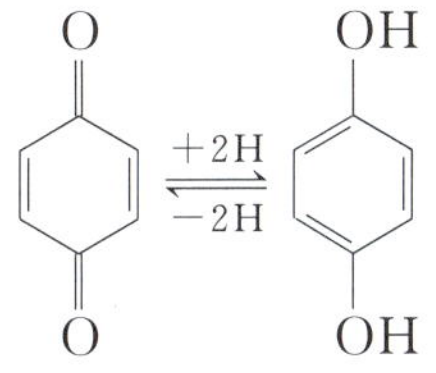

$$\text{(结构式图：对苯醌} \underset{-2H}{\overset{+2H}{\rightleftharpoons}} \text{对苯二酚)}$$

第三节 应用于医药中的化合物

一、甲醛

甲醛(formaldehyde)俗名蚁醛,是无色、具有辛辣刺激性气味、易溶于水的气体,沸点为 $-19.5\ ℃$。甲醛具有使蛋白质凝固和广谱杀菌的作用,对真菌、乙肝病毒和细菌等都有较好的杀灭能力。常用 $35\%\sim40\%$ 的甲醛水溶液(俗称福尔马林)作为保存标本的防腐剂,临床上用作外科器械、手套和污染物等的消毒剂。

知识链接 9-1

甲醛分子的化学性质比其他醛活泼,容易被氧化,又极易发生聚合反应,在常温下自动聚合生成环状结构的三聚甲醛。福尔马林长期放置会产生混浊或沉淀,这是由于甲醛自动聚合生成多聚甲醛的缘故。多聚甲醛经加热(160~200 ℃)后,可解聚生成气体甲醛。

甲醛与浓氨水一起蒸发时,生成环六亚甲基四胺($C_6H_{12}N_4$),药品名为乌洛托品,医药上用作利尿剂及尿道消毒剂。

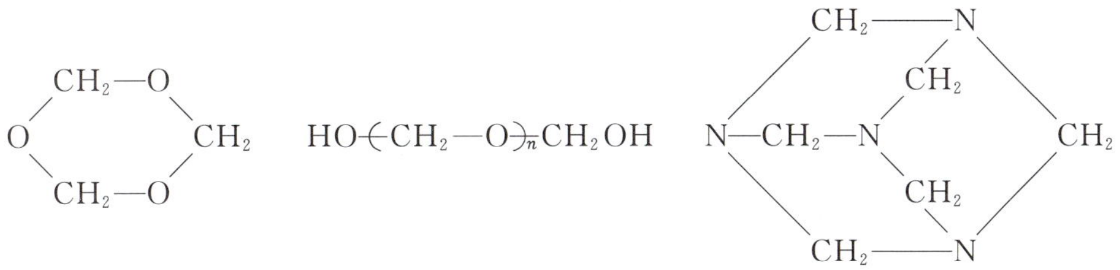

$$\text{(结构式图：三聚甲醛)} \qquad HO\text{-}(CH_2\text{-}O)_n\text{-}CH_2OH \qquad \text{(结构式图：乌洛托品)}$$

三聚甲醛　　　　　　多聚甲醛　　　　　　乌洛托品

二、乙醛

乙醛(ethanal)是一种无色、有刺激性气味、易挥发的液体,沸点为20.8 ℃,可溶于水、乙醇、氯仿和乙醚。乙醛是重要的工业原料,可用于合成乙酸、乙醇和季戊四醇等。

三氯乙醛是乙醛的重要衍生物,它易与水结合生成水合氯醛。水合氯醛是无色透明棱状晶体,有刺激性气味,易溶于水、乙醇及乙醚,其10%的水溶液在临床上作为长时间作用的催眠药。

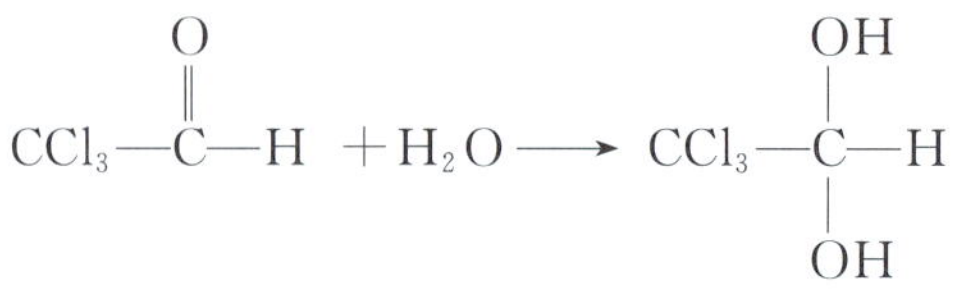

$$CCl_3-\overset{\overset{O}{\|}}{C}-H + H_2O \longrightarrow CCl_3-\overset{\overset{OH}{|}}{\underset{OH}{C}}-H$$

三、戊二醛

戊二醛(glutaraldehyde)是带有刺激性气味的无色透明油状液体,溶于热水、乙醇、氯仿、冰醋酸、乙醚等有机溶剂,属高效消毒剂,具有广谱、高效、低毒、对金属腐蚀性小、稳定性好等特点,适用于医疗器械和耐湿忌热的精密仪器的消毒与灭菌。

四、丙酮

知识链接 9-2

丙酮(acetone)是无色、具有特殊气味、易挥发、极易溶于水的液体,沸点为56.5 ℃。丙酮是重要的有机合成原料,用于生产环氧树脂、有机玻璃和医用药物等。丙酮能溶解许多有机物,是良好的溶剂。丙酮是酮体中的一种成分,正常人血清中的含量很低,但糖尿病患者体内常有过量丙酮产生,并随呼吸或尿液排出。临床上检查患者尿中丙酮时,常用亚硝酰铁氰化钠[$Na_2Fe(CN)_5NO$]的氨水溶液,若有丙酮存在,尿液就呈鲜红色。

五、苯醌

苯醌(benzoquinone)有对苯醌和邻苯醌两种异构体,对苯醌为黄色,邻苯醌为红色。苯醌具有醌类化合物所有的化学性质。天然存在的苯醌化合物大多数为苯醌的衍生物,且多为黄色或橙色的结晶体,如2,6-二甲氧基对苯醌存在于中药凤眼草的果实中,具有较强的抗菌作用;从中药朱砂根中分离得到的化合物密花醌,具有抗毛滴虫作用。自然界中还存在一类含有醌式结构的化合物,称为泛醌,是生物氧化反应的一种辅酶,称为辅酶 Q。人体内的辅酶 Q 含有 10 个异戊烯单位,故又称为辅酶 Q_{10}。辅酶 Q_{10} 可从猪心中分离得到,已用于治疗心脏病、高血压及癌症等。其结构为

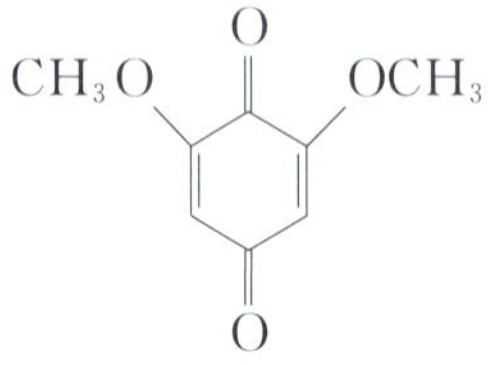

2,6-二甲氧基对苯醌 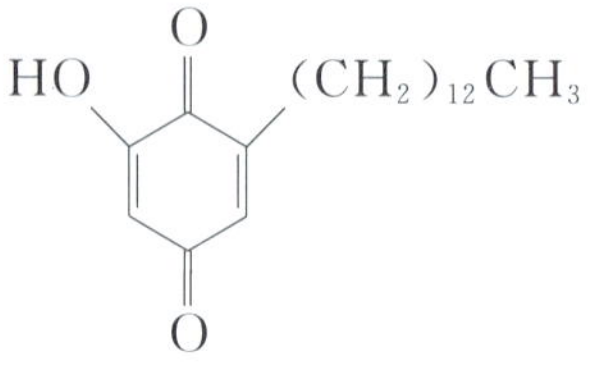   密花醌

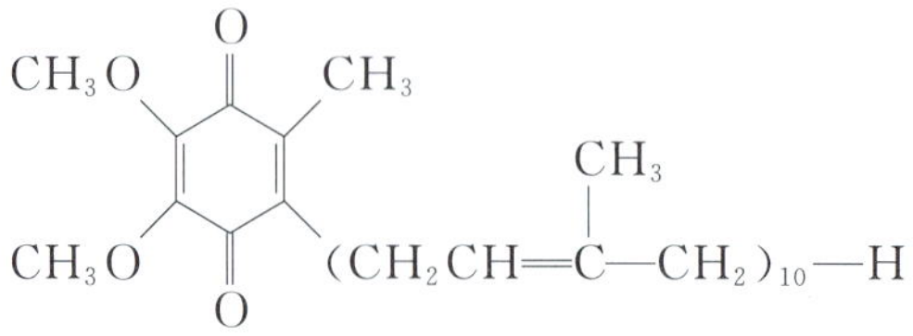

辅酶 Q_{10}

六、萘醌

萘醌(naphthoquinone)有三种异构体:α-萘醌、β-萘醌和 2,6-萘醌。其中最常见的是 α-萘醌。

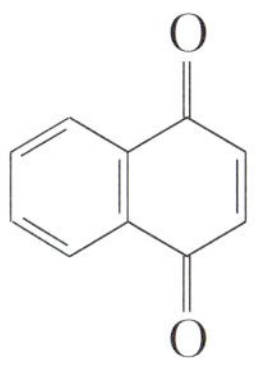

α-萘醌   β-萘醌 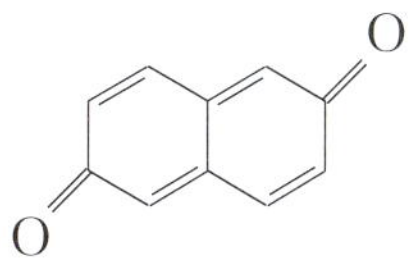   2,6-萘醌

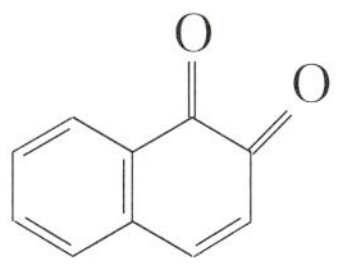

在动植物体内许多具有生理活性的化合物都含有 α-萘醌的结构,其中最重要的一类化合物是维生素 K。维生素 K_1 和维生素 K_2 广泛存在于自然界中,以猪肝和苜蓿中含量最多,此外,在一些绿色植物、蛋黄、肝脏中含量也较为丰富,维生素 K 具有凝血作用,可用作止血剂。天然存在的维生素 K_1 和维生素 K_2 是 2-甲基-1,4-萘醌的衍生物。维生素 K_1 和维生素 K_2 的结构如下:

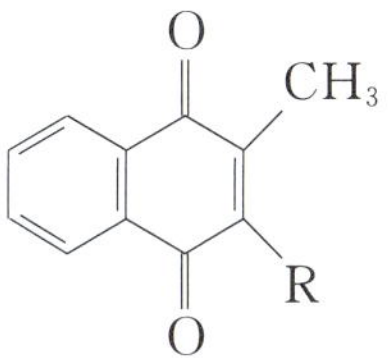

2-甲基-1,4-萘醌:R=H

维生素 K_1:R=$CH_2CH=C-(CH_2CH_2CH_2CH)_3-CH_3$

维生素 K_2:R=$(CH_2CH=C-CH_2)_5-CH_2CH=C-CH_3$

在研究维生素及其衍生物的化学结构与凝血关系时发现,通过化学合成得到的2-甲基-1,4-萘醌具有更强的凝血能力。它是不溶于水的黄色固体,但它与亚硫酸氢钠加成的产物溶于水,医学上称为维生素 K_3。

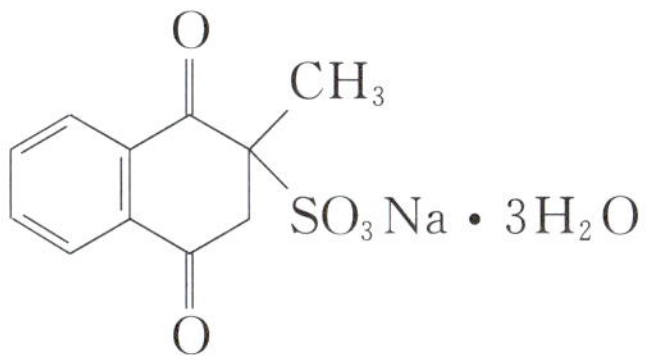

维生素 K_3

七、蒽醌

蒽醌(anthraquinone)有三种异构体,其中 9,10-蒽醌及其衍生物较为常见。蒽醌的衍生物广泛存在于自然界中,大多是植物的成分。如红色的植物染料茜素最初是从茜草根中分离出来的,中药大黄中的有效成分大黄素、大黄酸等,都是蒽醌的衍生物。

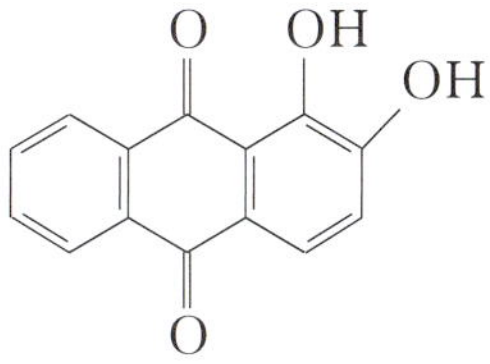

茜素 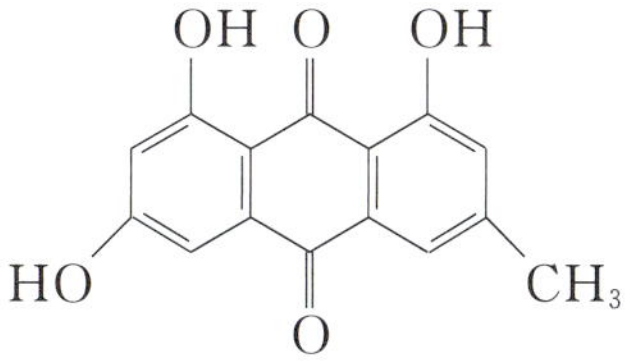   大黄素 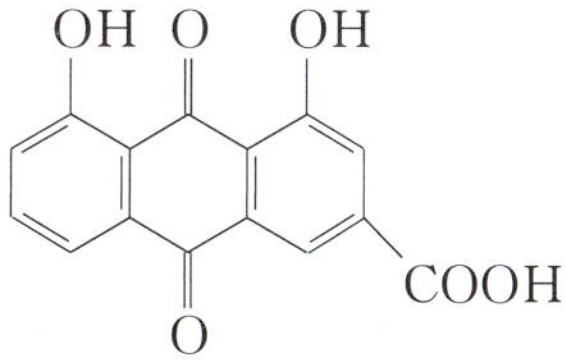   大黄酸

随堂检测答案

小结

　　醛、酮、醌是分子中含有羰基的化合物,羰基是醛、酮、醌的官能团。醛、酮的系统命名需要选择含羰基碳的最长碳链作为主链,并使羰基碳的编号尽可能小。

　　醛、酮发生的主要反应是亲核加成反应,可以和氢氰酸、亚硫酸氢钠、醇、水、Grignard 试剂以及氨的衍生物等亲核试剂发生加成反应。在此类反应中试剂带负电荷的部分加到羰基碳原子上,带正电荷的部分加到氧原子上,羰基的 π 键断裂,生成加成产物。受羰基的影响,醛、酮的 α-H 具有较高的反应活性,可以发生羟醛缩合反应和卤代反应。当 α-碳上连有 3 个氢原子时,可发生卤仿反应。

　　醛比较容易被氧化,可以和 Tollen 试剂、Fehling 试剂等弱氧化剂反应,而酮很难被氧化,不能与上述试剂发生反应。醛、酮分子中的羰基可以发生还原反应。在不同的还原条件下可以将羰基还原成羟基或亚甲基。不含 α-H 的醛在浓碱作用下能够发生歧化反应,一分子醛被氧化成羧酸,另一分子醛被还原成伯醇。

　　醌是具有共轭环己二烯二酮结构的化合物,在分子中既有碳碳双键,又有碳氧双键,所以可以发生加成反应。

能力检测

能力检测答案

9-1　写出下列化合物的结构式。

(1) 2-丁烯醛　　　　　　　　　　(2) 2-甲基-1-苯基-1-丁酮

(3) 2,2-二甲基环己酮　　　　　　(4) 对甲氧基苯甲醛

(5) 1-环己基-2-丁酮　　　　　　　(6) 3-苯基丙烯醛(肉桂醛)

9-2　写出丙醛与下列试剂反应的主要产物。

(1) HCN　　　　　　　　　　　　(2) 饱和 $NaHSO_3$ 溶液

(3) 稀 NaOH,加热　　　　　　　　(4) C_2H_5OH,干 HCl

(5) Br_2,CH_3COOH　　　　　　　(6) H_2NOH

9-3　写出下列试剂与丙酮反应的产物和类别。

(1) 硼氢化钠(甲醇)　　　　　　　(2) 溴化甲基镁,稀盐酸

(3) 过量无水甲醇(酸催化)　　　　(4) 对硝基苯肼

(5) 氰化钠,硫酸　　　　　　　　　(6) $AgNO_3$ 的氨水溶液

9-4　完成下列反应式。

(1) $C_6H_5COCHO \xrightarrow{HCN}$

(2) $(CH_3)_3CCHO \xrightarrow{NaOH}$

(3) ⬡—$COCH_3$ $\xrightarrow{I_2,NaOH}$

(4) ⬠—CHO + ⬡—$NHNH_2$ ⟶

(5) CH_3CH_2OH + ⬠—CHO ⟶

(6) $CH_3CH_2CH_2CHO \xrightarrow[\triangle]{稀 OH^-}$

136

9-5 用化学方法鉴别下列各组化合物。

(1) 1-苯基乙醇和 2-苯基乙醇 　　(2) 2-己醇、2-己酮和环己酮

(3) 丙醛、丙酮、丙醇、异丙醇 　　(4) 戊醛、2-戊酮、3-戊酮、环戊酮

9-6 将下列各组化合物按羰基亲核加成反应的活性大小排序。

(1)

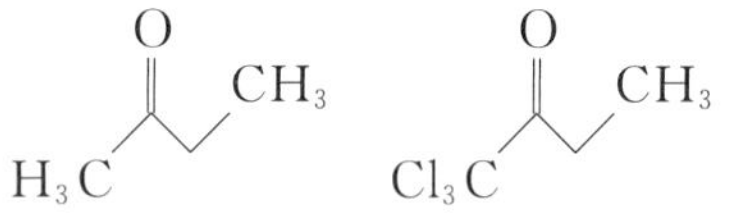

$$H_3C-\overset{\overset{\text{O}}{\|}}{C}-CH_2CH_3 \qquad Cl_3C-\overset{\overset{\text{O}}{\|}}{C}-CH_2CH_3$$

(2)

$$H_3C-\overset{\overset{\text{O}}{\|}}{C}-H \qquad H_3C-\overset{\overset{\text{O}}{\|}}{C}-CH_3 \qquad H_3C-\overset{\overset{\text{O}}{\|}}{C}-CH_2CH_3 \qquad (H_3C)_3C-\overset{\overset{\text{O}}{\|}}{C}-C(CH_3)_3$$

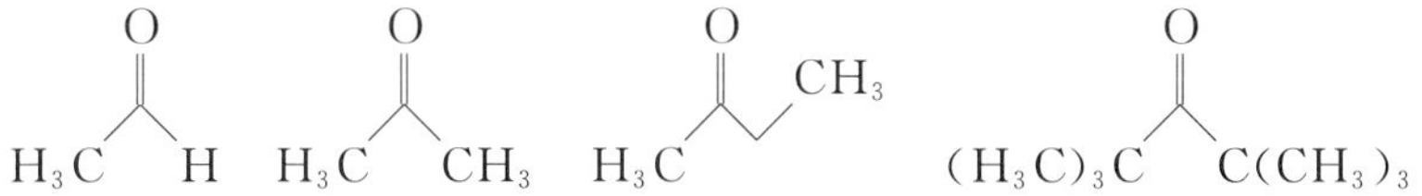

9-7 化合物 A 与 Tollen 试剂无反应,与 2,4-二硝基苯肼反应可以得到一橘红色固体。A 与氰化钠和硫酸反应得到化合物 B,分子式为 C_4H_7ON,A 与硼氢化钠在甲醇中反应可以得到非手性化合物 C,C 经浓硫酸脱水得到丙烯。试推断 A、B、C 的可能结构。

9-8 化合物 A 的分子式为 $C_6H_{12}O$,可以与 2,4-二硝基苯肼反应,但是与 $NaHSO_3$ 不产生加成产物,A 催化加氢得 B,分子式为 $C_6H_{14}O$,B 与浓 H_2SO_4 加热得到 C,分子式为 C_6H_{12},C 与 O_3 反应后用 $Zn+H_2O$ 处理,得到两个化合物 D 和 E,分子式均为 C_3H_6O,D 可以使 $H_2Cr_2O_7$ 变绿,而 E 不能。试推断 A、B、C、D、E 的可能结构。

（张　悦）

第十章　羧酸和取代羧酸

 学习目标

1. 掌握：羧酸酸性及成盐反应、羟基被取代生成羧酸衍生物的反应、脱羧反应；羧基酸和羟基酸的化学性质。
2. 熟悉：羧酸及取代羧酸的结构、命名与分类。
3. 了解：羧酸及取代羧酸的物理性质；应用于医药中的羧酸化合物及取代羧酸。

本章 PPT

羧酸(carboxylic acid)是分子中含有羧基，并且具有酸性的一类有机化合物。羧酸的官能团是羧基（—COOH，carboxyl group）。除甲酸外，羧酸可以看成是烃分子中的氢原子被羧基取代的衍生物。取代羧酸(substituted carboxylic acid)是羧酸分子中烃基上的氢原子被其他原子或基团取代的化合物。取代羧酸种类多，如羟基酸、羰基酸、卤代酸和氨基酸等，本章重点介绍羟基酸和羰基酸，氨基酸的内容在第十六章讲解。

羧酸和取代羧酸在自然界中普遍存在，不仅在有机合成、生物代谢、临床应用中起着重要作用，也涉及日常生活的方方面面。许多羧酸和取代羧酸是动植物代谢的中间体，有些参与动植物的生命活动，有明显的生物活性和药理活性。如食醋的主要成分是乙酸，乙酸属于有机酸，常用作有机溶剂；苯甲酸的钠盐可作为食品防腐剂；高级脂肪酸钠是肥皂的主要成分，用于去污去油；而乳酸、丙酮酸、柠檬酸等则是人体代谢的中间产物。

第一节　羧酸

一、结构、分类和命名

（一）羧酸的结构

羧酸的官能团是羧基，羧基可以看作是由羰基和羟基组成的，但不是两者的简单加和。羧基中的碳原子为 sp^2 杂化，3 个 sp^2 杂化轨道分别与羰基氧原子、羟基氧原子及烃基碳原子（或氢原子）形成 3 个 σ 键。而羧基碳上未参与杂化的 p 轨道与羰基氧上的 p 轨道"肩并肩"重叠形成 π 键，羟基氧上的孤对电子与 π 键发生 p-π 共轭，使得电子发生离域，稳定性增强（图 10-1）。

羧基中 p-π 共轭的结果：①碳氧双键与碳氧单键的键长趋向平均化；X 射线衍射证明，在甲酸分子中，C=O 双键键长为 123 pm，较醛、酮中羰基键长（120 pm）有所增长，C—O 单键键长为 136 pm，较醇中的碳氧单键（143 pm）要短。②羰基碳的正电性降低，亲核加成难度增加；③羟基极性增大，使得羟基氢的酸性增强。故羧基不是羰基和羟基的简单加合。

（二）羧酸的分类

除甲酸外，羧酸是由烃基和羧基两个部分组成。按烃基的种类，可将羧酸分为脂肪族羧

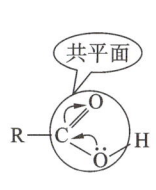 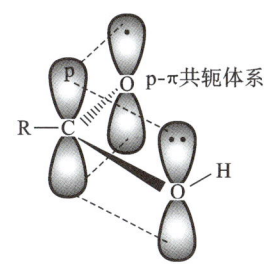

图 10-1 羧酸的结构

酸、脂环族羧酸和芳香族羧酸;根据烃基的饱和与否,又可分为饱和羧酸和不饱和羧酸;按羧酸分子中羧基数目不同,还可分为一元、二元和多元羧酸。饱和一元脂肪羧酸分子的通式为 $C_nH_{2n}O_2$。

$$CH_3COOH \qquad\qquad HOOCHC{=\!=\!=}CHCOOH \qquad\qquad$$

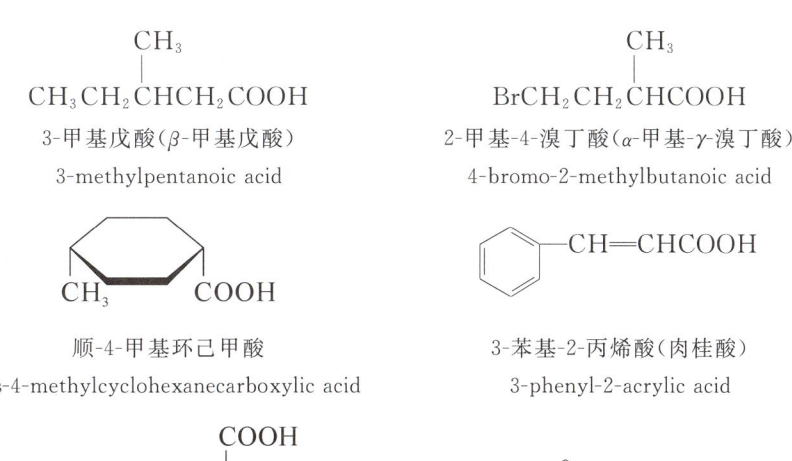

饱和脂肪酸	不饱和脂肪酸	芳香酸
一元酸	二元酸	一元酸

(三) 羧酸的命名

常见的羧酸多用俗名,其命名主要根据羧酸的来源。如甲酸俗称蚁酸(formic acid),因为最初从蚂蚁蒸馏液中分离得到;乙酸是食醋的主要成分,俗称醋酸(acetic acid);乙二酸常以草酸盐的形式存在于植物中,所以也称草酸(oxalic acid)。

羧酸的系统命名规则与醛相似,将"醛"改成"酸"字即可。命名饱和脂肪酸时,选择分子中含羧基的最长碳链为主链,称为某酸;主链碳原子从羧基开始编号,用阿拉伯数字标明主链碳原子位次。简单羧酸也习惯用希腊字母标明位置,与羧基直接相连的碳原子位置为 α,依次为 β、γ、δ⋯不饱和脂肪酸的命名,选择包含羧基与不饱和键在内的最长碳链作为主链,称为"某烯(炔)酸",并标明不饱和键的位次。二元酸的命名,应选择包含两个羧基在内的最长碳链为主链,称为"某二酸"。命名脂环酸和芳香酸时,以脂肪酸为母体,把脂环或芳环看作取代基。例如:

$$\underset{\text{3-甲基戊酸}(\beta\text{-甲基戊酸})}{CH_3CH_2\overset{\overset{\displaystyle CH_3}{|}}{C}HCH_2COOH}$$
3-methylpentanoic acid

$$\underset{\text{2-甲基-4-溴丁酸}(\alpha\text{-甲基-}\gamma\text{-溴丁酸})}{BrCH_2CH_2\overset{\overset{\displaystyle CH_3}{|}}{C}HCOOH}$$
4-bromo-2-methylbutanoic acid

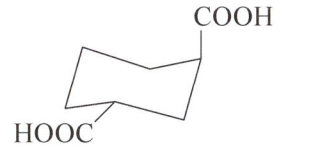

顺-4-甲基环己甲酸
cis-4-methylcyclohexanecarboxylic acid

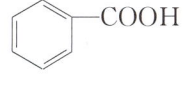

3-苯基-2-丙烯酸(肉桂酸)
3-phenyl-2-acrylic acid

1,3-环己烷二甲酸
1,3-cyclohexanedicarboxylic acid

苯甲酸(安息香酸)
benzoic acid

当主链碳原子数目在 10 以上时,应根据碳原子的个数用中文数字命名为"某碳酸",如

$CH_3(CH_2)_{16}COOH$ 为十八碳酸,俗称硬脂酸。

在有机化学命名中,官能团优先次序:羧基—COOH＞醛基—CHO 和酮基—COR＞羟基—OH＞烯键 C＝C 和炔键 C≡C ＞烷基—R＞卤素—X 和硝基—NO₂。位于前面的是主官能团,作为母体,后面的为取代基。

羧酸分子中除去羧基中的羟基后,所余下的部分称为酰基(acyl)。根据相应的酸命名为"某酰基"。

$$R-\overset{\displaystyle O}{\overset{\displaystyle \|}{C}}- \qquad H_3C-\overset{\displaystyle O}{\overset{\displaystyle \|}{C}}- \qquad C_6H_5-\overset{\displaystyle O}{\overset{\displaystyle \|}{C}}-$$

酰基	乙酰基	苯甲酰基
acyl	acetyl	benzoic acyl

随堂检测 10-1 用系统命名法命名下列化合物。

(1) $CH_3CH_2\overset{\displaystyle CH_2CH_3}{\underset{\displaystyle |}{CH}}CH_2COOH$

(2)

(3)

(4) $ClCH_2CH_2\overset{\displaystyle CH_2CH_3}{\underset{\displaystyle |}{CH}}COOH$ 写作 $ClCH_2CH_2\overset{}{\underset{\displaystyle CH_2CH_3}{CH}}COOH$

二、物理性质

常温下,低级饱和一元酸为液体,$C_4 \sim C_{10}$ 的羧酸是有强烈恶臭气味的液体;高级饱和脂肪酸为蜡状固体,难挥发,没有气味;脂肪族二元酸和芳香羧酸都是结晶性固体。低级羧酸可与水混溶,溶解度随相对分子质量的增大而逐渐减小。

饱和一元羧酸的熔点随碳原子数的增加而呈锯齿状上升,即偶数碳原子的羧酸比相邻两个奇数碳原子的羧酸熔点高。这可能是因为含偶数碳原子的羧酸分子比含奇数碳原子的羧酸分子对称性强,在晶体中排列得更紧密,分子间的吸引力更大。

饱和一元羧酸的沸点也随相对分子质量的增加而升高。由于羧酸分子能通过分子间氢键缔合成二聚体,一元醇分子之间只能形成一个氢键,因此,羧酸的沸点比相对分子质量相近的醇的沸点高得多。如甲酸和乙醇的相对分子质量相同,都是 46,甲酸的沸点为 101 ℃,而乙醇的沸点则为 78 ℃。一些常见羧酸的物理常数如表 10-1 所示。

$$R-C\overset{\displaystyle O\cdots H-O}{\underset{\displaystyle O-H\cdots O}{}}C-R$$

羧酸二聚体

羧酸分子中,由于羧基是一个亲水基团,可和水形成氢键。因此,甲酸至丁酸都能与水混溶。从戊酸开始,随着相对分子质量增加,憎水性的烃基越来越大,在水中的溶解度迅速减小。10 个碳原子以上的羧酸不溶于水,芳香酸在水中的溶解度极小。但脂肪族的一元羧酸一般都溶于乙醇、乙醚等有机溶剂。

表 10-1 一些常见羧酸的物理常数

名称(俗名)	英文名称	结构简式	熔点/℃	沸点/℃	溶解度/g	pK_a (25 ℃)
甲酸 (蚁酸)	methanoic acid	HCOOH	8.4	100.5	∞	3.77
乙酸 (醋酸)	ethanoic acid	CH_3COOH	16.6	117.9	∞	4.75
丙酸 (初油酸)	propanoic acid	CH_3CH_2COOH	−20.8	141	∞	4.87
丁酸 (酪酸)	butanoic acid	$CH_3(CH_2)_2COOH$	−4.3	163.5	∞	4.82
戊酸 (缬草酸)	pentanoic acid	$CH_3(CH_2)_3COOH$	−33.6	187	3.7	4.81
己酸 (羊油酸)	hexanoic acid	$CH_3(CH_2)_4COOH$	−2	205	0.96	4.84
十六酸 (软脂酸)	hexadecanoic acid	$CH_3(CH_2)_{14}COOH$	62.9	269 /0.01 MPa	不溶	—
十八酸 (硬脂酸)	octadecanoic acid	$CH_3(CH_2)_{16}COOH$	69.9	287 /0.01 MPa	不溶	—
乙二酸 (草酸)	ethanedioic acid	HOOCCOOH	189.5	>100 升华	8.6	1.27* 4.40**
丙二酸 (缩苹果酸)	propanedioic acid	$HOOCCH_2COOH$	136	140 分解	7.3	2.85* 5.70**
丁二酸 (琥珀酸)	butanedioic acid	$HOOC(CH_2)_2COOH$	185	235 失水	5.8	4.21* 5.64**
顺丁烯二酸 (马来酸)	*cis*-butenedioic acid		131	—	79	1.90* 6.50**
反丁烯二酸 (富马酸)	*trans*-butenedioic acid		302	—	0.7	3.00* 4.20**
苯甲酸 (安息香酸)	benzoic acid	C_6H_5COOH	122.4	249	0.34	4.17

注:* 表示 pK_{a1};** 表示 pK_{a2}。

三、化学性质

羧酸的化学性质主要表现在羧基上。羧酸的官能团羧基由羰基和羟基相连而成,羧基结构中 p-π 共轭体系的存在使羧基的化学性质并不表现为羰基和羟基的简单加合。p-π 共轭效应降低了羰基碳原子的正电性,同时也增强了羟基的极性,使得羧酸中的 C═O 不像醛、酮中羰基那样活泼,不能与 HCN、NaHSO$_3$ 等进行亲核加成。羧基中—OH 氧原子的电子密度有所降低,从而使 O—H 键之间电子云密度降低,且更靠近氧原子,以致羧基中的 H 能以 H$^+$ 的形式解离,表现出明显的酸性。羧酸的化学性质与结构的关系如图 10-2 所示。

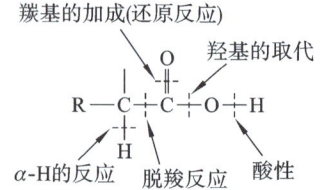

图 10-2 羧酸的化学性质与结构的关系

（一）酸性

受 p-π 共轭效应影响,使得氧氢键极性增强,羧酸在水中能解离出质子,具有明显的酸性。

$$RCOOH + H_2O \rightleftharpoons RCOO^- + H_3O^+$$

常见一元羧酸 pK_a 一般为 4～5,酸性强于碳酸(pK_a=6.5),可以与碳酸氢钠反应生成二氧化碳,酸性也强于酚、醇及其他含氢有机化合物。一些化合物的酸性强弱次序如下:

	RCOOH	H$_2$CO$_3$	ArOH	HOH	ROH	HC≡CH	RH
pK_a	4～5	6.38	9～10	～15.74	16～19	～25	～50

羧酸酸性的强弱取决于电离后形成的羧酸根的稳定性。若烃基上的取代基有利于负电荷的分散,羧酸根稳定,酸性增强;反之则会使酸性减弱。取代基对酸性的强弱影响与取代基的性质、数目以及羧基的相对位置有关,可用诱导效应、共轭效应和空间效应来解释。

就诱导效应来说,吸电子诱导效应使酸性增强,给电子诱导效应使酸性减弱。诱导效应具有加和性,相同性质的基团越多对酸性的影响越大,即吸电子基越多,酸性越强,反之,吸电子基越少,酸性越弱;诱导效应在饱和碳链上沿 σ 键传递,随着与羧基距离的增加而迅速减弱,酸性减弱,通常经过 3 个原子后,诱导效应的影响就很弱了;含不同卤素原子的一卤代乙酸酸性强弱与卤素原子的电负性顺序一致,卤素原子的电负性越大,羧酸的酸性就越强。例如:

$$CH_3COOH \quad < \quad ClCH_2COOH \quad < \quad Cl_2CHCOOH \quad < \quad Cl_3CCOOH$$

pK_a	4.74	2.86	1.29	0.65

$$ICH_2COOH \quad < \quad BrCH_2COOH \quad < \quad ClCH_2COOH \quad < \quad FCH_2COOH$$

pK_a	3.16	2.90	2.87	2.67

$$\underset{\overset{|}{Cl}}{CH_2}CH_2CH_2COOH \quad < \quad CH_3\underset{\overset{|}{Cl}}{CH}CH_2COOH \quad < \quad CH_3CH_2\underset{\overset{|}{Cl}}{CH}COOH$$

pK_a	4.52	4.06	2.86

二元羧酸酸性强弱与两个羧基的相对距离有关。二元羧酸的电离分两步进行:第一步电离时,受另一个羧基吸电子诱导效应影响,两个羧基距离越近,影响越大。如乙二酸的酸性(pK_{a1}=1.23)强于磷酸(pK_{a1}=1.59)。当一个羧基电离后,由于羧酸根对另一端羧基产生了给电子的诱导效应影响而使第二个羧基不易解离。因此,一些低级二元羧酸 pK_{a2} 总是大于 pK_{a1}。其解离过程如下:

$$HOOC(CH_2)_n COOH \overset{K_{a1}}{\rightleftharpoons} HOOC(CH_2)_n COO^- + H^+$$

$$HOOC(CH_2)_n COO^- \overset{K_{a2}}{\rightleftharpoons} {}^-OOC(CH_2)_n COO^- + H^+$$

苯甲酸比一般脂肪酸性强(除甲酸外),当芳环上引入取代基后,与取代酚类似,其酸性随取代基的种类、位置的不同而发生变化。当取代基在芳环间位和对位时,一般给电子基(如甲基）使酸性降低，吸电子基（如硝基）使酸性增强。如对硝基苯甲酸酸性强于苯甲酸，因为硝基作为吸电子基，对苯环有吸电子诱导效应和吸电子共轭效应；而对甲基苯甲酸酸性小于苯甲酸，是由于甲基是给电子基，具有给电子诱导效应。

$$
\underset{\substack{\text{NO}_2 \\ \text{pK}_a \quad 3.4}}{\overset{\text{COOH}}{\bigcirc}} > \underset{4.2}{\overset{\text{COOH}}{\bigcirc}} > \underset{\substack{\text{CH}_3 \\ 4.4}}{\overset{\text{COOH}}{\bigcirc}}
$$

物质的酸性强弱，除了受物质本身的结构、电子效应、空间位阻效应、杂化效应、氢键的影响外，还与溶剂的种类和溶剂化作用等多种因素有关。

随堂检测 10-2 将下列各组化合物，按酸性从强到弱的顺序排列。

(1) $BrCH_2COOH$，$HC \equiv CCH_2COOH$，O_2NCH_2COOH，$ClCH_2COOH$，$(CH_3)_3CCH_2COOH$

(2) 邻氯苯甲酸（Cl，COOH），邻氟苯甲酸（F，COOH），邻硝基苯甲酸（NO$_2$，COOH），邻甲基苯甲酸（CH$_3$，COOH），邻甲氧基苯甲酸（OCH$_3$，COOH）

（二）成盐反应

羧酸具有酸性，能与 $NaOH$、Na_2CO_3 和 $NaHCO_3$ 等反应生成盐，羧酸与 $NaHCO_3$ 反应放出 CO_2，因酚类不能与 $NaHCO_3$ 反应，因此 $NaHCO_3$ 可作为酚与羧酸的鉴别依据。羧酸的 pKa 值在 4～5 之间，比碳酸的酸性强，但羧酸的酸性比无机强酸弱。羧酸盐与强无机酸作用，又可转化为原来的羧酸，羧酸的这个性质常用于分离与提纯，或从动植物中提取含羧基的有效成分。

$$CH_3COOH + NaOH \longrightarrow CH_3COONa + H_2O$$
$$CH_3COOH + NaHCO_3 \longrightarrow CH_3COONa + H_2O + CO_2 \uparrow$$
$$RCOONa + HCl \longrightarrow RCOOH + NaCl$$

低级羧酸的钠盐、钾盐和铵盐一般易溶于水。成盐可以增大药物的水溶性，医药上常将含羧基而难溶于水的药物制成易溶于水的盐，如将含有羧基的青霉素和氨苄西林制成钾盐注射剂，便于临床使用。

（三）取代反应

羧基中的羟基虽不如醇羟基容易被取代，但在一定条件下，羧基中的羟基可以被卤素、酰氧基、烷氧基或氨基取代，形成酰卤、酸酐、酯或酰胺等羧酸衍生物。

$$R\overset{O}{\underset{}{\overset{\|}{C}}}OH \longrightarrow (Ar)R\underset{\substack{}}{\overset{O}{\overset{\|}{C}}} \vdots L$$

$$\quad\quad\quad\quad\quad\quad\quad\quad\quad\quad 酰基 \quad 离去基$$

1. 酯化反应 羧酸与醇在强酸（如浓硫酸）催化下生成酯（ester）和水的反应称为酯化反应（esterification）。酯化反应是可逆反应，通常需要强酸催化加热进行，反应一般较慢。为提高产率，使平衡向酯化方向移动，常采用加入过量的廉价反应物，或加入除水剂，除去反应中产生的水，也可以从反应体系中蒸出酯，促使反应向生成酯的方向进行，达到提高产率的目的。

酯化反应是羧酸与醇发生分子间脱水，脱水规律通常是：酸脱羟基，醇脱氢。

$$R\overset{O}{\underset{}{\overset{\|}{C}}}\vdots OH + H\vdots O-R' \longrightarrow R\overset{O}{\underset{}{\overset{\|}{C}}}OR' + H_2O$$

酯化反应的机制如下:羧酸的羰基接受来自强酸催化剂的一个质子(H$^+$),生成质子化的羧酸①,增加了羰基碳原子的正电性,使醇容易与之发生亲核加成,碳氧之间的 π 键打开形成一个四面体中间体②,此步反应是决定反应速率的一步;然后②质子转移生成中间体③,③失去一分子水,得到质子化酯④;最后,④再失去 H$^+$ 形成酯⑤。总的结果是,羧基中的羟基被烷氧基取代,可看作是羰基上的亲核取代反应。

按照这个机制,反应中间体是一个四面体结构,比反应物更拥挤,故空间位阻对反应速率的影响很大。不同的羧酸和醇进行酯化反应的活性顺序如下:

酸的反应活性:$HCOOH > CH_3COOH > RCH_2COOH > R_2CHCOOH > R_3CCOOH$

醇的反应活性:$CH_3OH > 1°ROH > 2°ROH > 3°ROH$

酯化反应是一重要的反应,在药物合成中常利用酯化反应将药物转变成前药,以改变药物的生物利用率、稳定性及克服多种不利因素。

2. 酰卤的生成　羧基中的羟基被卤素取代生成酰卤(acyl halide),最重要的酰卤是酰氯。酰卤是有机合成中非常重要的酰基化试剂,其中以酰氯最常用,酰氯可由羧酸与 SOCl$_2$(氯化亚砜)、PCl$_3$、PCl$_5$ 等试剂反应制得。

$$R-\overset{O}{\underset{\|}{C}}-OH + PCl_3 \longrightarrow R-\overset{O}{\underset{\|}{C}}-Cl + H_3PO_3$$

$$R-\overset{O}{\underset{\|}{C}}-OH + PCl_5 \longrightarrow R-\overset{O}{\underset{\|}{C}}-Cl + POCl_3 + HCl$$

$$R-\overset{O}{\underset{\|}{C}}-OH + SOCl_2 \longrightarrow R-\overset{O}{\underset{\|}{C}}-Cl + SO_2 + HCl$$

酰氯很活泼,容易水解,因此不能用水洗的方法除去反应中的无机物,通常用蒸馏法分离产物。在有机合成中选用哪种氯化剂,主要取决于原料、产物和副产物之间的沸点差。SOCl$_2$ (氯化亚砜)、PCl$_3$、PCl$_5$ 的沸点分别为 79 ℃、75 ℃、162 ℃。通常 PCl$_3$ 适合于制备低沸点酰氯;PCl$_5$ 适合于制备高沸点酰氯;用 SOCl$_2$ 制备酰氯,产物除酰氯外,都是气体,容易提纯,对上述两种情况都可采用。

3. 酸酐的生成　羧酸(甲酸除外)在脱水剂(乙酰氯、乙酸酐、P$_2$O$_5$ 等)存在下加热,发生分子间脱水生成酸酐(acid anhydride)。

$$R-\overset{O}{\underset{\|}{C}}-OH + HO-\overset{O}{\underset{\|}{C}}-R' \xrightarrow{P_2O_5} R-\overset{O}{\underset{\|}{C}}\underset{O}{\diagdown}\overset{O}{\underset{\|}{C}}-R' + H_2O$$

甲酸一般不发生分子间的加热脱水生成酐，在浓硫酸中加热，分解成 CO 气体和 H_2O，可用来制备高纯度的一氧化碳。由于酸酐很容易吸水，故有时亦用醋酐作为去水剂来制备其他的酸酐。酸酐也可由羧酸盐与酰氯反应得到，用来制备混合酸酐。

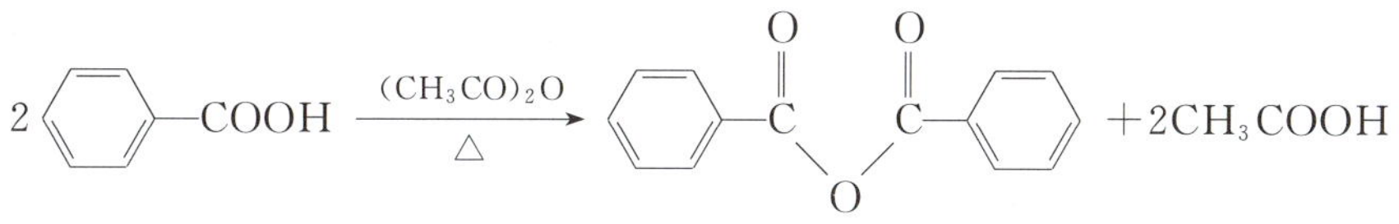

苯甲酸　　　　　　　　苯甲酸酐

二元酸分子内脱水可生成环状酸酐。

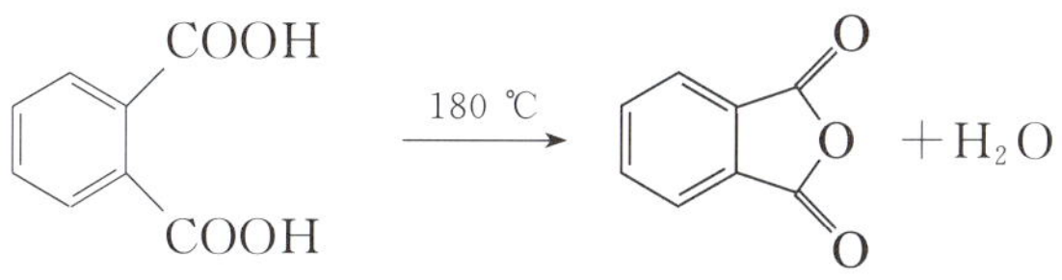

邻苯二甲酸　　　　　　　　邻苯二甲酸酐

4. 酰胺的生成　将羧酸与氨或胺反应生成的铵盐加热失水可得酰胺(amide)。

$$RCOOH \xrightarrow{NH_3} RCOONH_4 \underset{}{\overset{加热}{\rightleftharpoons}} R-\overset{\overset{\displaystyle O}{\|}}{C}-NH_2 + H_2O$$

$$RCOOH \xrightarrow{NHR'_2} RCOONH_2R'_2 \underset{}{\overset{加热}{\rightleftharpoons}} R-\overset{\overset{\displaystyle O}{\|}}{C}-NR'_2 + H_2O$$

酰卤、酸酐等的氨解反应产物也为酰胺。酰胺是一类重要的有机化合物，很多生物活性分子都属于酰胺，许多药物中也都含有酰胺的结构。

(四) 脱羧反应

羧酸分子中脱去羧基并放出二氧化碳的反应称为脱羧反应(decarboxylation)。羧酸脱羧时所需活化能较高，因此较难进行。一般而言，在 α-碳上连有吸电子基(如硝基、卤素、酰基和氰基等)的羧酸容易脱羧，生成少一个碳原子的烃。

$$O_2N-CH_2COOH \xrightarrow{\triangle} CH_3NO_2 + CO_2$$

$$CN-CH_2COOH \xrightarrow{\triangle} CH_3CN + CO_2$$

人体内的脱羧反应是在脱羧酶的催化作用下进行的，它是一类非常重要的生化反应。

(五) 二元羧酸热解反应

二元羧酸除了具有羧酸的基本性质之外，由于分子中两个羧基的相互影响，还具有某些特殊性质。二元羧酸对热不稳定，当加热这类羧酸时，随着两个羧基间碳原子数的不同，可发生脱羧反应，或脱水反应，或同时发生脱羧反应与脱水反应。

$$HOOCCH_2COOH \xrightarrow{150\ ℃} CH_3COOH + CO_2$$

丙二酸　　　　　　　　乙酸

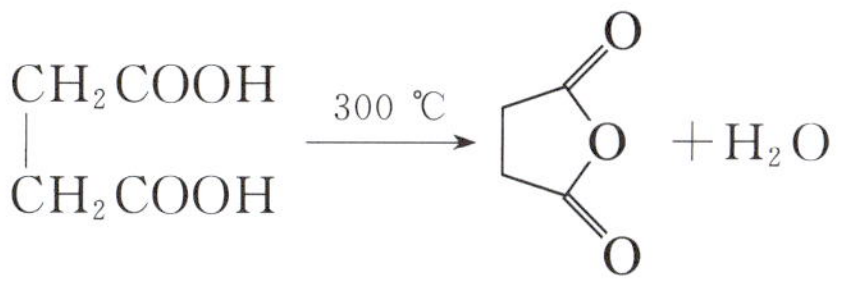

丁二酸酐

$$\begin{array}{l} CH_2CH_2COOH \\ | \\ CH_2CH_2COOH \end{array} \xrightarrow[Ba(OH)_2]{300\ ℃} \bigcirc\!\!=\!\!O + H_2O + CO_2$$

环戊酮

含八个以上碳原子的脂肪族二元羧酸受热时,不能生成环酮,而是发生分子间脱水,生成高分子链状的缩合酸酐。这说明,反应物有可能形成环状产物时,通常都是形成张力较小的五元环或六元环,这称为 Blanc 规则。

第二节 取代羧酸

羧酸分子烃基上的氢原子被其他原子或基团取代后的化合物称为取代羧酸。根据取代基的不同,分为卤代酸、羟基酸、氨基酸、羰基酸等。本节主要讨论羟基酸与羰基酸,氨基酸将在后续章节讨论。

一、羟基酸

羧基分子中烃基上的氢原子被羟基取代后的化合物称为羟基酸(hydroxy acid),可分为醇酸与酚酸。羟基酸广泛存在于动植物体内,并在生物体生命活动中起着重要作用,羟基酸也可作为药物合成的原料和食品的调味剂。

(一) 命名

羟基酸的命名是以羧酸为母体,羟基作为取代基,并用阿拉伯数字或希腊字母 α、β、γ 等标明羟基的位置。有些羟基酸常用俗名。而对于酚酸的命名,以芳酸作为母体,根据羟基在芳环上的位置给出相应的名称。例如:

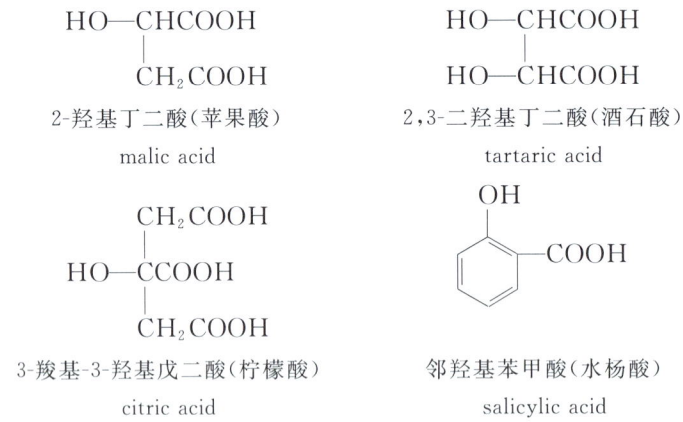

HO—CHCOOH
|
CH₂COOH
2-羟基丁二酸(苹果酸)
malic acid

HO—CHCOOH
|
HO—CHCOOH
2,3-二羟基丁二酸(酒石酸)
tartaric acid

CH₂COOH
|
HO—CCOOH
|
CH₂COOH
3-羧基-3-羟基戊二酸(柠檬酸)
citric acid

邻羟基苯甲酸(水杨酸)
salicylic acid

(二) 化学性质

羟基酸同时含有羟基和羧基,因而具有醇(酚)和羧酸的基本化学性质,如醇羟基可被氧化、酯化和酰化;酚羟基有酸性且能与 $FeCl_3$ 溶液发生显色反应;羧基具有酸性,能发生酯化反应等。同时由于羟基和羧基相互影响,羟基酸又具有特殊性,这些性质随羟基与羧基相对位置的不同而表现出明显的差异。

1. 酸性 由于羟基的吸电子诱导效应,使醇酸的酸性强于相应的羧酸。羟基距离羧基越近,酸性越强,通常相距 3 个碳原子以上时,吸电子诱导效应就很弱了。

$$HOCH_2COOH > HOCH_2CH_2COOH > CH_3COOH$$

pK_a 3.83   4.50   4.76

而酚酸的酸性,除了与电子效应有关之外,还要考虑邻位效应的影响。

2. 氧化反应 受吸电子诱导效应的影响,醇酸中的羟基比醇中的羟基更易被氧化。如稀硝酸不能氧化醇,但可以氧化醇酸;Tollen试剂能将α-醇氧化成α-酮酸。醇酸在人体内的氧化需要酶的参与。

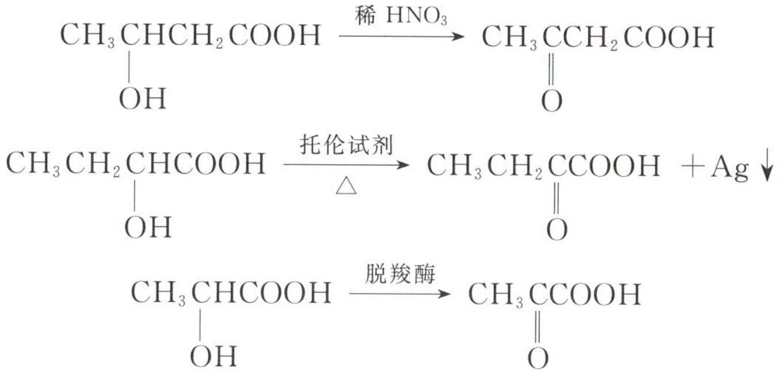

$$CH_3CHCH_2COOH \xrightarrow{\text{稀 } HNO_3} CH_3CCH_2COOH$$
(OH) (O)

$$CH_3CH_2CHCOOH \xrightarrow[\triangle]{\text{托伦试剂}} CH_3CH_2CCOOH + Ag\downarrow$$
(OH) (O)

$$CH_3CHCOOH \xrightarrow{\text{脱羧酶}} CH_3CCOOH$$
(OH) (O)

3. 脱水反应 羟基酸对热敏感,受热易脱水,产物因羟基与羧基相对位置不同而异。α-羟基酸受热时两分子间交叉脱水形成交酯(lactide);β-羟基酸受热发生分子内脱水生成α,β-不饱和酸;γ-羟基酸和δ-羟基酸受热发生分子内脱水分别生成γ-内酯和δ-内酯。

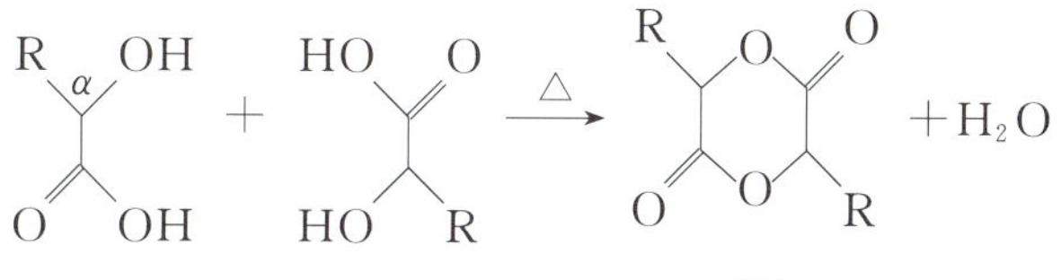

交酯

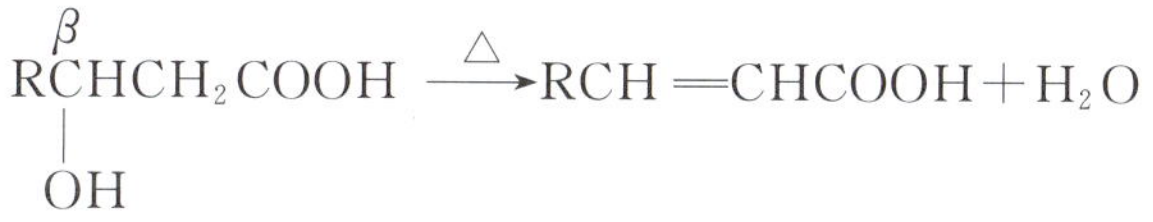

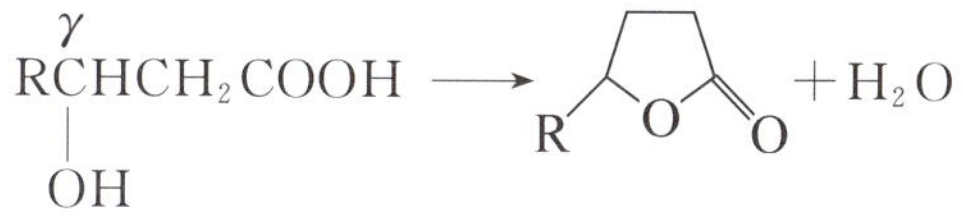

$$RCHCH_2COOH \xrightarrow{\triangle} RCH=CHCOOH + H_2O$$
(OH)

$$RCHCH_2COOH \longrightarrow \text{（γ-内酯）} + H_2O$$
(OH)

γ-内酯

γ-羟基酸在室温下即可脱水生成内酯,所以不易得到游离的γ-羟基酸。γ-内酯是稳定的中性化合物,在碱性条件下可开环形成γ-羟基酸盐,通常以这种形式保存γ-羟基酸。内酯也具有酯的特性,难溶于水,在酸和碱存在下,可发生水解,其中碱性水解生成稳定的醇酸盐。因此,某些具有内酯结构的药物常因水解开环而减效或失效。如:

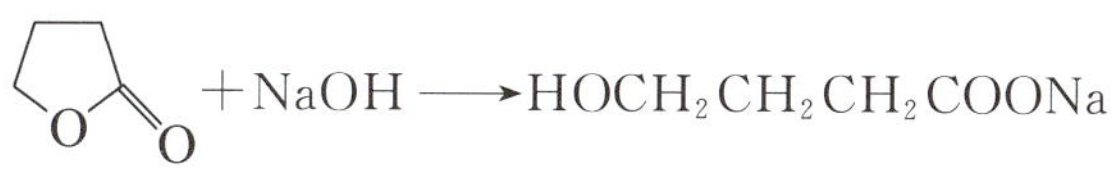

（内酯）+ NaOH ⟶ HOCH₂CH₂CH₂COONa

γ-羟基丁酸钠

γ-羟基丁酸钠为醇酸盐,有较弱的麻醉作用,起效较慢,毒性小,无镇痛作用,具有术后患者苏醒快的特点。由于γ-羟基丁酸钠能引起头晕,2 min让人昏睡,10多分钟让人昏迷不醒,已是严重泛滥的软性毒品,鉴于它的危害性,一些国家已将其列为一级管制药品。

二、羰基酸

分子中同时含有羧基和羰基的有机化合物称为羰基酸,又名氧代羧酸,可分为醛酸和酮酸。由于醛酸实际应用少,所以此部分只讨论酮酸。

(一) 命名

根据酮基与羧基的相对位置,酮酸可分为 α-酮酸、β-酮酸等。酮酸的系统命名与羧酸类似,选择含酮基和羧基的最长链为主链,称为"某酮酸",并标明酮基的位次。医学中也常采用俗名或习惯命名。如:

$$H_3C—\overset{\overset{\displaystyle O}{\|}}{C}—COOH \qquad H_3C—\overset{\overset{\displaystyle O}{\|}}{C}—CH_2COOH \qquad HOOC—\overset{\overset{\displaystyle O}{\|}}{C}—CH_2COOH$$

α-丙酮酸 β-丁酮酸(乙酰乙酸)   丁酮二酸(草酰乙酸)

pyruvic acid β-butanone acid   butanone diacid

(二) 化学性质

羰基酸也是双官能团化合物,醛酸具有醛和羧酸的典型性质;酮酸除具有一般酮和羧酸的典型性质外,还有一些特性。

1. 酸性 羰基的吸电子能力比羟基强,因此,酮酸的酸性比相应的醇酸强,更强于对应的羧酸,且 α-酮酸比 β-酮酸强。

α-丁酮酸＞β-丁酮酸＞β-羟基丁酸＞丁酸

2. 脱羧反应 α-酮酸和 β-酮酸都容易进行脱羧反应,α-酮酸在一定条件下,脱羧生成醛。

$$H_3C—\overset{\overset{\displaystyle O}{\|}}{C}—COOH \xrightarrow[150\ ℃]{稀\ H_2SO_4} CH_3CHO+CO_2\uparrow$$

β-酮酸比 α-酮酸更容易发生脱羧反应,在室温或微热时脱羧生成酮。

$$H_3C—\overset{\overset{\displaystyle O}{\|}}{C}—CH_2COOH \xrightarrow{微热} H_3C—\overset{\overset{\displaystyle O}{\|}}{C}—CH_3\ +CO_2\uparrow$$

第三节 应用于医药中的化合物

一、甲酸

甲酸(methanoic acid)俗称蚁酸,最初发现于蚂蚁体内,是最简单的脂肪酸。其存在于蜂类、蚁类及毛虫的分泌物中,同时也广泛存在于植物界,如荨麻、松叶。甲酸沸点为 100.5 ℃,能与水、乙醇、乙醚混溶,有刺激性气味。蚁酸的腐蚀性很强,能刺激皮肤起泡,被蚂蚁、蜂类蜇咬后引起痒、肿、痛,可用稀氨水或小苏打溶液涂抹,以减轻疼痛。

甲酸分子中既有羧基,又有醛基,因此它既有羧酸的性质,又有醛的性质。如甲酸的酸性比它的同系物强,能与 Tollen 试剂作用生成银镜,甲酸还能使高锰酸钾溶液褪色等。甲酸可作为消毒剂和防腐剂。

二、乙酸

乙酸(ethanoic acid)俗称醋酸,是食醋的主要成分,乙酸有刺激性气味。纯乙酸具有吸湿性,沸点为 117.9 ℃,在低于熔点 16.6 ℃时无水乙酸就成冰状结晶析出,又称冰醋酸。乙酸是常用的有机试剂,也是制备染料、香料、塑料及药品的原料。

乙酸可作为消毒防腐剂,如医药上常用 5～20 g/L 的乙酸溶液洗涤烧伤感染的创面,30 g/L 的乙酸溶液可用于治疗甲癣,室内通过食用醋熏蒸,可预防流行性感冒。

NOTE

知识链接 10-1

三、草酸

草酸(stearic acid),即乙二酸,常以钾盐或钙盐的形式存在于植物中,几乎所有的植物都含有草酸盐。草酸是无色透明结晶,常见的草酸含有两分子结晶水,熔点为 101.5 ℃,草酸的酸性比甲酸及其他二元酸都强,在人体内不容易被氧化分解,会使人体内的酸碱度失去平衡,影响儿童的发育。同时草酸在人体内容易与钙离子结合形成草酸钙导致肾结石。但草酸是重要的化工原料,在医药工业上用于制造金霉素、土霉素、四环素等。

四、乳酸

乳酸(lactic acid),2-羟基丙酸,是一种 α-羟基酸,分子式是 $C_3H_6O_3$。乳酸为无色黏稠液体,溶于水,吸湿性强,具有旋光性。通常酸牛奶中乳酸为(±)乳酸,蔗糖发酵产生的为(−)乳酸,剧烈运动之后人体肌肉生成的为(+)乳酸。

乳酸在医药上广泛用作防腐剂、载体剂、助溶剂、pH 调节剂等,乳酸钙用于补钙,乳酸钠用于纠正酸中毒。

$$
\begin{array}{c}
OH \\
| \\
H_3C-C-COOH \\
| \\
H
\end{array}
$$

乳酸

乳酸是肌肉中糖代谢的一种产物。人在剧烈活动时,需要大量的能量,由于氧气供应不足,肌肉中的糖原被酵解生成乳酸并放出一部分热量,以供急需。当肌肉中乳酸含量增加时,会使人有肌肉酸胀的感觉,休息后,一部分乳酸又转变为糖原,另一部分被氧化成丙酮酸,丙酮酸彻底氧化生成二氧化碳和水,酸胀感消失。

五、酒石酸

酒石酸(tartaric acid),2,3-二羟基丁二酸,存在于多种水果中,如葡萄和罗望子。酒石酸也是葡萄酒中主要的有机酸之一,作为食品中添加的抗氧剂,可以使食物具有酸味。酒石酸最大的用途是饮料添加剂,也是制药原料。

酒石酸可用作酸味剂,酒石酸锑钾盐又称吐酒石,为白色结晶性粉末,临床上用作催吐剂,也具有抗血吸虫病作用;酒石酸钾钠用于配制费林试剂。

$$
\begin{array}{c}
HO-CHCOOH \\
| \\
HO-CHCOOH
\end{array}
$$

酒石酸

六、柠檬酸

柠檬酸(citric acid)是一种重要的有机酸,又名枸橼酸,为无色晶体,常含一分子结晶水,无臭,有很强的酸味,易溶于水,主要存在于多种植物的果实中和动物组织与体液中。

在工业、食品、医药领域等具有多种用途。因为柠檬酸有温和爽快的酸味,普遍用于各种饮料、汽水、葡萄酒、糖果、点心、饼干、罐头、果汁、乳制品等食品的添加剂。

医药上柠檬酸铁铵作为补血剂,柠檬酸钙作为抗凝血剂。在凝血酶原激活物的形成及以后的凝血过程中,必须有钙离子参加。柠檬酸根与钙离子能形成一种难解离的可溶性络合物,因而降低了血液中钙离子浓度,使血液凝固受阻,故常在输血或化验室血样抗凝时,用作体外抗凝药。

$$
\begin{array}{c}
CH_2COOH \\
| \\
HO-C-COOH \\
| \\
CH_2COOH
\end{array}
$$

柠檬酸

七、水杨酸与乙酰水杨酸

水杨酸(salicylic acid)又名邻羟基苯甲酸,分子式为 $C_7H_6O_3$,是植物柳树皮提取物,也是一种天然的消炎药,常用的解热镇痛药阿司匹林就是水杨酸的衍生物乙酰水杨酸钠。

OH
⬡—COOH
水杨酸

OCOCH₃
⬡—COOH
乙酰水杨酸

水杨酸具有杀菌和解热镇痛作用,但因其对胃有刺激作用,只能外用不可内服。乙酰水杨酸即阿司匹林(Aspirin),有解热、镇痛作用,能抑制血小板凝聚,防止血栓的形成。

八、乙酰乙酸

乙酰乙酸(acetoacetic acid)又名 β-丁酮酸,酸性比乙酸强,性质不稳定,受热易发生脱羧反应生成丙酮,在酶的作用下加氢还原生成 β-羟基丁酸:

$$
\underset{\beta\text{-羟基丁酸}}{CH_3CHCH_2COOH} \underset{+2H}{\overset{-2H}{\rightleftharpoons}} \underset{乙酰乙酸}{CH_3CCH_2COOH} \overset{\triangle}{\longrightarrow} \underset{丙酮}{CH_3CCH_3} + CO_2\uparrow
$$

β-丁酮酸、β-羟基丁酸和丙酮三者在医学上合称为酮体。酮体是脂肪酸在人体内代谢的中间产物,在正常情况下,还能进一步分解,所以正常人血液中只有微量酮体(小于 0.5 mmol·L^{-1})。但长期饥饿或患糖尿病时,代谢发生障碍,血液和尿液中的酮体含量就会升高。酮体呈酸性,如果酮体的含量超过了血液的抗酸缓冲能力,就会使血液的 pH 值小于 7.35,有可能发生酸中毒。因此,检查酮体含量可以帮助对疾病的诊断。

酮体的重要生理意义在于,由于血脑屏障的存在,除葡萄糖和酮体以外的物质无法进入脑组织,为其提供能量,饥饿时酮体提供的能量可占脑能量来源的 $25\% \sim 75\%$。

此外,前列腺素也是一类具有广泛生理活性的重要内源性物质。

知识链接 10-2

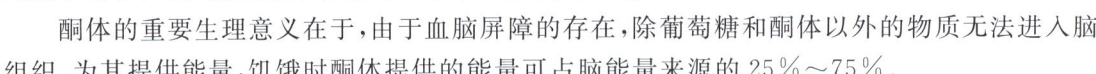

随堂检测答案

羧酸是分子中含有羧基,并具有酸性的有机物,可以分为脂肪族羧酸与芳香族羧酸,饱和羧酸与不饱和羧酸,一元羧酸与多元羧酸。羧酸的系统命名规则与醛相似,将"醛"改成"酸"字即可。

由于羧酸分子能通过分子间氢键缔合成二聚体,因此羧酸的沸点比相对分子质量相近的醇的沸点高得多。羧基中存在 p-π 共轭效应,使得羧酸中的 C═O 活性降低,O—H 键之间电子云密度降低,酸性增强。化学性质主要表现为:酸性,其强弱受电子效应、溶剂化效应的影响;与酸反应成盐;羟基被取代,生成酰卤、酸酐、酯或酰胺等羧酸衍生物;脱羧反应;二元羧酸热解反应。

取代羧酸是羧酸分子中烃基上氢原子被取代的化合物,分为卤代酸、羟基酸、氨基酸、羰基

能力检测答案

酸等。羟基酸分为醇酸与酚酸,因同时含有羟基和羧基,而具有醇(酚)和羧酸的基本化学性质,如醇羟基可被氧化、酯化和酰化;酚羟基有酸性且能与 $FeCl_3$ 溶液发生显色反应;羧基具有酸性,能发生酯化反应等。同时由于羟基和羧基相互影响,羟基酸又具有特殊性。

羰基酸可分为醛酸和酮酸,医学中也常采用俗名或习惯命名。羰基酸也是双官能团化合物,醛酸具有醛和羧酸的典型性质;酮酸除具有一般酮和羧酸的典型性质外,还有一些特性。

能力检测

10-1 用系统命名法命名下列化合物。

(1) 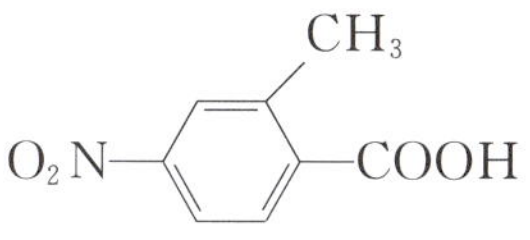 O₂N 苯环(CH₃, COOH)

(2) HOOCCH(CH₃)CHCH₂COOH(CH₃)

(3) HO—C(COOH)(H)—CH₂COOH

(4) HO、HO 苯环 —CH=CHCOOH

(5) 环己基—CH(CH₃)CH₂CH(Br)COOH

(6) 环己酮—COOH

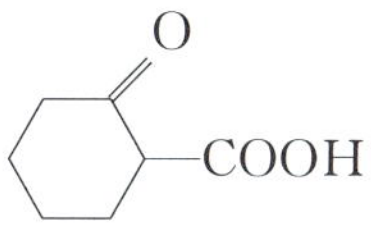

10-2 写出下列化合物的结构式。

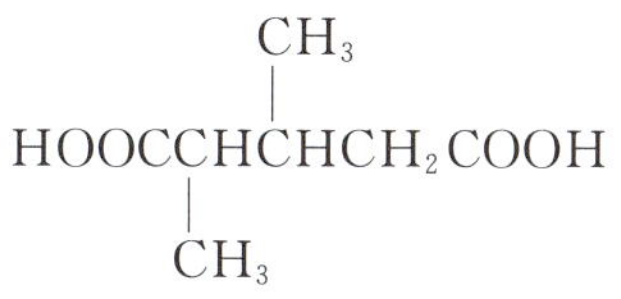

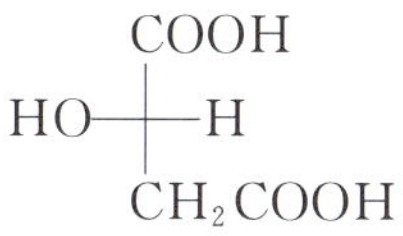

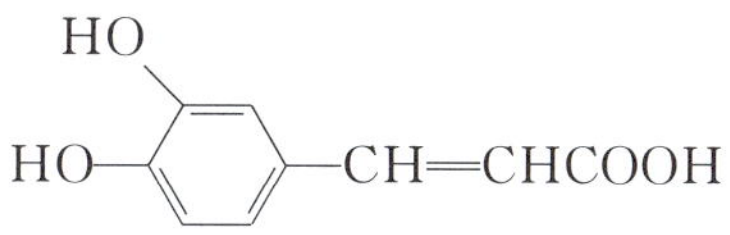

(1) 草酸　　　　　(2) 琥珀酸

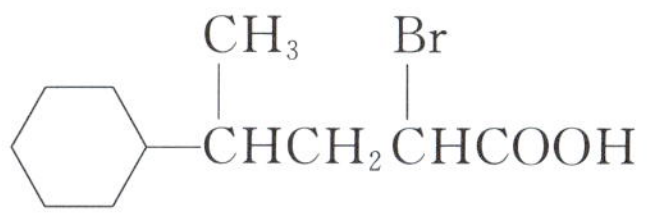

(3) 没食子酸　　　(4) meso-酒石酸

(5) γ-甲氧基戊酸　(6) 乙酰水杨酸

(7) 环己烷甲酸　　(8) 氯乙酸

10-3 写出下列反应的主要产物。

(1) $CH_3CH_2CH_2COOH + SOCl_2 \xrightarrow{\triangle}$

(2)  邻羟基苯甲酸 $\xrightarrow{NaHCO_3}$

(3) 萘(OH, CH₂OH) $\xrightarrow[H^+]{CH_3COOH}$

(4) $CH_3CH_2CHCOOH(OH) \xrightarrow[\triangle]{托伦试剂}$

(5) 间羟基苯甲酸 $\xrightarrow[\triangle]{CH_3NH_2}$

151

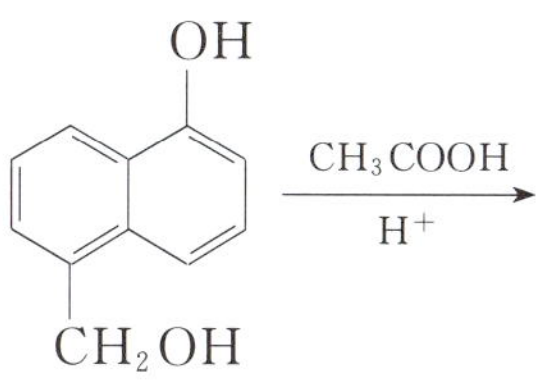

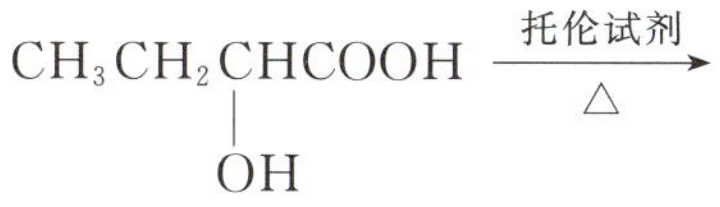

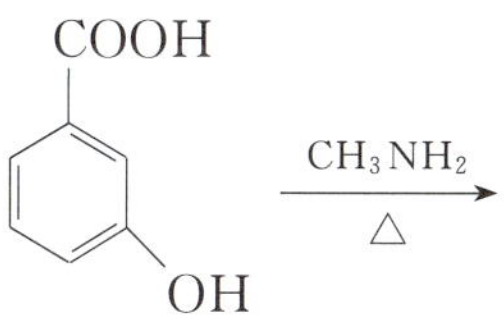

(6)

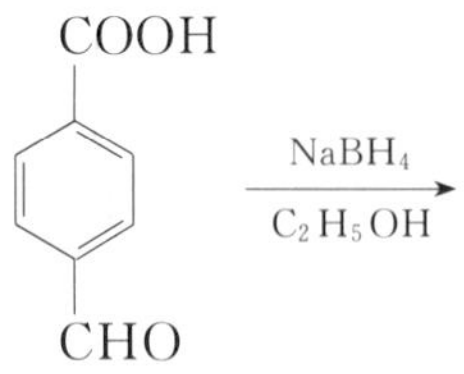

$$\xrightarrow[\text{C}_2\text{H}_5\text{OH}]{\text{NaBH}_4}$$

(7)

$$\xrightarrow{\triangle}$$

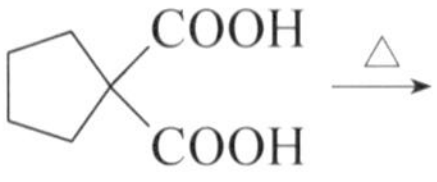

10-4 用简便的化学方法鉴别下列各组物质。

(1) 甲酸、乙酸、丙烯酸

(2) 苯酚、苯甲酸、水杨酸

10-5 比较下列各组化合物的酸性强弱。

(1) 丙二酸、草酸、苯酚、乙酸、甲酸、乙醇

(2)

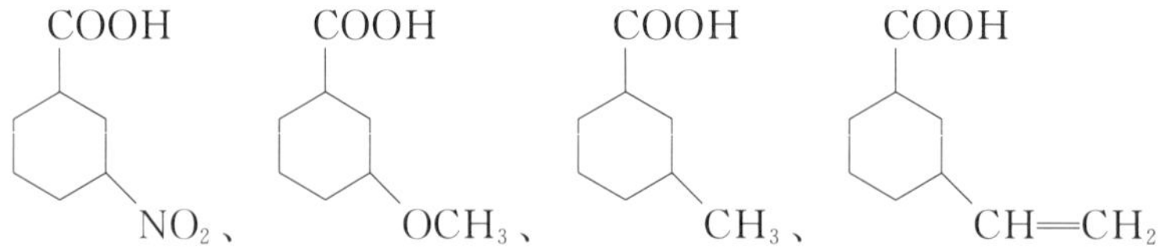

10-6 偏苯三酸酐是合成牙科材料——偶联剂 4-META 的原料之一。试以苯为原料，其他试剂任选，合成偏苯三酸酐酰氯。

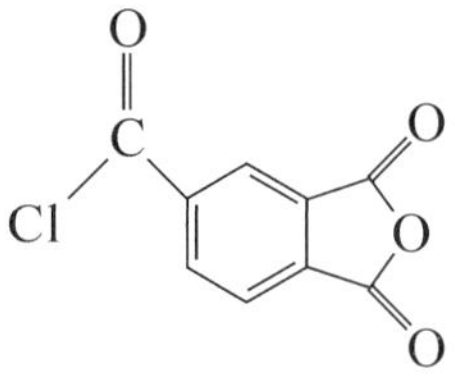

10-7 化合物 A($C_{11}H_{12}O_2$)可通过芳醛与丙酮在碱存在下反应得到。A 发生碘仿反应生成 B($C_{10}H_{10}O_3$)，A 和 B 用热的高锰酸钾溶液氧化均生成 C($C_8H_8O_3$)，C 与浓氢碘酸一起回流生成 D($C_7H_6O_3$)，D 能使三氯化铁溶液显色。在 D 的位置异构体中，D 的酸性最强。试推测 A、B、C、D 的结构式。

10-8 从白花蛇舌草提取出来的一种化合物 $C_9H_8O_3$，能溶于氢氧化钠溶液和碳酸氢钠溶液，与三氯化铁溶液作用呈红色，能使溴的四氯化碳溶液褪色，用高锰酸钾溶液氧化得对羟基苯甲酸和草酸，试推测其结构式。

（杨司坤）

第十一章 羧酸衍生物

 学习目标

1. 掌握:羧酸衍生物的结构、命名;羧酸衍生物的水解、醇解、氨解反应;酯的缩合反应;酰胺的特性反应。
2. 熟悉:羧酸衍生物的物理性质;一些碳酸衍生物的结构与性质。
3. 了解:医药学中的相关羧酸衍生物;乙酰乙酸乙酯在合成中的应用。

本章PPT

羧酸分子中的羟基被其他原子或基团取代后生成的化合物,称为羧酸衍生物(carboxylic acid derivatives)。如被—X(Cl、Br)、—OR、—OCOR、—NH$_2$取代后分别称为酰卤、酯、酸酐和酰胺。其结构通式如下:

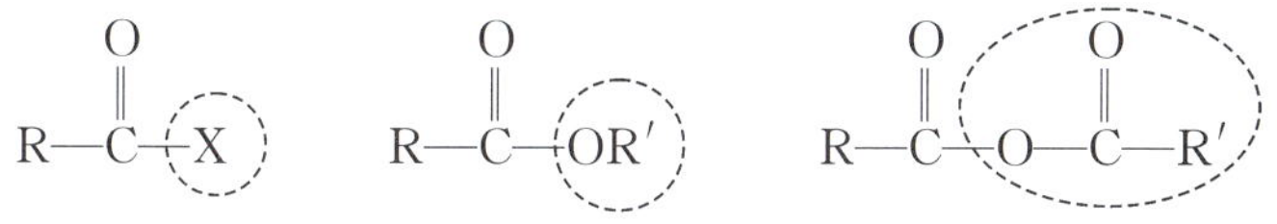

| 酰卤 | 酯 | 酸酐 | 酰胺 |

从结构上看,羧酸衍生物中都含有酰基,故又称为酰基化合物。羧酸衍生物可转变为多种化合物,不仅广泛应用于药物的合成,而且许多药物有效成分本身就含有酯和酰胺的结构。如解热镇痛药扑热息痛、青霉素和巴比妥类等药物就属于酰胺类化合物;常用的局部麻醉药盐酸普鲁卡因和防腐药尼泊金等都是酯类化合物。此外,动植物的油脂主要也是羧酸酯的化合物,是生命中不可缺少的物质。

第一节 命名

羧酸分子去掉羟基剩余的部分称为酰基(acyl group),酰基的名称由相应的羧酸名称而来,在"某酸"后面加上"酰基"两字,并把"酸"字去掉,例如:

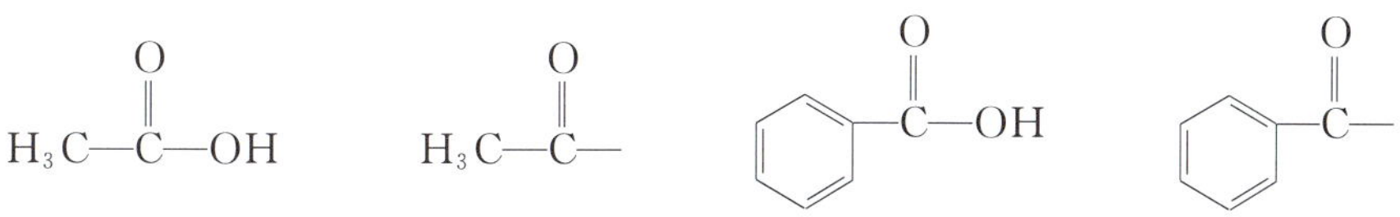

| 乙酸 | 乙酰基 | 苯甲酸 | 苯甲酰基 |
| acetic acid | acetyl | benzoic acid | benzoyl |

一、酰卤的命名

酰卤(acid halide)是卤素原子取代羧酸中的羟基而形成的,常根据酰基的名称进行命名,在酰基后面加上卤素名,称为"某酰卤",其中以酰氯最为重要,例如:

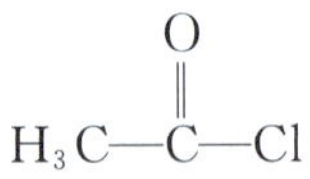

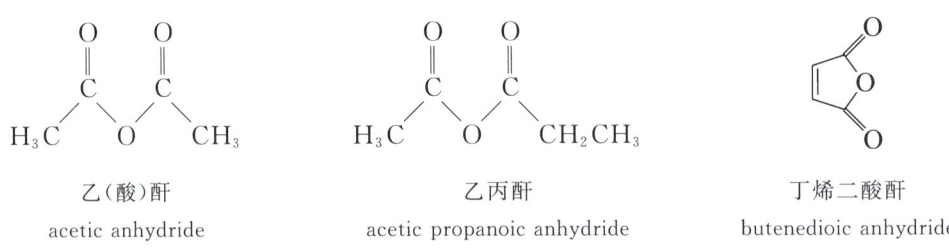

乙酰氯　　　　　　　　草酰氯　　　　　　　苯甲酰溴

acetyl chloride　　　　oxalyl chloride　　　benzoyl bromide

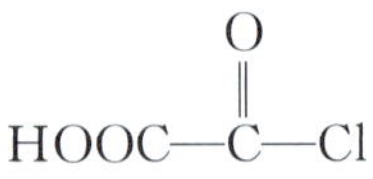

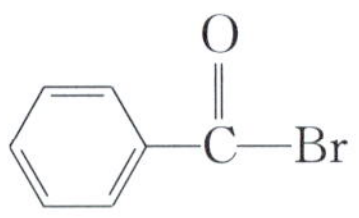

二、酸酐的命名

酸酐(anhydride)是羧酸分子脱水的产物,可分成单酐和混酐。单酐是由一种羧酸脱水而成的酸酐,命名"某酸酐"或"某酐"。混酐为不同羧酸脱水而成的酸酐,命名时小的羧酸写在前,大的羧酸写在后,把"酸"字去掉,称为"某某酐"。例如:

乙(酸)酐　　　　　　　　　乙丙酐　　　　　　　　　丁烯二酸酐

acetic anhydride　　acetic propanoic anhydride　　butenedioic anhydride

三、酯的命名

酯(ester)是羧酸和醇(或酚)分子间脱水的产物,可分为醇酯和酚酯。由一元羧酸和一元醇生成的酯,称为"某酸某醇酯",其中"醇"字常省略。内酯(lactone)是将相应的"酸"字变为"内酯",用数字或希腊字母标明原羟基的位置,且省略"羟基"二字。而由二元羧酸和醇生成的酯称为"某二酸某酯"。

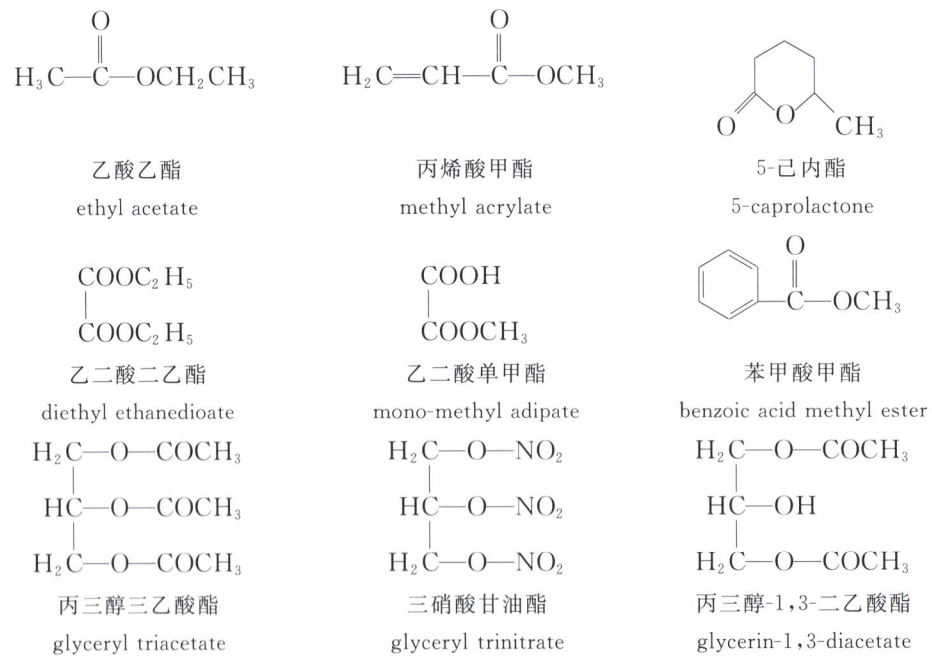

乙酸乙酯　　　　　　　　丙烯酸甲酯　　　　　　　5-己内酯

ethyl acetate　　　　methyl acrylate　　　5-caprolactone

乙二酸二乙酯　　　　　　乙二酸单甲酯　　　　　　苯甲酸甲酯

diethyl ethanedioate　mono-methyl adipate　benzoic acid methyl ester

丙三醇三乙酸酯　　　　　三硝酸甘油酯　　　　丙三醇-1,3-二乙酸酯

glyceryl triacetate　　glyceryl trinitrate　　glycerin-1,3-diacetate

四、酰胺的命名

酰胺(amide)与酰卤类似,称为"某酰胺",环状的酰胺称为内酰胺(lactam),内酰胺命名类似于内酯。例如:

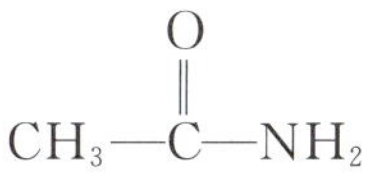

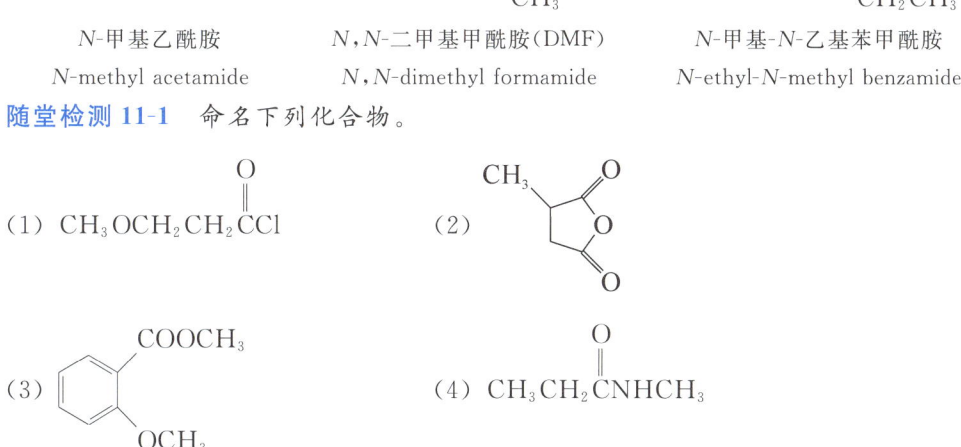

若酰胺的氮原子上连有烃基,则在烃基名称前加"N",表示烃基连在氮原子上。例如:

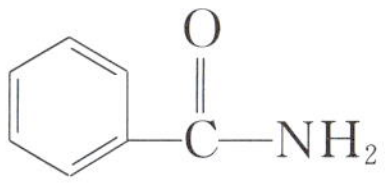

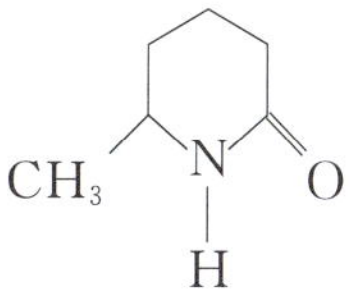

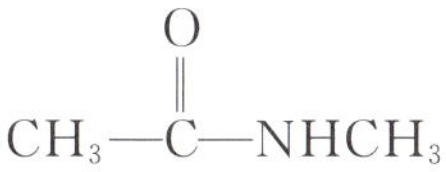

随堂检测 11-1 命名下列化合物。

(1) $CH_3OCH_2CH_2CCl$ （有 O 双键）

(2)

(3) （苯环,上 COOCH₃,下 OCH₃）

(4) $CH_3CH_2CNHCH_3$ （有 O 双键）

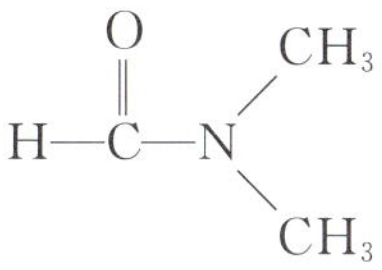

第二节 物理性质

　　羧酸衍生物分子中都含有羰基,因此都是有一定极性的化合物。酰卤一般是具有强烈刺激性气味的无色液体或低熔点固体,难溶于水。因酰卤分子不能形成氢键,酰卤的沸点低于相应的羧酸。酸酐不溶于水,易溶于一般有机溶剂,低级酸酐具有令人不愉快的气味。

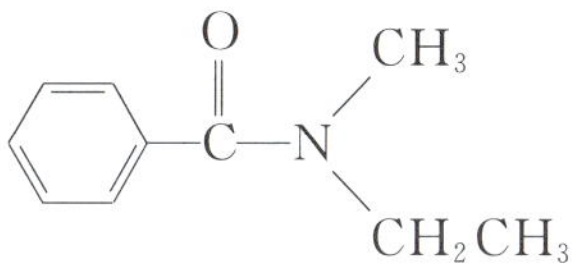

　　酯常作香精,用于调配食品或化妆品。低级酯是具有水果香味的无色液体,高级酯则为无色蜡状固体。如乙酸戊酯具有梨的香味,丁酸甲酯有菠萝的香味。酯难溶于水,易溶于有机溶剂。酰胺除甲酰胺外,其他氮原子上无烃基取代的酰胺都是固体,低级酰胺易溶于水,随着相对分子质量的增大,憎水基团增大,酰胺在水中的溶解度逐渐减小。

　　酰卤、酯和酸酐类化合物的分子间不能通过氢键缔合,而酰胺能形成分子间氢键。因此酰卤、酯、酸酐比相应羧酸的沸点低,酰胺则比相应羧酸的沸点高。当酰胺氮上的氢都被烷基取代后,分子间不能形成氢键,熔点和沸点都会下降。一些羧酸衍生物的物理常数见表 11-1 所示。

表 11-1　一些羧酸衍生物的物理常数

名称	英文名称	熔点/℃	沸点/℃	相对密度(d_4^{20})
乙酰氯	acetyl chloride	−112	51	1.104
丙酰氯	propanoyl chloride	−94	80.0	1.065
苯甲酰氯	benzoyl chloride	−1	197	1.212
乙酸酐	acetic anhydride	−73	140	1.082

续表

名称	英文名称	熔点/℃	沸点/℃	相对密度(d_4^{20})
丙酸酐	propanoic anhydride	−45	168.0	1.212
苯甲酸酐	benzoic anhydride	42	360.0	1.199
乙酸乙酯	ethyl acetate	−84	77	0.901
苯甲酸乙酯	ethyl benzoate	−35	213.0	1.043
乙酰胺	acetamide	82	221	1.159
N,N-二甲基甲酰胺(DMF)	N,N-dimethyl formamide	−61	152.8	0.948
乙酰水杨酸	acetylsalicylic acid	136	321	1.443

第三节 化学性质

羧酸衍生物中带部分正电荷的羰基碳容易受到亲核试剂的进攻,离去基团(—X、—OCOR、—OR、—NH$_2$等)被亲核试剂(—OH、—OR、—NH$_2$等)取代,此类反应称为羧酸衍生物的亲核取代反应。

$$
\begin{array}{c}
\text{H} \quad \text{O} \leftarrow \text{氧的碱性} \\
\text{R—C—C—L} \leftarrow \text{离去基团} \\
\alpha\text{-H 的活性} \rightarrow \text{H} \quad \text{羰基的活性}
\end{array}
$$

含有羰基的各类有机化合物(酰卤、酸酐、醛、酮、酯及酰胺),α-H 的活性、离去基团的离去能力、羰基的活性大小排序如下:

$$
\underset{\text{RCH}_2\text{CX}}{\overset{\text{O}}{\|}} \quad \underset{\text{RCH}_2\text{COCR}'}{\overset{\text{O}\ \ \text{O}}{\|\ \ \|}} \quad \underset{\text{RCH}_2\text{CH}}{\overset{\text{O}}{\|}} \quad \underset{\text{RCH}_2\text{CR}'}{\overset{\text{O}}{\|}} \quad \underset{\text{RCH}_2\text{COR}'}{\overset{\text{O}}{\|}} \quad \underset{\text{RCH}_2\text{CNH}_2}{\overset{\text{O}}{\|}} \longrightarrow
$$

从左往右,α-H 的活性依次减小;离去基团 L 的离去能力依次减弱;羰基的活性依次减小。

羧酸衍生物的亲核取代符合 S_N2 机制,反应分两步进行:第一步,亲核试剂从背面进攻羰基碳,发生亲核加成,形成不稳定的过渡态;第二步,中间体发生消除,通过类似"瓦尔登(Walden)"翻转,离去基团离去,完成取代反应。羧酸衍生物在碱催化下的亲核取代反应表示如下:

$$
\underset{\text{R—C—L}}{\overset{\text{O}}{\|}} + \text{Nu}^- \underset{\text{加成}}{\rightleftharpoons} \left[\underset{\underset{\text{L}}{|}}{\overset{\overset{\text{O}^-}{|}}{\text{R—C—Nu}}} \right] \underset{\text{消除}}{\rightleftharpoons} \underset{\text{R—C—Nu}}{\overset{\text{O}}{\|}} + \text{L}^-
$$

四面体中间体

羧酸衍生物的亲核取代反应速率与亲核加成和消除两个步骤均有关系。由于第一步反应是亲核加成,而形成的是一个带负电荷的四面体中间体,因此反应物羰基碳的正电性越大,其周围的空间位阻越少,越有利于反应的进行。第二步消除反应取决于离去基团的性质,越易离去的基团,反应越易发生。综上,羧酸衍生物发生亲核取代反应活性大小次序依次是酰卤、酸酐、酯、酰胺。通常较活泼的羧酸衍生物能直接转化成较不活泼的羧酸衍生物,故酰卤能转化成酸酐、酯、酰胺,而酰胺则不能转化成前者。

一、水解、醇解和氨解反应

1. 水解反应　酰卤、酸酐、酯和酰胺都可与水发生水解反应（hydrolysis），生成相应的羧酸。

$$R{-}\underset{\underset{O}{\|}}{C}{-}X + H_2O \longrightarrow R{-}\underset{\underset{O}{\|}}{C}{-}OH + HX$$

低级酰卤极易水解，酰氯的水解不需要催化剂就能顺利进行，如乙酰氯在潮湿空气中会产生烟雾（水解产生盐酸）。此外，随着相对分子质量增大，水解速度减慢。如果加入使酰卤和水都能溶解的溶剂，反应能顺利进行，因为卤素离子是很好的离去基团，水作为亲核试剂，可进攻酰羰基碳发生水解反应。

$$R{-}\underset{\underset{O}{\|}}{C}{-}O{-}\underset{\underset{O}{\|}}{C}{-}R' + H_2O \longrightarrow R{-}\underset{\underset{O}{\|}}{C}{-}OH + R'{-}\underset{\underset{O}{\|}}{C}{-}OH$$

酸酐水解较酰卤慢，加热或酸碱催化可加速反应。该反应速率取决于水解后羧酸在水中的溶解度，选择合适溶剂使之成为均相可加速反应（酸酐不溶于水）。

$$R{-}\underset{\underset{O}{\|}}{C}{-}OR' + H_2O \underset{\triangle}{\overset{HCl}{\rightleftharpoons}} R{-}\underset{\underset{O}{\|}}{C}{-}OH + R'{-}OH$$

$$R{-}\underset{\underset{O}{\|}}{C}{-}OR' + H_2O \overset{NaOH}{\longrightarrow} R{-}\underset{\underset{O}{\|}}{C}{-}ONa + R'{-}OH$$

酯的水解比酰氯、酸酐困难，反应需在酸和碱的催化下，加热才能顺利进行。酯的酸催化是酯化反应的逆反应，所以其水解不完全；酯在碱催化下的水解反应可以进行得比较彻底，生成对应的羧酸盐和醇。

酯在碱性溶液中的水解，又称皂化反应（saponification reaction）。酯的碱性水解是由OH^-先进攻酯的羰基碳发生亲核加成，形成四面体负离子（tetrahedron anion）中间体，这一步是速度最慢的一步，为整个反应的速控步（rate controlling step）。紧接着烷氧基—OR 离去，形成羧酸和烷氧基负离子 OR^-，之后迅速发生不可逆的酸碱中和反应，生成酰氧基负离子 $RCOO^-$ 和醇。其反应机制如下：

$$R{-}\underset{\underset{O}{\|}}{C}{-}OR' + OH^- \rightleftharpoons \left[R{-}\underset{\underset{OR'}{|}}{\overset{\overset{O^-}{|}}{C}}{-}OH \right] \rightleftharpoons R{-}\underset{\underset{O}{\|}}{C}{-}OH + OR'^- \longrightarrow R{-}\underset{\underset{O}{\|}}{C}{-}O^- + R'OH$$

中间体　　　　　　烷氧负离子

酯在碱性水解反应过程中形成一个四面体负离子中间体，反应速率与带负电荷的四面体中间体稳定性有关。若酯分子中烃基上有吸电子基，有利于负电荷分散，使中间体稳定，反应速率加快，吸电子能力愈强，反应速率愈快。空间位阻对四面体中间体的稳定性有较大影响，酰基α-碳上取代基的体积愈大，取代基愈多，越不利于中间体形成，水解速率愈慢。

酯在酸性水解反应中，水是亲核试剂，醇是离去基团，与酯化反应正好相反。反应的第一步是酯分子中羰基氧原子质子化，质子化后的酯亲电能力非常强，使羰基碳原子正电性增加，有利于亲核试剂的进攻。第二步是质子化的羰基与 H_2O 加成形成四面体正离子（tetrahedral cation）中间体。第三步是质子转移到烷氧基氧上，消除弱碱性的醇分子，再消除质子得到羧酸。反应最关键的是水分子进攻质子化的酯，形成四面体正离子中间体的稳定性。其反应机制如下：

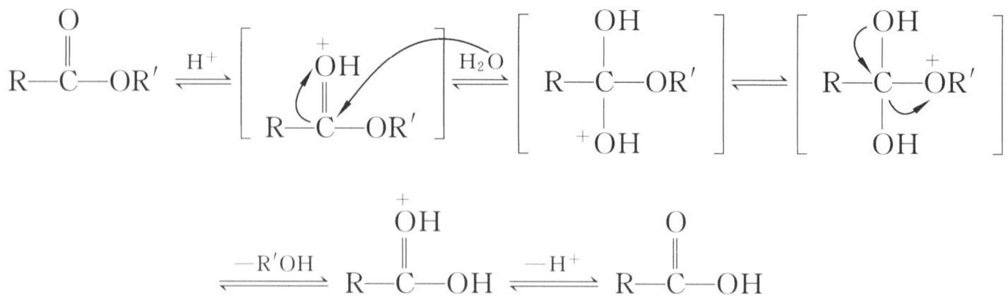

知识链接 11-1

酸催化下,酯水解速率的快慢也和中间体稳定性有关,空间位阻对其影响较大。如叔醇酯在酸催化下水解时,由于空间位阻较大,反应按烷氧键断裂的方式进行。

内酯(lactone)在一定条件下也能发生水解,水解反应伴随开环,内酯类药物开环之后往往失效。如抗肿瘤药——羟喜树碱(hydroxycamptothecine),分子内含有 δ-内酯结构是抗肿瘤活性中心,在碱性条件下水解开环,形成的羟酸盐无抗肿瘤活性。

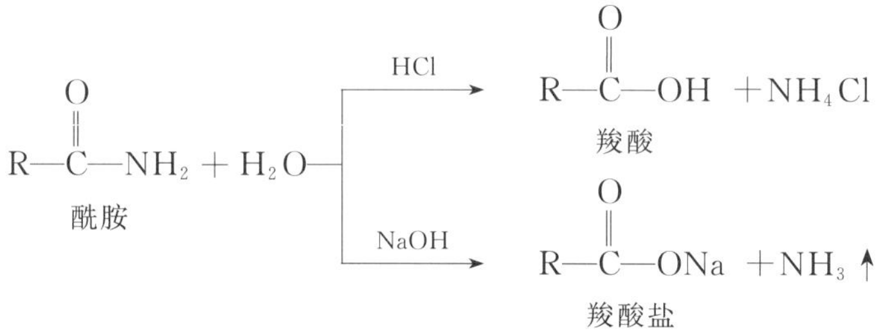

因酰胺氮原子与羰基的 p-π 共轭,使得酰胺比酰卤、酸酐和酯更稳定。酰胺在酸或碱催化下可以水解为酸和氨(或胺),但需要强酸或强碱以及比较长时间的加热回流。酰胺水解机制与酯水解机制相似。

酰胺的水解反应,也可用于酰胺的鉴别,根据水解所得的羧酸及氨(或胺),来判断酰胺的结构。

知识链接 11-2

环状酰胺又称内酰胺(lactam)。许多天然抗生素都含有四元环的内酰胺(β-内酰胺),由于 β-内酰胺环有较大的张力,很容易发生水解反应,导致开环、失效。如青霉素 G 钾或钠盐分子结构中含有 β-内酰胺环,水溶液在室温放置易失效,遇酸、碱、氧化剂等也迅速失效。在临床上,为了增加青霉素 G 钾或钠盐的稳定性,通常使用粉针剂型,注射前再配制成注射液。

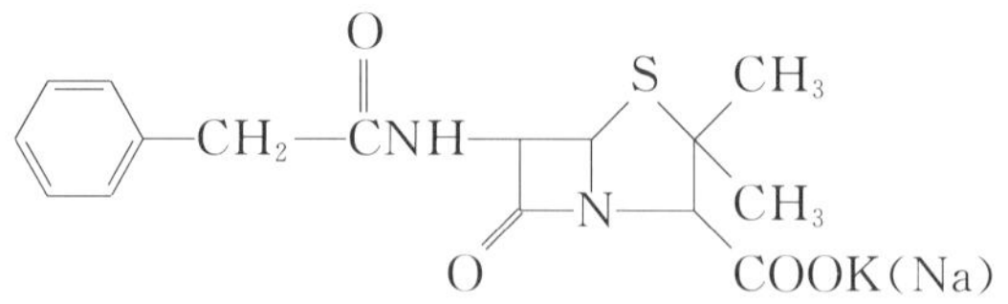

青霉素 G 钾(钠)

综上所述,酰卤、酸酐、酯、酰胺的水解活性次序:酰卤>酸酐>酯>酰胺。水解反应速率与离去基团 L 的碱性强弱有关,碱性越弱越易离去。离去基团 L 的离去倾向越大,水解速率越快。Cl^- 是弱碱,$RCOO^-$ 是中等弱碱,RO^- 和 NH_2^- 是强碱。无论在酸或碱催化下,离去基团 L 的离去能力为 $Cl^->RCOO^->RO^->NH_2^-$。羧酸衍生物的其他亲核取代反应(醇解和氨解)也遵循这个规律。

由于羧酸衍生物能被水解,故在保存和使用过程中应注意防范。其方法如下:①某些易水解的药物,通常制成含水量控制在一定范围内的注射用制剂,临用时再加水配成注射液。例如注射用苄基青霉素钠的含水量规定在 1% 以内,配成水溶液后最好一次用完,或短时间内低温保存,切不可放置太久。②许多酯类和酰胺类药物在一定 pH 值范围内较稳定,偏酸或偏碱都会加速其水解。所以这些药物配成水溶液时，必须控制其 pH 值在一定范围内。例如盐酸普鲁卡因注射液的 pH 值为 3.3～5.5。③升高温度可加速水解，所以使用羧酸衍生物类药物的注射剂消毒灭菌时，都应控制温度和时间。

随堂检测 11-2　如何判断阿司匹林

（结构式：苯环上带有 OCOCH₃ 和 COOH）

已经水解？并写出其酸式水解产物。

2. 醇解反应　酰卤、酸酐、酯与醇发生醇解反应（alcoholysis reaction），生成的共同产物是酯。羧酸衍生物的醇解是合成酯的重要方法。

酰卤与醇的反应很容易进行，通常用该法合成酯。反应中常加入一些碱性物质（NaOH 或吡啶、三乙胺、二甲苯胺），一方面中和反应副产物（卤化氢），另一方面也起到一定的催化作用，使平衡向右进行。酰卤醇解比用羧酸直接与醇酯化的效果好，特别对于那些不易与羧酸酯化的醇或酚，选用此法更佳。

$$R-\overset{O}{\underset{||}{C}}-X + R'OH \longrightarrow R-\overset{O}{\underset{||}{C}}-OR' + HX$$

酸酐与酰卤一样，也很容易醇解。酸酐醇解产生一分子酯和一分子羧酸。

$$R-\overset{O}{\underset{||}{C}}-O-\overset{O}{\underset{||}{C}}-R + R'OH \longrightarrow R-\overset{O}{\underset{||}{C}}-OR' + R-\overset{O}{\underset{||}{C}}-OH$$

酯的醇解反应生成新的酯和醇，又称酯交换反应，反应常需要在酸（如无水氯化氢、浓硫酸）或碱（如醇钠）的催化下进行。因为反应是可逆的，故需加入过量的醇或将生成的醇除去，才能使反应向所需方向进行，其反应历程与酯的水解历程类似。有机合成中，利用酯交换反应，可以用结构简单且价廉的醇或酯制备结构复杂的醇或酯，或使多元酯分子选择性脱掉一个酯基。

$$R-\overset{O}{\underset{||}{C}}-OR' + R''OH \longrightarrow R-\overset{O}{\underset{||}{C}}-OR'' + R'-OH$$

制药工业中，利用酯交换反应可将没有药用价值或药用价值较小的酯转变成有药用价值或药用价值更高的酯。例如，用对氨基苯甲酸乙酯合成局部麻醉药普鲁卡因：

$$H_2N-\overset{}{\bigcirc}-\overset{O}{\underset{||}{C}}-OCH_2CH_3 + HO-CH_2CH_2N\overset{CH_2CH_3}{\underset{CH_2CH_3}{}}$$

$$\longrightarrow H_2N-\overset{}{\bigcirc}-\overset{O}{\underset{||}{C}}-OCH_2CH_2N\overset{CH_2CH_3}{\underset{CH_2CH_3}{}} + CH_3CH_2OH$$

普鲁卡因

3. 氨解反应　酰卤、酸酐和酯可以与氨发生氨解反应（ammonolysis reaction），生成酰胺，是制备酰胺的常用方法。由于氨具有碱性，其亲核性比水强，故氨解反应比水解反应更易进行。

$$R-\overset{O}{\underset{||}{C}}-X + 2NH_3 \longrightarrow R-\overset{O}{\underset{||}{C}}-NH_2 + NH_4X$$

酰氯很容易与氨、一级胺或二级胺反应形成酰胺。酰卤与氨反应迅速，生成酰胺与铵盐，为提高产率，可加入过量的氨。氨解反应进行的容易程度：酰卤＞酸酐＞酯，酯的氨解反应活性远小于酰卤和酸酐。一般来说,采用酯的氨解来制备酰胺是不可取的。

$$R\overset{O}{\underset{\|}{C}}O\overset{O}{\underset{\|}{C}}R' + NH_3 \longrightarrow R\overset{O}{\underset{\|}{C}}NH_2 + R'\overset{O}{\underset{\|}{C}}OH$$

$$R\overset{O}{\underset{\|}{C}}OR' + NH_3 \longrightarrow R\overset{O}{\underset{\|}{C}}NH_2 + R'-OH$$

羧酸衍生物的水解、醇解、氨解从另一个角度上可以看作是在水、醇、氨分子中引入了酰基。在化合物分子中引入酰基的反应称为酰化反应(acylation reaction)。能提供酰基的物质称为酰化试剂(acylation agent),酰卤和酸酐是最常用的酰化剂。酰化反应是有机化学中一个重要而常见的反应,在药物合成中有重要意义。医药上利用酰化反应可降低某些醇类或酚类药物的毒性,同时提高这些药物的脂溶性,改善人体对这些药物的吸收、分布,达到提高疗效的目的。例如:对氨基苯酚有解热止痛作用,但毒性较大,将其与乙酸酐反应,可制得毒性很低的解热镇痛药——对乙酰氨基酚,又名扑热息痛(paracetamol)。

$$H_3C\overset{O}{\underset{\|}{C}}O\overset{O}{\underset{\|}{C}}CH_3 + H_2N-\text{⬡}-OH \longrightarrow H_3C\overset{O}{\underset{\|}{C}}\overset{H}{\underset{N}{}}-\text{⬡}-OH + CH_3COOH$$

扑热息痛

二、酯缩合反应

酯分子的 α-H 具有弱酸性,在醇钠作用下可与另一分子酯发生类似于羟醛缩合的反应,结果一分子的 α-H 被另一分子酯的酰基取代,生成 β-酮酸酯,该反应称为酯缩合反应或 Claisen 缩合反应。如乙酸乙酯在乙醇钠作用下缩合得到乙酰乙酸乙酯(ethyl acetoacetate):

$$H_3C\overset{O}{\underset{\|}{C}}OC_2H_5 + H_3C\overset{O}{\underset{\|}{C}}OC_2H_5 \xrightarrow[(2)H_3O^+]{(1)C_2H_5ONa} H_3C\overset{O}{\underset{\|}{C}}CH_2\overset{O}{\underset{\|}{C}}OC_2H_5 + C_2H_5OH$$

乙酰乙酸乙酯

其反应机制如下:

$$H_3C\overset{O}{\underset{\|}{C}}OC_2H_5 \underset{}{\overset{C_2H_5ONa}{\rightleftharpoons}} [^-CH_2COCH_2CH_3 \longleftrightarrow H_2C=\overset{O^-}{\underset{}{C}}OCH_2CH_3]$$

$$\xrightarrow{CH_3COOC_2H_5} H_3C\overset{O^-}{\underset{\underset{OCH_2CH_3}{|}}{\overset{|}{C}}}CH_2\overset{O}{\underset{\|}{C}}OCH_2CH_3 \overset{H_3O^+}{\rightleftharpoons} H_3C\overset{O}{\underset{\|}{C}}CH_2\overset{O}{\underset{\|}{C}}OC_2H_5 + C_2H_5OH$$

反应的第一步在碱性条件下,酯失去 α-H,形成烯醇负离子。第二步,烯醇负离子对另一分子酯的羰基进行亲核加成,形成四面体的氧负离子中间体。第三步,消去乙氧基负离子,得到乙酰乙酸乙酯。乙酰乙酸乙酯一方面具有甲基酮的性质,能与羰基试剂(苯肼、羟胺等)、亚硫酸氢钠、氢氰酸反应;另一方面又有烯醇的性质,能使溴水或者溴的四氯化碳溶液褪色,使三氯化铁溶液呈紫色。这是由于乙酰乙酸乙酯存在酮式与烯醇式的互变异构。

$$CH_3\overset{O}{\underset{\|}{C}}CH_2\overset{O}{\underset{\|}{C}}O-C_2H_5 \overset{室温}{\rightleftharpoons} CH_3\overset{OH}{\underset{|}{C}}=CH\overset{O}{\underset{\|}{C}}O-C_2H_5$$

酮式(92.5%)   烯醇式(7.5%)

三、酰胺的特性

1. 弱酸性和弱碱性 酰胺分子的氨基受酰基的影响,氮上的孤对电子离域,电子云向羰基偏移,使得氮原子上的电子云密度降低,其氨基的碱性减弱,酰胺的水溶液不显碱性,而呈中性。但在不同条件下,酰胺可显示出弱酸性和弱碱性。如乙酰胺与盐酸的反应:

$$H_3C-\overset{\overset{\displaystyle O}{\|}}{C}-NH_2 + HCl \longrightarrow H_3C-\overset{\overset{\displaystyle O}{\|}}{C}-NH_2 \cdot HCl$$

此反应中,乙酰胺表现为弱碱性,但生成的盐不稳定,遇水完全水解。这是由于氮原子上的孤对电子与羰基碳氧双键形成 p-π 共轭体系,使氮原子上电子云密度降低,减弱了它接受质子的能力,因而碱性非常弱。同时,氮氢键的极性有所增强,又表示出微弱的酸性,可与钠作用。

$$H_3C-\overset{\overset{\displaystyle O}{\|}}{C}-NH_2 + Na \xrightarrow{\text{乙醚}} H_3C-\overset{\overset{\displaystyle O}{\|}}{C}-NHNa$$

如果氨分子中的两个氢原子被两个酰基取代,生成酰亚胺。由于受到两个酰基的影响,使得氮剩下的一个氢原子易于以质子的形式被碱夺去。因此使得酰亚胺的分子不显碱性,却有明显的酸性,且酸性略强于酚类,能与强碱作用生成稳定的盐。

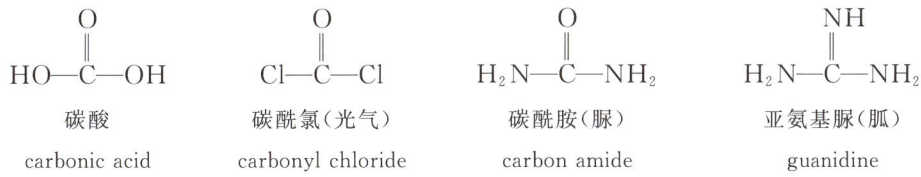

2. 与亚硝酸反应 酰胺与亚硝酸反应,氨基被羟基取代,生成羧酸,同时放出氮气。

$$R-\overset{\overset{\displaystyle O}{\|}}{C}-NH_2 + HONO \longrightarrow R-\overset{\overset{\displaystyle O}{\|}}{C}-OH + N_2\uparrow + H_2O$$

3. Hofmann 降解反应 氮上未取代的酰胺与溴或氯的碱性溶液反应时,脱去羰基生成少一个碳原子的伯胺,此类反应称为 Hofmann 降解反应(Hofmann reaction)。Hofmann 降解反应操作简单易行,常用来制备伯胺或氨基酸。

$$R-\overset{\overset{\displaystyle O}{\|}}{C}-NH_2 + NaClO \xrightarrow{NaOH} R-NH_2 + NaCl + CO_2\uparrow$$

第四节 碳酸衍生物

碳酸是两个羟基共用一个羰基的二元酸,极不稳定,不能游离存在。碳酸分子中的两个羟基被其他基团取代,所形成的化合物称为碳酸衍生物(derivatives of carbonic acid)。碳酸衍生物是有机合成、药物合成的重要原料,主要有以下几种:

$$HO-\overset{\overset{\displaystyle O}{\|}}{C}-OH \qquad Cl-\overset{\overset{\displaystyle O}{\|}}{C}-Cl \qquad H_2N-\overset{\overset{\displaystyle O}{\|}}{C}-NH_2 \qquad H_2N-\overset{\overset{\displaystyle NH}{\|}}{C}-NH_2$$

碳酸   碳酰氯(光气)   碳酰胺(脲)   亚氨基脲(胍)

carbonic acid   carbonyl chloride   carbon amide   guanidine

一、脲

脲（urea）又称为碳酰胺，俗称尿素，为蛋白质在哺乳动物体内代谢的最终产物。脲为无色棱状或针状结晶，有咸味，熔点为 133 ℃，易溶于水和乙醇，不溶于醚。成人每天经尿排泄 25～30 g 脲。脲的用途很广，它是含氮量很高的氮肥。在医药上，可用于治疗急性青光眼和脑外伤引起的脑水肿等。脲具有的化学性质如下：

1. 弱碱性　脲具有弱碱性，它的水溶液不能使石蕊变色。只能与强酸作用生成盐。如在脲的水溶液中加入浓硝酸，生成的硝酸脲不溶于浓硝酸中，成白色沉淀析出。

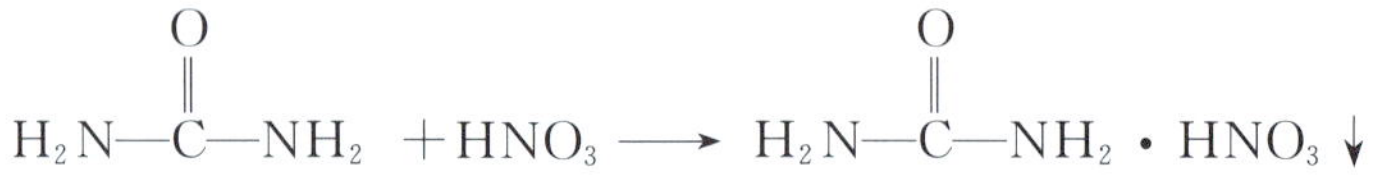

$$
\underset{\text{酰胺}}{H_2N\overset{\overset{\displaystyle O}{\|}}{-C}-NH_2} + HNO_3 \longrightarrow \underset{\text{硝酸脲}}{H_2N\overset{\overset{\displaystyle O}{\|}}{-C}-NH_2 \cdot HNO_3} \downarrow
$$

硝酸脲俗称固体硝酸，微溶于水，溶于乙醇。利用此性质可以从尿液中分离出脲，也可用于脲的鉴别。脲与草酸作用生成的草酸脲，也难溶于水。

2. 水解　脲具有酰胺的性质，在酸、碱或脲酶作用下，可发生水解反应。

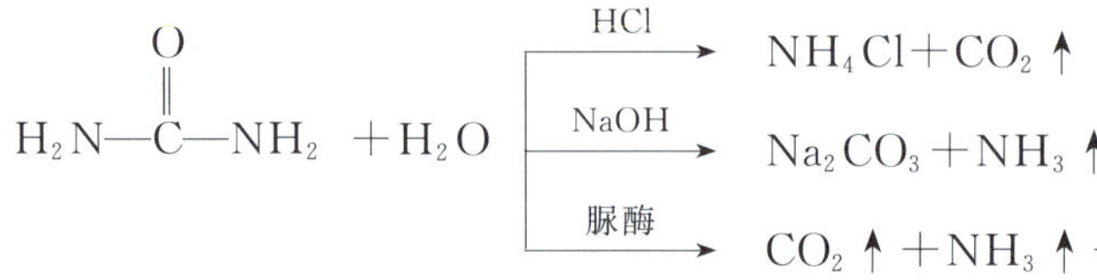

$$
H_2N\overset{\overset{\displaystyle O}{\|}}{-C}-NH_2 + H_2O
\begin{array}{l}
\xrightarrow{\text{HCl}} NH_4Cl + CO_2 \uparrow \\
\xrightarrow{\text{NaOH}} Na_2CO_3 + NH_3 \uparrow \\
\xrightarrow{\text{脲酶}} CO_2 \uparrow + NH_3 \uparrow + H_2O
\end{array}
$$

3. 缩二脲反应　将固体脲缓慢加热至 150～160 ℃（温度过高时分解），两分子脲缩合成缩二脲，并放出一分子氨气。

$$
\underset{\text{脲}}{H_2N\overset{\overset{\displaystyle O}{\|}}{-C}-NH_2} + H_2N\overset{\overset{\displaystyle O}{\|}}{-C}-NH_2 \xrightarrow{150\sim160\ ℃} \underset{\text{缩二脲}}{H_2N\overset{\overset{\displaystyle O}{\|}}{-C}-\overset{\overset{\displaystyle H}{|}}{N}-\overset{\overset{\displaystyle O}{\|}}{C}-NH_2} + NH_3 \uparrow
$$

缩二脲为无色针状结晶，熔点为 190 ℃，难溶于水，可互变成烯醇型而溶于碱溶液。在缩二脲的碱性溶液中加入少许硫酸铜溶液，溶液显紫红色或紫色，该反应称为缩二脲反应。分子中含有两个或两个以上的（—CO—NH—）酰胺键（肽键）结构的化合物都能发生缩二脲反应，此反应常用于有机物分析鉴定。如多肽和蛋白质分子中存在多个肽键，所以可以用缩二脲反应来识别。

二、丙二酰脲

脲与酰氯、酸酐或酯作用，生成相应的酰脲。如在强碱作用下，丙二酰脲（malonyl urea）可由脲与丙二酰氯或丙二酸二乙酯通过酰化反应制得。

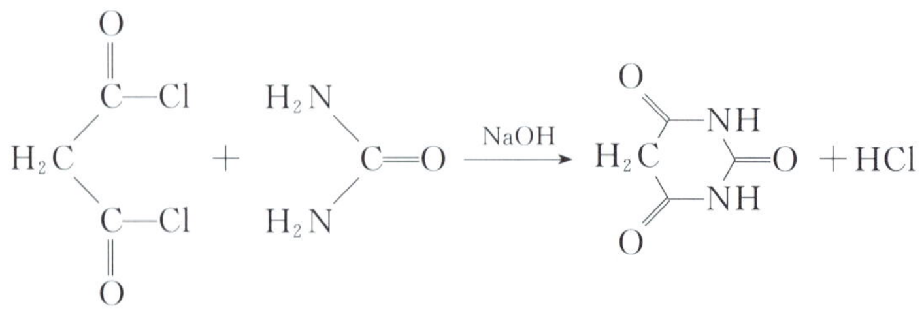

$$
\underset{\text{丙二酰氯}}{H_2C\begin{array}{l}\overset{\overset{\displaystyle O}{\|}}{-C}-Cl \\ \\ \overset{\overset{\displaystyle }{}}{-C}-Cl \\ \overset{\displaystyle \|}{O}\end{array}} + \underset{\text{脲}}{\begin{array}{l}H_2N \\ \quad\ \ C=O \\ H_2N\end{array}} \xrightarrow{\text{NaOH}} \underset{\text{丙二酰脲}}{H_2C\begin{array}{l}\overset{\overset{\displaystyle O}{\|}}{-C}-NH \\ \qquad\qquad C=O \\ -C-NH \\ \overset{\displaystyle \|}{O}\end{array}} + HCl
$$

丙二酰脲为无色结晶，熔点为 245 ℃，微溶于水。丙二酰脲分子中亚甲基和氮上的氢受两边羰基的影响，存在酮式-烯醇式互变异构。

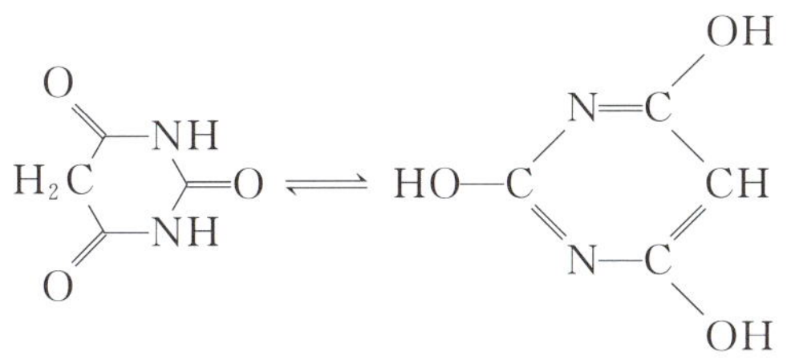

酮式　　　　　　　　烯醇式

烯醇式羟基上的氢很活泼,显示出一定的酸性,酸性强于醋酸,故丙二酰脲又称巴比妥酸(barbituric acid)。巴比妥酸本身无医疗作用,但丙二酰脲亚甲基上的两个氢原子被某些烃基取代所得的产物具有不同程度的镇静、催眠作用,总称巴比妥类药物。巴比妥类药物在水中的溶解度小,但其钠盐易溶于水,常把其钠盐配成水溶液进行注射或口服。但巴比妥类药物有成瘾性,用量过多会危及生命。巴比妥类药物目前在临床上已很大程度上被苯二氮䓬类药物所替代,因后者产生的副作用远小于前者。

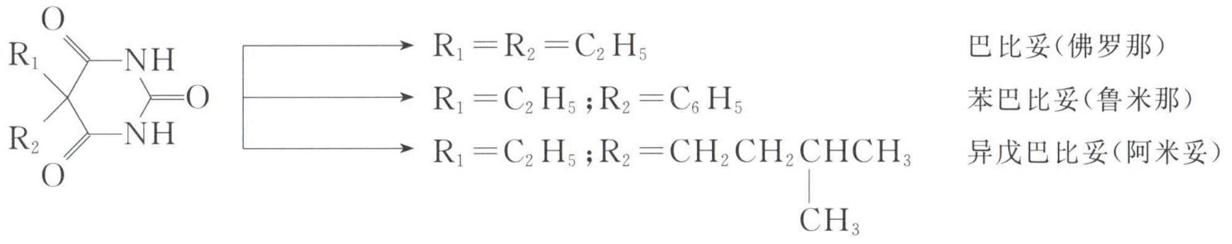

三、胍

脲分子中的氧原子被亚氨基取代生成的化合物,称为胍(guanidine),又称亚氨基脲。胍为无色晶体,熔点为 50 ℃,吸湿性强,易溶于水。

胍的碱性很强,其碱性($pK_a = 13.8$)与氢氧化钠相当,属于有机强碱。它能吸收空气中的二氧化碳生成稳定的碳酸盐。胍分子去掉氨基上一个氢原子剩下的基团称为胍基(guanidyl),去掉一个氨基后称为脒基(amidino)。

胍　　　　　　　　胍基　　　　　　　　脒基

有些胍的衍生物具有生理活性,医药上含有胍的药物很多,因游离的胍不稳定,通常制成各种盐类。例如:硫酸胍氯酚(GUanoclriSulfas)能抑制多巴胺 β-氧化酶,阻滞肾上腺素产生,而产生降压作用,医学上用于治疗原发性、肾性、恶性高血压,其化学结构式如下:

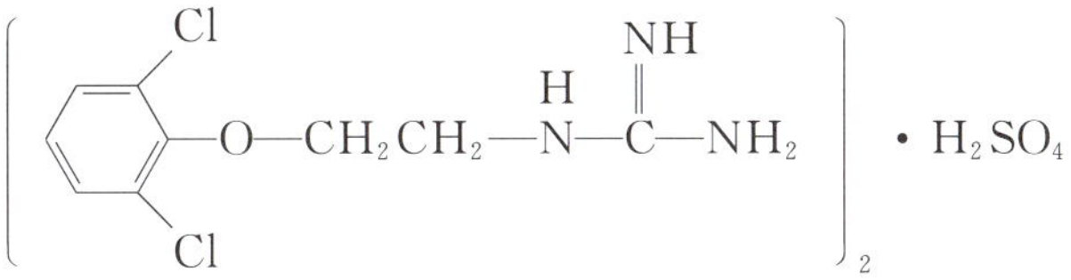

硫酸胍氯酚

第五节　应用于医药中的化合物

一、乙酰乙酸乙酯

乙酰乙酸乙酯(ethyl acetoacetate)又称 β-丁酮酸乙酯,是具有清香气味的无色液体,沸点

为180 ℃,微溶于水,易溶于乙醇和乙醚等有机溶剂。乙酰乙酸乙酯是一种重要的有机合成原料,在医药上用于合成氨基吡啉、B族维生素等,亦用于黄色偶氮染料的制备,还用于调和苹果香精及其他果香香精。

二、阿司匹林

知识链接 11-3

阿司匹林(aspirin),又名乙酰水杨酸,是一种解热镇痛药。阿司匹林常用于治疗感冒、发热、头痛、牙痛、关节痛、风湿病,还能抑制血小板聚集,预防和治疗缺血性心脏病、心绞痛、肺梗死、脑血栓形成,对血管形成术及旁路移植术也有效。阿司匹林已应用百年,成为医药史上三大经典药物之一,至今它仍是世界上应用最广泛的解热、镇痛和抗炎药,也是作为比较和评价其他药物的标准制剂。

一般用于解热镇痛的剂量很少引起不良反应。但长期大量用药(如治疗风湿热),尤其是当血药浓度>200 $\mu g \cdot mL^{-1}$时则较易出现副作用。通常血药浓度愈高,副作用愈明显。其主要的不良反应有恶心、呕吐、上腹部不适或疼痛等胃肠道反应,据报道每天服用 4~6 g 阿司匹林的患者有 70% 会出现胃肠道出血,严重者还会出现失血性贫血。这些症状都是由于胃黏膜的损害引起的,因此在临床应用中应注意要选择合适的阿司匹林剂型,阿司匹林抗酸能力较强,可减轻对胃肠黏膜的损害;老年患者和儿童由于其胃黏膜抵抗外界损害的适应性较低,易受到损害而应慎重服用;同时应避免与其他抗血栓药物或易致消化性溃疡的药物合用,但应联合应用其他保护胃黏膜的药物。由于阿司匹林也可引起过敏反应,因此对于有过敏反应的患者应禁止服用;在服用此药的同时要定期检查肝肾功能、红细胞比容及血清水杨酸的含量,避免对肝肾等造成损害。

三、普鲁卡因

普鲁卡因(procaine)是白色结晶或结晶性粉末,易溶于水,毒性比可卡因低。局部麻醉药,临床上常用其盐酸盐,又称"奴佛卡因"。普鲁卡因能使细胞膜稳定,降低其对离子的通透性,当神经冲动到达时,钠、钾离子不能进出细胞膜产生去极化和动作电位,从而产生局部麻醉作用。普鲁卡因对黏膜的穿透力差,不适合于表面麻醉,但毒性小,效果好,应用于浸润麻醉,也可用于阻滞麻醉、硬膜外麻醉等。

临床上,普鲁卡因注射液浓度多为 0.25%~0.5%,用量视病情需要而定,但每小时不可超过 1.5 g。其麻醉时间短,可加入少量肾上腺素(1∶1),可以延长作用的时间。口腔科麻醉有时用浓度为 2%~4%的溶液。近年来,随着医学界对普鲁卡因研究的深入,临床上发现普鲁卡因除了可用于局部麻醉外,还可用于治疗神经科疾病、呼吸科疾病和消化科疾病。如普鲁卡因可用于治疗顽固性呃逆、面肌痉挛和糖尿病周围神经病变等神经科疾病;可用于治疗咯血、慢性阻塞性肺病和危重型哮喘等呼吸科疾病;还可用于治疗胰腺炎。此外,对于神经性皮炎、皮肤瘙痒症、过敏性紫癜、小儿百日咳、难产和宫颈水肿等疾病也有很好的疗效。

临床上常常把一定浓度的盐酸普鲁卡因溶液,注射于机体组织的一定部位或血管内来治疗疾病,这种治疗方法称为普鲁卡因封闭疗法(procaine blocking therapy)。目前,普鲁卡因封闭疗法是一种应用广泛的炎症疗法。

四、扑热息痛

扑热息痛(paracetamol)又名对乙酰氨基酚,熔点为 169~171 ℃,溶于乙醇、丙酮和热水,难溶于冷水,不溶于石油醚及苯,无气味,味苦。

扑热息痛适用于缓解轻度至中度疼痛,如感冒引起的发热、头痛、关节痛、神经痛以及偏头痛、痛经等。扑热息痛因仅能缓解症状,无消炎作用或消炎作用极微,不能消除关节炎引起的

NOTE

红、肿、活动障碍,故不能用以代替阿司匹林或其他非甾体抗炎药治疗各种类型关节炎。但扑热息痛可用于对阿司匹林过敏、不耐受或不适合应用阿司匹林的病例,如水痘、血友病及其他出血性疾病患者(包括应用抗凝治疗的病例),以及消化性溃疡、胃炎等。应用扑热息痛时,如有必要还需应用其他疗法解除疼痛或发热。

市面上,白加黑、泰诺感冒片、感冒灵等药物均含扑热息痛,剂量 120～500 mg 不等。但临床的广泛应用,出现了一些毒副反应(肝脏、肾脏、血液系统的毒副作用),须引起患者的警惕。

小结

羧酸衍生物是羧基中的羟基被其他原子或基团取代后生成的化合物,主要有酰卤、酯、酸酐和酰胺。羧酸分子去掉羟基剩余的部分称为酰基。酰卤在酰基后面加上卤素名,称为"某酰卤";酸酐是羧酸分子脱水的产物,可分成单酐和混酐;酯是羧酸和醇分子间脱水的产物;酰胺与酰卤类似,称为"某酰胺"。

羧酸衍生物可以发生水解、醇解和氨(胺)解反应,反应机制为亲核取代。发生亲核取代反应活性顺序依次是酰卤＞酸酐＞酯＞酰胺。水解反应的共同产物是羧酸,醇解的共同产物是酯,氨解的产物是酰胺,此类反应又称为酰基化反应。此外,酯分子的 α-H 具有弱酸性,在醇钠作用下可与另一分子酯发生酯缩合反应。酰胺具有弱酸性与弱碱性,能与亚硝酸反应,与氯的碱性溶液发生 Hofmann 降解反应。

碳酸衍生物是由碳酸分子中的两个羟基被其他基团取代所形成的化合物。重要的碳酸衍生物主要有脲、丙二酰脲和胍。脲(尿素)具有弱碱性,能水解,两分子脲缩合而成的缩二脲可发生缩二脲反应;丙二酰脲(巴比妥酸)亚甲基上的 H 容易被取代生成巴比妥类药物;胍的碱性很强,很多胍的衍生物具有生理活性,可应用于临床,因游离的胍不稳定,通常制成各种盐。

随堂检测答案

能力检测

11-1 给下列化合物命名。

(1) 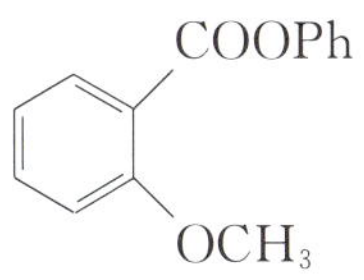 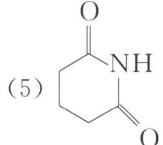 COOPh, OCH₃

(2) 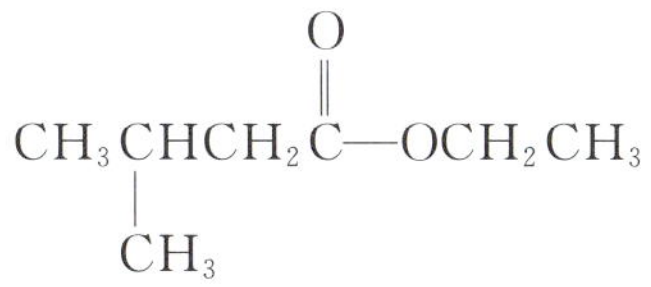 CH₃CHCH₂C—OCH₂CH₃ (C—O with O above), CH₃ below

(3) ClCOCH₂C₆H₅ (O above C)

(4) 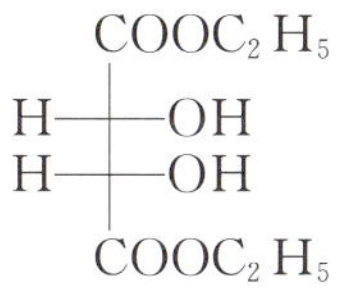 COOC₂H₅ / H—OH / H—OH / COOC₂H₅

(5) 哌啶二酮环 O, NH, O

(6) 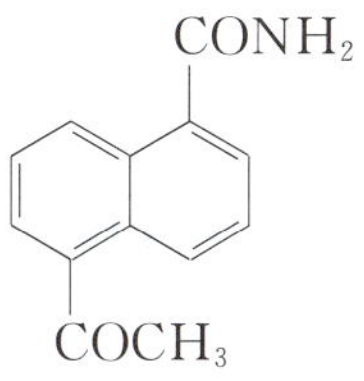 CONH₂ / COCH₃ 萘环

(7) 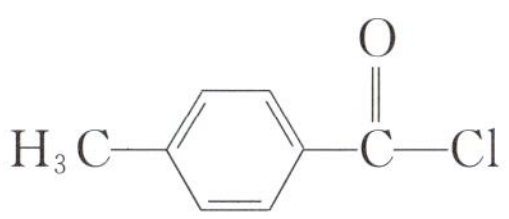 H₃C—苯环—C—Cl (O above C)

(8) 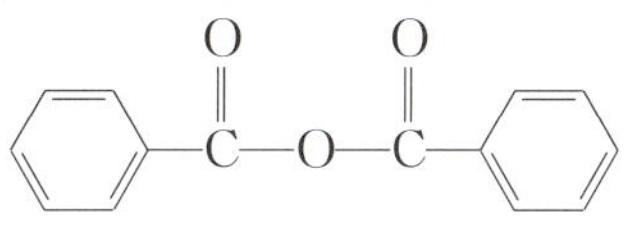 苯环—C—O—C—苯环 (O above each C)

能力检测答案

11-2　写出下列化合物的结构式。

(1) DMF　　(2) *N*-甲基-*N*-乙基乙酰胺

(3) 三乙酸甘油酯　　(4) 3-戊酮酸乙酯

(5) 丙二酰脲　　(6) 2-羟基丙酸乙酯

(7) 甲酸异戊酯　　(8) 乙酰苄胺

11-3　完成下列反应式。

(1) 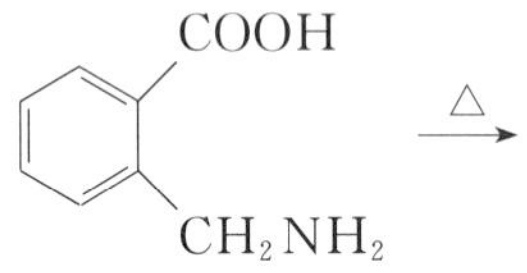

(2) $C_2H_5O\overset{\overset{O}{\|}}{C}Cl \xrightarrow{NH_3}$

(3) 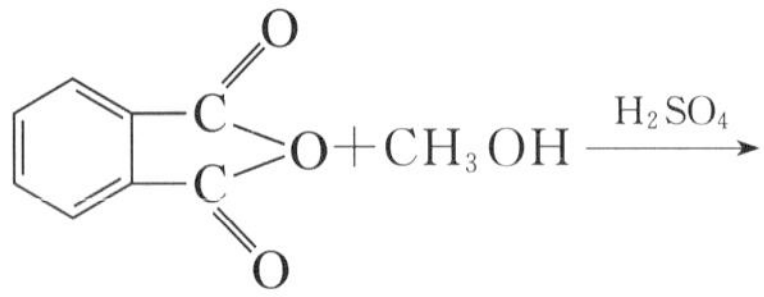

(4) $H_2N-\overset{\overset{O}{\|}}{C}-NH_2 + H_2O \xrightarrow{脲酶}$

(5) 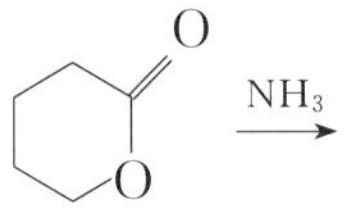

(6) 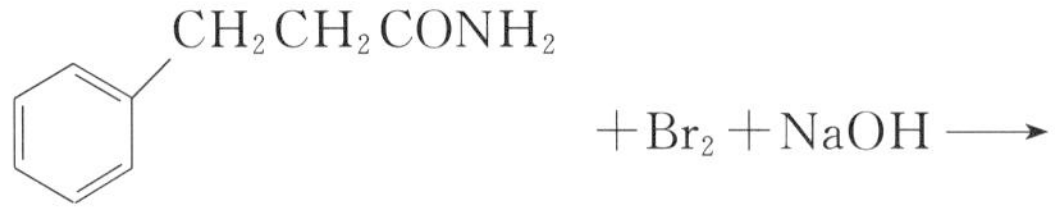

(7) 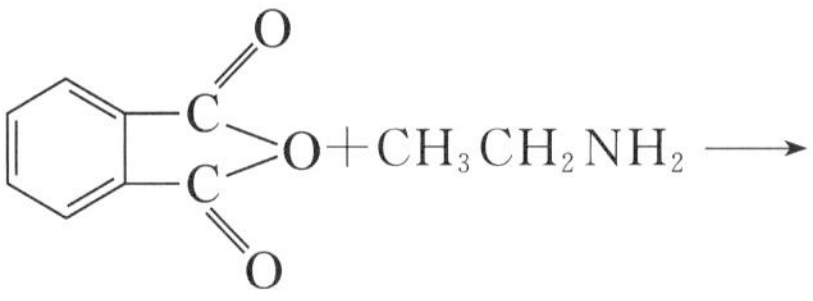

(8) 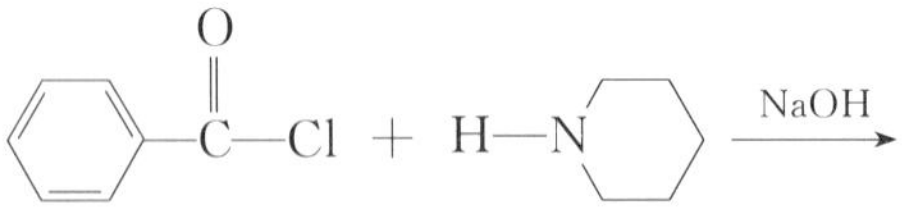

11-4　用化学方法鉴别下列化合物。

(1) 乙酸乙酯、乙酰乙酸乙酯

(2) 乙酸、乙酸酐、乙酰胺

11-5　阿司匹林(乙酰水杨酸)是一种常见的解热镇痛药。如何以水杨酸为原料制取阿司匹林?

11-6　解释下列实验事实。

(1) 当 *N*-环己基氨基甲酸乙酯与 1 mol 氢氧化钠在甲醇中回流 100 h,得到 *N*-环己基氨基甲酸甲酯,产率为 95%,而不产生环己胺。

(2) 乙酰氯与 1 mol 的二乙胺作用,只能生成 50%产率的 *N*,*N*-二乙基乙酰胺,如果用 2 mol的二乙胺,则产率可达到 100%。

(3) 在无碱催化下,异丁酸乙酯与羟胺可顺利发生亲核取代反应,而丙二酸二乙酯与脲的反应则要在强碱(乙醇钠)催化下才能进行。

11-7 化合物 A 在酸性水溶液中加热,生成化合物 B,B 的分子式为 $C_5H_{10}O_3$,B 能与 $NaHCO_3$ 反应放出 CO_2,B 被酸性重铬酸钾溶液氧化为 C,B 和 C 均能发生碘仿反应。B 分子内脱水又生成 A。请写出 A、B、C 的结构简式。

11-8 土曲霉素是一种天然抗生素,其实际结构式是下面结构的烯醇式异构体,写出该抗生素最稳定的两个烯醇式异构体,并比较这两个异构体稳定性的大小。

(杨司坤)

第十二章　含氮有机化合物

 学习目标

1. 掌握:胺的命名、结构及主要化学性质。
2. 熟悉:季铵类化合物和重氮、偶氮化合物的基本结构和有关性质。
3. 了解:含氮有机化合物在医药方面的应用。

本章PPT

含氮有机化合物广泛存在于自然界中,是一类与生命活动密切相关的重要化合物。比如许多激素、抗生素、生物碱及所有的蛋白质、核酸都是胺的复杂衍生物,它们都具有重要的生物活性。含氮有机化合物种类繁多,本章主要讨论胺、季铵盐、季铵碱、重氮化合物及偶氮化合物。

第一节　胺

一、结构、分类和命名

(一) 结构

胺(amine)是氨分子中的氢原子被烃基取代的产物,氨和胺分子中的氮原子均为不等性 sp^3 杂化,其中 3 个 sp^3 杂化轨道分别与 3 个氢或碳原子形成 3 个 σ 键,氮原子的另外 1 个 sp^3 杂化轨道被一对孤对电子占据,位于三角锥的顶端,类似第 4 个基团。这样,胺的空间结构与甲烷分子的正四面体结构相类似,但不是正四面体(图 12-1)。

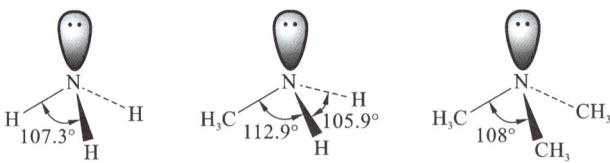

图 12-1　氨、甲胺和三甲胺的结构

苯胺分子中,氨基的结构虽然与氨的结构相似,但未共用电子对所占杂化轨道的 p 成分要比氨多,H—N—H 键角为 112.9°,较氨中 H—N—H 键角(107.3°)大,H—N—H 平面与苯环平面的夹角为 39.4°(图 12-2(a)),苯胺分子中氮原子仍稍显棱锥形结构。苯胺氮原子上的未共用电子对所在的轨道与苯环上的 p 轨道虽不完全平行,但仍可与苯环的 π 轨道形成一定程度的重叠,使氮上的孤对电子与苯环大 π 键形成离域共轭体系(图 12-2(b))。

当胺分子中的氮原子上连有 3 个不同的原子或基团时,此氮原子为手性氮原子,胺分子即为手性分子。若甲乙胺为手性分子,理论上应存在一对对映异构体(图 12-3)。然而,这一对对映异构体,可通过一个平面过渡态相互转变,这种转变所需的能量较低(约 25 kJ·mol^{-1}),室温下就可以很快地转化,目前的分离技术尚未将对映异构体拆分出来。

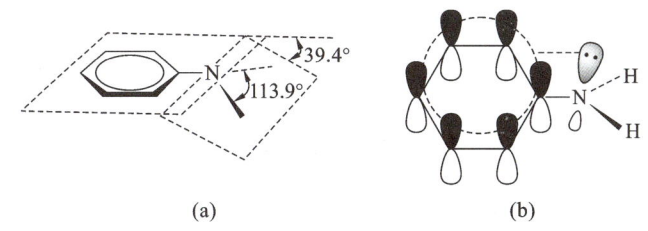

(a) (b)

图 12-2 苯胺的结构

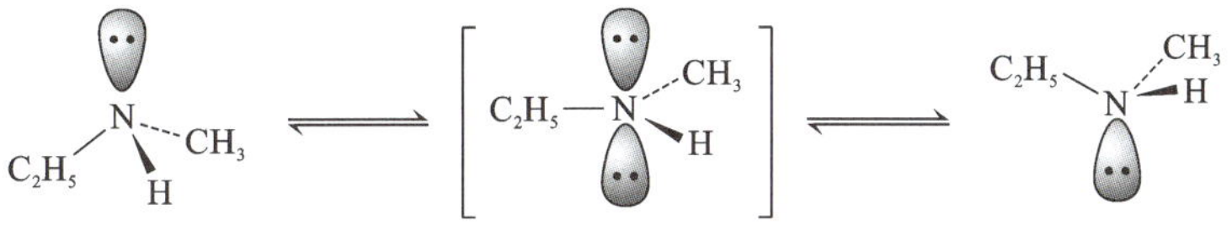

图 12-3 甲乙胺对映异构体及其转化

当胺分子中氮原子的 4 个 sp³ 杂化轨道都用于成键,且氮上的 4 个基团不同时,则该分子具有手性,并能分离出比较稳定的、具有光学活性的对映异构体。例如,碘化甲基乙基烯丙基苯基铵(图 12-4)已被拆分。

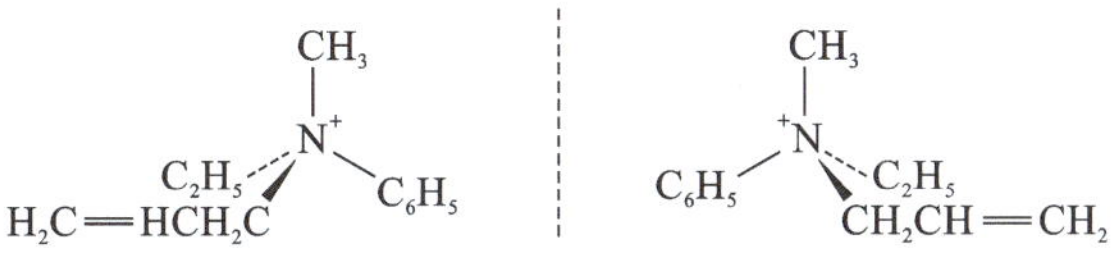

图 12-4 季铵盐正离子的对映异构体

(二)分类

胺可以看作是氨分子中的氢原子被烃基取代的衍生物。根据氨分子中 1 个、2 个或 3 个氢原子被烃基取代的情况,可将胺分为伯胺(primary amine)、仲胺(secondary amine)、叔胺(tertiary amine)和季铵盐(quaternary ammonium salt)。前三种胺亦可简写为 1°胺、2°胺、3°胺。

NH_3 RNH_2 R_2NH R_3N $[R_4N]^+X^-$
氨 伯胺 仲胺 叔胺 季铵盐

应该注意:伯、仲、叔胺中的伯、仲、叔的含义与卤代烃和醇中的不同。这里伯、仲、叔是指氮原子上取代烃基的个数,例如:

叔丁醇(叔醇) tert-butanol 叔丁胺(伯胺) tert-butylamine

也可以根据分子中氮原子所连接烃基的种类不同,将胺分为脂肪胺(aliphatic amine)和芳香胺(aromatic amine)。氮原子直接与脂肪烃相连的胺称为脂肪胺,氮原子直接与芳环相连的胺称为芳香胺。胺还可以根据分子中所含氨基(—NH_2)的数目不同而将胺分为一元胺、二元胺、多元胺。例如:

$CH_3CH_2NH_2$ $H_2NCH_2CH_2NH_2$ $H_2N—CH_2CHCH_2—NH_2$
一元胺 二元胺 多元胺

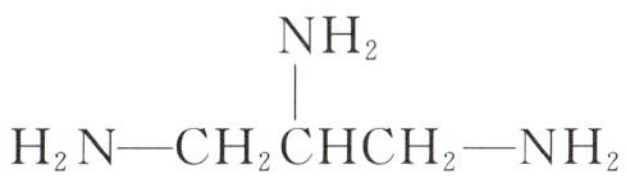

NOTE

（三）命名

胺的命名有两种：简单的胺是以胺作母体，烃基作为取代基，命名时将烃基的名称和数目写在母体胺的前面，"基"字一般可以省略；当胺中氮原子所连烃基不同时，按顺序规则中的较优基团后列出原则，英文名称用"amine"写在烃基名称后面，烃基按第一个字母顺序列出。例如：

$CH_3CH_2NH_2$　　　CH_3NHCH_3　　　$CH_3CH_2NHCH_3$　　　〔苯环〕—NH_2

乙胺　　　　　　二甲胺　　　　　　　甲乙胺　　　　　　　苯胺

ethamine　　　　dimethylamine　　　*N*-methylethanamine　　　aniline

当氮原子上同时连有芳基和脂肪烃基时则以芳香胺作为母体，命名时在脂肪烃基前加上字母"*N*"，表示该脂肪烃基是直接连在氮原子上。例如：

H_3C—〔苯环〕—$NHCH_2CH_3$　　　　　　〔苯环〕—N〈CH_3／CH_2CH_3〉

对甲基-*N*-乙基苯胺　　　　　　　　　*N*-甲基-*N*-乙基苯胺

N-ethyl-*p*-methylaniline　　　　　　　*N*-ethyl-*N*-methylaniline

比较复杂的胺，是以烃作为母体，氨基作为取代基来命名。例如：

$$CH_3CHCH_2CH_2CHCH_3$$
（NH_2　　　CH_3）

2-甲基-5-氨基己烷

5-amino-2-methyhexane

铵盐及季铵化合物可看作是胺的衍生物，铵盐亦可直接称为某胺的某盐。例如：

$CH_3NH_3^+Cl^-$　　　　$[(CH_3)_4N]^+Cl^-$　　　　$[(CH_3)_3NCH_2CH_3]^+OH^-$

氯化甲铵　　　　　　碘化四甲铵　　　　　　氢氧化三甲乙铵

methylamonium chloride　　tetramethylamonium iodide　　trimethylethanaminium hydroxide

命名时注意氨、胺和铵的含义，在表示基时用"氨"；表示 NH_3 的烃基衍生物时用"胺"；表示铵盐或季铵碱时用"铵"。

二、物理性质

相对分子质量较小的胺如甲胺、二甲胺、三甲胺和乙胺等在常温下均是无色气体，丙胺至十一胺为液体，十一胺以上的高级胺均为固体。6 个碳原子以下的低级胺可溶于水，这是因为氨基可与水形成氢键。但随着胺中烃基碳原子数的增多，水溶性减小，高级胺难溶于水。胺有难闻的气味，许多脂肪胺有鱼腥臭，丁二胺与戊二胺有腐烂肉的臭味，它们又分别被称作腐胺与尸胺。一些胺的物理常数如表 12-1 所示。

伯胺和仲胺可以形成分子间氢键，而叔胺的氮原子上不连氢原子，分子间不能形成氢键，故伯胺和仲胺的沸点要比碳原子数目相同的叔胺高；伯胺和仲胺的沸点较相对分子质量相近的烷烃高。但是，由于氮的电负性不如氧大，胺分子间的氢键比醇分子间的氢键弱，所以胺的沸点低于相对分子质量相近的醇的沸点。

表 12-1　一些胺的物理常数

名称	英文名称	结构简式	熔点/℃	沸点/℃	pK_b/25 ℃
甲胺	methylamine	CH_3NH_2	−92	−7.5	3.35

名称	英文名称	结构简式	熔点/℃	沸点/℃	$pK_b/25$ ℃
二甲胺	dimethylamine	$(CH_2)_2NH$	−96	7.5	3.27
三甲胺	trimethylamine	$(CH_3)_3N$	−117	3.0	4.22
乙胺	ethylamine	$C_2H_5NH_2$	−81	17	3.36
二乙胺	diethylamine	$(C_2H_5)_2NH$	−39	55	3.00
三乙胺	triethylamine	$(C_2H_5)_3N$	−115	89	3.25
苯胺	aniline	$C_6H_5NH_2$	−6	184	9.38
N-甲基苯胺	N-methylaniline	$C_6H_5NHCH_3$	−57	196	9.15
N,N-二甲基苯胺	N,N-dimethylaniline	$C_6H_5N(CH_3)_2$	−3	194	8.94
邻甲苯胺	o-methylaniline	$o\text{-}CH_3C_6H_4NH_2$	−28	200	10.61
间甲苯胺	m-methylaniline	$m\text{-}CH_3C_6H_4NH_2$	−30	203	9.00
对甲苯胺	p-methylaniline	$p\text{-}CH_3C_6H_4NH_2$	44	200	7.85
邻硝基苯胺	o-nitroaniline	$o\text{-}NO_2C_6H_4NH_2$	71	284	14.3
间硝基苯胺	m-nitroaniline	$m\text{-}NO_2C_6H_4NH_2$	114	307(分解)	11.5
对硝基苯胺	p-nitroaniline	$p\text{-}NO_2C_6H_4NH_2$	148	332	12.88

许多胺有一定的生理作用,比如气态胺对中枢神经系统有轻微抑制作用,苯胺可引起皮疹、恶心、视力模糊、精神不安,而 β-萘胺和联苯胺则会引起恶性肿瘤。

三、化学性质

胺中的氮原子是不等性 sp^3 杂化的,其中的 1 个 sp^3 杂化轨道由未共用电子对占据,在一定条件下氮原子给出电子对,使胺中的氮原子成为碱性中心和亲核中心,胺的主要化学性质体现在以下两个方面。

(一)碱性

胺具有碱性,这是由于氮原子上的孤对电子易与水中的质子相结合的缘故。胺在水中存在下列平衡:

$$RNH_2 + H_2O \Longrightarrow RNH_3^+ + OH^-$$

铵正离子

胺的碱性大小可用 pK_b 来度量,也可用 pK_a 来度量。pK_b 越小,碱性越强;反之,pK_a 越小,酸性越强。一些常见胺的 pK_b 值如表 12-1 所示。

从表 12-1 可以看出,脂肪胺、氨、芳香胺的碱性强弱顺序:脂肪胺>氨>芳香胺;在水溶液中二甲胺、甲胺、三甲胺的碱性强弱顺序:二甲胺>甲胺>三甲胺。

胺的碱性强弱与电子云密度有关,胺在水溶液中的碱性取决于电子效应、水的溶剂化效应和空间效应。

1. 电子效应的影响 脂肪胺中由于烃基的给电子诱导效应,使氮原子上的电子云密度增大,结合质子的能力增强,碱性增强。氮原子上连接的烃基越多,碱性越强,故脂肪胺的碱性比氨强。单一的诱导效应影响使胺的碱性强弱顺序:叔胺>仲胺>伯胺>氨。

芳香胺中由于氮原子上的孤对电子与苯环 π 键共轭,使氮原子上的电子云密度降低,结合质子的能力减弱,致使其碱性比氨弱。

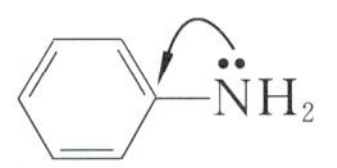

芳香胺氮原子上所连的苯环越多,共轭程度越大,碱性也就越弱。因此,其碱性强弱顺序:氨＞苯胺＞二苯胺＞三苯胺。取代芳香胺的碱性,取决于取代基的性质和相对位置,其中邻、对位影响较大,若取代基是给电子基,则使芳香胺碱性增强,反之亦然。

2. 水的溶剂化效应 胺在水溶液中的碱性还取决于铵正离子的稳定性大小。在铵正离子中,氮上氢原子越多,与水形成氢键的数目越多,稳定化作用就越强。伯胺氮上的氢最多,其铵正离子最稳定,其次为仲胺、叔胺。单一的溶剂化作用使胺的碱性强弱顺序:伯胺＞仲胺＞叔胺。

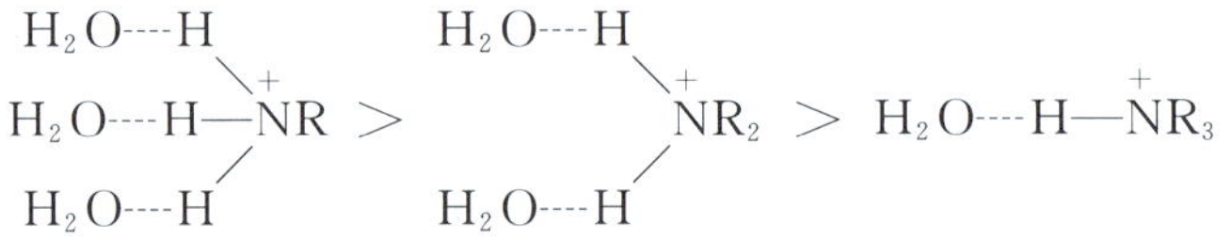

3. 空间效应的影响 胺的碱性还受空间效应的影响,氮原子上连接的基团越多越大,则质子越不易与氮原子接近,碱性就越弱,因而叔胺的碱性较弱。

综上所述,胺的碱性强弱是多种因素综合影响的结果,各类胺的碱性强弱顺序大致如下:

$$脂肪胺＞NH_3＞芳香胺$$

对于脂肪胺,仲胺的碱性最强,而伯胺和叔胺次之。至于伯胺和叔胺孰强孰弱,主要取决于上述三种溶液的共同影响,例如三甲胺的碱性比甲胺弱,而三乙胺的碱性比乙胺强。

伯胺、仲胺、叔胺可以与酸反应生成相应的伯胺盐、仲胺盐、叔铵盐。铵盐是离子化合物,无机酸盐在水中溶解度大,有机酸盐在水中溶解度较小,二者均不溶于非极性的有机溶剂。由于铵盐是弱碱形成的盐,遇强碱即游离出胺来,利用这一特性,可将胺与其他化合物分开。如欲将胺从中性化合物中分离出来,可用稀盐酸处理,胺与盐酸成盐并溶于稀盐酸中,而中性化合物不溶,将二者分开后,铵盐溶液用碱处理回收胺。

$$RNH_2 + HX \longrightarrow R^+NH_3X^- \xrightarrow{NaOH} RNH_2$$

胺具有碱性,易与核酸及蛋白质的酸性基团发生反应。在生理条件下,胺易形成铵离子,其中氮原子又能参与氢键的形成,因此易与多种受体结合而显示出多种生物活性。

随堂检测 12-1 比较氨、甲胺、三甲胺、苯胺、*N*-乙基苯胺、三苯胺的碱性强弱。

(二) 酰化反应

伯胺和仲胺能与酰卤、酸酐、苯磺酰氯(benzenesulfonyl chloride)等酰化试剂反应生成酰胺或苯磺酰胺(benzsulfamide)。例如:

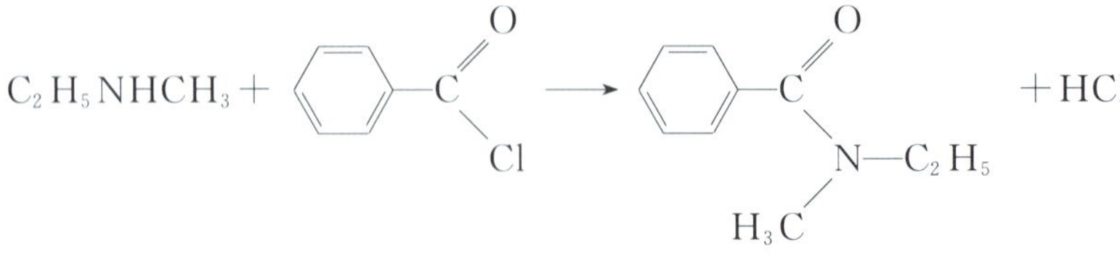

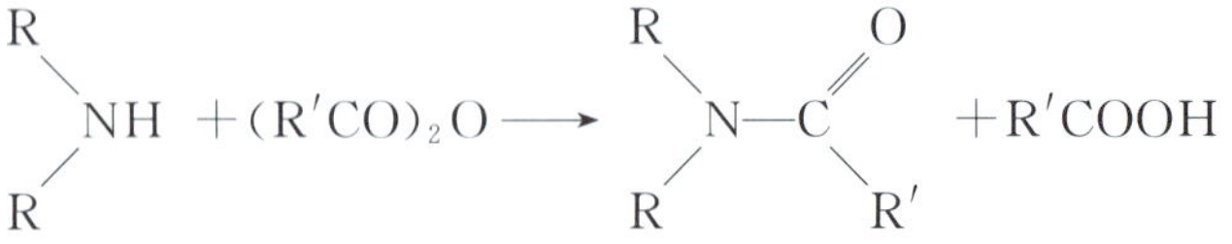

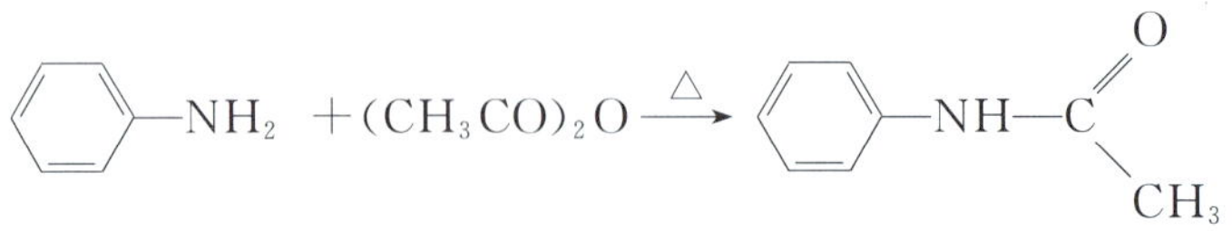

叔胺分子中的氮原子上没有连接氢原子,所以不能进行酰化反应。

能够进行酰化反应的伯胺、仲胺经酰化反应后得到具有一定熔点的结晶固体,因此酰化反应可以鉴别伯胺和仲胺。

有机合成上,常利用酰化反应来保护氨基。如苯胺进行硝化时,硝酸能使苯胺氧化成苯醌,如果用乙酸酐将苯胺中的氨基进行酰化保护起来后,再进行硝化反应,最后将产物水解,便可得硝基苯胺。

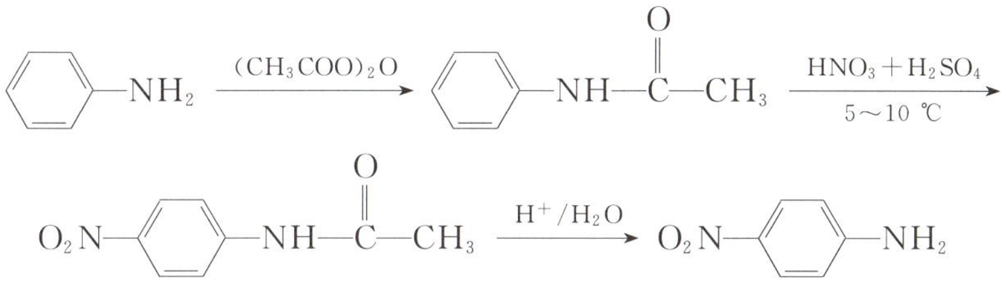

酰化反应在药物合成上也有重要应用。

伯胺、仲胺在碱存在下与苯磺酰氯作用,生成苯磺酰胺。伯胺生成的苯磺酰胺,氨基上的氢原子受磺酰基的影响呈弱酸性,能溶于碱而生成水溶性的盐。仲胺生成的苯磺酰胺,氨基上没有氢原子不显酸性,不能溶于碱溶液中。叔胺与苯磺酰氯不起反应。所以常利用苯磺酰氯(或对甲基苯磺酰氯)来分离鉴别三种胺类化合物,这个反应称为 Hinsberg 反应(Hinsberg reaction)。

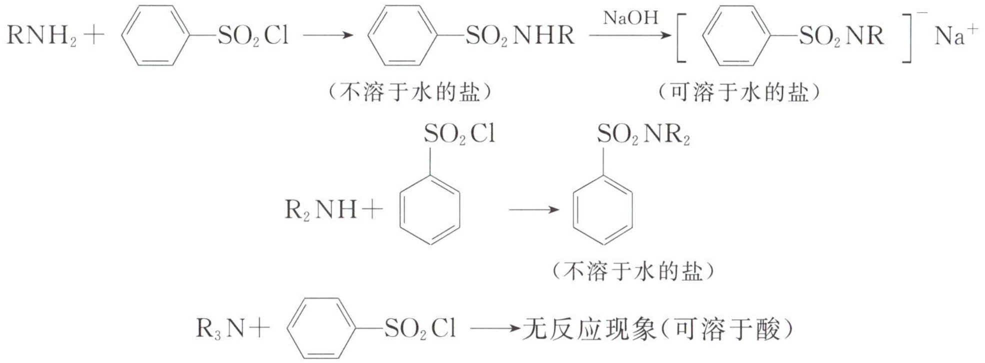

（三）与亚硝酸的反应

各级胺都可与亚硝酸反应,但反应现象和产物不同,因此可以用来鉴别伯胺、仲胺、叔胺。由于亚硝酸不稳定,反应中一般用亚硝酸钠与盐酸或硫酸作用产生。

1. 伯胺与亚硝酸的反应 伯胺与亚硝酸反应形成重氮盐(diazo salt)。脂肪族重氮盐极不稳定,即使在低温下也会自动分解,并发生取代、消除等一系列反应,生成醇与烯烃类的混合物,并定量放出氮气。例如乙胺与亚硝酸的反应:

$$CH_3CH_2NH_2 + HCl + NaNO_2 \longrightarrow CH_3CH_2\overset{+}{N} \equiv NCl^- \longrightarrow CH_3CH_2^+ + Cl^- + N_2 \uparrow$$

反应中生成的碳正离子可以发生各种不同的反应:

$$CH_3CH_2OH \overset{OH^-}{\longleftarrow} CH_3CH_2^+ \overset{Cl^-}{\longrightarrow} CH_3CH_2Cl$$

$$\Big\downarrow -H^+$$

$$H_2C = CH_2$$

由于脂肪族伯胺与亚硝酸反应产物比较复杂,在合成上用途不大,但这个反应释放出的氮是定量的,因此可用于测定某一物质或混合物中氨基的含量。

芳香伯胺与亚硝酸在低温条件下反应生成芳香族重氮盐,这一反应称为重氮化反应

(diazotization reaction)。

$$\text{—NH}_2 + NaNO_2 + HCl \xrightarrow{0\sim5\ ℃} \text{—}\overset{+}{N}\equiv NCl^- + NaCl + H_2O$$

氯化重氮苯

芳香族重氮盐只有在低温的水溶液中才稳定,遇热分解,干燥时易爆炸,故制备后直接在水溶液中应用。芳香族重氮盐的用途很广,将在第三节介绍。

2. 仲胺与亚硝酸的反应　脂肪仲胺和芳香仲胺与亚硝酸反应的结果基本相同,都得到 N-亚硝基胺(nitro-soamine),简称亚硝胺。

$$(C_2H_5)_2NH \xrightarrow{NaNO_2+HCl} (C_2H_5)_2N\text{—}NO$$

N-亚硝基二乙胺

$$\text{—NHCH}_3 \xrightarrow{NaNO_2+HCl} \text{—}N\text{—}NO$$

N-甲基-N-亚硝基苯胺

这种反应生成的产物因氮上没有可供转移的氢,因此产物较稳定。但生成的 N-亚硝基化合物与稀酸共热,则分解成原来的仲胺,因此可利用此性质来精制仲胺。

亚硝胺是难溶于水的黄色油状物或固体,大量的实验证明亚硝胺是一种强致癌物,现认为它在生物体内可以转化成活泼的烷基化试剂并可与核酸反应,这是它具有诱发癌变可能性的原因。

$$\underset{H_3C}{\overset{H_3C}{>}}N\text{—}NO \longrightarrow \underset{HOH_2C}{\overset{H_3C}{>}}N\text{—}NO \longrightarrow CH_3NHNO_2 + HCHO$$

$$CH_3NHNO_2 \longrightarrow CH_3N\text{=}NOH \longrightarrow CH_3^+ + N_2 + OH^-$$

$$CH_3^+ + DNA \longrightarrow CH_3\text{—}DNA$$

不对称亚硝胺可诱发食道癌,环状亚硝胺可诱发肝癌和食道癌等。亚硝酸盐、硝酸盐进入人体,在胃肠道中会和仲胺作用生成亚硝胺,成为潜在的危险因素。

过去腌制腊肉、火腿及制作罐头食品时常加入少量 $NaNO_2$ 以防腐并保持色泽鲜艳,但可能产生亚硝胺,所以现在已基本禁止使用。

3. 叔胺与亚硝酸的反应　叔胺的氮原子上没有氢,与亚硝酸的作用和伯胺、仲胺不同,脂肪叔胺与亚硝酸作用生成不稳定的盐,该盐若以强碱处理则重新游离析出叔胺。

$$R_3N + HNO_2 \longrightarrow R_3\overset{+}{N}HNO_2 \xrightarrow{NaOH} R_3N + NaNO_2 + H_2O$$

芳香叔胺因为氨基的强致活作用,芳环上电子云密度较大,易与亲电试剂反应。因此,在芳环上发生亲电取代反应生成对亚硝基胺,若对位已被占据,则反应发生在邻位。

$$\underset{}{\overset{N(CH_3)_2}{\bigcirc}} \xrightarrow{NaNO_2+HCl} \underset{NO}{\overset{N(CH_3)_2}{\bigcirc}}$$

4-亚硝基-N,N-二甲基苯胺

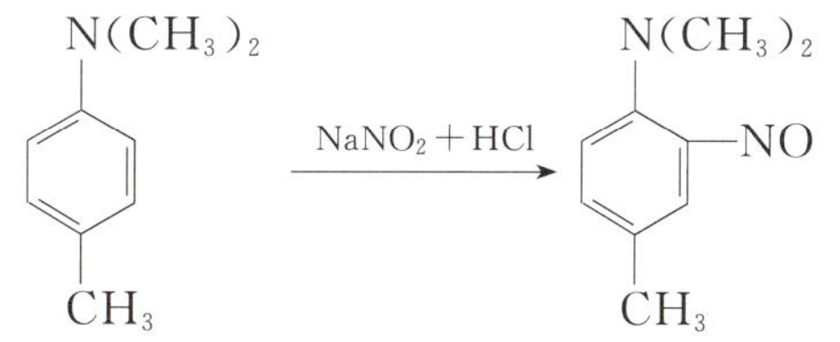

4-甲基-2-亚硝基-*N*,*N*-二甲基苯胺

4-亚硝基-*N*,*N*-二甲基苯胺在酸性条件下是橘黄色的盐,在碱性条件下显翠绿色。

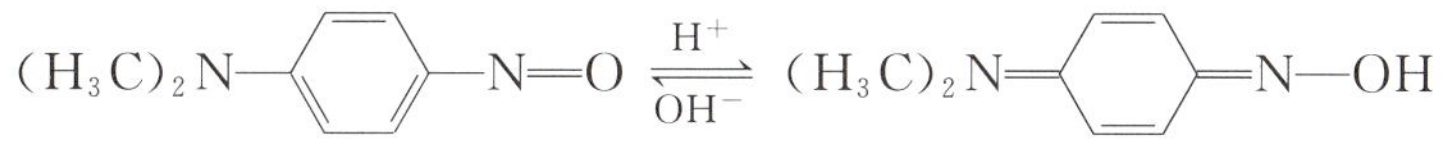

翠绿色　　　　　　　　　橘黄色

由于伯胺、仲胺、叔胺与亚硝酸作用的产物不同,现象有明显差异,故常利用这些反应来鉴别三类不同的胺。

随堂检测 12-2　请用化学方法鉴别丁胺、甲丁胺和二甲丁胺。

(四)芳胺的特殊反应

芳胺的氨基与羟基一样,对芳环上的亲电取代反应有较强的致活作用,因此芳胺表现出一些特殊的性质。

1. 卤代反应　由于氨基与苯环间形成共轭体系,使得苯环的电子云密度增大,因此苯胺极容易发生亲电取代反应,如苯胺与溴水反应,立即会生成 2,4,6-三溴苯胺。

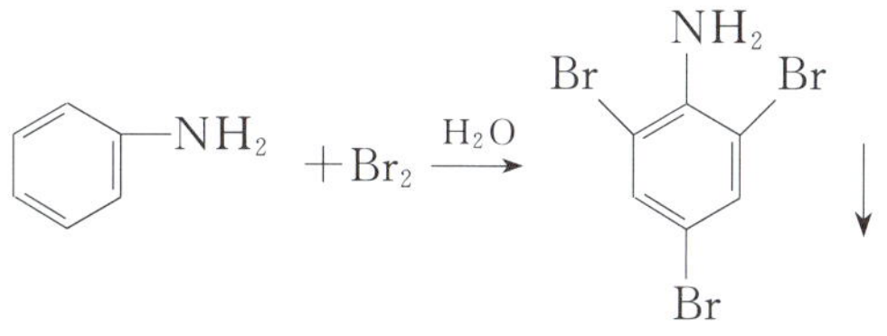

这个反应非常快地定量完成,得到不溶于水的白色沉淀,常用于芳胺的鉴别和定量分析。

2. 磺化反应　苯胺在 180 ℃时与浓硫酸共热脱水,先生成不稳定的苯胺磺酸,然后重排生成对氨基苯磺酸。

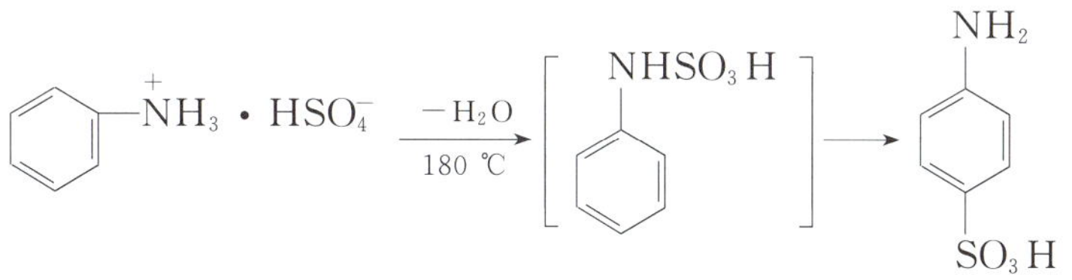

对氨基苯磺酸是一个内盐,也是合成染料的中间体。

临床上常用的各种磺胺类药物,其母体是对氨基苯磺酰胺(*p*-aminobenzene sulfonamide)。

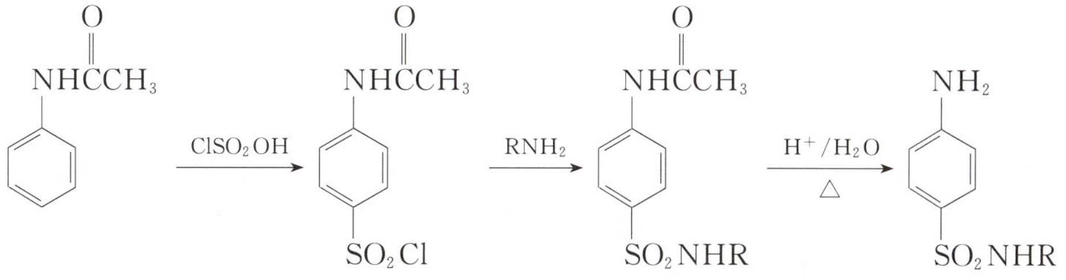

当 R 不同时,就得到了各种不同的磺胺药物。

3. 氧化反应　胺很容易被氧化,特别是芳香胺,大多数氧化剂都能将胺氧化成焦油状的复杂产物,但用 H_2O_2 能将叔胺氧化为氧化胺。

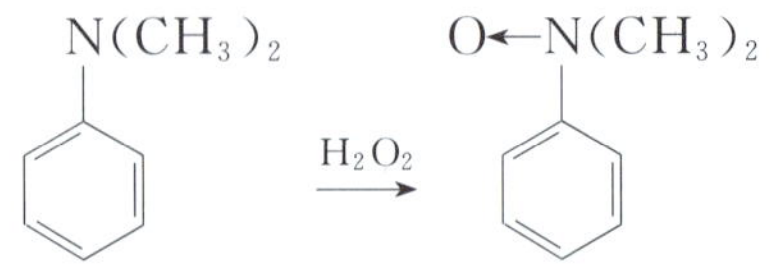

知识链接 12-2

若用温和的氧化剂二氧化锰和硫酸氧化苯胺时,主要产物是对苯醌。

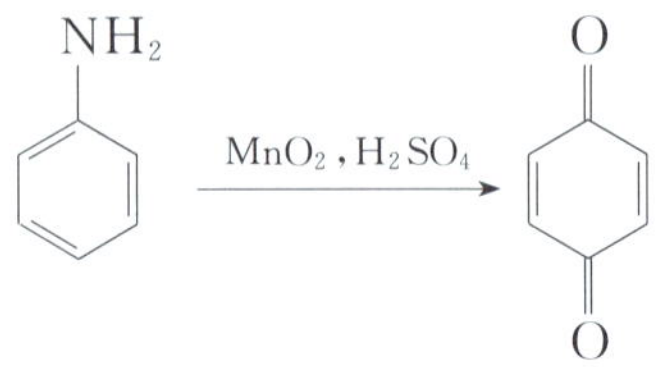

铵盐很稳定,所以有时将芳胺成盐后再保存。

第二节　季铵盐与季铵碱

一、季铵盐

铵离子(NH_4^+)中氮原子所连接的四个氢原子被烃基取代所形成的化合物称为季铵盐(quaternary ammonium salt),此类化合物常由叔胺与卤代烃反应得到。季铵盐为离子化合物,一般为白色晶体,具有盐的性质,溶于水,而不溶于非极性的有机溶剂,熔点较高,常常加热未到熔点就已分解。

$$R_3N + RX \longrightarrow R_4N^+X^-$$

季铵盐是最常用的相转移催化剂,与冠醚相比,其显著特点是无毒和价格便宜。具有较长碳链的季铵盐,既含有憎水的烷基,又有亲水的季铵盐阳离子,所以既能溶于水,又能溶于有机溶剂,因此常作为阳离子表面活性剂,一般含 16 个碳的季铵盐可产生较好的催化效果。此外,这些表面活性剂还具有杀菌消毒的作用,可用作消毒剂。例如:新洁尔灭、杜灭芬就是一类具有去油污、无刺激性的消毒防腐剂,临床上多用于皮肤、黏膜、创面、器皿的消毒。

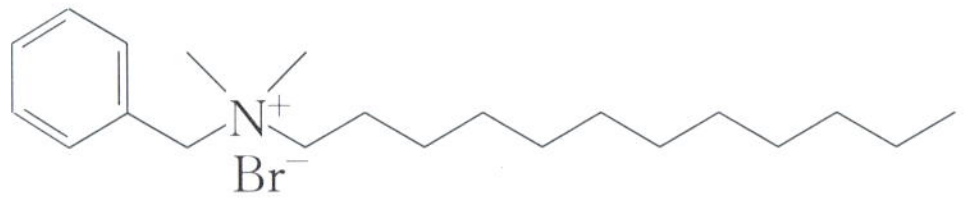

新洁尔灭(二甲基十二烷基苄基溴化铵)

bromo-geramine

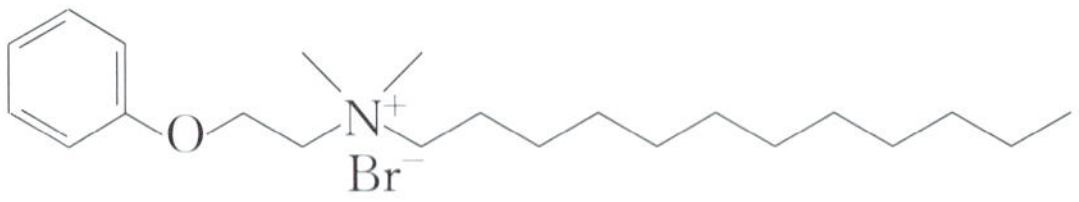

杜灭芬(二甲基十二烷基-2-苯氧基乙基溴化铵)

domiphen bromide

某些低级碳链的季铵盐具有一定的生理活性,例如氯化胆碱(　　　　　)具有促进碳水化合物和蛋白质新陈代谢的作用,除被用作治疗脂肪肝和肝硬化的药物外,还被大量用作饲料添加剂;矮壮素($[(CH_3)_3NCH_2CH_2Cl]^+ Cl^-$)是一种植物调节剂,使植株变矮,杆茎变粗,叶色变绿,具有提高农作物耐旱、耐盐碱和抗倒伏的能力。

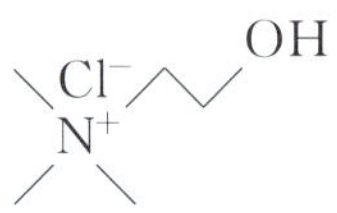

二、季铵碱

季铵盐分子中的酸根被"OH^-"取代而形成的化合物,称为季铵碱(quaternary ammonium

base）。季铵盐与强碱作用，得到季铵碱的平衡混合物：

$$[R_4N]^+X^- + KOH \rightleftharpoons [R_4N]^+OH^- + KX$$

如果反应在醇中进行，由于 KX 沉淀析出，能使反应进行完全，如果用 AgOH，也能使反应顺利进行：

$$[R_4N]^+X^- + AgOH \rightleftharpoons [R_4N]^+OH^- + AgX\downarrow$$

季铵碱是强碱，碱性与氢氧化钠相当，易吸潮和溶于水，并能吸收空气中的二氧化碳。季铵碱受热发生分解，不含 β-H 的季铵碱分解生成叔胺和醇。例如：

$$(CH_3)_3\overset{+}{N}CH_3 \quad OH^- \overset{\triangle}{\longrightarrow} (CH_3)_3N + CH_3OH$$

第三节　重氮化合物和偶氮化合物

重氮化合物（diazo）和偶氮化合物（azo-compound）都含有官能团—N≡N—。如果—N≡N—官能团只有一端直接与碳原子相连，这样的化合物则被称为重氮化合物。例如：

氯化重氮苯
benzenediazonium chloride

硫酸氢重氮苯
benzenediazonium sulfate

如果—N≡N—官能团的两端都直接和碳原子相连，这样的化合物则被称为偶氮化合物。例如：

$$H_3C—N≡N—CH_3$$

偶氮甲烷
azomethane

对羟基偶氮苯
phenylazophenol

重氮化合物和偶氮化合物在自然界中是不存在的，只能通过合成得到。其中芳香族的重氮化合物和偶氮化合物尤为重要，前者在有机合成中有着广泛的用途，后者是重要的精细化工产品，如染料、药物、色素、指示剂和分析试剂等。本书主要介绍芳香族的重氮盐和偶氮化合物。

一、重氮化反应

在低温（$0\sim5$ ℃）及强酸性水溶液中，芳香族伯胺与亚硝酸发生反应生成芳香重氮盐，这一反应被称为重氮化反应。

重氮盐为离子型化合物，中心氮原子以 sp 杂化轨道成键，C—N—N 为 σ 键构成的直线形结构，氮氮三键由一个 σ 键和两个 π 键所构成，氮氮三键上 π 键与苯环上大 π 键形成共轭体系而分散氮原子上的正电荷，形成稳定的重氮阳离子，其结构式通常用 $ArN_2^+X^-$ 表示。

芳香重氮盐为白色晶体，具有盐的性质，易溶于水，不溶于有机溶剂。干燥状态的重氮盐极不稳定，在受热或震动时，容易发生爆炸，在水溶液中较稳定，故反应过程中通常不将其分离出来，而是直接用于下一步反应。

$$\text{⟨苯环⟩—NH}_2 + NaNO_2 + HCl \xrightarrow{<5 ℃} \text{⟨苯环⟩—}\overset{+}{N}≡NCl^- + NaCl + H_2O$$

二、芳香重氮盐的性质

芳香重氮盐的性质极为活泼，可以发生许多反应，在合成上的用途十分广泛。芳香重氮盐

的主要反应大体归为两类：一类是氮原子以氮气形式放出的放氮反应，还有一类是保留氮原子的还原反应和偶合反应。

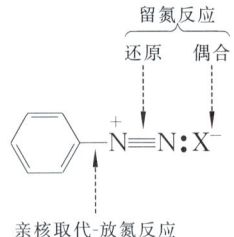

1. 放氮反应　带正电荷的重氮基有较强的吸电子能力使 C—N 键极性增强，容易异裂而放出氮气。因此，芳香重氮盐分子在一定的条件下会发生分解，重氮基被其他原子或基团（如氢原子、氰基、卤素、硝基、羟基等）所取代，放出氮气并生成相应的芳香族化合物。

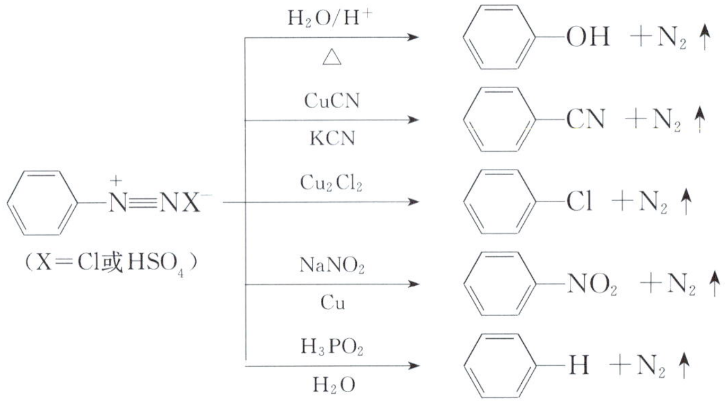

利用重氮盐的水解可使重氮基变成羟基。这一反应通常是用硫酸重氮盐在 $40\% \sim 50\%$ 的硫酸溶液中加热进行，若用盐酸重氮盐则常有副产物氯苯生成。

重氮盐与氰化亚铜的氰化钾水溶液作用，重氮基被氰基取代，氰基可以通过水解而成羧基，所以可利用此反应合成芳香羧酸。

芳香重氮盐的放氮反应在芳香化合物的合成中有重要的意义。通过重氮基被氢原子取代的反应，可将芳胺变成芳烃，合成某些直接通过芳环上的取代反应不能得到的化合物。例如：

（1）由苯合成间二溴苯：从溴是邻对位定位基上可知，仅在苯环上发生溴代反应，是不可能使两个溴处于间位的，需在苯环的适当位置引入—NH_2，然后通过重氮放氮反应进行转变。具体合成路线如下：

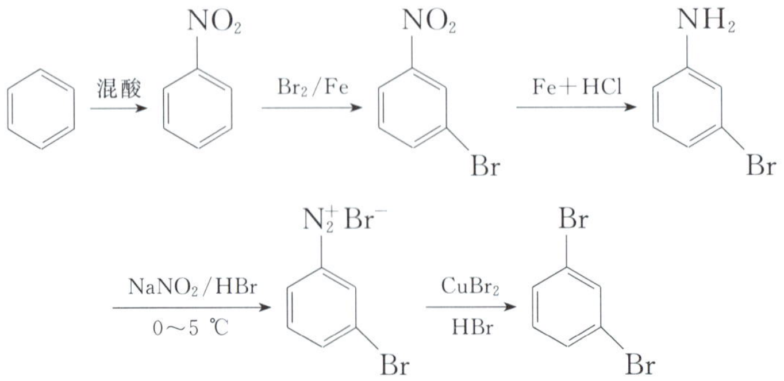

（2）由苯合成 1,3,5-三溴苯：无法用苯直接溴化合成，但在苯环上引入—NH_2 活化和定位，经过溴化、重氮化、去氨基反应，则可以合成。具体合成路线如下：

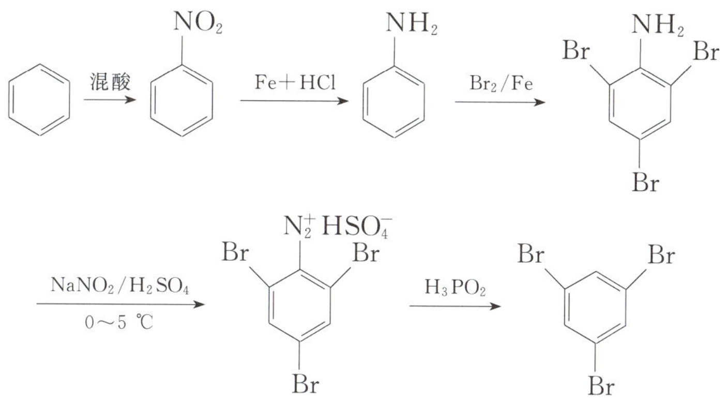

随堂检测 12-3 请以甲苯为原料，用适当的试剂合成下列化合物。

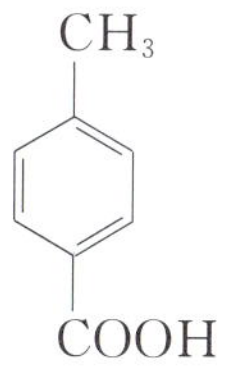

2. 留氮反应

（1）还原反应：芳香重氮盐被中等强度还原剂（如 $ZnCl_2$ + HCl、$SnCl_2$ + HCl、Na_2SO_3、$Na_2S_2O_4$、$NaHSO_3$ 等）还原生成肼。例如：

（2）偶合反应：重氮盐可以作为弱的亲电试剂，在适当的 pH 值条件下，与活泼的芳香族化合物（如酚或芳胺等）发生亲电取代反应，生成偶氮化合物。

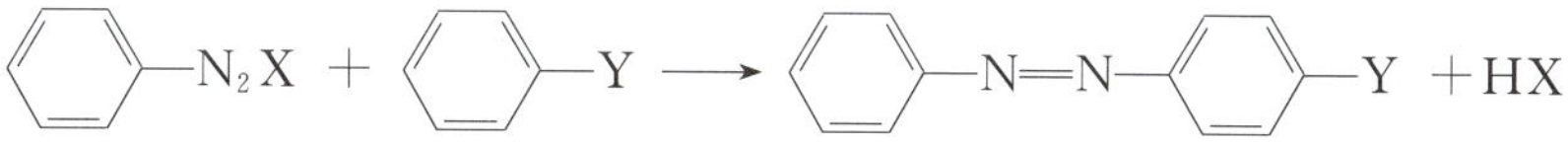

式中 Y＝OH、NH_2、NHR、N_2R、OR 等。

反应介质的酸碱性非常重要。一般来说，芳香重氮盐与酚偶合时，在弱碱性（pH 8～10）条件下进行。弱酸性的酚与碱作用可生成酚盐（ArO^-），给电子共轭效应增强，使芳环电子云密度更大，有利于亲电取代反应的发生。但是碱性不能太强，因为强碱性条件下重氮盐会变成重氮酸或重氮酸盐，使偶合反应难以发生。芳香重氮盐与芳胺偶合时，在中性或弱酸性（pH 5～7）条件下进行。因为强酸性条件下，芳胺会形成铵盐，带正电荷的基团使芳环上电子云密度显著降低，不利于重氮正离子的进攻，使亲电取代反应难以发生。

偶合反应服从亲电取代反应的定位规律。因羟基和二甲氨基均为邻、对位定位基，所以酚和芳胺主要在对位偶合，如对位被占据，则在邻位偶合。例如：

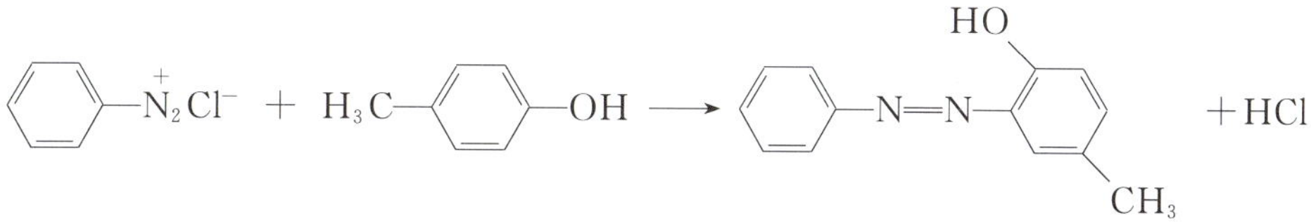

三、偶氮化合物

偶氮基—N＝N—是一种发色基团，因此偶氮化合物都有颜色，其中很多被用作染料，称为偶氮染料。有些偶氮染料可用作酸碱指示剂或生物切片的染色剂。如甲基橙就是一种偶氮化合物，在酸性溶液中呈红色，在碱性溶液中呈黄色，因此常在酸碱滴定中用作指示剂。

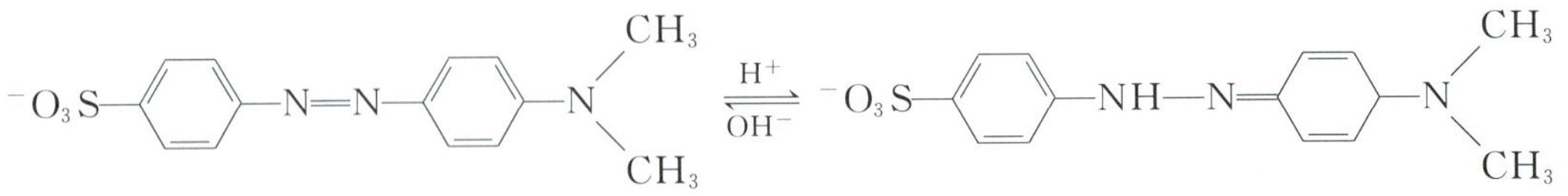

（黄色）　　　　　　　　　　　　　　　（红色）

第四节　含氮化合物在医药上的应用

一、乙酰胆碱

乙酰胆碱(acetylcholine)是中枢胆碱能系统中重要的神经递质之一,其主要功能是维持意识的清醒,在学习记忆中起重要作用。

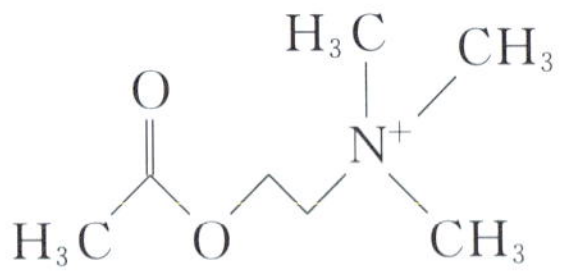

乙酰胆碱

人的脑组织有大量乙酰胆碱,但乙酰胆碱的含量会随着年龄的增加而下降。正常老年人比年轻人下降 30%,而老年痴呆患者下降更为严重,可达 70%~80%。美国医生伍特曼观察到老年人脑组织乙酰胆碱减少,就给老年人吃富含胆碱的食品,发现有明显的防止记忆减退的作用。英国和加拿大等国的科学家们也相继进行了研究,一致认为只要有控制地供给足够的胆碱,可避免 60 岁左右的老年人记忆力减退。所以保持大脑中乙酰胆碱的含量,是解决记忆力减退的根本途径。在自然界中,乙酰胆碱多以胆碱的状态存在于蛋、鱼、肉、大豆等食品之中,这些胆碱在人体内进一步合成具有生理活性的乙酰胆碱。另外,经常服用蜂王浆可以提高脑内乙酰胆碱的含量,从而促进激活脑神经传导功能,提高信息传递速度,增强大脑记忆能力,全面改善脑功能,并能延缓衰老。

二、肾上腺素与去甲肾上腺素

肾上腺素(epinephrine)与去甲肾上腺素(norepinephrine)的主要作用是加强心肌收缩,增加心输出量,收缩血管,升高血压,消除支气管平滑肌痉挛。

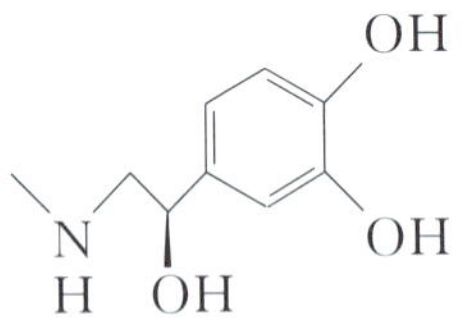

肾上腺素 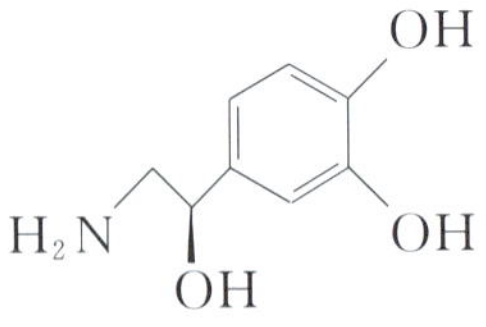　　　　　　　　　去甲肾上腺素

临床上其主要用于治疗心源性休克、过敏性休克及支气管哮喘急性发作等症。

三、对羟基乙酰苯胺

对羟基乙酰苯胺(p-hydroxyacetanilide)即扑热息痛,是一种解热镇痛药,其解热药效能与阿司匹林相似,在白加黑、感冒灵等药物中均有此成分,但长期服用或过量服用均可引起肝细胞坏死。

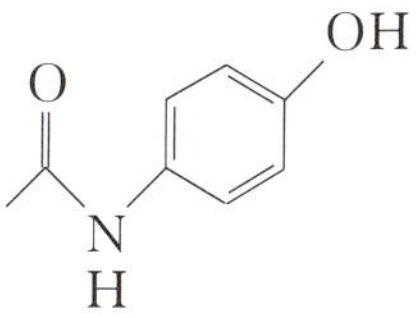

对羟基乙酰苯胺

四、对氨基苯磺酰胺

对氨基苯磺酰胺（p-aminobenzenesulfonamide）是一种磺胺类抗菌药,其抗菌机制:细菌体内的酶无法辨认对氨基苯磺酰胺与细菌的代谢必需物对氨基苯甲酸,故在代谢拮抗作用中,对氨基苯磺酰胺与对氨基苯甲酸竞争酶上的活性位置,因得不到代谢必需物质,细菌无法复制而死亡。

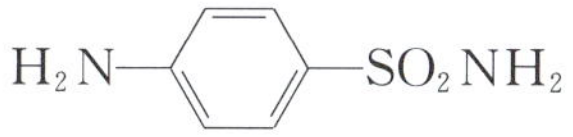

对氨基苯磺酰胺 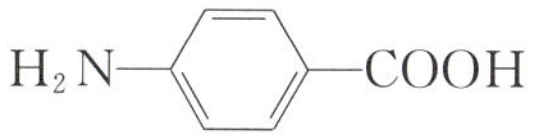   对氨基苯甲酸

五、多巴胺

多巴胺（dopamine）是一种用来帮助细胞传送脉冲的神经递质,它由大脑分泌,主要负责情欲、兴奋的信息传递,也与成瘾有关。

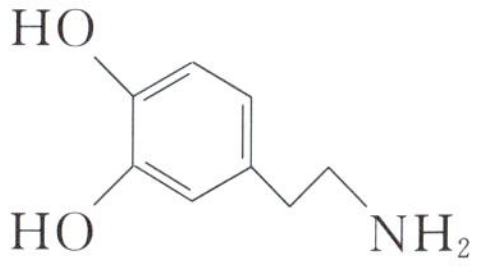

多巴胺

临床上多巴胺主要用于各种类型休克,包括中毒性休克、心源性休克、出血性休克、中枢性休克,特别对伴有肾功能不全、心输出量降低、周围血管阻力较低并且已补足血容量的患者更有意义。

六、5-羟色胺

5-羟色胺（5-hydroxytryptamine）又名血清素,广泛存在于哺乳动物组织中,特别在大脑皮层质及神经突触内含量很高,它是一种抑制性神经递质。在外周组织中,5-羟色胺是一种强血管收缩剂和平滑肌收缩刺激剂;在体内,5-羟色胺可以经单胺氧化酶催化氧化成5-羟色醛以及5-羟吲哚乙酸而随尿液排出体外,临床上常用作抗抑郁药。

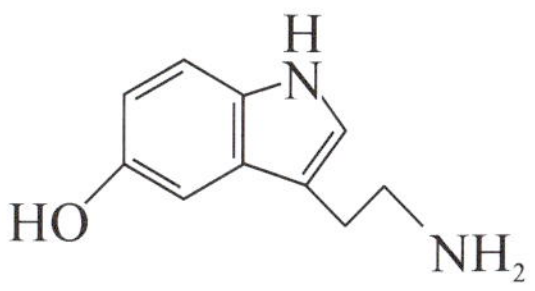

5-羟色胺

七、苯丙胺类化合物

苯丙胺类化合物是一类人工合成的兴奋剂,它对中枢神经和交感神经有很强的兴奋作用。我国2013年发布的被规定管制的255种麻醉药品和精神药品中,有近20种是苯丙胺类兴奋剂。将所有由苯丙胺转换而来的中枢神经兴奋剂统称为苯丙胺类毒品。苯丙胺类毒品种类繁多,特性各异,常见的有冰毒、苯丙胺(安非他明)、甲基苯丙胺(甲基安非他明)、K粉(氯胺酮)、

摇头丸等。该类毒品属于精神药物,一般分为传统型、减肥型和致幻型三种,三种毒品都会对人体的精神、脏器造成巨大的危害。苯丙胺类毒品由于没有确定的身体依赖性,其戒毒治疗只能采取对症治疗和心理治疗的方式。

冰毒

小结

　　胺是氨分子中的氢原子被烃基取代的产物,分为伯胺、仲胺、叔胺和季铵盐。

　　胺具有碱性,可以与强的无机酸反应生成相应的铵盐,各类胺的碱性强弱顺序:脂肪胺＞NH_3＞芳香胺,脂肪胺中仲胺的碱性最强。伯胺和仲胺能与酰卤、酸酐、苯磺酰氯等酰化试剂反应生成酰胺或苯磺酰胺,且伯胺生成的苯磺酰胺可溶于碱,而叔胺不能进行酰化反应,此反应可鉴别伯胺、仲胺、叔胺。此外,三种胺与亚硝酸也可发生不同的反应,用来鉴别三种胺。芳香胺由于氨基对芳环上的亲电取代反应有较强的致活作用而表现出一些特殊的性质。

　　季铵盐是无机铵盐中的四个氢原子被烃基取代的产物。季铵盐为离子化合物,具有盐的性质,溶于水,而不溶于非极性的有机溶剂。季铵碱是强碱,碱性与氢氧化钠相当。

　　芳香重氮盐主要反应归为两类:一类是氮原子以氮气形式放出的放氮反应,还有一类是保留氮原子的还原反应和偶合反应。

能力检测

12-1　写出下列化合物的结构式或名称。

(1) 2-甲基-3-硝基戊烷

(2) 3-甲基-N-乙基苯胺

(3) N-乙基苯磺酰胺

(4) 氯化三甲基对溴苯基铵

(5) N,N-二甲基-4-亚硝基苯胺

(6) 苯重氮磺酸钾

(7) 4,4′-二乙基偶氮苯

(8) $[(C_2H_5)N(CH_3)_3]^+Cl^-$

(9) $(CH_3)_3C\!-\!C(C_2H_5)_2NH_2$

(10) 苯基-N(CH₂CH₃)(H)

(11) 苯-N=N-苯-N(CH₃)₂

(12) $(H_3C)_2HC$-苯-$N_2^+Cl^-$

12-2　写出对甲苯胺与下列试剂反应的主要产物。

(1) 稀硫酸

(2) $(CH_3CO)_2O$

(3) $NaNO_2/HCl(0\sim5\ ℃)$

(4) Br_2/H_2O

(5) $C_6H_5SO_2Cl$

(6) $C_6H_5N_2^+Cl^-$

12-3　写出氯化重氮对硝基苯与下列试剂反应的主要产物。

(1) H_3PO_2　(2) KI　(3) KCN/Cu_2CN_2　(4) HBr/Cu_2Br_2　(5) 对甲苯酚

12-4　比较下列化合物的碱性强弱。

(1) 苯胺、对甲基苯胺、间硝基苯胺

(2) 氨、二甲胺、三乙胺

12-5 写出下列反应的主要产物。

(1) 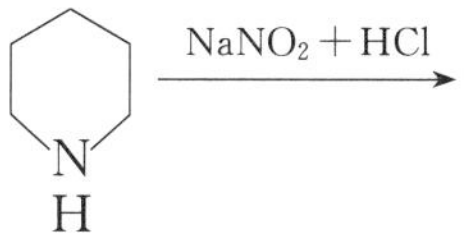
NaNO₂＋HCl
N
H

(2) 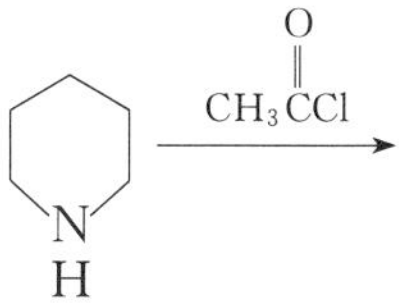
O
CH₃CCl
N
H

(3) 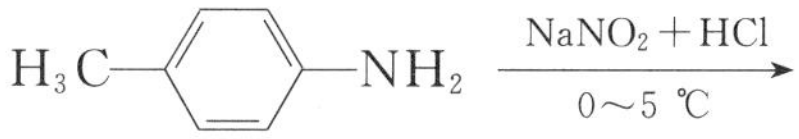
H₃C
NH₂
NaNO₂＋HCl
0～5 ℃

(4) 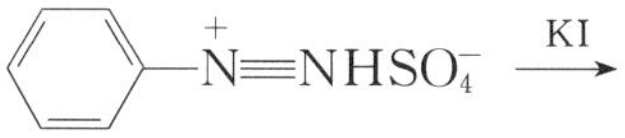
N≡NHSO₄⁻
KI

(5) 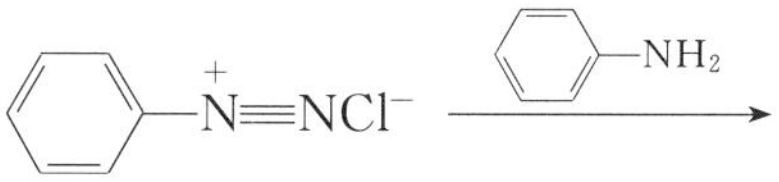
N≡NCl⁻
NH₂

(6) 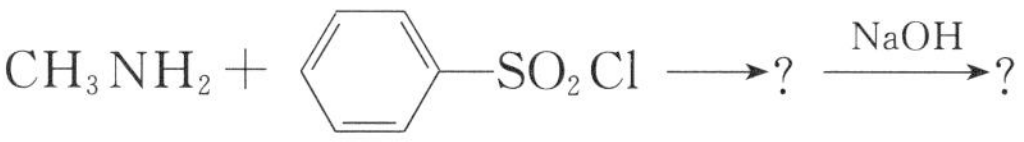
CH₃NH₂＋
SO₂Cl
?
NaOH
?

12-6 试从甲苯开始，用适当的试剂制备下列化合物。

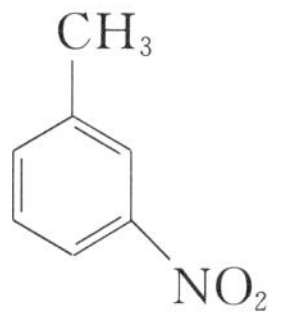
CH₃
NO₂

12-7 一化合物的分子式为$C_7H_7O_2N$，无碱性，还原后变为C_7H_9N，有碱性；使C_7H_9N的盐酸盐与亚硝酸作用，生成$C_7H_7N_2Cl$，此化合物在酸性溶液中加热后放出氮气并生成对甲苯酚。在碱性溶液中上述$C_7H_7N_2Cl$与苯酚作用生成具有鲜艳颜色的化合物$C_{13}H_{12}ON_2$。写出原化合物$C_7H_7O_2N$的结构简式，并写出各有关反应式。

（熊传武）

第十三章　杂环化合物和生物碱

　学习目标

本章 PPT

> 1. 掌握:常见杂环化合物的命名,吡啶、吡咯、呋喃、噻吩的结构与芳香性以及它们的主要化学性质;生物碱的一般性质。
> 2. 熟悉:嘧啶、吡唑、咪唑、噻唑、吲哚、嘌呤、喹啉和异喹啉的基本结构。
> 3. 了解:常见杂环化合物和生物碱在医药方面的应用。

分子中含有由碳原子和其他原子共同组成的环状化合物称为杂环化合物(heterocyclic compound)。杂环中的非碳原子称为杂原子,最常见的杂原子有 N、O、S 等。像环醚、内酯、环酐以及内酰胺等似乎也应属于杂环化合物,但是,由于这些环状化合物容易开环形成脂肪族化合物,其性质又与相应的脂肪族化合物类似,因此,一般不放在杂环化合物中讨论。本章讨论的是环系比较稳定,并且在性质上具有一定芳香性的杂环化合物,这类化合物又简称为芳杂环(aromatic heterocycles)。

杂环化合物在自然界中分布很广,种类多,数量大,在已发现的天然有机化合物中比例占到 65% 以上。例如,植物的叶绿素、动物的血红素、核酸的碱基、中草药的有效成分生物碱、部分维生素、抗生素等,它们都含有杂环结构。杂环化合物是一大类有机物,在理论和实际中都具有十分重要的意义。

第一节　杂环化合物

一、分类

芳杂环的数目很多,可根据环的大小、杂原子的多少以及环的个数来分类。根据环数的多少可分为单杂环和稠杂环,单杂环又可根据成环原子数的多少分为五元杂环和六元杂环等,常见的杂环化合物的分类、名称和编号如下。

含一个杂原子的五元杂环:

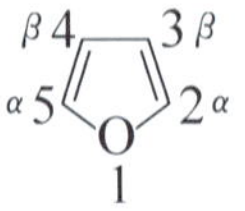

呋喃	噻吩	吡咯
furan	thiophene	pyrrole

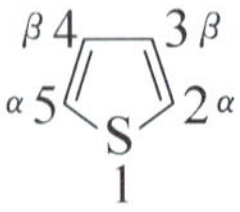

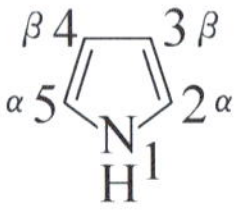

含两个杂原子的五元杂环:

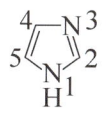
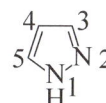
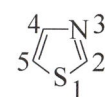

咪唑	吡唑	噻唑	噁唑
imidazole	pyrazole	thiazole	oxazole

含一个杂原子的六元杂环：

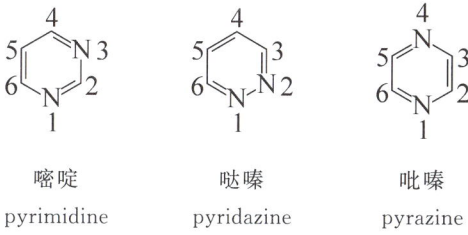

吡啶	吡喃
pyridine	pyran

含两个杂原子的六元杂环：

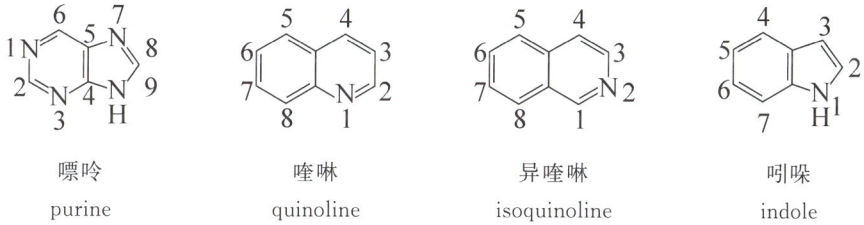

嘧啶	哒嗪	吡嗪
pyrimidine	pyridazine	pyrazine

稠杂环：

嘌呤	喹啉	异喹啉	吲哚
purine	quinoline	isoquinoline	indole

二、命名

我国目前主要采用音译法命名，即将特定的 45 个杂环化合物的英文名称译成同音汉字，加上"口"字旁作为杂环的名称。当杂环上有取代基时，以杂环为母体，对环上的碳原子进行编号，编号的规则如下。

知识链接 13-1

（1）当环上只有一个杂原子时，从杂原子开始编号，依次标记 1、2、3 等，或从靠近杂原子的碳原子开始编号，标以希腊字母 α、β、γ 等。

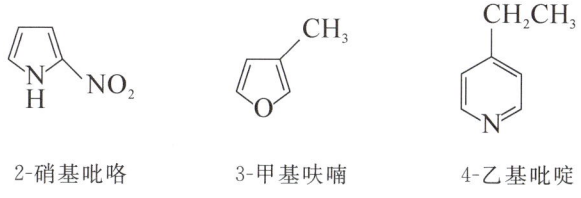

2-硝基吡咯	3-甲基呋喃	4-乙基吡啶
2-nitropyrrole	3-methylfuran	4-ethylpyridine

（2）当环上有几个不同的杂原子时，则按 O、S、NH、N 的先后顺序编号，并使杂原子的编号尽可能小。

NOTE

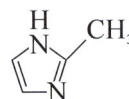

5-甲基噻唑	4-甲基嘧啶	2-甲基咪唑
5-methylthiazole	4-methylpyrimidine	2-methylimidazole

（3）稠杂环的编号有几种情况，有的按其相应的稠环芳烃的母环编号，从一端开始，共用碳原子一般不编号，编号时使杂原子的编号尽可能小，并遵守杂原子的优先顺序；有的稠杂环母环（如吲哚、嘌呤等）有特定的编号原则。

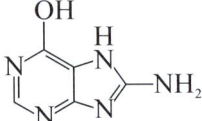

3,8-二羟基喹啉	8-氨基-6-羟基嘌呤	2-吲哚甲酸
3,8-dihydroxyquinoxaline	8-amino-6-hydroxypurine	indole-2-carboxylic acid

随堂检测 13-1 给下列杂环化合物命名。

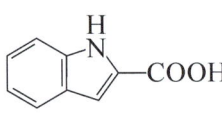

（1） （2） （3） （4）

三、六元杂环化合物

知识链接 13-2

六元杂环化合物是杂环类化合物中最重要的部分，如含氧的六元杂环化合物有吡喃，含氮的六元杂环化合物有吡啶、嘧啶等，它们的衍生物广泛存在于自然界中，且大多具有生理活性。本节仅讨论含氮的六元杂环化合物。

（一）吡啶

1. 结构与芳香性 吡啶环上的 5 个碳原子和 1 个氮原子均以 sp^2 杂化轨道相互重叠，形成以 σ 键相连的平面六元环结构（图 13-1）。环上每个原子未杂化的 p 轨道相互侧面重叠，且垂直于环平面，构成了具有 6 个电子的闭合共轭体系。吡啶环上氮原子的未共用电子对占据着 sp^2 杂化轨道，没有参与环的共轭，因此吡啶的 π 电子数为 6，符合休克尔规则（$4n+2$），具有一定的芳香性。

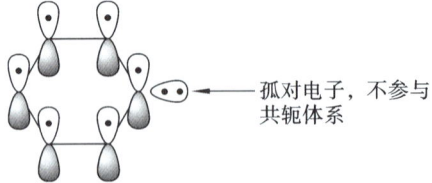

孤对电子，不参与共轭体系

图 13-1 吡啶结构的电子云图

由于吡啶环上的氮原子电负性较大，致使 π 电子云向氮原子上偏移，环上碳原子的电子云密度远远小于苯，因此将吡啶这类芳杂环称为缺 π 芳杂环。这类杂环表现在化学性质上是亲电取代反应变难，亲核取代反应变易，氧化反应变难，还原反应变易。

2. 物理性质 吡啶存在于煤焦油和骨焦油中，为有特殊气味的无色或淡黄色的液体，沸点为 115.5 ℃，密度为 0.982 g/cm^3。吡啶能与水以任意比例互溶，同时又能溶解大多数极性

及非极性的有机化合物,甚至可以溶解某些无机盐类,所以吡啶是一种广泛使用的溶剂。

3. 化学性质

(1)碱性:吡啶分子的氮原子上有 1 对未参与共轭的电子,能结合 H^+ 而显碱性。但吡啶的碱性比脂肪胺和氨弱,而近似于芳胺,原因在于吡啶中氮原子上的未共用电子对处于 sp^2 杂化轨道中,其 s 轨道成分较 sp^3 杂化轨道多,离原子核较近,电子受核束缚作用较强,给出电子的倾向较小。

	三甲胺	氨	吡啶	苯胺
pK_a	9.8	9.3	5.23	4.6

吡啶不但能与无机酸成盐,还能与 Lewis 酸成盐。

$$\text{吡啶} + HCl \longrightarrow \text{吡啶} \cdot HCl$$

$$\text{吡啶} + SO_3 \longrightarrow \text{吡啶} \cdot SO_3$$

(2)亲电取代反应:由于吡啶分子中氮原子的电负性比碳原子大,环上碳原子电子云密度有所减小;同时,在亲电取代反应中试剂通常显酸性,使氮原子先与酸结合成吸电子基,因而环上碳原子电子云密度进一步减小,所以,吡啶比苯较难进行亲电取代反应,其反应条件要求较高。吡啶环上碳原子的电子云密度普遍减小,而其中以 β 位减小得较少,所以亲电取代反应主要发生在 β 位上。

$$\text{吡啶} \xrightarrow[300\,℃]{Br_2} \text{3-Br-吡啶}$$

$$\text{吡啶} \xrightarrow[300\,℃,24\,h]{\text{浓 } H_2SO_4 + \text{浓 } HNO_3} \text{3-NO}_2\text{-吡啶}$$

$$\text{吡啶} \xrightarrow[220\,℃]{\text{浓 } H_2SO_4 + HgSO_4} \text{3-SO}_3H\text{-吡啶}$$

(3)亲核取代反应:由于吡啶环上氮原子的吸电子作用,环上碳原子的电子云密度减小,尤其在 α 位和 γ 位上的电子云密度更小,因而环上的亲核取代反应容易发生,取代反应主要发生在 α 位和 γ 位上。

$$\text{吡啶} \xrightarrow{NaNH_2/NH_3} \xrightarrow{H_2O} \text{2-NH}_2\text{-吡啶}$$

α-氨基吡啶

如果在吡啶环的 α 位或 γ 位存在着较好的离去基团(如卤素、硝基)时,则亲核取代反应更加容易发生。

$$\text{4-Cl-吡啶} \xrightarrow[\triangle]{NaOH,H_2O} \text{4-OH-吡啶}$$

$$\text{2-Br-吡啶} \xrightarrow[\triangle]{CH_3ONa,CH_3OH} \text{2-OCH}_3\text{-吡啶}$$

NOTE

（4）氧化还原反应：吡啶环上的电子云密度因氮原子的存在而减小，因此环对氧化剂比较稳定。但当环上有烃基时，烃基却容易被氧化。

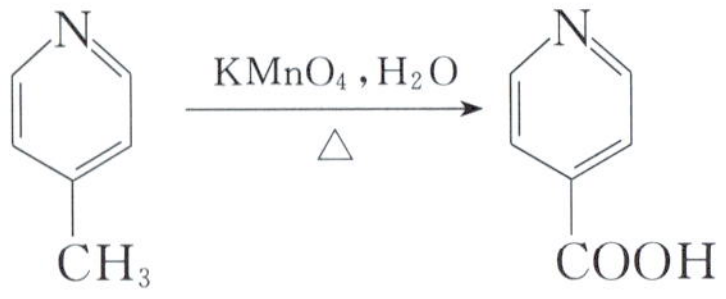

$$\underset{CH_3}{\boxed{N}} \xrightarrow[\triangle]{KMnO_4,H_2O} \underset{COOH}{\boxed{N}}$$

吡啶比苯容易还原，在常压下就可以被还原为六氢吡啶。

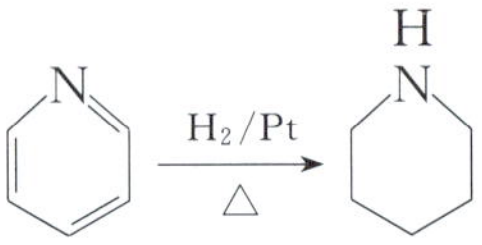

$$\boxed{N} \xrightarrow[\triangle]{H_2/Pt} \boxed{NH}$$

六氢吡啶又名哌啶，为无色液体，能与水混溶。它的碱性（$pK_a=11.2$）比吡啶强，性质与脂肪仲胺相似，在有机反应中常作为碱性试剂。

4. 重要的吡啶衍生物

（1）烟酸（nicotinic acid）和烟酰胺（nicotinamide）：烟酸是 B 族维生素中的一种，能促进细胞的新陈代谢，并有扩张血管的作用。烟酰胺是辅酶 I 的组成成分，两者在大多数场合下可以通用，并且烟酸在动物体内转化成烟酰胺。体内缺乏烟酰胺会得糙皮病，烟酰胺在蛋白质和糖的新陈代谢中发挥作用，可改善人类和动物的营养，此外，它在化妆品中可作为营养性添加剂，还被用作医药、食品及饲料添加剂。

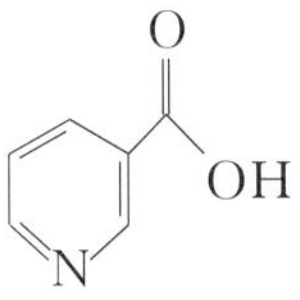

烟酸 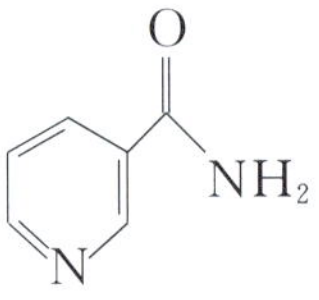　　　　　　　　　烟酰胺

（2）尼可刹米（nicamide）和异烟肼（isoniazid）：尼可刹米又名可拉明，为呼吸中枢兴奋药，用于中枢性呼吸和循环衰竭。异烟肼又名雷米封，为常用的抗结核病药。

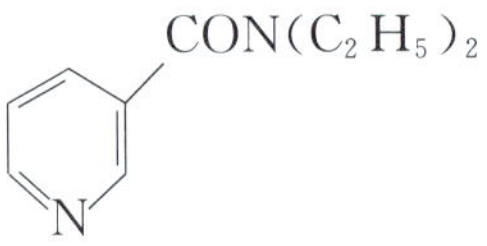

尼可刹米 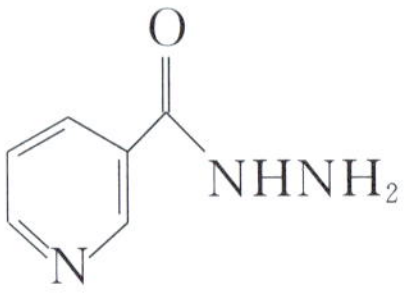　　　　　　　异烟肼

（3）维生素 B_6（vitamin B_6）：维生素 B_6 包括吡哆醇、吡哆醛和吡哆胺三种化合物，它们存在于蔬菜、谷物、肉、蛋类中，是维持蛋白质正常代谢的维生素，可用于治疗放射性呕吐、妊娠呕吐和白细胞减少症。

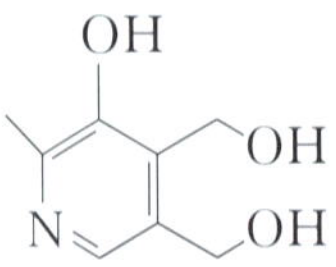

吡哆醇 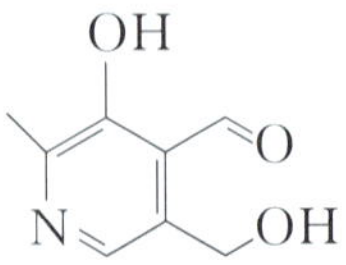　　　　　　吡哆醛 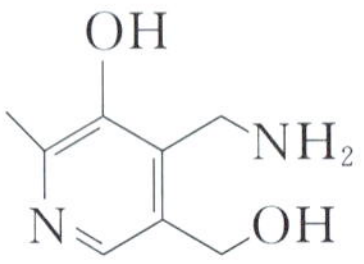　　　　　　吡哆胺

知识链接 13-3

（二）嘧啶及其衍生物

含有两个氮原子的六元杂环化合物总称为二氮嗪。"嗪"表示多于一个氮原子的六元杂环。二氮嗪共有三种同分异构体，分别为嘧啶、哒嗪（pyridazine）和吡嗪（pyrazine）。

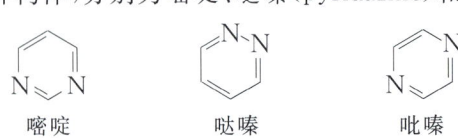

嘧啶　　　　　哒嗪　　　　　吡嗪

嘧啶、哒嗪和吡嗪是许多重要杂环化合物的母核,其中以嘧啶环系最为重要,因其广泛存在于动植物中,并在动植物的新陈代谢中起重要作用。比如核酸中的碱基有三种是嘧啶衍生物,某些维生素及合成药物(磺胺类及巴比妥类等)都含有嘧啶环,重要的嘧啶衍生物主要有以下几种。

1. 尿嘧啶(uracil)、胞嘧啶(cytosine)和胸腺嘧啶(thymine) 这三种物质是组成核酸分子的重要成分。

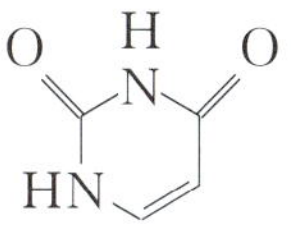

尿嘧啶 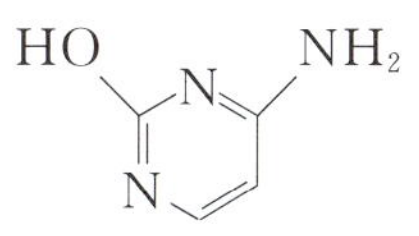　　　　　　　胞嘧啶 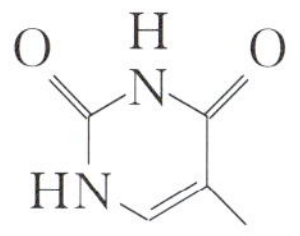　　　　　　　胸腺嘧啶

2. 维生素 B$_1$(vitamin B$_1$) 它是由嘧啶和噻唑通过亚甲基连接形成的化合物,为白色晶体,易溶于水,医药上常用其盐酸盐,又称硫胺素。维生素 B$_1$ 是维持糖代谢、消化和神经传导正常功能的必需物质,可用于治疗多发性神经炎、脚气病、食欲不振和胃肠道疾病。

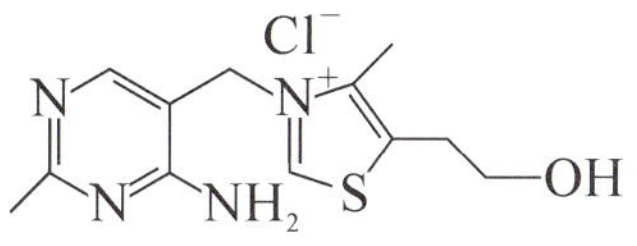

维生素 B$_1$

3. 磺胺嘧啶(sulfadiazine) 磺胺嘧啶可用于治疗溶血性链球菌、肺炎球菌及脑膜炎双球菌的感染。

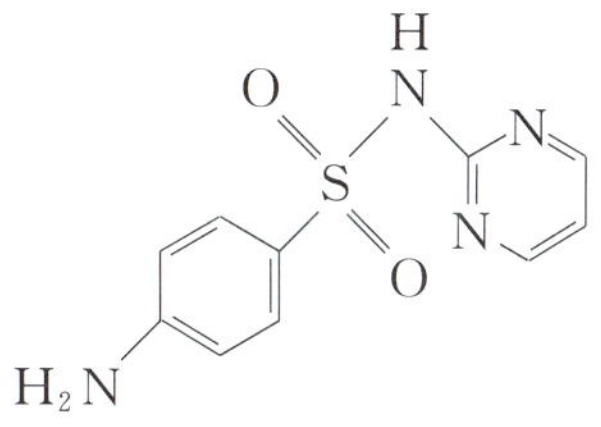

磺胺嘧啶

4. 5-氟尿嘧啶(5-fluorouracil) 5-氟尿嘧啶可用于治疗结肠癌、直肠癌、乳腺癌、卵巢癌及胃癌等,但毒性很大,与脱氧核糖核酸缩合成 5-氟尿嘧啶脱氧核苷,可使其毒性减小。

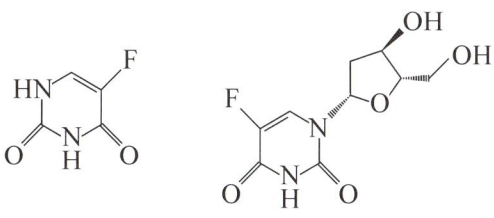

5-氟尿嘧啶　　　　　　5-氟尿嘧啶脱氧核苷

随堂检测 13-2 回答下列问题。

(1) 为什么吡啶的溴化不能用 $FeBr_3$ 催化?

(2) 为什么吡啶的碱性比六氢吡啶弱?

四、五元杂环化合物

(一)吡咯、呋喃和噻吩

吡咯、呋喃和噻吩是最重要的含有 1 个杂原子的五元杂环化合物。它们的重要性不在于它们的单体,而是它们的衍生物。它们的衍生物不但种类繁多,而且有些是重要的工业原料,有些具有重要的生理作用。

1. 结构与芳香性　通过近代物理方法检测,吡咯、呋喃和噻吩都是平面形分子。碳原子与杂原子均以 sp^2 杂化轨道与相邻原子彼此以 σ 键构成五元环,每个原子都有一个未参与杂化的 p 轨道与环平面垂直,碳原子的 p 轨道中有一个电子,而杂原子的 p 轨道中有两个电子,这些 p 轨道相互侧面重叠形成具有 6 个 π 电子的闭合共轭体系(图13-2),符合 $4n+2$ 规则,因此,这些杂环均具有芳香性。

呋喃　　　　　　噻吩　　　　　　吡咯

图 13-2　呋喃、噻吩和吡咯的结构

在这 3 个五元杂环中,由于 5 个 p 轨道中分布着 6 个电子,因此杂环上碳原子的电子云密度比苯环上碳原子的电子云密度大,所以又称多 π 芳杂环。因此,它们进行亲电取代反应将比苯容易得多。

2. 物理性质　吡咯存在于煤焦油和骨焦油中,为无色液体,沸点为 131 ℃,有类似苯胺的气味。其蒸气遇盐酸浸过的松木片呈红色,借此可检验吡咯及其同系物。呋喃存在于松木焦油中,为无色易挥发液体,沸点为 31 ℃,气味与氯仿相似。呋喃能使盐酸浸过的松木片呈绿色。噻吩存在于煤焦油中,为无色有特殊气味的液体,沸点为 84 ℃,在浓硫酸存在下,噻吩与靛红作用显蓝色。

3 个五元杂环都难溶于水,其原因是杂原子的一对 p 电子参与形成了大 π 键,杂原子上的电子云密度减小,与水的缔合能力减弱。但是它们的水溶性仍有差别,吡咯氮上的氢可与水形成氢键,呋喃环上的氧与水也能形成氢键,但强度相对较弱,而噻吩环上硫不能与水形成氢键,因此 3 个五元杂环在水中的溶解度大小顺序:吡咯>呋喃>噻吩。

3. 化学性质

(1) 酸碱性:吡咯分子虽有仲胺结构,但碱性很弱($pK_a=0.4$),其原因是氮原子上的一对电子已经参与形成大 π 键,不再具备给电子的能力,与质子难以结合。相反,氮上的氢原子却显示出弱酸性,因此吡咯能与金属单质钾及干燥的强碱氢氧化钾共热成盐。

$$\underset{H}{\overset{N}{\bigcirc}} + KOH \xrightarrow{\triangle} \underset{K^+}{\overset{N^-}{\bigcirc}} + H_2O$$

(2) 亲电取代反应:吡咯、呋喃和噻吩都属于多 π 芳杂环,容易发生亲电取代反应。虽然由于杂原子的大小及电负性不同,它们的活性有差异,但它们的活性都比苯大,其排列顺序:吡咯>呋喃>噻吩>苯。五元杂环的 α 位电子云密度最大,所以亲电取代反应主要发生在 α 位上,β 位产物较少。

①卤代反应:吡咯、呋喃和噻吩在室温与氯或溴单质反应很剧烈,得到多卤代产物。若要得到一卤代产物,需用溶剂稀释并在低温下进行反应。

$$\underset{H}{\overset{N}{\bigcirc}} \xrightarrow[乙醚/0℃]{Br_2} \underset{\underset{H}{N}}{\overset{Br}{\underset{Br}{\bigcirc}}}\overset{Br}{\underset{Br}{}}$$

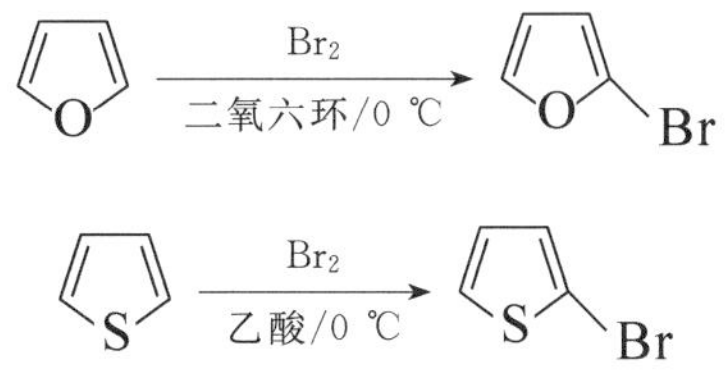

②硝化反应:在强酸性条件下,吡咯和呋喃由于质子化而芳香性被破坏,进而聚合成树脂状物质。噻吩用混酸作硝化剂时,共轭体系也会被破坏。因此它们的硝化反应需用较缓和的硝酸乙酰酯作为硝化剂,并且在低温条件下进行反应。

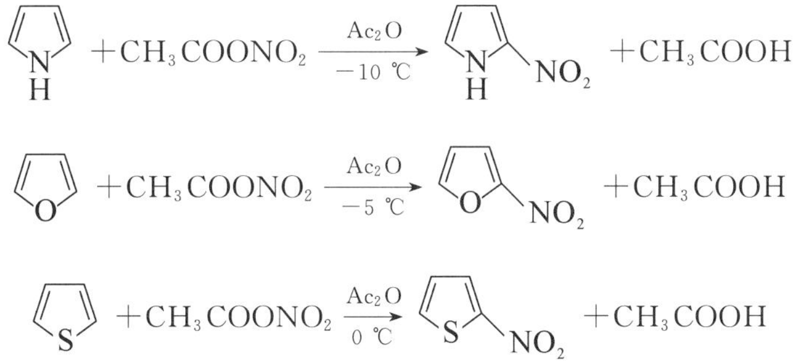

③磺化反应:吡咯和呋喃的磺化反应也需在比较缓和的条件下进行,常用吡啶与三氧化硫的加合物作为磺化试剂;而噻吩由于比较稳定,可直接用硫酸进行磺化反应。

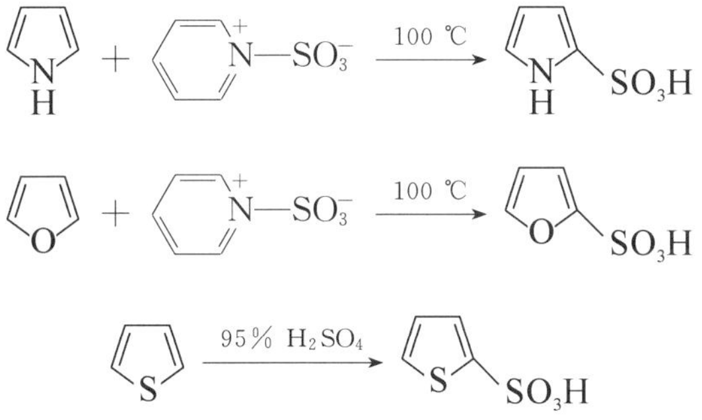

④Friedel-Crafts 反应:此反应需采用比较温和的催化剂如 $SnCl_4$、BF_3 等,对活性较大的吡咯可不用催化剂,直接用酸酐酰化。由于吡咯、呋喃和噻吩很活泼,故该反应烷基化往往会得到多烷基取代混合物,甚至不可避免会产生树脂状物质,因此用处不大。

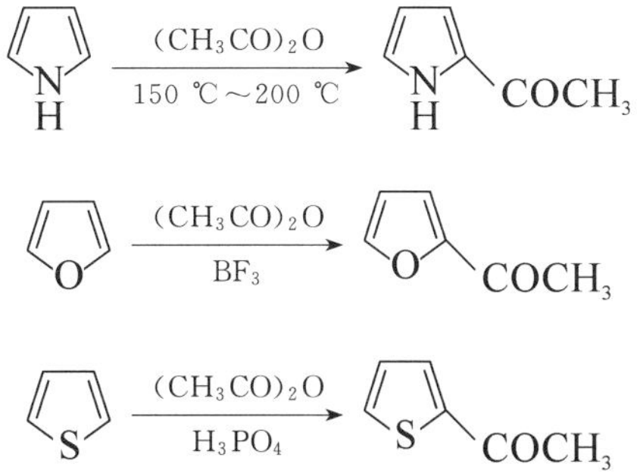

(3)加成反应:吡咯、呋喃和噻吩均可进行催化加氢,生成饱和的杂环化合物,并失去芳香性。

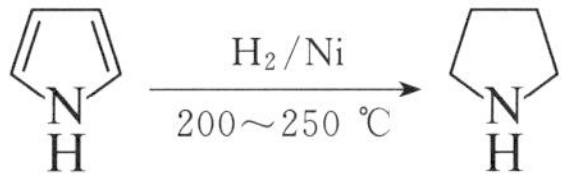

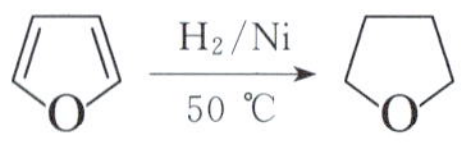

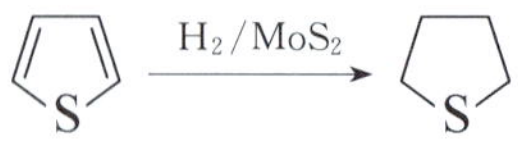

$$\text{（furan）} \xrightarrow[50\ ℃]{H_2/Ni} \text{（tetrahydrofuran）}$$

$$\text{（thiophene）} \xrightarrow{H_2/MoS_2} \text{（tetrahydrothiophene）}$$

由于噻吩中含硫,会使一般的催化剂中毒,氢化时必须采用特殊的催化剂。

4. 重要的吡咯衍生物

(1) 卟啉类化合物:卟啉(porphyrin)是一类由四个吡咯类亚基的 α-碳原子通过次甲基桥(—CH—)互联而形成的大分子杂环化合物,其母体化合物为卟吩(porphine),有取代基的卟吩即称为卟啉。血红素(heme)、细胞色素和叶绿素(chlorophyll)等生物大分子的核心部分就是由卟啉构成的。

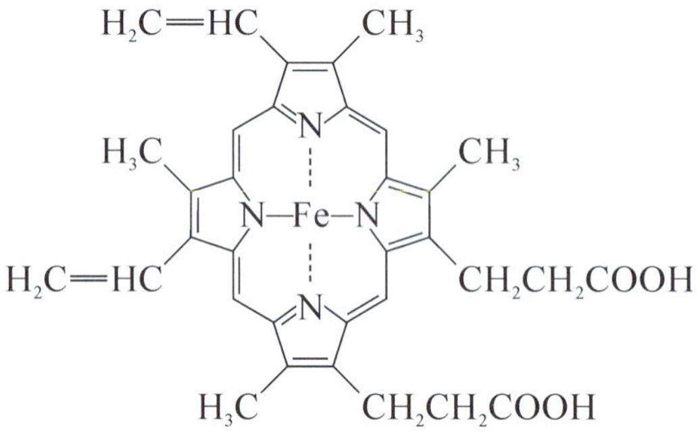

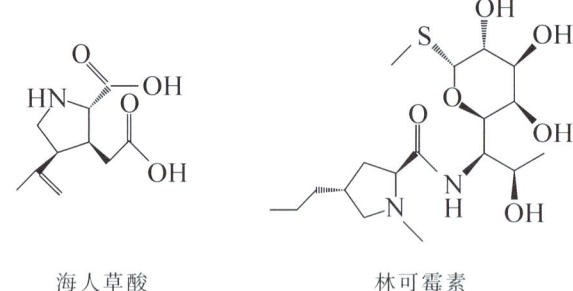

血红素

(2) 吡咯类药物:药物中的吡咯衍生物有海人草酸(kainic acid)、林可霉素(lincomycin)、维生素 B_{12}(vitamin B_{12})等。海人草酸是一种驱蛔虫药;林可霉素是一种新型的抗生素,对革兰阳性菌和革兰阴性菌均有较强的抑菌作用;维生素 B_{12} 是治疗恶性贫血的药物,是第一个被发现的含钴的天然产物。

海人草酸   林可霉素

5. 重要的呋喃衍生物

(1) 糠醛(furfural):糠醛是植物纤维原料中的戊聚糖经水解和脱水生成的无色透明的油状液体,又称呋喃甲醛,有特殊香味,沸点为 167.1 ℃,能溶于酒精、乙醚、醋酸等有机溶剂,在光照、受热、空气氧化及无机酸作用下颜色很快变为黄褐色,最终成黑褐色,也容易发生聚合而呈树脂状。它常被用作溶剂或有机合成的原料,也可用于合成树脂、清漆、农药、医药、橡胶和涂料等。

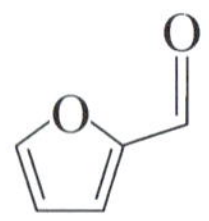

2-呋喃甲醛(糠醛)

（2）呋喃类药物：可供药用的呋喃衍生物相当多，例如，抗血吸虫病药物呋喃丙胺（furapromide），抗菌药物呋喃唑酮（furazolidone），即痢特灵。

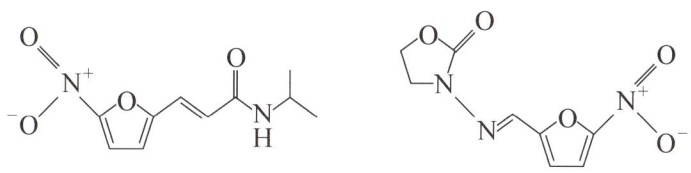

呋喃丙胺　　　　　　　　　呋喃唑酮（痢特灵）

6. 重要的噻吩衍生物

（1）生物素（biotin）：生物素含有四氢噻吩环，是最重要的天然噻吩衍生物，是人体中酶的生长因子。

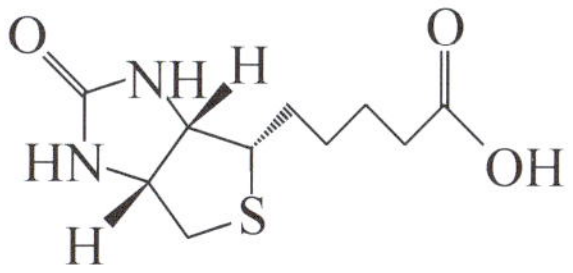

D-生物素

（2）头孢噻吩钠（cephalothin sodium）：头孢噻吩钠是半合成头孢菌素之一，可用于对青霉素耐药的金黄色葡萄球菌、肺炎球菌、大肠杆菌等引起的各种感染，疗效较好。

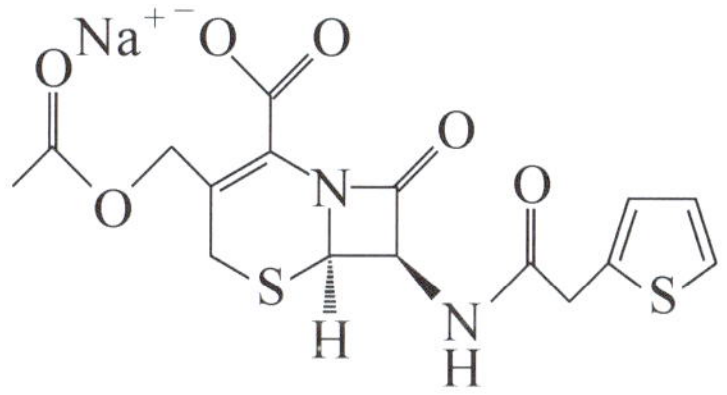

头孢噻吩钠

（二）其他重要的五元杂环化合物

唑（azole）为含有 2 个杂原子且至少有 1 个氮原子的五元杂环化合物，这类化合物中比较重要的有吡唑、咪唑和噻唑。它们可以看成是吡咯、噻吩环上的 2 位或 3 位的 CH 换成氮原子，该氮原子的电子构型与吡啶中的氮原子相同，在 sp^2 杂化轨道中有一对未共用电子对未参与成键，这种结构使唑类化合物在水中溶解度比吡咯、噻吩要大，碱性比吡咯要强。

1. 噻唑　噻唑为无色具有腐败臭味的液体，沸点为 116.8 ℃，与水互溶。噻唑与吡啶类似，具有弱碱性，可与苦味酸和盐酸等形成盐，可与许多金属氯化物（如氯化金等）形成络合物，并具有一定的熔点。噻唑的环系具有一定的稳定性，也表现出一定的芳香性，其化学性质与吡啶相似。一些重要的天然产物及合成药物中含有噻唑环，比如维生素 B_1、青霉素 G 等。

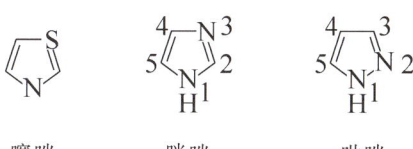

噻唑　　　　咪唑　　　　吡唑

2. 咪唑和吡唑　咪唑和吡唑是同分异构体，它们的区别是由两个氮原子在环中的位置不同引起的。由于形成氢键的缘故，咪唑和吡唑均有较高的沸点，在室温下是固体。

许多天然物质内含有咪唑环，如蛋白质中的组氨酸，它在血液中的含量约为 11%。组氨酸在细菌的作用下脱羧得到组胺（histamine），它具有降低血压的作用，因此具有药用价值。

3. 重要的唑类衍生物

（1）安乃近（metamizole sodium）：安乃近又名罗瓦尔精，具有解热镇痛和抗风湿的效用，常用于发热、头痛和风湿性关节炎等。

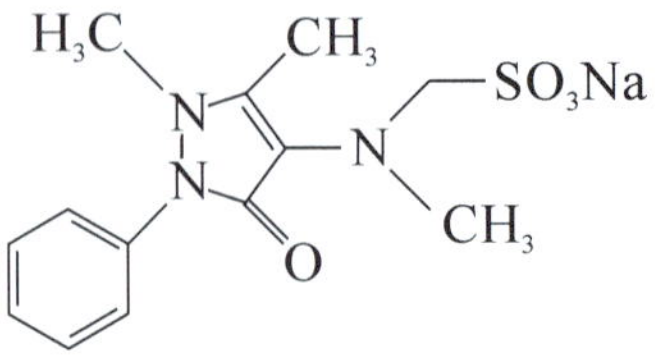

安乃近

（2）安替比林（antipyrine）：安替比林具有解热镇痛作用，可用于缓解头痛、发热等症状，但其毒性较大，常用于复方制剂中。其衍生物 4-二甲氨基安替比林又名氨基比林（aminophenazone），是另一种解热镇痛药。

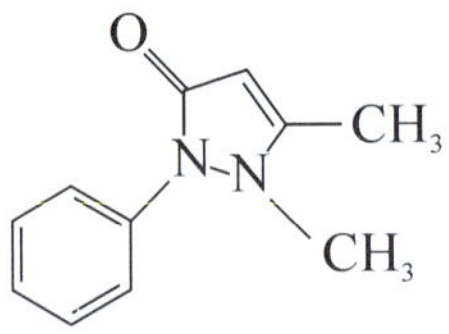

安替比林 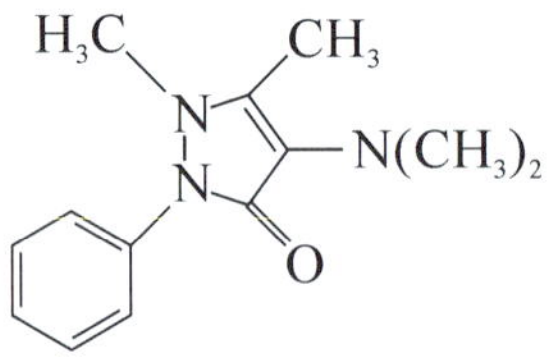　　　　　　　　　　　氨基比林

（3）磺胺噻唑（sulfathiazole）：磺胺噻唑对于链球菌感染的疾病具有良好的疗效，但因其毒性和副作用较大，它的单独制剂在临床上已经基本停用，但它的衍生物很多应用于临床，如琥珀酰磺胺噻唑（succinylsulfathiazole）、酞磺胺噻唑（phthalylsulfathiazole）等。

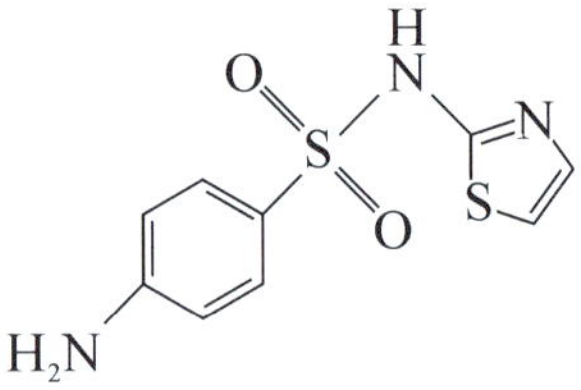

磺胺噻唑

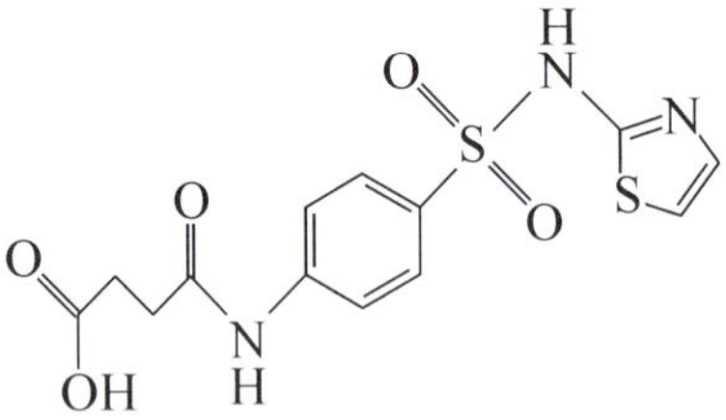

琥珀酰磺胺噻唑 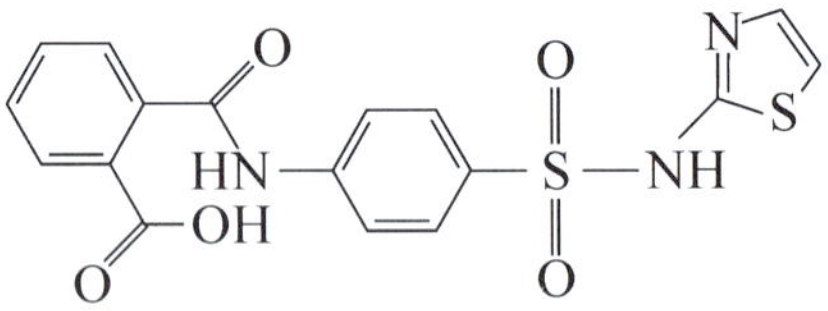　　　　　　　　　　　　酞磺胺噻唑

随堂检测 13-3　为什么咪唑比吡咯稳定，其亲电取代反应活性不如吡咯？

五、稠杂环化合物

稠杂环化合物广泛存在于自然界中，重要的有嘌呤、吲哚、喹啉及异喹啉。

（一）嘌呤及其衍生物

嘌呤是由嘧啶环和咪唑环稠合而成的，是无色针状晶体，熔点为 216 ℃，易溶于水，也可溶于醇，但不溶于非极性的有机溶剂。嘌呤既有碱性（pK_a＝2.30）又有弱酸性（pK_a＝8.90）。重要的嘌呤衍生物主要有以下几种：

1. 鸟嘌呤(guanine)和腺嘌呤(adenine) 它们是构成核酸的重要组成部分。

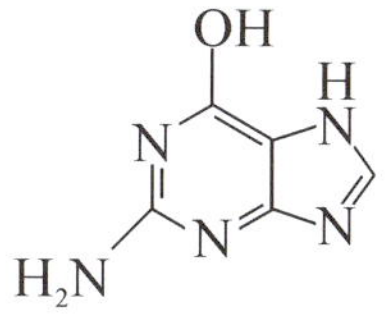

鸟嘌呤 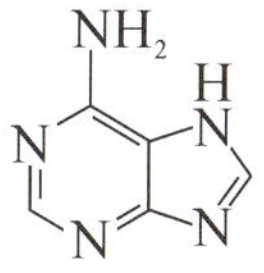   腺嘌呤

腺嘌呤的旧称为维生素 B₄(vitamin B₄),是白色针状结晶或结晶性粉末,具有刺激白细胞增生的作用,可用于治疗白细胞减少症。

2. 黄嘌呤(xanthine) 即 2,6-二羟基嘌呤,它有两种互变异构形式,其衍生物常以酮的形式存在。

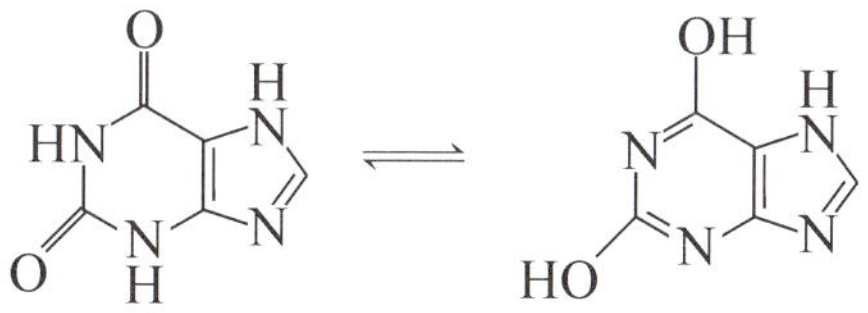

酮式   烯醇式

2,6-二羟基嘌呤(黄嘌呤)

黄嘌呤的甲基衍生物在自然界中广泛存在,如咖啡因(caffeine)、茶碱(theophylline)和可可碱(theobromine)存在于茶叶或可可豆中,具有利尿和兴奋中枢神经的作用,在医药上用作中枢兴奋剂、强心剂和利尿药。

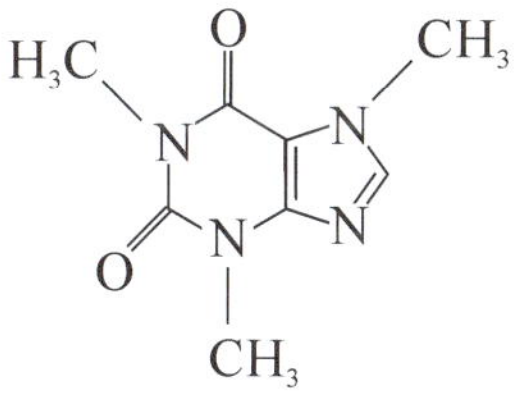

咖啡因 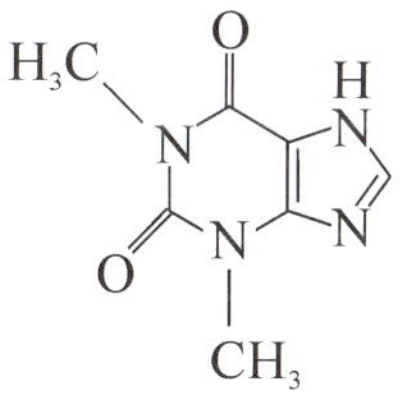   茶碱 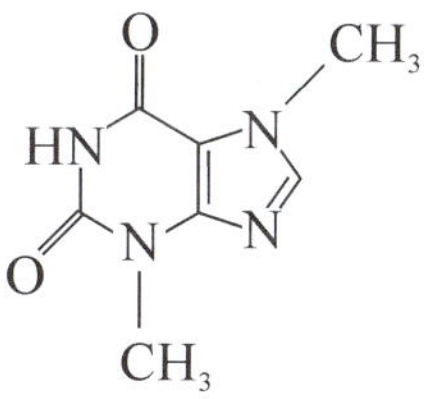   可可碱

3. 尿酸(uric acid) 尿酸存在于哺乳动物的血液和尿液中,是核蛋白的最终代谢产物,正常人的血液和尿中只有少量存在。尿酸有酮式和烯醇式两种异构体,其中酮式占优势。

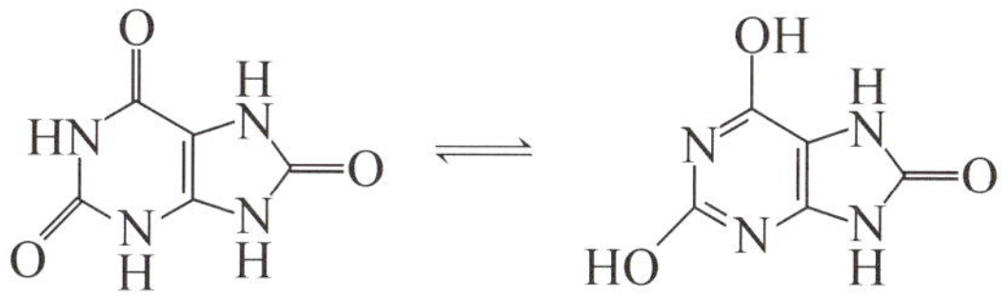

酮式   烯醇式

尿酸

尿酸为白色结晶,难溶于水,具有弱酸性,在体内以盐的形式存在。当代谢发生紊乱时,体内尿素含量增加,就以盐的形式发生沉积,进而发展形成尿结石、痛风石及肾结石。

(二)吲哚及其衍生物

吲哚存在于煤焦油中,为白色片状结晶,可溶于热水、乙醇及乙醚,具有恶臭味,但纯吲哚在浓度极稀时,有花的香味,可作为香料使用。吲哚能使浸有盐酸的松木片显红色,此特性可用于吲哚的鉴别。吲哚具有芳香性,性质与吡咯相似,酸性(pK$_a$=17.0)与吡咯相当,其亲电取代反应在杂环上进行,取代基主要进入 β 位,重要的吲哚衍生物主要有以下几种。

1. 靛蓝（indigo） 靛蓝是一种色泽鲜艳而又耐久的蓝色染料，是较早发现的天然染料之一，也是我国最重要的蓝色染料。靛蓝为深蓝色固体，熔点为 390 ℃，能升华，蒸气为绛红色，不溶于水、醇及醚，可溶于氯仿及硝基苯。靛蓝是以糖苷（靛素）形式存在于菘蓝等植物中。

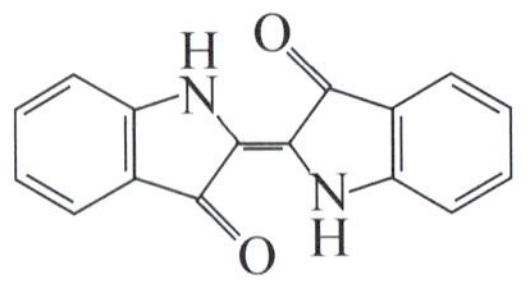

靛蓝

2. 吲哚美辛（indomethacin） 吲哚美辛是消炎、解热镇痛药，主要用于治疗风湿性关节炎、强直性脊柱炎、骨关节炎、痛风等。

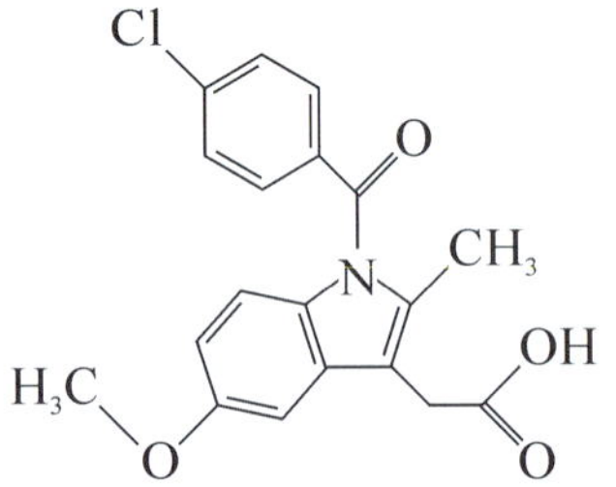

吲哚美辛（消炎痛）

（三）喹啉、异喹啉及其衍生物

喹啉和异喹啉是同分异构体，存在于煤焦油和骨焦油中，均为无色油状液体。重要的喹啉和异喹啉衍生物主要有以下几种。

1. 磷酸伯氨喹（primaquine diphosphate） 磷酸伯氨喹是一种抗疟疾药物，用于控制良性疟疾复发，并有预防恶性疟疾传播的作用。

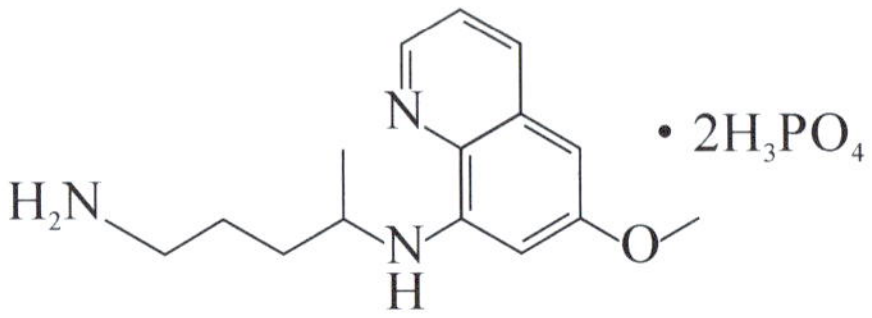

磷酸伯氨喹

2. 罗通定（rotundine） 即左旋延胡索乙素，为延胡索乙素中的有效成分，具有镇痛及催眠作用，常用于消化性溃疡痛、月经痛及紧张性失眠症等。

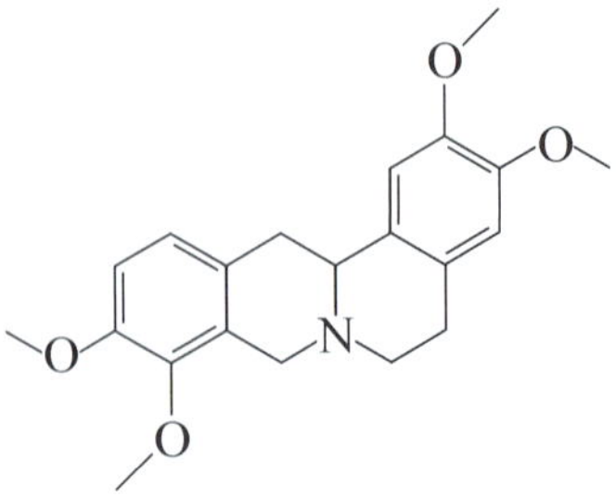

罗通定

第二节 生物碱

生物碱（alkaloid）是指存在于生物体内，具有明显生理活性的一类碱性含氮有机化合物。生物碱的分子结构多数属于仲胺、叔胺，少数为伯胺。由于这类物质主要存在于植物体内，故又称为植物碱。生物碱多是结构复杂的多环化合物，大多数生物碱含有氮杂环，少数是非杂环生物碱。生物碱大多数是中草药的有效成分，常以有机酸盐（草酸盐、柠檬酸盐、苹果酸盐、磷酸盐等）的形式存在于植物体中。

生物碱常根据其化学结构或来源进行分类。根据化学结构可将其分为有机胺类、吡咯衍生物类、吡啶衍生物类、喹啉衍生物类等。生物碱目前主要根据其来源命名。如来源于烟草的是烟碱，来源于麻黄的是麻黄碱。也可以采用国际通用名称的译音，如烟碱称为尼古丁（Nicotine）。

一、生物碱的一般性质

生物碱种类繁多，结构复杂。绝大多数生物碱是无色或白色晶体，少数是液体或有颜色（如烟碱为液体，麻黄碱是黄色），味苦，大多具有旋光性，而有药物疗效的大多为左旋体。游离的生物碱多数难溶或不溶于水，能溶于乙醇、氯仿、丙酮等有机溶剂。

1. 碱性 生物碱多为含氮有机化合物，具有弱碱性，能够与酸作用生成生物碱盐（如盐酸吗啡）。生物碱盐一般易溶于水，而难溶于有机溶剂。因此临床上通常将不溶于水的生物碱类药物制成易溶于水的盐类，使其易于注入体内并被人体吸收。如将阿托品制成硫酸阿托品；可待因制成磷酸可待因；吗啡制成盐酸吗啡。

生物碱盐与碱作用时可以转化为不溶于水的游离体。因此使用生物碱药物时，应注意不要与碱性药物并用，否则会影响治疗效果。如在硫酸奎宁的水溶液中，加入少量苯巴比妥钠（碱性），立即析出白色沉淀而失去药效。

2. 沉淀反应 大多数生物碱或生物碱盐的水溶液可以与一些试剂作用，生成难溶于水的盐或配合物而沉淀。这类能与生物碱发生沉淀的试剂称为生物碱沉淀剂。常用的生物碱沉淀剂是一些酸和重金属盐类，如鞣酸、苦味酸、氯化金（$AuCl_3 \cdot HCl$）、碘化铋钾（$KBiI_4$）、碘化汞钾（K_2HgI_4）、磷钼酸（$H_3PO_4 \cdot 12MoO_3$）、磷钨酸（$H_3PO_4 \cdot 12WO_3$）等。生物碱与不同试剂作用，可产生不同颜色、不同形态的沉淀。如生物碱遇苦味酸溶液生成黄色沉淀，遇碘化铋钾溶液多生成棕色沉淀等。因此可根据产生沉淀的颜色、性状来检测植物中是否含有生物碱，也可以用来鉴别生物碱。

3. 显色反应 大多数生物碱可以和某些试剂发生反应呈现出不同的颜色，这些能使生物碱发生颜色反应的试剂称为生物碱显色剂。常用的生物碱显色试剂有钼酸钠、甲醛、硝酸、钒酸铵、高锰酸钾等的浓硫酸溶液，各种生物碱因其结构不同而显示不同的颜色。如甲醛的浓硫酸溶液遇吗啡显紫红色，遇可待因显蓝色；1%的钒酸铵的浓硫酸遇的士宁显血红色，遇吗啡显棕色，遇奎宁显浅橙色等。因此可以利用此反应来鉴别生物碱。

二、常见的生物碱

生物碱广泛应用于医药中，它是植物有效成分中研究最多的一类。目前应用于临床的生物碱有 100 种以上，而常见的生物碱有以下几种。

1. 烟碱（nicotine） 烟碱存在于烟叶中，又名尼古丁，属吡啶类生物碱。烟碱是烟叶中含有的十多种生物碱中最主要的一种，占 2%～8%，平均占 4%。烟碱为无色油状液体，沸点为

246 ℃,能溶于水和乙醇、氯仿等有机溶剂,有旋光性,天然存在的为左旋体。烟碱有毒,少量对中枢神经系统有兴奋作用,可使人血压升高,呼吸增强;量大时则会抑制中枢神经,使人呼吸停止,心脏停搏,出现恶心、头痛、呕吐等症状,严重时可使心搏骤停以致死亡。因此长期吸烟能引起慢性中毒。在农业上,烟碱可作杀虫剂。

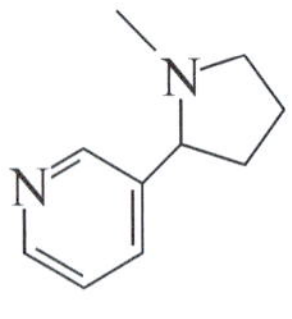

烟碱

2. 阿托品(atropine) 阿托品存在于颠茄、莨菪、曼陀罗、洋金花等茄科植物中,是一种酯,水解得莨菪醇和莨菪酸。阿托品呈柱状晶体,熔点为 118 ℃,难溶于水,易溶于乙醇和氯仿。阿托品具有解除平滑肌痉挛、抑制腺体分泌、扩大瞳孔、改善血液微循环等作用,是临床上常用的抗胆碱药。它的盐酸盐常用于治疗胃病、肠绞痛、解痉挛、扩大瞳孔等,也可以用作有机磷、锑中毒的解毒剂。过去它是从植物中提取,现在可以进行人工合成。

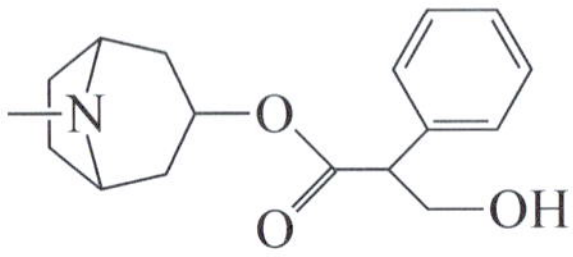

阿托品

3. 喜树碱(camptothecin) 喜树碱主要存在于我国中南及西南边区的喜树上,是喹啉类生物碱。喜树碱为淡黄色晶体,不溶于水,易溶于甲醇、乙醇、氯仿等有机溶剂,熔点为 264～267 ℃,为右旋体。喜树碱具有显著的抗癌活性,对胃癌、结肠癌、直肠癌和白血病等疗效较好,但毒性较大。

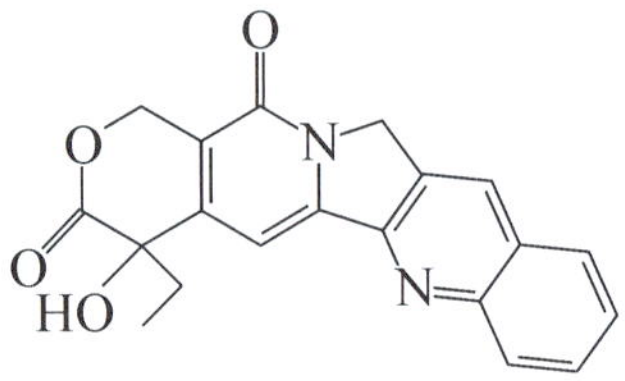

喜树碱

4. 麻黄碱(ephedrine) 麻黄碱又称麻黄素,存在于中药麻黄中,约占麻黄总碱量的60%。游离的麻黄碱为无色蜡状晶体或者固体颗粒结晶,常带结晶水,熔点为 40 ℃,无臭,味苦,易溶于水和乙醇、氯仿等有机溶剂。其水溶液具有碱性,能与无机酸或强有机酸结合成盐。

麻黄碱属芳胺类,是少数不含杂环的生物碱,与一般生物碱的性质不同。游离的麻黄碱有挥发性,不易与多种生物碱沉淀剂作用产生沉淀。

麻黄碱具有类似肾上腺素的生理作用,能使交感神经兴奋,扩张支气管,升高血压,临床上常用其盐酸盐治疗支气管哮喘、鼻黏膜肿胀、过敏性反应和低血压等。

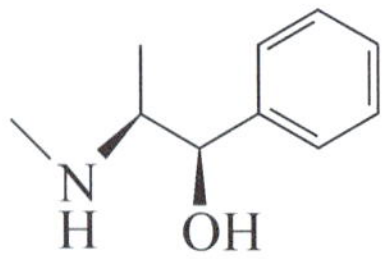

麻黄碱

麻黄碱的脱氧衍生物甲基苯丙胺具有很强的中枢神经兴奋作用和成瘾性,外观像"冰",称为冰毒,是严重危害人体健康的毒品。

5. 小檗碱(berberine) 小檗碱又称黄连素,存在于黄连、黄柏、三棵针等中草药中。游离的小檗碱主要以季铵碱的形式存在,为黄色针状晶体,味极苦,易溶于热水中,难溶于有机溶剂。在植物中常以盐酸盐的形式存在,其盐酸盐微溶于水,硝酸盐和氢碘酸盐极难溶于水。小檗碱抗菌作用显著,对痢疾杆菌、链球菌及葡萄球菌等均有较强的抑制作用,临床上常用其盐酸盐治疗胃肠炎和细菌性痢疾等。

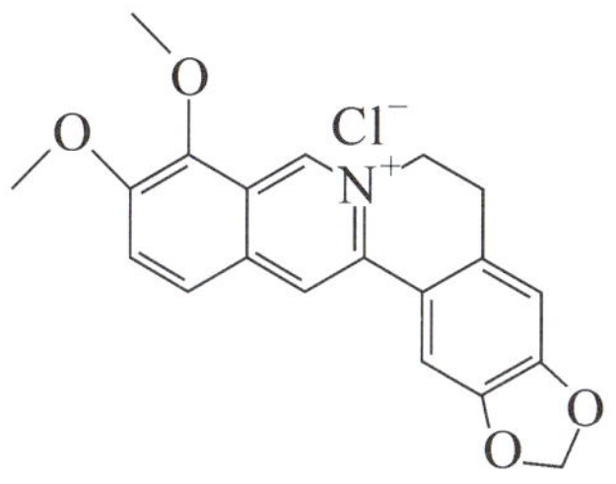

小檗碱

6. 吗啡(morphine)、可待因(codeine)和海洛因(heroin) 吗啡和可待因存在于罂粟科植物制得的鸦片中,属于喹啉类衍生物,而海洛因则是人工合成的吗啡衍生物。将未成熟罂粟果的汁液晾干后即得鸦片,鸦片中含有20多种生物碱,其中吗啡的含量最高。其结构如下。

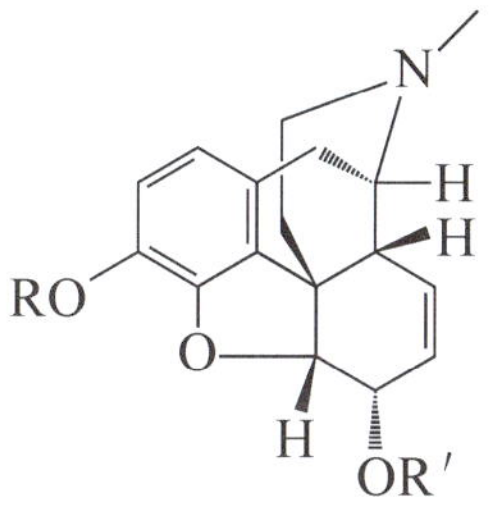

吗啡:R=R′=H
可待因:R=CH₃,R′=H
海洛因:R=R′=CH₃CO

吗啡是最早提纯的生物碱,其纯品为无色六面短棱锥形晶体,熔点为254～256 ℃,微溶于水,可溶于醚、氯仿等,较易溶于热戊醇及氯仿与醇的混合溶剂,味苦,暴露在空气中颜色逐渐变暗。吗啡对中枢神经有麻醉作用,镇痛效果极快,是人类使用最早的一种镇痛剂。长期连续使用易成瘾,故不宜滥用。临床上使用的一般为吗啡的盐酸盐及其制剂。它是强烈的镇痛药物,其镇痛作用能持续6 h,还能镇咳,但容易成瘾,一般只为解除晚期癌症患者的痛苦而使用。正常的大手术患者在三天内也可以小剂量使用。

可待因是吗啡的甲基醚,为无色斜方锥形晶体,味苦,无臭。难溶于水,能溶于乙醇等。可待因镇咳效果较好,镇痛效果比吗啡弱,成瘾性也比吗啡弱。临床上常用磷酸可待因作为镇咳和镇痛药。

海洛因又称二醋吗啡,是吗啡分子中两个羟基的乙酰化产物,为白色柱状晶体或结晶性粉末,难溶于水,易溶于氯仿、苯和热醇,光照或久置易变为淡棕黄色。海洛因不存在于自然界中,其麻醉作用和毒性比吗啡要强很多,成瘾性为吗啡的3～5倍,严禁作为药用,是严重危害人类身心健康的毒品之一。

杂环化合物是指环中含有碳以外杂原子的环状化合物,最常见的杂原子有氮、氧、硫,其中又以氮最多。杂环化合物是根据杂环母环的组成和结构进行分类的。根据环数的多少分为单杂环和稠杂环,单杂环又可根据成环原子数的多少分为五元杂环和六元杂环等。

随堂检测答案

吡啶、嘧啶是含氮的六元杂环化合物,由于吡啶、嘧啶环上氮原子的电负性较大,并且氮原子上的孤对电子未参与形成大 π 键,导致整个吡啶环、嘧啶环上的电子云密度远小于苯,属于缺 π 芳杂环,这样就使得它们亲核取代反应容易,亲电取代反应困难。尽管两者化学性质类似,但嘧啶碱性弱于吡啶,亲核取代活性却高于吡啶。

常见的五元杂环化合物是吡咯、呋喃、噻吩和咪唑,它们均具有芳香性,由于杂环上的电子云密度高于苯环,属于多 π 芳杂环,故其亲电取代反应活性高于苯。吡咯氮原子上的孤对电子已经参与形成大 π 键,不再具备给电子的能力,与质子难以结合,故其碱性弱于常见的胺和吡啶。

生物碱是存在于自然界中的一类含氮的碱性有机化合物,能够与酸作用生成生物碱盐;此外,生物碱还能发生沉淀反应、显色反应等,并且许多化合物都具有显著的生理活性。例如:阿托品、喜树碱、麻黄碱、小檗碱等。

能力检测

能力检测答案

13-1　写出下列化合物的结构式。

(1) 3-甲基吡咯

(2) β-氯呋喃

(3) 四氢呋喃

(4) 六氢吡啶

(5) α-噻吩磺酸

(6) 8-羟基喹啉

(7) γ-吡啶甲酸

(8) β-吲哚乙酸

(9) 碘化 N,N-二甲基四氢吡咯

13-2　给下列化合物命名。

(1) 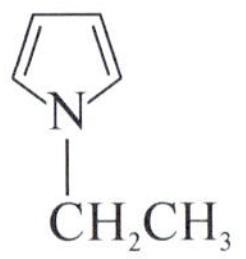　(2) 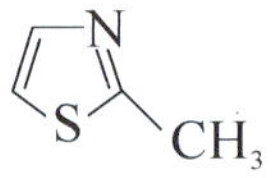　(3) 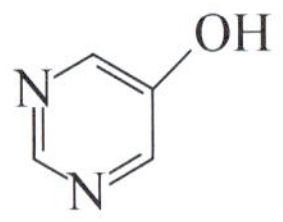　(4) 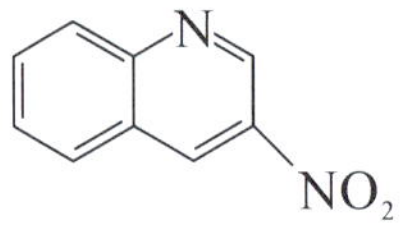　(5) 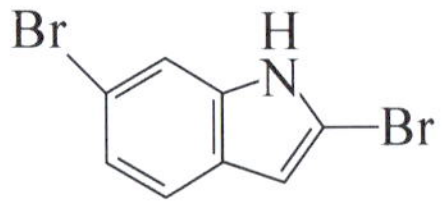　(6)

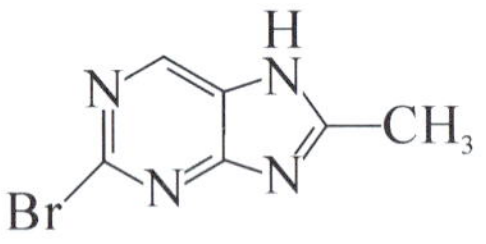

13-3　用化学方法区别下列各组化合物。

(1) 苯、噻吩和苯酚

(2) 吡咯和四氢吡咯

13-4　试解释为什么噻吩、吡咯、呋喃比苯容易发生亲电取代反应,而吡啶比苯难以发生亲电取代反应。

13-5　完成下列反应式。

(1)  吡咯 + K ⟶

(2) 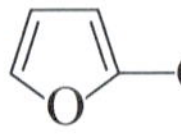 呋喃甲醛 CHO + NaOH ⟶

(3)  $+CH_3COONO_2 \xrightarrow[-10\ ℃]{Ac_2O}$

(4) 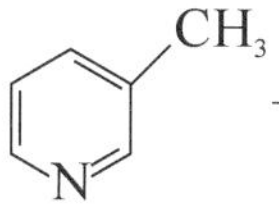 $+KMnO_4 \xrightarrow{\triangle}$

13-6　将下列各组化合物按碱性由强至弱排列。

（1）苯胺、苄胺、吡咯、吡啶、氨

（2）吡啶、喹啉、苯胺、氢氧化四甲铵

13-7　杂环化合物 $C_5H_4O_2$ 经氧化生成羧酸 $C_5H_4O_3$，将此羧酸的钠盐与碱石灰共热，转变为 C_4H_4O，后者不与金属钠发生反应，也不具有醛、酮的性质，那么原有 $C_5H_4O_2$ 的结构是什么？

13-8　生物碱为什么呈碱性？其碱性强弱与结构有何关系？

（熊传武）

第十四章　糖类

 学习目标 ....

1. 掌握：糖的概念和分类；单糖的结构和性质；还原性糖和非还原性糖。
2. 熟悉：糖的变旋现象；二糖的结构特点；糖的 Fischer 投影式和 Haworth 式的书写。
3. 了解：淀粉、纤维素、糖原的结构和性质。

本章 PPT

　　糖类（saccharide）是自然界中广泛存在的一类有机化合物。由于最初发现的一些糖具有 $C_n(H_2O)_m$ 的结构通式，其中 H 和 O 的比例与水相同，因此又被称为碳水化合物（carbohydrate）。但后来的研究揭示：有些糖分子中 H 和 O 的比例不是 2∶1，如脱氧核糖等；而有的物质，其分子式虽符合通式，如甲醛、乙酸等，却不具备糖的性质。所以碳水化合物这个名称不能确切代表糖类化合物，但因沿用已久，故至今仍在使用。

　　从化学结构特点上看，糖类是多羟基醛、多羟基酮以及它们的缩聚物或衍生物。根据糖类能否水解及水解产物的情况，将糖分为三类：单糖（monosaccharide）、低聚糖（oligosaccharide）和多糖（polysaccharide）。单糖是指不能再水解的多羟基醛或多羟基酮，如葡萄糖、果糖、核糖等。低聚糖是指能水解成 2～10 个单糖分子的糖。低聚糖中最重要的是二糖，如蔗糖、麦芽糖、乳糖等。多糖是指能水解生成 10 个以上单糖分子的糖，是一种高分子化合物，如淀粉、糖原、纤维素等。

第一节　单糖

　　从结构上，单糖分为醛糖（aldose）和酮糖（ketose），根据分子中所含碳原子的数目分为丙糖、丁糖、戊糖、己糖等。最简单的醛糖是甘油醛，最简单的酮糖是二羟基丙酮，又称为丙酮糖。自然界存在的碳数最多的单糖是含 9 个碳的壬酮糖，生物体内以戊糖和己糖最常见。自然界中广泛存在的葡萄糖属己醛糖，蜂蜜中富含的果糖属己酮糖，构成 RNA 的核糖属戊醛糖。有些糖的羟基可被氢原子或氨基取代，它们分别称为脱氧糖和氨基糖，如构成 DNA 的 2-脱氧核糖，存在于多糖中的 2-氨基葡萄糖。

甘油醛	二羟基丙酮	2-脱氧核糖	2-氨基葡萄糖
Glyceraldehyde	Dihydroxyacetone	2-Deoxy-D-ribose	2-Glucosamine

　　自然界的大多数单糖主要是戊糖和己糖。单糖中最重要的、与人们关系最密切的是葡萄糖、果糖、核糖等。本节以葡萄糖和果糖为例讨论单糖的结构和性质。

一、结构

（一）开链结构

单糖分子一般都是无分支并含有多个手性碳原子的直链结构。除丙酮糖外，其他单糖分子中都含有手性碳原子，存在旋光异构体。含有 n 个手性碳的单糖，其旋光异构体数目为 2^n。因此丙醛糖应有一对对映异构体；丁醛糖有两对对映异构体；戊醛糖有四对对映异构体；己醛糖有八对对映异构体。酮糖中手性碳的数目比同碳数醛糖少一个，异构体数目要少些。单糖的名称惯用俗名。一对对映异构体有同一名称，非对映异构体名称不同。

单糖的构型用 R/S 标记太麻烦，目前人们习惯用 D/L 标记其构型，以 D-（＋）-甘油醛为标准，具体步骤如下：

（1）单糖的开链结构用 Fischer 投影式表示，将主碳链直立，编号最小的碳原子置于上端。

（2）在糖的 Fischer 投影式中，编号最大的手性碳原子（即离羰基最远的一个手性碳）上的羟基在右边，与 D-（＋）-甘油醛相同的为 D-构型糖；反之，为 L-构型糖。在 Fischer 投影式中，为书写方便，羟基可用横线表示，氢原子常省略。

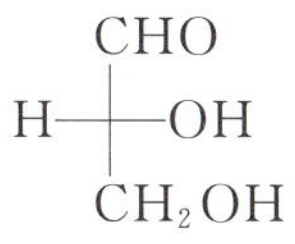

D-甘油醛（D-Glyceraldehyde）　D-葡萄糖（D-Glucose）　L-甘油醛（L-Glyceraldehyde）　L-葡萄糖（L-Glucose）

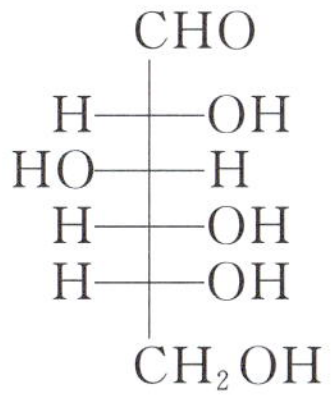

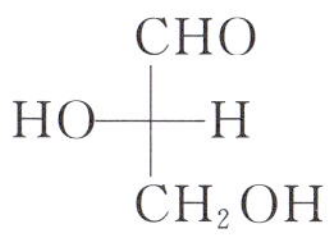

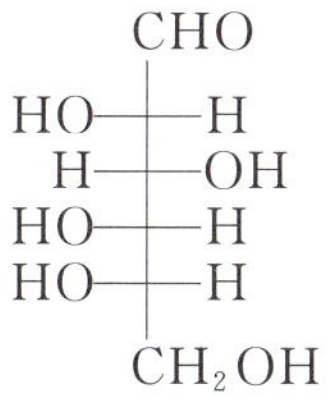

单糖的名称通常根据其来源采用俗名。它们多数存在于自然界中，如 D-葡萄糖广泛存在于生物细胞和体液中；D-半乳糖存在于乳汁中。少数 D-醛糖是人工合成的。以下列出几种己醛糖的结构式。

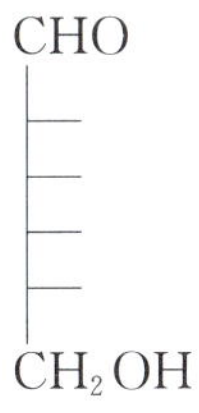

D-阿洛糖 D-Allose　D-阿卓糖 D-Altrose　D-葡萄糖 D-Glucose　D-甘露糖 D-Mannose　D-古罗糖 D-Gulose　D-艾杜糖 D-Idose　D-半乳糖 D-Galactose　D-塔洛糖 D-Talose

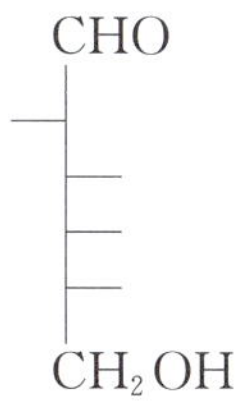

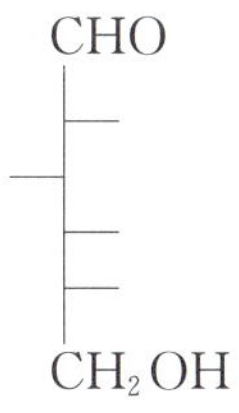

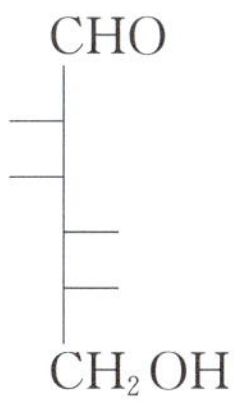

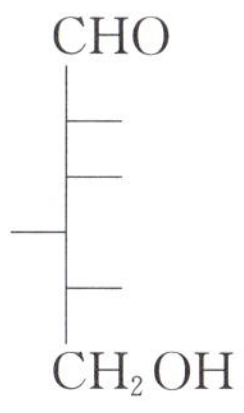

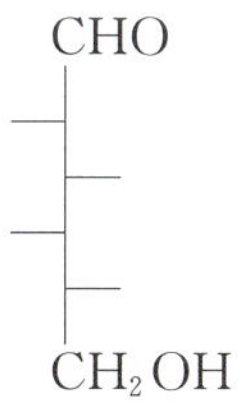

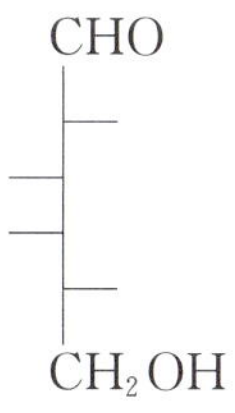

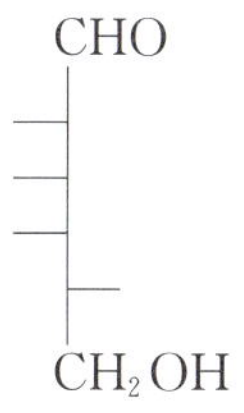

在自然界中也发现一些 D-酮糖，它们的结构一般在 C_2 位上具有酮羰基。例如：D-果糖、D-山梨糖等。

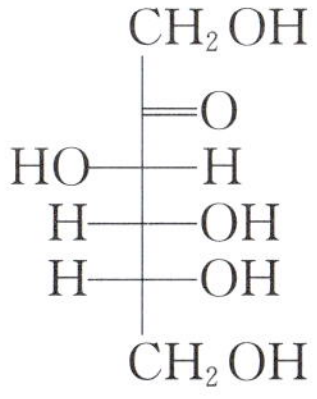

D-果糖 D-Fructose　D-山梨糖 D-Sorbate

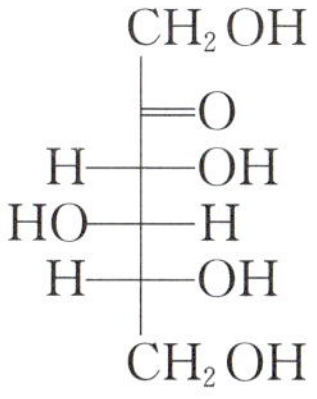

（二）变旋现象和环状结构

单糖的开链结构都含羰基，能发生羰基特有的一些反应，但有些性质不能用开链结构解释。例如：①葡萄糖虽有醛基但不能与亚硫酸氢钠进行亲核加成反应；②一般醛在干燥 HCl 存在下与两分子甲醇作用生成稳定的缩醛产物，而葡萄糖只与一分子甲醇作用就能生成稳定的产物；③D-葡萄糖在不同溶剂中可得两种不同的结晶：从冷乙醇中析出的晶体，其熔点为 146 ℃，比旋光度为+112°；从热吡啶中析出的晶体，其熔点为 150 ℃，比旋光度为+18.7°。这两种晶体的水溶液，随着放置时间的延长，其比旋光度都逐渐发生变化，最后达到一个恒定值，+52.7°。这种在溶液中比旋光度自行改变的现象称为变旋现象(mutarotation)。

为了解释葡萄糖上述实验现象，人们从醛与醇作用生成半缩醛这一反应得到启示。葡萄糖分子中既有羟基，又有醛基，可发生分子内的羟醛缩合，形成环状半缩醛。葡萄糖的 5 个羟基中，与醛基反应的主要是 C_5 上的羟基，因为形成的是稳定的六元环状半缩醛。

分子内醛基与羟基反应的结果，使 C_1 成为手性碳原子，产生了一个新的手性中心，从而出现两种不同的异构体。在糖的环状半缩醛中，C_1 上所生成的羟基称为半缩醛羟基，也称为苷羟基。

在 D 型糖中，C_1 上半缩醛羟基在右边的为 α 构型，半缩醛羟基在左边的则为 β 构型。在 α 构型与 β 构型两种 D-葡萄糖中除了 C_1 外，其他手性碳的构型完全相同，称为端基异构体。

在水溶液中，葡萄糖以 α-D-葡萄糖、β-D-葡萄糖和开链结构三种形式共存，并处于动态平衡中。平衡时 α 型约占 36％，β 型约占 64％，开链型仅占 0.024％。凡具有半缩醛羟基的环状结构的单糖或低聚糖都有变旋现象。

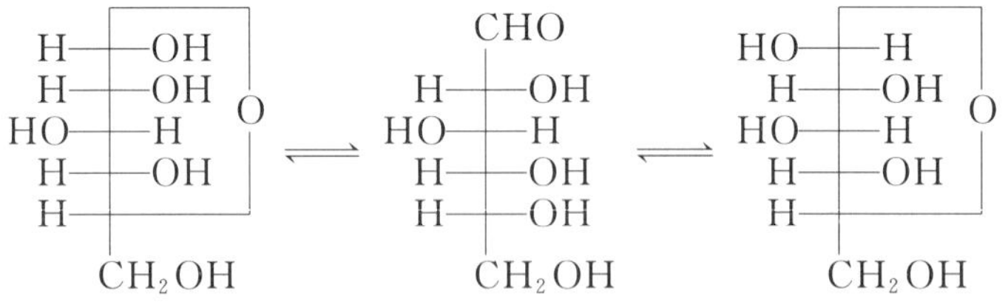

α-D-葡萄糖　　　　　　　D-葡萄糖　　　　　　　β-D-葡萄糖
熔点 146 ℃　　　　　　　　　　　　　　　　　熔点 150 ℃
$[\alpha]=+112°$　　　　　　　　　　　　　　　$[\alpha]=+18.7°$
36％　　　　　　　　0.024％　　　　　　　　64％

通常用 Haworth 式表示单糖的环状结构。Haworth 式是把横写的 Fischer 投影式的碳链向后弯曲，C_4-C_5 间的单键需旋转 120°，使 C_5 上的羟基接近醛基，而 CH_2OH 转到环的上方，H 则转到下方。

把 Fischer 投影式转变成 Haworth 式时，在 Fischer 投影式右边的羟基写在环平面下方，而左边的羟基则写在环平面上方。羟甲基在平面上方的为 D 构型，在平面下方的为 L 构型。在 D 型糖中，半缩醛羟基在平面下方的为 α 构型，在平面上方的则为 β 构型。

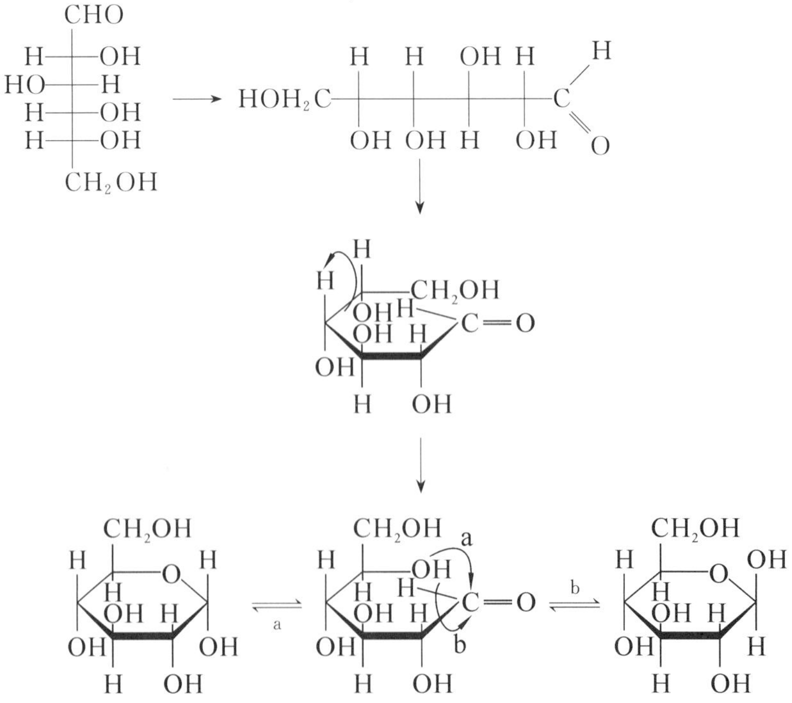

α-D-吡喃葡萄糖　　　　　　　　　　　　　　β-D-吡喃葡萄糖

NOTE

葡萄糖的环状结构与杂环吡喃相似,故把六元环状的糖称为吡喃糖(glucopyranose)。其他糖形成的五元含氧环与杂环呋喃结构相似,故称为呋喃糖(furanose)。D-葡萄糖的两种构象式中,β-D-吡喃葡萄糖分子中包括半缩醛羟基在内的所有取代基全部为 e 键;α-D-吡喃葡萄糖与 β-D-吡喃葡萄糖唯一不同的是其半缩醛羟基处于 a 键。显然 β-D-吡喃葡萄糖比α-D-吡喃葡萄糖更稳定,D-葡萄糖在水溶液的动态平衡中,β-异构体的含量要高于 α-异构体。

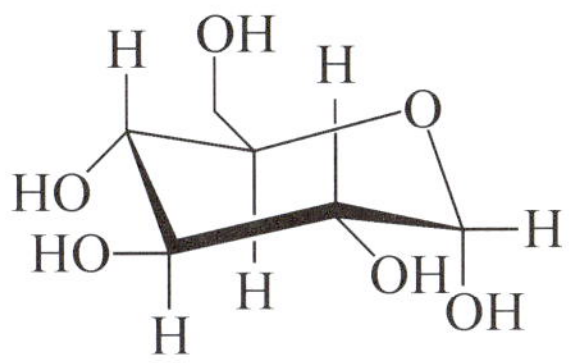

α-D-吡喃葡萄糖 β-D-吡喃葡萄糖

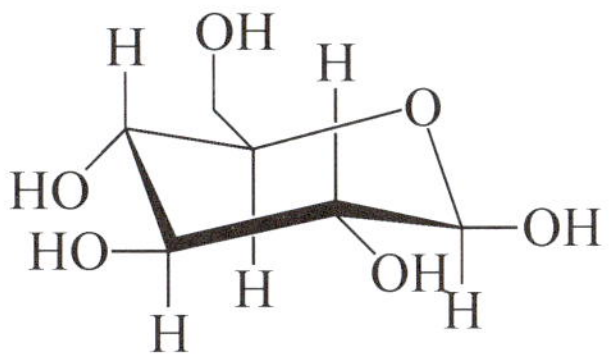

游离态的果糖以六元环状结构形式存在,而结合态果糖则以五元环状结构形式存在。呋喃糖和吡喃糖一样,也有 α 和 β 两种构型。在水溶液中,果糖的开链结构和环状结构互变而处于动态平衡,故也有变旋现象,平衡时的比旋光度为 $-92°$。

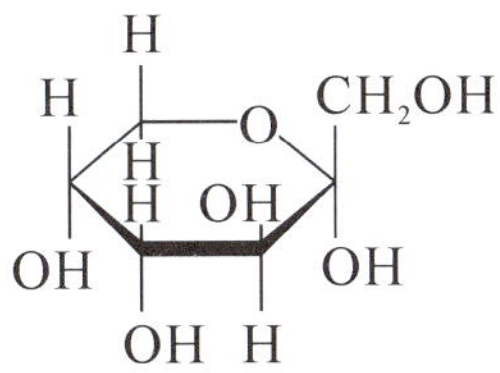

α-吡喃果糖 β-吡喃果糖 α-呋喃果糖 β-呋喃果糖

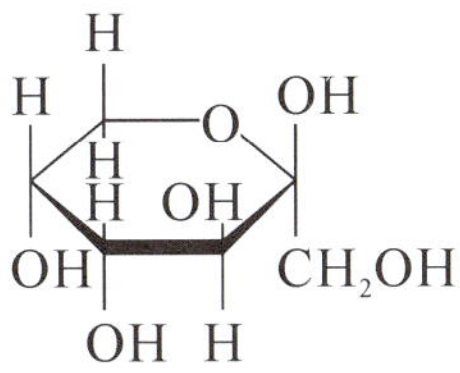

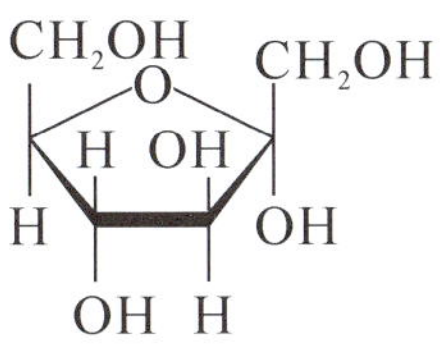

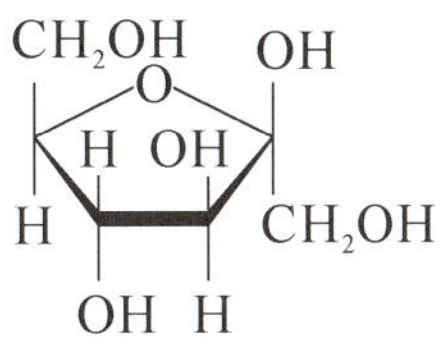

随堂检测 14-1 试写出 β-D-吡喃甘露糖的稳定构象。

二、性质

(一)物理性质

单糖都是具有甜味的无色晶体,易溶于水,难溶于醇等有机溶剂,有吸湿性,易形成过饱和溶液(糖浆)。除二羟基丙酮外单糖都有旋光性,具有环状结构的单糖都有变旋现象。

(二)化学性质

1. 在碱性溶液中反应 醛糖和酮糖在稀碱性溶液中可发生相互转化。例如,D-葡萄糖在稀碱性溶液中可以通过烯二醇中间体部分转化为 D-果糖和 D-甘露糖,最终形成三种糖的平衡混合物。在生物体内酶催化下也能进行这种转化,例如在体内糖代谢过程中,6-磷酸葡萄糖在酶的作用下异构化为 6-磷酸果糖。

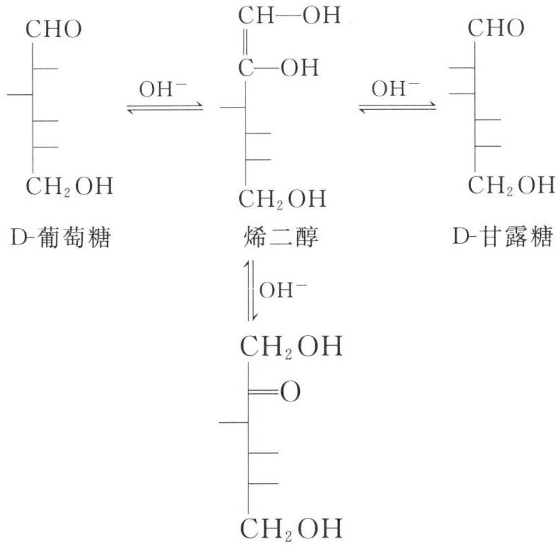

D-葡萄糖   烯二醇   D-甘露糖

D-果糖

在含有多个手性碳原子的旋光异构体之间,如果只有 1 个手性碳原子的构型不同,而其他手性碳原子的构型完全相同的异构体,互称为差向异构体。D-葡萄糖和 D-甘露糖互称为 C_2 差向异构体(epimer)。差向异构体之间的转化称为差向异构化(epimerization)。

2. 成苷反应　单糖的半缩醛羟基与含活泼氢的化合物如醇或酚脱水生成糖苷(glycoside),此反应称为成苷反应。例如:在干燥氯化氢气体催化下,D-葡萄糖与甲醇作用,脱水生成 α-D-吡喃葡萄糖甲苷和 β-D-吡喃葡萄糖甲苷的混合物。其反应式如下:

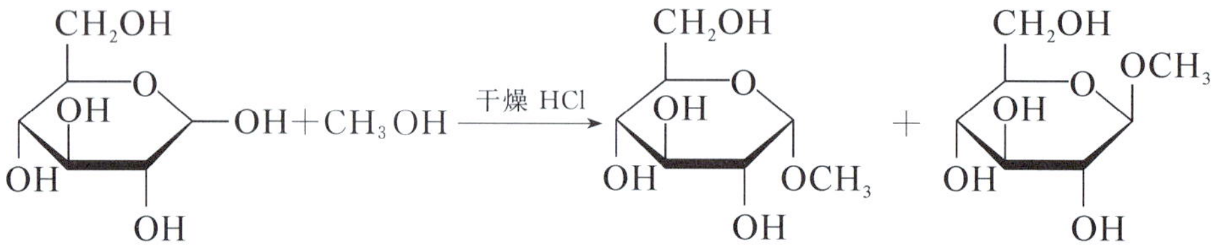

α-D-吡喃葡萄糖甲苷　　β-D-吡喃葡萄糖甲苷

糖苷由糖和非糖部分通过糖苷键结合而成,糖苷分子中糖部分称为糖苷基,非糖部分称为苷元或糖苷配基(简称配基),糖苷基与配基的连接键称为糖苷键或苷键。由于单糖的半缩醛羟基有 α 和 β 之分,故糖苷也有 α 和 β 两种类型;根据连接糖和苷元原子的不同可分为碳苷键、氮苷键、氧苷键和硫苷键。

糖苷分子中已没有半缩醛羟基,在水溶液中不能转化为开链结构,因此糖苷无还原性。糖苷为缩醛,在中性或碱性环境中较稳定,但在酸的催化下易水解生成原来的糖和非糖物质。

随堂检测 14-2　比较成苷反应和成酯反应的不同。

3. 氧化反应　单糖虽然具有环状半缩醛(酮)结构,但是在溶液中与链式结构处于动态平衡中。因此,单糖能够被 Tollen 试剂氧化产生银镜;也能被 Fehling 试剂、Benedict 试剂氧化产生氧化亚铜沉淀。

Tollen 试剂、Fehling 试剂和 Benedict 试剂均为碱性试剂,因此在这些试剂作用下,酮糖可通过烯二醇中间体被转化为醛糖而被氧化。

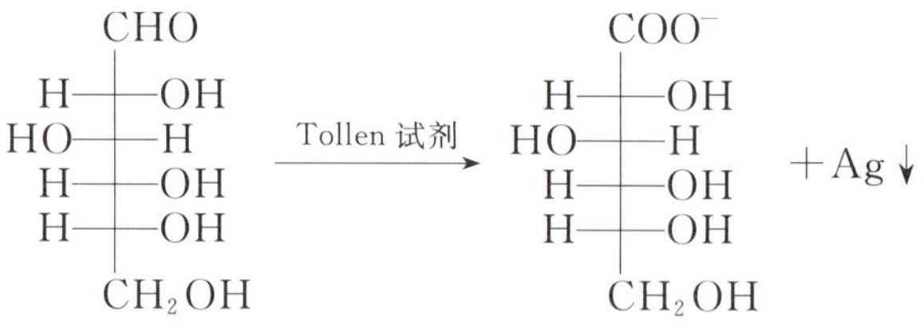

D-葡萄糖　　　　　　　　　D-葡萄糖酸负离子

能够被 Tollen 试剂、Fehling 试剂和 Benedict 试剂等碱性弱氧化剂氧化的糖称为还原性糖。凡是不能与上述试剂发生反应的糖称为非还原性糖。单糖都是还原性糖。

醛糖与酸性氧化剂溴水反应,醛基被氧化成羧基而生成相应的糖酸;而酮糖与溴水不反应,因此可利用此反应来鉴别醛糖和酮糖。在酸性条件下,使溴水褪色的是醛糖,不褪色的为酮糖。

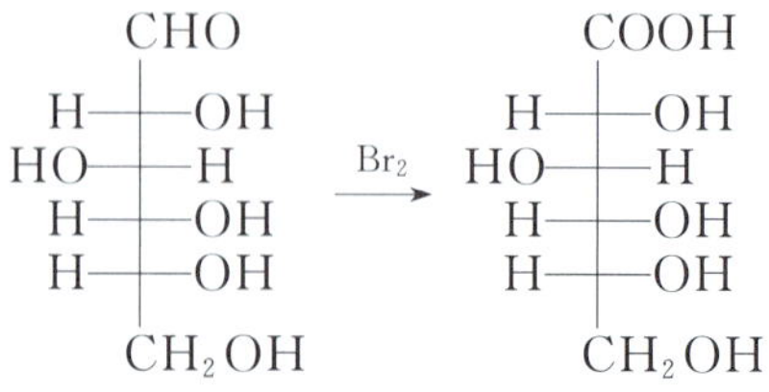

D-葡萄糖　　　　　　　D-葡萄糖酸

醛糖与强氧化剂硝酸反应,醛基和羟甲基均被氧化成羧基而生成糖二酸。如 D-葡萄糖被

稀硝酸氧化形成 D-葡萄糖二酸。

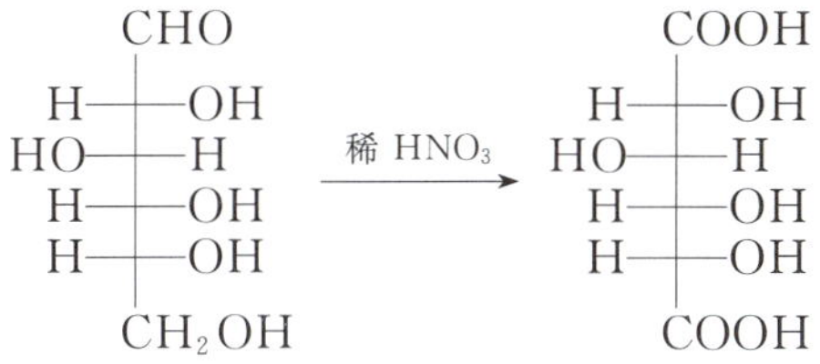

知识链接 14-1

D-葡萄糖   稀 HNO_3 D-葡萄糖二酸

葡萄糖在肝脏内经酶的作用可氧化成葡萄糖醛酸。葡萄糖醛酸是体内重要的解毒物质，能与许多药物结合成葡萄糖酸衍生物而排出体外。

醛糖除了可以发生上述氧化反应，在一定条件下也可以发生还原反应，如在催化剂作用下加氢，把醛羰基转化成醇羟基。口香糖中常用的甜味剂木糖醇就是由戊醛糖木糖加氢还原后的产物。

4. 酸性条件下的脱水反应　戊醛糖、己醛糖与强酸共沸，可发生分子内脱水，转变为糠醛、5-羟甲基糠醛。

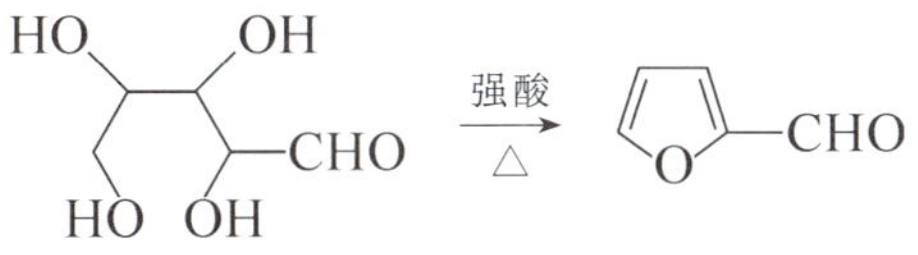

戊醛糖   强酸 △   糠醛

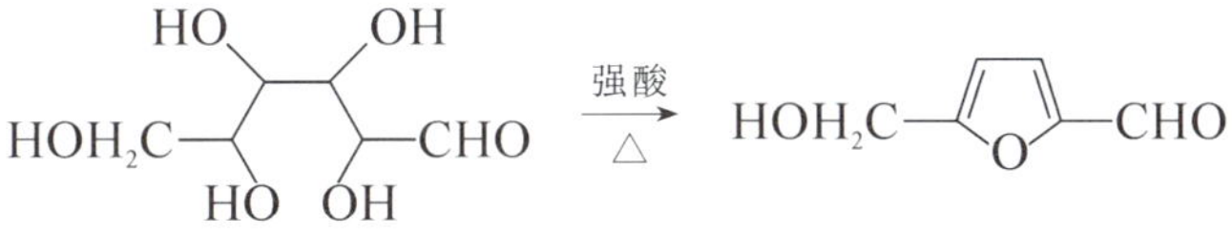

己醛糖   强酸 △   5-羟甲基糠醛

糠醛及其衍生物可与酚类物质缩合得到有色化合物，该反应灵敏，通常用于糖类化合物的鉴别。Molish 反应（Molish reaction），指含糖溶液与 α-萘酚在脱水剂浓硫酸的存在下生成紫色物质而出现紫色环的反应，该反应可用来鉴别所有的糖类化合物。Seliwanoff 反应（Seliwanoff reaction），指酮糖与间苯二酚在脱水剂浓盐酸存在下生成红色物质的反应，该反应可用于醛糖和酮糖的鉴别。

三、重要的单糖

1. D-核糖和 D-脱氧核糖　它们是重要的戊醛糖，常与一些杂环化合物及磷酸结合存在于核蛋白中。核糖的分子式为 $C_5H_{10}O_5$，以糖苷的形式存在于酵母和细胞中，是核糖核酸以及某些酶和维生素的组成成分；脱氧核糖的分子式为 $C_5H_{10}O_4$。D-核糖为白色结晶性粉末，熔点为 95 ℃，比旋光度为 $-21.5°$；D-脱氧核糖的比旋光度为 $-60°$。

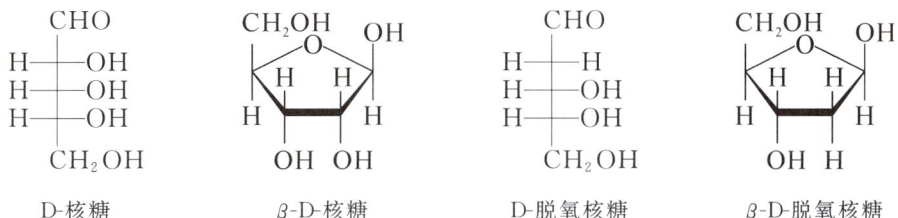

D-核糖　　β-D-核糖　　D-脱氧核糖　　β-D-脱氧核糖

2. D-葡萄糖　其广泛存在于在自然界中，尤以葡萄中含量较多，因此称为葡萄糖。葡萄糖是无色晶体或白色结晶性粉末，易溶于水，难溶于醇等有机溶剂。它是组成蔗糖、麦芽糖等二糖及淀粉、糖原、纤维素等多糖的基本单元。

NOTE

葡萄糖是分布最广的单糖,其主要存在于植物的根、茎、叶、果实中。人体血液中的葡萄糖称为血糖,正常人空腹血糖浓度正常值为 3.9~6.1 mmol/L。尿液中葡萄糖称为尿糖,当血糖浓度超过 10.0 mmol/L 时,超过肾小球最大重吸收能力,葡萄糖随尿液排出,被称为糖尿。

葡萄糖是人类重要的营养物质,在医药上具有广泛的用途。葡萄糖是常用的营养剂,也是药物制剂中常用的辅料。

3. D-果糖　其为无色晶体,熔点为 104 ℃,易溶于水和吡啶,可溶于乙醇。天然的果糖比旋光度为−92°。D-果糖是自然界最丰富的己酮糖。其主要以游离态存在于水果和蜂蜜中,是最甜的一种糖,也常与 D-葡萄糖结合成蔗糖。在动物的前列腺和精液中也有相当量的果糖。

6-磷酸果糖、1,6-二磷酸果糖不仅是体内代谢的重要中间产物,而且是高能营养性药物,可作为心肌梗死急救的辅助药物。

4. D-半乳糖　D-半乳糖是己醛糖,为无色晶体,能溶于水和乙醇,比旋光度为＋83.8°。其与葡萄糖以糖苷键结合成乳糖,存在于哺乳动物的乳汁中,脑髓中有一些结构复杂的脑磷脂也含有半乳糖。黄豆、豌豆等种子中都含有半乳糖组成的多糖。

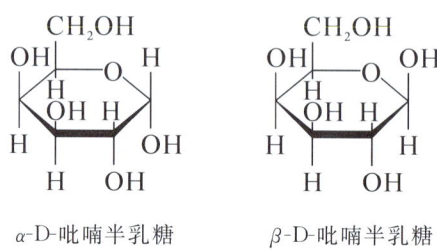

α-D-吡喃半乳糖　　　β-D-吡喃半乳糖

第二节　低聚糖

双糖(disaccharide),也称二糖,是最简单的低聚糖(寡糖)。二糖是由两分子单糖通过脱水以糖苷键相互连接而成的化合物。二糖可分为还原性二糖和非还原性二糖。若是由一个单糖的半缩醛(酮)羟基与另一分子单糖的醇羟基脱水缩合而成,这种二糖分子还保留一个完整的半缩醛(酮)羟基,能与开链结构互变,因而有还原性和变旋现象,属于还原性糖。若二糖分子形成时是由两分子单糖的半缩醛(酮)羟基脱水缩合而成的,这样的分子没有完整的半缩醛(酮)羟基,不能再转变为开链醛式结构,因而无还原性,也没有变旋现象,属于非还原性糖。常见的还原性二糖有麦芽糖、纤维二糖和乳糖;非还原性二糖有蔗糖及近年来被科学家称为"生命之糖"的海藻糖等。

一、麦芽糖

知识链接 14-2

麦芽糖(maltose)存在于麦芽中,麦芽中含有淀粉酶,可将淀粉水解成麦芽糖。麦芽糖为白色晶体,分子式为 $C_{12}H_{22}O_{11}$,易溶于水,甜味约为蔗糖的 40%,比旋光度为＋136°,是食用饴糖的主要成分,可作为营养剂和培养基等。

麦芽糖是由一分子 α-D-吡喃葡萄糖的 C_1 半缩醛羟基与另一分子 D-葡萄糖 C_4 上的羟基脱水以 α-1,4-糖苷键结合而成。人和哺乳动物的消化道中有麦芽糖酶,可专一性水解麦芽糖,使其成为葡萄糖。由于麦芽糖分子中仍存在半缩醛羟基,有变旋现象和还原性,是还原性二糖。

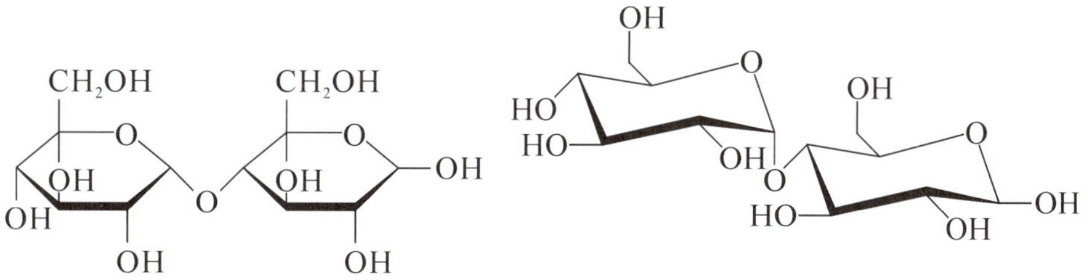

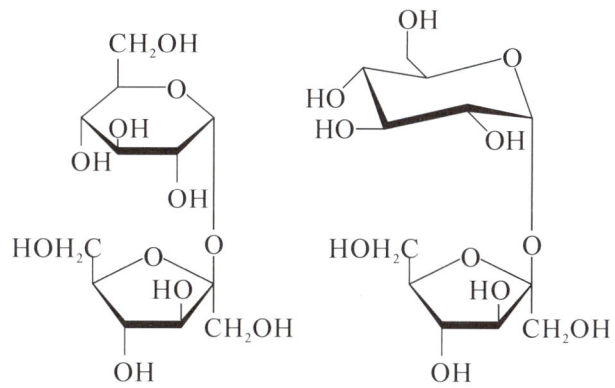

（＋）-麦芽糖

二、蔗糖

蔗糖(sucrose)是自然界分布最广的二糖,广泛地分布在各种植物中,尤以甘蔗和甜菜中含量最为丰富,故又称甜菜糖,各种植物的果实中几乎都含有蔗糖。我国是世界上用甘蔗制糖最早的国家。纯蔗糖为白色晶体,分子式为 $C_{12}H_{22}O_{11}$,易溶于水,甜味高于葡萄糖。

蔗糖既能被稀酸水解,也能被蔗糖酶水解,水解生成一分子 D-葡萄糖和一分子 D-果糖。蔗糖由一分子 α-D-葡萄糖用 C_1 的半缩醛羟基与一分子 β-D-果糖的 C_2 的半缩醛羟基脱水,以 α,β-1,2-糖苷键结合而成。

蔗糖

蔗糖分子中不含半缩醛羟基,因此是非还原性二糖,也无变旋现象。

蔗糖的比旋光度为 $+66.5°$,水解后生成等量的 D-葡萄糖和 D-果糖的混合物,其比旋光度为 $-19.7°$,即蔗糖水解前后旋光方向发生了改变。蔗糖这种伴随旋光方向发生改变的水解反应称为转化反应,得到的 D-葡萄糖和 D-果糖的混合物称为转化糖(inverted sugar)。转化糖通常用于饮料工业中。

三、乳糖

乳糖(lactose)存在于哺乳动物的乳汁中,人乳中含量为 $7\%\sim8\%$,牛乳中含量为 $4\%\sim5\%$。其甜度约为蔗糖的 70%。乳糖的比旋光度为 $+53.5°$。乳糖可被苦杏仁酶作用水解成等量的 D-半乳糖和 D-葡萄糖。实验证实乳糖由一分子 β-D-半乳糖用半缩醛羟基与一分子 α-D-葡萄糖的 C_4 醇羟基脱水,以 β-1,4-糖苷键结合而成。

乳糖分子中仍有一个半缩醛羟基,是还原性糖,亦具有变旋现象。医药上利用乳糖吸湿性小的特点,将其作为药物的稀释剂以配制片剂和散剂。

四、环糊精

环糊精(cyclodextrin,CD)是淀粉经环糊精葡萄糖基转化酶作用水解生成的一系列环状低聚糖的总称。通常含有 6～12 个 D-吡喃葡萄糖单元。其中研究得较多并且具有重要实际意义的是含有 6、7、8 个葡萄糖单元的分子,分别称为 α-环糊精、β-环糊精(图 14-1)和 γ-环糊精。

环糊精的形状像一个没有底的桶,上端大,下端小,具有不同内径的空腔。如 β-环糊精的内径为 700 pm,α-环糊精和 γ-环糊精内径分别为 450 pm 和 800 pm。从图 14-1 可以看到 β-环糊精的形状和结构,是由 7 个葡萄糖分子通过 α-1,4-糖苷键连接形成的桶状结构。

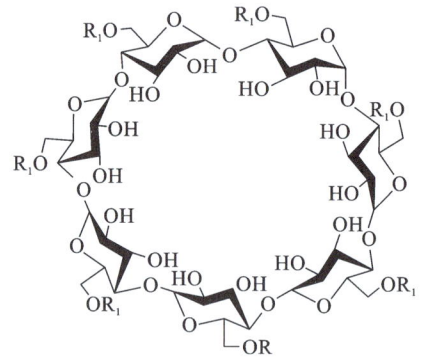

图 14-1 β-环糊精

基于环糊精的空间结构特征,其既有一定的水溶性,又能在分子内腔内包合脂溶性强的有机物,形成单分子包容复合物。环糊精与包容复合物的结合力是主体分子与客体分子之间的范德华力,没有键的作用。环糊精的包容复合物的稳定性取决于主体空腔的大小、客体分子大小、基团的性质以及空间构型等。只有当客体分子与环糊精空腔的几何形状相匹配时,才能形成稳定的包容复合物。环糊精广泛地用于食品、医药、化学分析等领域,可改变客体分子的物理和化学性质,例如,可增加药物的稳定性,减少毒副作用,延长药物的疗效等。

环糊精为晶体,具有旋光性,因分子中没有苷羟基,无还原性,在碱性溶液中较稳定,对酸敏感。

第三节 多糖

多糖是由 10 个以上的单糖通过糖苷键连接而成的高分子化合物。自然界的多糖一般含80～100个单糖单元。根据单糖的连接方式,多糖主要有直链和支链两类。直链多糖中连接单糖的糖苷键主要有 α-1,4-糖苷键、β-1,4-糖苷键,支链多糖中链与链间的连接点是 α-1,6-糖苷键。多糖分子中虽有半缩醛羟基,但因其相对分子质量很大,半缩醛羟基所占比例很少,因此多糖并没有还原性和变旋现象。

多糖大多是不溶于水的无定形粉末,无固定熔点,也没有甜味,个别多糖能溶于水,但只是形成胶体溶液。

一、淀粉

淀粉(starch)是人类获取糖类物质的主要来源,主要存在于植物的种子、块根、块茎及果实中。淀粉是由 α-D-葡萄糖单元通过 α-1,4-糖苷键和 α-1,6-糖苷键连接而成的高聚体分子。淀粉为白色无定形粉末,天然淀粉分为直链淀粉(amylose)和支链淀粉(amylopectin)两类。一般淀粉中含直链淀粉 $10\%\sim20\%$,含支链淀粉 $80\%\sim90\%$。

直链淀粉又称糖淀粉,难溶于冷水,能溶于热水。它一般是由 $250\sim3000$ 个 α-D-葡萄糖以 α-1,4-糖苷键连接而成的链状化合物。由于 α-1,4-糖苷键的氧原子有一定的键角,同时单键可自由旋转,分子内的羟基间可形成氢键,因此直链淀粉具有规则的螺旋状空间排列,每一圈螺旋一般含 6 个 D-葡萄糖单元。

直链淀粉

淀粉遇碘变蓝,这一特性可用于淀粉的鉴别,也是分析化学中直接碘量法的终点指示。目前认为是由于碘分子进入螺旋圈的中空部分形成复合物而显蓝色(图 14-2)。

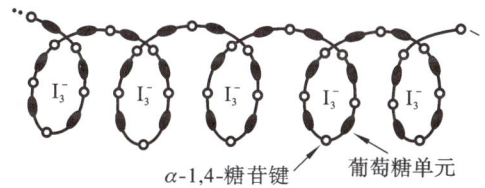

α-1,4-糖苷键 　 葡萄糖单元

图 14-2　淀粉分子与碘作用示意图

支链淀粉又称胶淀粉,纯的支链淀粉不溶于冷水,在热水中膨胀而成糊状,遇碘呈紫红色。在支链淀粉中,有 $6000\sim40000$ 个 α-D-葡萄糖,它们一般以 α-1,4-糖苷键连接成直链,每隔 $20\sim25$ 个葡萄糖单元就出现一个以 α-1,6-糖苷键连接的支链,其结构如下:

支链淀粉结构

淀粉在酸或酶作用下水解,其水解过程及与碘液的显色情况:淀粉(蓝紫色)→紫糊精(蓝紫色)→红糊精(红色)→无色糊精(无色)→麦芽糖(无色)→葡萄糖(无色)。淀粉的水解过程可借水解产物与碘作用所显颜色的不同而确定。

二、糖原

糖原(glycogen)是动物体储存糖的形式,又称动物淀粉。糖原与淀粉的组成基本相同,只是其支链比支链淀粉更多,每隔 8~12 个葡萄糖单元就出现一个分支,每个分支有 6~7 个葡萄糖单元(图 14-3)。

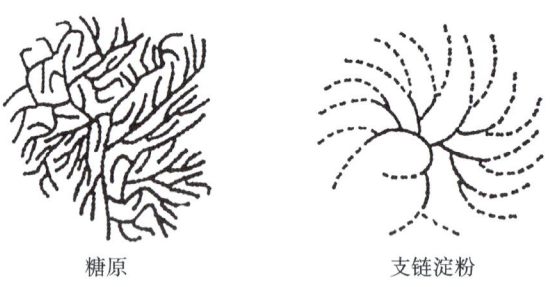

糖原　　　　　　　　支链淀粉

图 14-3　糖原和支链淀粉结构示意图

在人体代谢中,糖原对维持血糖浓度起着重要的作用。当血糖浓度升高时,在胰岛素的作用下,肝脏和肌肉等组织就能把多余的葡萄糖转变为糖原;当血糖的浓度降低时,在高血糖素的作用下,肝糖原分解为葡萄糖进入血液,以维持血糖浓度。

三、纤维素

纤维素(cellulose)是自然界中分布最广、含量最多的多糖,是植物细胞壁的主要成分,也是构成植物体支撑组织的基础物质。所有植物中均含有纤维素,但是含量不同,占植物干叶重量的 10%~20%,棉纤维重量的 90% 以上。

纤维素为白色固体,不溶于水,无还原性,与碘不发生颜色反应。

纤维素是 β-D-葡萄糖单元以 β-1,4-糖苷键相连构成的直链无支链的多糖大分子。纤维素分子长链能够依靠数目众多的氢键结合成纤维素胶束(图 14-4),具有一定的机械强度和

图 14-4　纤维素胶束

韧性,在植物体内起支撑作用。天然的纤维素分子含 1000~15000 个葡萄糖单元,相对分子质量为 160 万~240 万。

纤维素

食草动物的胃能分泌纤维素水解酶,可以将纤维素水解成葡萄糖,而人体内的消化酶只能水解 α-1,4-糖苷键,不能水解 β-1,4-糖苷键,因此纤维素不能作为人体的营养物质,但纤维素能刺激胃肠蠕动,因此多吃蔬菜、水果等富含纤维素的食物,对保持健康有着重要意义。

随堂检测答案

小结

糖类是多羟基醛、多羟基酮以及它们的缩聚物或衍生物。根据糖类能否水解及水解产物

的情况可分为单糖、低聚糖和多糖。单糖是指不能再水解的糖,低聚糖是指能水解成 2～10 个单糖分子的糖,多糖是能水解生成 10 个以上单糖分子的糖。除丙酮糖外,其他单糖均有手性,多用 D/L 构型标记法标记,惯用俗名。

单糖有链状结构和环状结构,在晶体和溶液中主要以环状结构存在。环状结构有 α 和 β 两种端基异构体,在溶液中两种环状结构通过链状结构相互转化。单糖的变旋现象和碱性条件下的差向异构化都以链状结构为基础。单糖是还原性糖,能被碱性弱氧化剂 Tollen 试剂、Benedict 试剂等氧化。成苷反应是糖的苷羟基与含活泼氢的糖或非糖成分脱水,生成糖苷。

重要的二糖有麦芽糖、乳糖和蔗糖。麦芽糖由 D-葡萄糖通过糖苷键形成;乳糖由半乳糖与葡萄糖脱水形成;蔗糖则是由葡萄糖和果糖形成的二糖。麦芽糖和乳糖属于还原性二糖;蔗糖则属于非还原性二糖。

淀粉、糖原和纤维素是生物体的能量物质和结构物质,它们均由 D-葡萄糖单元形成。淀粉和糖原由 α-1,4-糖苷键形成;纤维素则由 β-1,6-糖苷键形成。多糖都是非还原性糖。由于人体的淀粉酶只能水解 α-糖苷键,不能水解 β-糖苷键,因此人类只能消化淀粉而不能利用纤维素作为营养物质。

能力检测

14-1 试解释下列名词。

(1) 二糖 (2) 还原性糖 (3) 变旋现象 (4) 糖苷键

14-2 判断题。

(1) 动植物都可以为人类提供糖类物质作为能量来源。 (　　)

(2) 凡是符合通式 $C_n(H_2O)_m$ 的都是糖类。 (　　)

(3) 不符合通式 $C_n(H_2O)_m$ 的就不是糖类。 (　　)

(4) 动物体不能合成糖类,而是以食用的植物的糖类为能源。因此糖类主要是由植物性食物供给。 (　　)

(5) 苷羟基在环状结构下方的是 α 构型。 (　　)

(6) 对于 D 型糖来说,苷羟基在环状结构下方的一定是 α 构型。 (　　)

(7) D-(＋)-葡萄糖和 D-(＋)-甘露糖互为差向异构体。 (　　)

(8) 苷羟基在环状结构上方的是 β 构型。 (　　)

(9) 对于 D 型糖来说,苷羟基在环状结构上方的一定是 β 构型。 (　　)

(10) 一切单糖分子都具有旋光性。 (　　)

(11) 醛糖和酮糖都能发生银镜反应。 (　　)

(12) 醛能发生银镜反应而酮不能,所以酮糖也不能发生银镜反应。 (　　)

14-3 写出下列糖的名称。

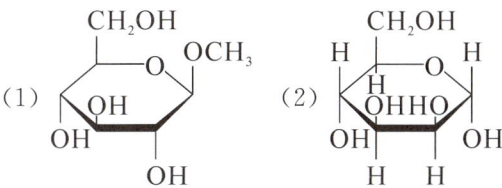

14-4 写出只有 C_2 的构型与 D-葡萄糖相反的己醛糖 Fischer 投影式和名称。

14-5 写出下列化合物的 Haworth 式,并指出有无还原性及变旋现象。

(1) α-D-呋喃果糖 (2) 苄基-β-D-吡喃葡萄糖苷

14-6 写出 D-甘露糖与下列试剂反应的主要产物。

能力检测答案

（1）Br_2/H_2O　（2）稀 HNO_3　（3）CH_3OH＋HCl(干燥)

14-7　为什么蔗糖既能被 α 糖苷酶水解，也能被 β-糖苷酶水解？

14-8　没有成熟的苹果肉遇碘显蓝色，成熟的苹果汁能还原银氨溶液，怎样解释这两种现象？

14-9　有三瓶失去标签的无色透明液体，分别为果糖溶液、蔗糖溶液和淀粉溶液，怎样用实验的方法将它们鉴别出来？

（夏侯玲孁）

第十五章　脂类

 学习目标

1. 掌握:油脂的组成,萜的定义、分类;甾族化合物基本母核的命名和编号方法。
2. 熟悉:油脂的化学性质;甾族化合物和萜类化合物的基本结构;一些重要萜类化合物的基本骨架。
3. 了解:一些重要萜类化合物、甾族化合物的来源和用途;一些甾体药物的命名规则。

本章 PPT

　　脂类广泛存在于生物体内,是除了糖类和蛋白质以外的一类维持正常生命活动不可缺少的物质。虽然其组成、化学结构和生理功能有较大差异,但都是具有脂溶性的有机化合物。其种类繁多,主要有油脂、磷脂、糖脂、甾族化合物和萜类化合物等。

　　脂类具有重要的生理功能。动物体内油脂的氧化是机体新陈代谢重要的能量来源;是维生素 A、维生素 D、维生素 E、维生素 K 等许多生物活性物质的良好溶剂;有些脂类如磷脂、胆固醇是构成生物膜的重要物质,与细胞的正常生理及代谢活动有密切关系。此外,脂类作为细胞表面物质,还与细胞识别、种属特异性和组织免疫等有密切关系。

知识链接 15-1

第一节　油脂

　　油脂(lipid)是油和脂肪的总称。习惯上把来源于植物,在室温下为液态的称为油,如菜籽油、豆油、花生油等;将来源于动物,常温下为固态或半固态的油脂称为脂肪,如牛油、羊油等。

　　油脂是动植物体的重要成分,也是人体的主要营养素之一。油脂是重要的供能物质,1 g 油脂完全氧化释放出的热量约是糖类的两倍。

一、组成和结构

　　从化学结构上看,油脂是一分子甘油和三分子高级脂肪酸生成的酯,医学上称作甘油三酯。它的化学结构如下

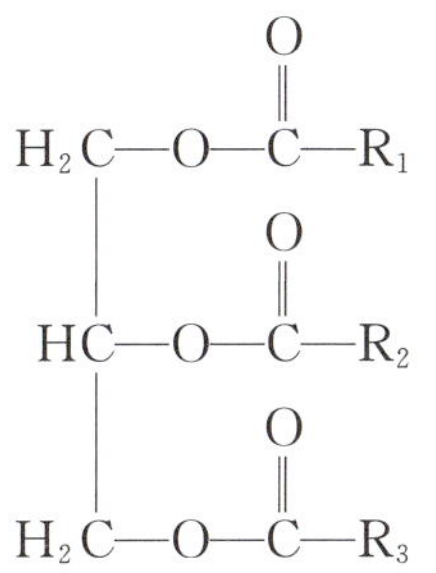

$$
\begin{array}{c}
\quad\quad\quad\quad\ O \\
\quad\quad\quad\quad\ \| \\
H_2C-O-C-R_1 \\
\quad\quad\quad\quad\ O \\
\quad\quad\quad\quad\ \| \\
HC-O-C-R_2 \\
\quad\quad\quad\quad\ O \\
\quad\quad\quad\quad\ \| \\
H_2C-O-C-R_3
\end{array}
$$

　　式中的 R_1、R_2、R_3 代表高级脂肪酸的烃基。如果 R_1、R_2、R_3 相同,称为单甘油酯,不完全

相同则为混甘油酯。天然油脂是各种混甘油酯的混合物。

单甘油酯命名时,根据高级脂肪酸的名称称为"三某酰甘油"或"甘油三某酸酯",例如:三软脂酰甘油(或甘油三软脂酸酯)。混三酰甘油则用 α、β、α′ 标明脂肪酸的位次,例如:α-软脂酰-β-硬脂酰-α′-油酰甘油(或甘油-α-软脂酸-β-硬脂酸-α′-油酸酯)。

天然油脂中含有多种脂肪酸,但占主要地位的只有几种。植物油脂中主要含软脂酸、油酸和亚油酸,动物脂肪中则含有软脂酸、油酸和较多的硬脂酸。在高等动植物体内主要存在 12 碳以上的高级脂肪酸,12 碳以下的低级脂肪酸存在于哺乳动物的乳汁中。例如,人体脂肪中的脂肪酸主要为 $C_{14} \sim C_{22}$ 的偶数直链脂肪酸,饱和与不饱和脂肪酸含量比例约为 2:3,其中油酸、亚油酸分别占 45.9% 和 9.6%。

油脂中常见的高级脂肪酸如表 15-1 所示。

表 15-1　油脂中常见的高级脂肪酸

名称	英文名	结构式
月桂酸(十二碳酸)	dodecanoic acid	$CH_3(CH_2)_{10}COOH$
肉豆蔻酸(十四碳酸)	myristic acid	$CH_3(CH_2)_{12}COOH$
软脂酸(十六碳酸)	palmitic acid	$CH_3(CH_2)_{14}COOH$
硬脂酸(十八碳酸)	stearic acid	$CH_3(CH_2)_{16}COOH$
花生酸(二十碳酸)	arachidic acid	$CH_3(CH_2)_{18}COOH$
巴西棕榈酸(二十四碳酸)	carnaubic acid	$CH_3(CH_2)_{22}COOH$
油酸(9-十八碳烯酸)	oleic acid	$CH_3(CH_2)_7CH \!=\! CH(CH_2)_7COOH$
亚油酸(9,12-十八碳二烯酸)	linoleic acid	$CH_3(CH_2)_3(CH_2CH \!=\! CH)_2(CH_2)_7COOH$
亚麻酸(9,12,15-十八碳三烯酸)	linolenic acid	$CH_3(CH_2CH \!=\! CH)_3(CH_2)_7COOH$
花生四烯酸 (5,8,11,14-二十碳四烯酸)	arachidonic acid	$CH_3(CH_2)_3(CH_2CH \!=\! CH)_4(CH_2)_3COOH$
EPA (5,8,11,14,17-二十碳五烯酸)	timnodonic acid	$CH_3(CH_2CH \!=\! CH)_5(CH_2)_3COOH$
DHA (4,7,10,13,16,19-二十二碳六烯酸)	docosahexaenoic acid	$CH_3(CH_2CH \!=\! CH)_6(CH_2)_2COOH$

知识链接 15-2

多数脂肪酸在人体内可通过代谢合成,只有亚油酸、亚麻酸、花生四烯酸等在人体内不能自身合成,但又是人体生长和健康不可缺少的,必须由食物供给,因此称它们为"必需脂肪酸"。近年来,从海洋鱼类和甲壳类动物体内所含的油脂中分离出的 EPA 和 DHA,具有降低血脂、抗动脉粥样硬化、抗血栓等作用,可预防心脑血管等疾病,被誉为"脑黄金"。

二、物理性质

纯净的油脂是无色、无味的物质,天然油脂都是混合物,所以往往带有颜色和气味。

油脂的相对密度比水小,其熔点和沸点跟组成甘油酯的脂肪酸的结构有关,脂肪酸的链越长越饱和,油脂的熔点越高;脂肪酸的链越短越不饱和,油脂的熔点则越低。油脂不溶于水,易溶于乙醚、氯仿、丙酮、苯及热乙醇中,工业上利用这一性质,常用有机溶剂来提取植物种子里的油。

随堂检测 15-1 含不饱和脂肪酸多的油脂具有较低的熔点,试说明原因。

三、化学性质

油脂是高级脂肪酸的甘油酯,它具有酯的典型性质,可以发生水解反应,另外,由于构成油脂的各种脂肪酸不同程度的含有碳碳双键,所以油脂还可以发生加成、氧化反应。

(一)水解

油脂在氢氧化钠(或氢氧化钾)溶液中水解,得到一分子甘油和三分子高级脂肪酸盐,这一反应称为皂化反应。皂化反应是制造肥皂的主要反应。油脂不仅在碱的作用下可发生水解,在酸或某些酶的作用下,也可以发生水解。

$$\begin{array}{l} H_2C-O-\overset{\displaystyle O}{\overset{\displaystyle \|}{C}}-R_1 \\[2mm] HC-O-\overset{\displaystyle O}{\overset{\displaystyle \|}{C}}-R_2 \quad +3NaOH \longrightarrow \begin{array}{l} R_1COONa \\ R_2COONa \\ R_3COONa \end{array} + \begin{array}{l} H_2C-OH \\ CHOH \\ H_2C-OH \end{array} \\[2mm] H_2C-O-\overset{\displaystyle O}{\overset{\displaystyle \|}{C}}-R_3 \end{array}$$

使 1 g 油脂完全皂化所需要的氢氧化钾的毫克数称为皂化值。皂化值与油脂中所含脂肪酸的平均相对分子质量大小成反比。

表 15-2 几种油脂皂化值和碘值的范围

油脂名称	皂化值	碘值	油脂名称	皂化值	碘值
乳油	210～230	26～28	亚麻油	187～195	170～185
猪油	195～203	46～70	花生油	187～196	86～107
牛油	190～200	30～48	大豆油	189～195	124～139
橄榄油	187～196	79～90	菜籽油	168～181	94～120
红花油	188～194	140～156	葵花籽油	181～194	118～141

(二)加成反应

油脂中的碳碳双键,可以和氢气、碘发生加成。

1. 加氢 含不饱和脂肪酸较多的油脂,可以通过催化加氢使油脂的不饱和程度降低,由液态可以转化为半固态或固态,称为"油脂的硬化"。当油脂含不饱和脂肪酸较多时,容易氧化变质,经硬化后的油脂较难被氧化,而呈半固态或固态,以利于储存和运输。

2. 加碘 不饱和脂肪酸甘油酯的碳碳双键也可以和碘发生加成。100 g 油脂所吸收的碘的克数称为碘值。碘值越大,说明油脂的不饱和程度越高。碘值是表示油脂不饱和程度的一种指标。一些常见的油脂的皂化值碘值的范围如表 15-2 所示。

(三)酸败

油脂在空气中放置过久,逐渐变质而产生难闻的气味,这种变化称为油脂的酸败。油脂酸败的实质是油脂中的碳碳双键部分氧化断裂,产生有刺激臭味的低级醛、酮和羧酸。光、热、水分和真菌都可加速油脂的酸败。伴随着油脂的酸败,其水解程度会加大,游离脂肪酸的含量会增加。油脂中游离脂肪酸含量的高低是判断油脂酸败程度的重要标志。

油脂中游离脂肪酸的含量通常用酸值表示。中和 1 g 油脂中游离脂肪酸所需要的 KOH 的毫克数称为油脂的酸值。酸值越大,油脂酸败越严重。酸败的油脂有毒性和刺激性,通常酸值大于 6.0 的油脂不宜食用。

油脂酸败不但改变了油脂的感官性质,酸败的油脂常会造成人体不良的生理反应或食物中毒,高度氧化的油脂可能有致癌作用。所以储存油脂时,应封存于避光的密封容器中,放置在干燥、阴凉的地方;也可以加入少量抗氧剂,如维生素 E 等。植物油脂比动物油脂难以发生酸败,是因为植物油脂中含有天然的维生素 E,具有抗氧化作用。

皂化值、碘值和酸值是油脂品质分析中的三个重要指标。国家对不同油脂的皂化值、碘值和酸值都有一定的要求,符合规定的油脂才可供药用和食用。

第二节　磷脂和糖脂

磷脂(phospholipid)是构成生物膜的主要成分,它广泛分布于动植物组织中。磷脂在动物体内多存在于脑和神经组织中,在心脏和肝脏中的含量也不少;植物的种子中含磷脂也比较多,如大豆种子的含磷脂量达 2%。磷脂不溶于水,但像亲水胶体一样,能在水中膨胀生成乳状液或胶体溶液。根据磷酸成脂的组分不同,将磷脂分为甘油磷脂(phosphoglyceride)和鞘磷脂(sphingomyelin)。

糖脂(glycolipid)是指含有糖基配体的脂类化合物,包括脑糖脂、神经节糖脂、甘油醇糖脂等。

磷脂和糖脂都是构成生物膜的脂质双分子层结构的基本物质,也是某些生物大分子化合物(如脂蛋白和脂多糖)的组成成分。

一、甘油磷脂

磷酰基取代油脂中的一个酰基生成的二酰甘油磷酸称为磷脂酸(phosphatidic acid),磷脂酸中的两个酰基通常是不同的,磷脂酸是甘油磷脂的母体结构,其结构如下:

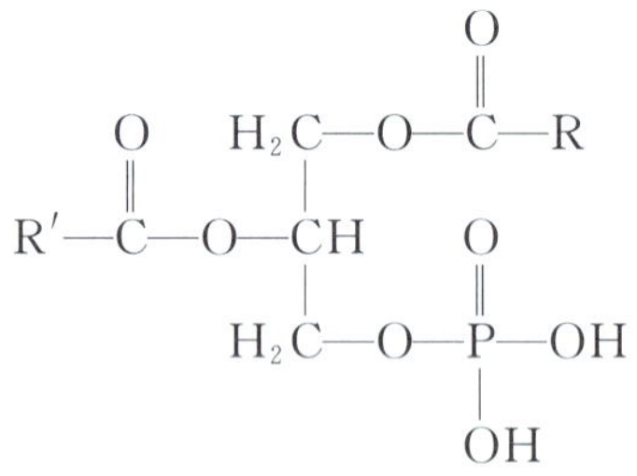

L-磷脂酸

最常见的甘油磷脂有两种:卵磷脂(lecithin)和脑磷脂(cephalin)。卵磷脂是磷脂酸中磷酸与胆碱结合形成的酯,也称磷脂酰胆碱。卵磷脂水解可得到甘油、磷酸、高级脂肪酸和胆碱。卵磷脂被誉为与蛋白质、维生素并列的"第三营养素"。脑磷脂则是磷脂酸中磷酸和乙醇胺(胆胺)所形成的酯,也称磷脂酰乙醇胺。脑磷脂水解可得到甘油、磷酸、高级脂肪酸和胆胺。

卵磷脂和脑磷脂的结构中,均含有极性和非极性部分,是良好的乳化剂。正是由于这种结构特点,使得磷脂类化合物在细胞膜中起着重要的生理作用。

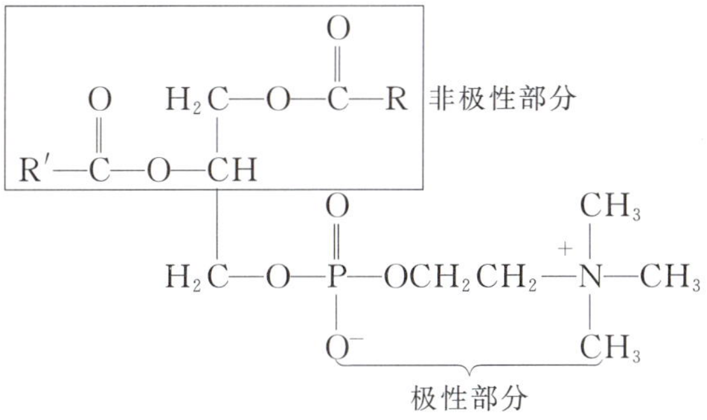

O
‖
O   H₂C—O—C—R 非极性部分
‖
R′—C—O—CH

H₂C—O—P—OCH₂CH₂—⁺N—CH₃
‖
O⁻   CH₃ CH₃
极性部分
卵磷脂

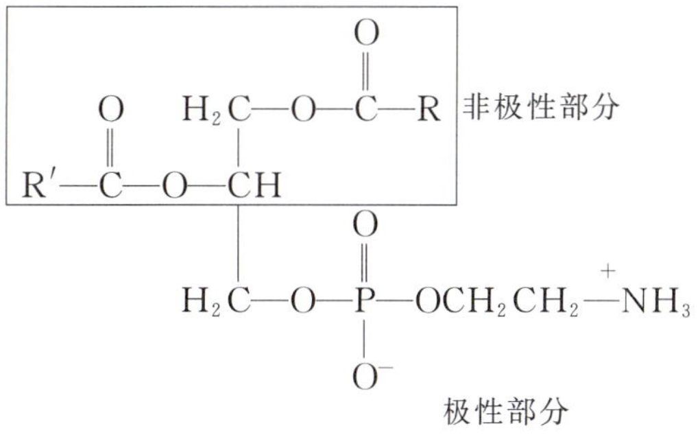

O
‖
O   H₂C—O—C—R 非极性部分
‖
R′—C—O—CH

H₂C—O—P—OCH₂CH₂—⁺NH₃
‖
O⁻
极性部分
脑磷脂

鞘磷脂是由神经酰胺(ceramide)的伯醇羟基与磷酸胆碱(或磷酸乙醇胺)酯化而形成的化合物。神经酰胺是鞘氨醇(sphingol)氨基酰化后的产物,鞘氨醇是一类脂肪族长碳链的氨基二醇。

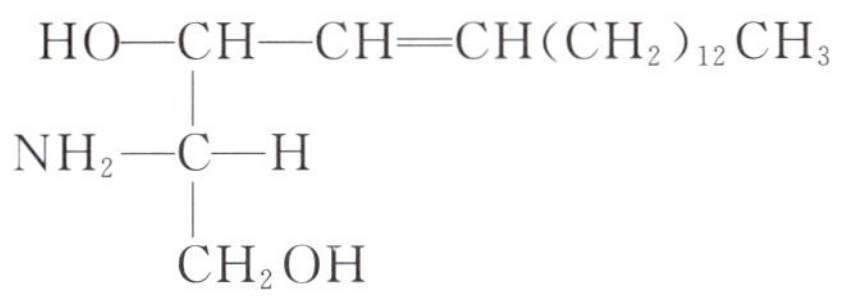

HO—CH—CH=CH(CH₂)₁₂CH₃
|
NH₂—C—H
|
CH₂OH
鞘氨醇

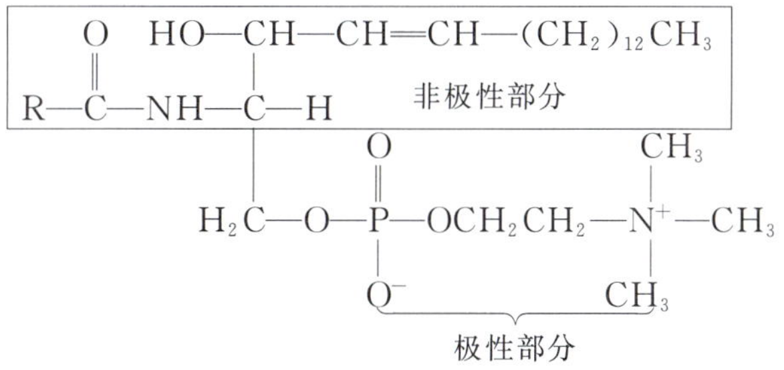

O   HO—CH—CH=CH—(CH₂)₁₂CH₃
‖ |
R—C—NH—C—H   非极性部分

H₂C—O—P—OCH₂CH₂—N⁺—CH₃
‖
O⁻   CH₃ CH₃
极性部分
鞘磷脂

鞘磷脂分子中的脂肪酸连接在鞘氨醇的氨基上,磷酸以酯的形式与鞘氨醇及胆碱结合。鞘磷脂在分子大小、形状和极性方面都与卵磷脂相似。

鞘磷脂存在于大多数哺乳动物细胞的质膜内,是髓鞘的主要成分。鞘磷脂是哺乳动物血浆中第二丰富的磷脂,可见于所有的主要脂蛋白中。高达18%的血浆磷脂以鞘磷脂的形式存在,在不同亚型的脂蛋白中,磷脂酰胆碱与鞘磷脂的比值差异较大。致动脉粥样硬化的脂蛋白,如 VLDL 和 LDL 都富含鞘磷脂。动脉粥样硬化病变中鞘磷脂的含量高于正常动脉组织。

随堂检测 15-2　说明下列化合物在结构上的共同点及不同点。
(1) 油脂和磷脂　(2) 甘油磷脂和鞘磷脂

二、糖脂

糖脂,顾名思义,是糖类和脂类形成的化合物。根据国际纯粹与应用化学联合会(IUPAC)及国际生物化学与分子生物学联盟(IUBMB)命名委员会给出的定义,糖脂是糖类通过其还原末端以糖苷键与脂类连接起来的一类化合物。糖脂广泛存在于生物界,作为生命体中重要的生物分子,有细胞间相互作用和识别、调节细胞生长、影响癌细胞变化、参与细胞黏附等重要的生物学功能。糖脂在食品、日化和医药工业中已有应用,并逐渐引起人们的重视。目前已开发出许多具有美容、抑制血压上升、活化免疫功能、阻碍脂肪酶活性、抑制癌细胞增殖等的功能性糖脂。此外,糖脂还可作为乳化剂和表面活性剂。

糖脂是一类两亲化合物,其脂质部分是亲脂的,而糖链部分是亲水的。在细胞中,糖脂主要是作为膜(特别是质膜)的组分而存在,其脂质部分包埋在脂双层内,而亲水的糖链部分则伸在膜外。鉴于脂质部分的不同,糖脂可分为四类,即鞘糖脂、甘油糖脂、由磷酸多萜醇衍生的糖脂和由类固醇衍生的糖脂。这里对鞘糖脂和甘油糖脂作一简要介绍。

鞘糖脂的分子由糖链、脂肪酸和鞘氨醇的长链碱基 3 部分组成。其亲脂(疏水)部分为神经酰胺,由鞘氨醇的氨基被脂肪酸酰化而成,亲水的糖链则以糖苷键与神经酰胺的伯醇羟基

相连。

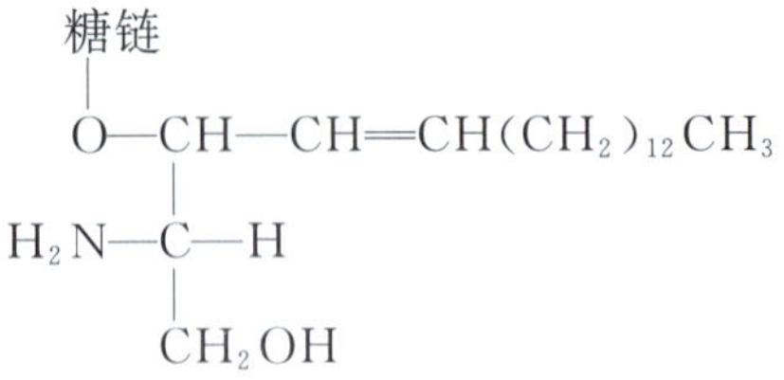

糖链

$$O-CH-CH=CH(CH_2)_{12}CH_3$$
$$H_2N-C-H$$
$$CH_2OH$$

鞘糖脂的基本结构

$$O\ \ H_2C-O-C-R_1$$
$$R_2-C-O-CH$$
$$H_2C-O-糖链$$

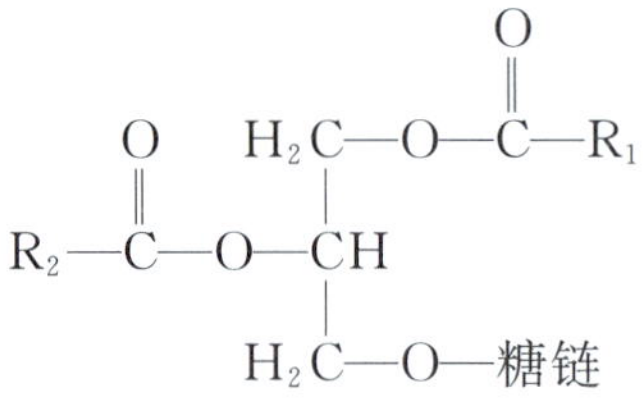

甘油糖脂的基本结构

鞘糖脂分子的亲水部分,即糖链部分的结构复杂多变,糖链的长短、组成和结构相差很大,根据不同的结构特点分为半乳糖基神经酰胺和半乳糖系列、葡萄糖基神经酰胺和乳糖基神经酰胺、红细胞系列和异红细胞系列、神经节系列、乳糖系列和新乳糖系列、岩藻糖脂、巨糖脂、硫酸化的鞘糖脂、含唾液酸的鞘糖脂等多个系列。

甘油糖脂(glycceroglycolipids)是指分子中脂质部分为甘油酯的一类糖脂。甘油糖脂主要存在于植物和微生物中,是植物叶绿体类囊体膜及细菌原生质膜的主要组成成分,参与细胞膜的识别活动。甘油糖脂是一类两亲性化合物,这种特殊的两亲性使它具有特殊的生理活性,一些具有药理活性的甘油糖脂已从各种有机体特别是海洋微藻中分离出来。

第三节 萜类化合物

萜类化合物(terpenoids)广泛存在于自然界中,是许多植物香精油的主要成分,几乎所有的植物都含有萜类化合物,在动物和真菌中也有萜类化合物,萜类化合物有着重要的生理作用,有些可用来直接治疗疾病,有些是合成药物的原料,在香料和医药中应用广泛。

一、结构

萜类化合物是异戊二烯(isoprene)的低聚物以及它们的氢化物和含氧衍生物的总称,是以异戊二烯作为基本碳骨架单元,由两个或多个异戊二烯首尾相连或相互聚合而成。这种结构特点称为异戊二烯规律。它们结构上的共同点是分子中的碳原子数都是 5 的整数倍。

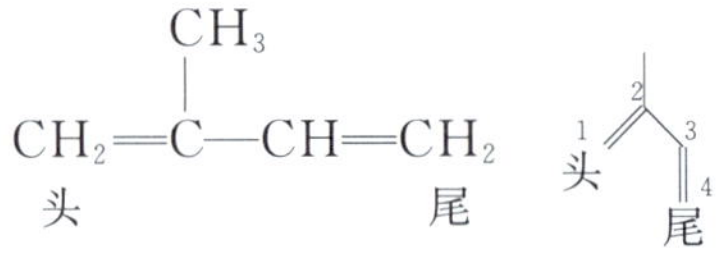

$$CH_3$$
$$CH_2=C-CH=CH_2$$
头 尾

异戊二烯

月桂烯(myrcene)可看作是由两个异戊二烯单位结合而成的开链化合物;柠檬烯(limonene)也可以看作是由两个异戊二烯单位结合而成的具有六元环的化合物。

月桂烯
(存在于月桂子油等中)

柠檬烯
(存在于柠檬、橘子等中)

二、分类

根据分子中所含异戊二烯的单元数,萜类可以分为单萜、倍半萜、二萜、三萜及四萜等(表 15-3)。

表 15-3　萜类化合物的分类

类别	异戊二烯的单元数	碳原子数
单萜类	2	10
倍半萜	3	15
二萜类	4	20
三萜类	6	30
四萜类	8	40
多萜类	>8	>40

三、重要的萜类化合物

萜类化合物按碳架结构还可分为链萜和环萜。由于萜类化合物绝大多数都是烷烃、烯烃或者含氧衍生物,其极性低,难溶于水易溶于有机溶剂。低级萜类化合物如单萜、倍半萜具有较低的沸点和良好的挥发性,是挥发油的主要成分;二萜以上多为树脂、皂苷或者色素的主要成分。

1. 月桂烯(myrcene)　分子式为 $C_{10}H_{16}$,属于链状单萜类。黄栌叶和柔布叶的蒸馏液中含量分别可达 50% 和 40%,此外在肉桂油、枫茅油、柏木油、云杉油、松节油、马鞭草油、柠檬草油、柠檬油中也有存在,具有清淡的香脂香气,月桂烯是香料产业中较为重要的化学原料之一,主要用于合成芳樟醇、香叶醇、橙花醇、香茅醇、香茅醛、紫罗兰酮等多种化合物。

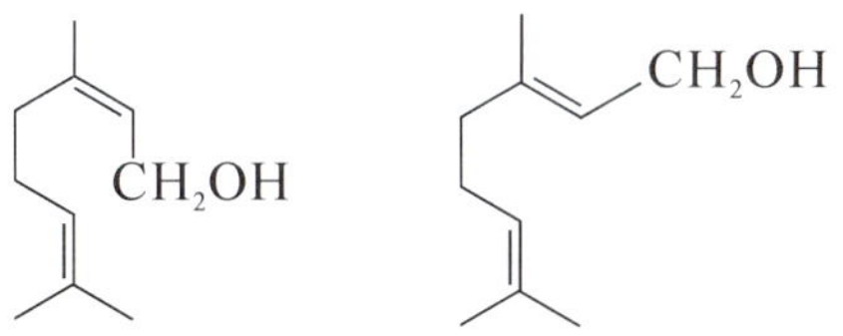

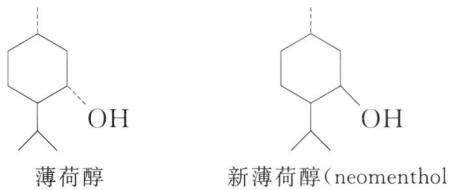

橙花醇(nerol)　　　　香叶醇(geraniol)

2. 薄荷醇(menthol)　分子式为 $C_{10}H_{20}O$,属单环单萜类,又称薄荷脑,为薄荷和欧薄荷精油中的主要成分,左旋薄荷醇由于其良好的清凉效果,大量用于香烟、化妆品、牙膏、口香糖、甜食和药物涂抹剂中,其酯也用于香料和药物。薄荷醇和消旋薄荷醇均可用作牙膏、香水、饮料和糖果等的赋香剂;在医药上用作外敷药,作用于皮肤或黏膜,有清凉止痒作用;内服可作为祛风药,用于头痛及鼻、咽、喉炎症等。在世界上,我国和巴西是主要的天然薄荷生产国,薄荷油的年产量均达到 2000～3000 吨。

薄荷醇　　　　新薄荷醇(neomenthol)

3. 樟脑(camphor)　分子式为 $C_{10}H_{16}O$,属二环单萜类,存在于樟树中,樟脑用于制备中枢神经兴奋剂(如十滴水、人丹)和复方樟脑酊等,能防虫、防腐、除臭,具有馨香气息,是衣物、书籍、标本、档案的防护珍品。天然樟脑纯度高、比旋光度大,在医药等方面的特殊用途难以用合成樟脑完全代替。

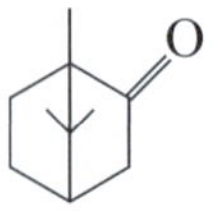

樟脑

4. 维生素 A(vitamin A) 分子式为 $C_{20}H_{30}O$,属单环二萜类,主要存在于鱼肝油、肝、奶油、肉类及蛋黄中。维生素 A 有维生素 A_1 和维生素 A_2 两种,通常把维生素 A_1 称为维生素 A,维生素 A_2 的生物活性仅为维生素 A_1 的 $20\%\sim50\%$。维生素 A 又名视黄醇、视网膜醇、抗干眼醇。维生素 A 为哺乳动物正常生长和发育所必需的脂溶性维生素。缺乏维生素 A 会引起发育不全、眼膜和眼角膜硬化症,初期症状是夜盲症。维生素 A 易被空气氧化,遇紫外线或高温则失去活性。通常将其溶于精制植物油中并添加抗氧剂,于低温、避光处保存。

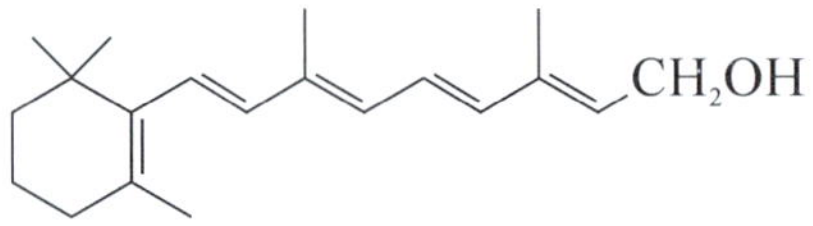

维生素 A_1 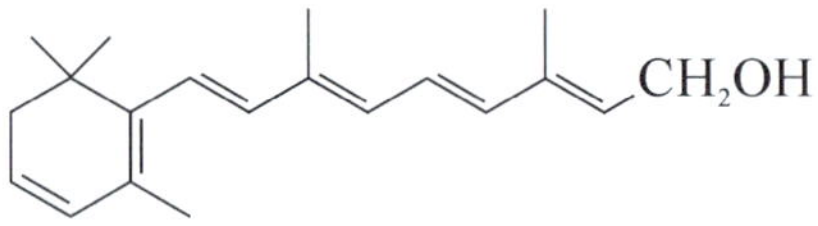   维生素 A_2

5. 胡萝卜素(carotene) 分子式为 $C_{40}H_{56}$,属二环四萜类,主要存在于深绿色或红黄色的蔬菜和水果中,如:胡萝卜、西兰花、菠菜、空心菜、甘薯、哈密瓜、杏及甜瓜等。到目前为止,至少已经有 600 种的天然类胡萝卜素被发现,而其中有一小部分(如 β-胡萝卜素等)会在体内转换为维生素 A。胡萝卜素具有防癌、抗癌、抗衰老作用,在医药工业上可做抗癌药。由于其具有抵抗自由基的作用,对心血管病及其他慢性病也有治疗作用。

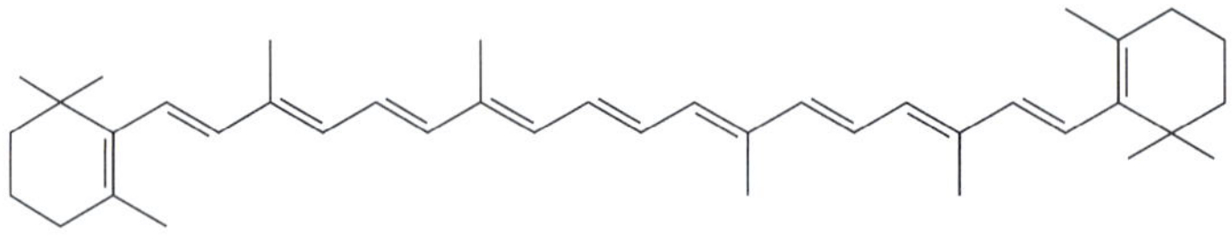

β-胡萝卜素

随堂检测 15-3 根据角鲨烯的结构,判断角鲨烯属于哪一类萜。

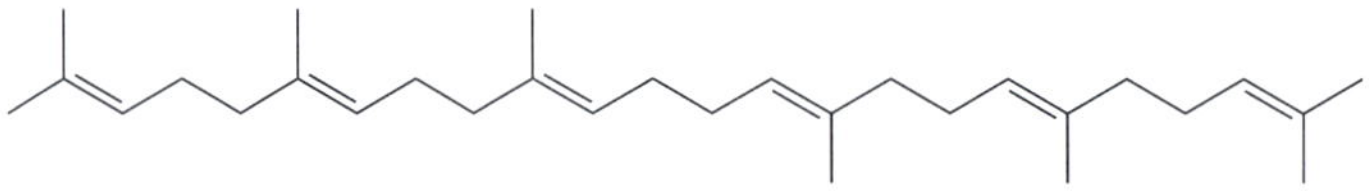

角鲨烯

第四节 甾族化合物

甾族化合物(steroid)结构类型及数目繁多,广泛存在于动植物中,并对动植物的生命活动起着重要的调节作用,它们与医药有着密切关系。

一、结构

甾族化合物的基本碳架由环戊烷并多氢菲(也称甾烷)和三个侧链构成。甾族化合物的甾字很形象地表示了这类化合物的基本碳架:R_1、R_2 一般为甲基(编号分别为 C_{10}、C_{13}),称为角甲基,R_3(编号为 C_{17})为其他含有不同碳原子数的取代基。甾是个象形字,是根据这个结构而来的,"田"表示四个环,"巛"表示三个侧链。许多甾体化合物除这三个侧链外,甾核上还有双键、羟基和其他取代基。四个环用 A、B、C、D 编号，碳原子也按固定顺序用阿拉伯数字编号。

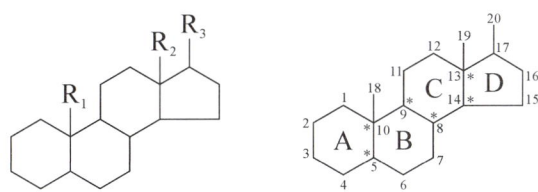

根据 C_{10}、C_{13} 上是否有甲基，C_{17} 上是否有侧链及侧链的不同，可将甾族化合物进行分类。常见的甾族化合物母体名称见表 15-4。R_1、R_2、R_3 分别代表 C_{10}、C_{13} 和 C_{17} 上的侧链。

表 15-4　常见的甾族化合物母体名称

甾体母核名称	$R_1(—C_{18})$	$R_2(—C_{19})$	$R_3(—C_{20})$
甾烷	—H	—H	—H
雌甾烷	—H	—CH₃	—H
雄甾烷	—CH₃	—CH₃	—H
孕甾烷	—CH₃	—CH₃	—CH₂CH₃

胆烷	—CH₃	—CH₃	—CHCH₂CH₂CH₃
			   ｜
			   CH₃

胆甾烷	—CH₃	—CH₃	—CHCH₂CH₂CH₂CH(CH₃)₂
			   ｜
			   CH₃

随堂检测 15-4　试写出甾烷和胆烷的结构式。

二、重要的甾族化合物

1. 胆固醇（cholesterol）　胆固醇是最早发现的一个甾体化合物，存在于人及动物的血液、脂肪、脑髓及神经组织中。因为是从胆石中获得的固体状醇，所以称之为胆固醇。胆固醇的结构是甾族化合物的基本碳架上 C_3 位有一个 β-羟基，C_5 与 C_6 之间为双键，C_{17} 连有一个 8 个碳原子的烷基侧链，是胆甾烷的衍生物。

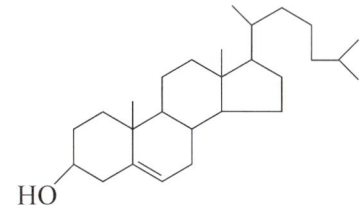

胆固醇

胆固醇为无色或略带黄色的结晶，在高真空条件下可升华，微溶于水，易溶于乙醇、乙醚、氯仿等有机溶剂。胆固醇含量过高对人体有害，可以引起胆结石、动脉硬化等。

2. 性激素（sex hormone）　性激素是高等动物性腺的分泌物，有控制性生理、促进动物发育、维持第二性征（如声音、体形等）的作用。它们的生理作用很强，量虽少却能产生很大的影响。性激素是雄甾烷和雌甾烷的衍生物。

性激素分雄性激素和雌性激素两大类，两类性激素都有很多种，在生理上各有特定的生理功能。例如：

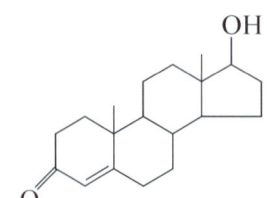

睾酮素(testosterone)

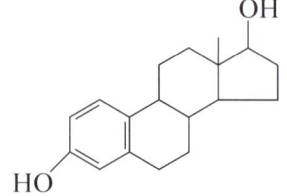

雌二醇(estradiol)

睾酮素是睾丸分泌的一种雄性激素,有促进肌肉生长,使声音变低沉等第二性征的作用。它是由胆固醇生成的,并且是雌二醇生物合成的前体。雌二醇为卵巢的分泌物,对雌性的第二性征的发育起重要作用。动物体内分泌的睾酮和雌二醇的量极少,从 4 吨猪卵巢中只能提取到 0.012 g 雌二醇。

3. 7-脱氢胆固醇(7-dehydrocholesterol) 胆固醇在酶催化下氧化成 7-脱氢胆固醇。7-脱氢胆甾醇存在于动物的皮肤组织中,在紫外线照射下发生化学反应,转变为维生素 D_3:

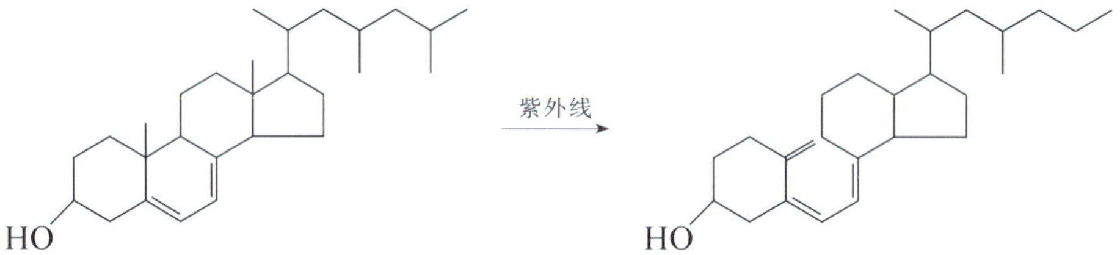

紫外线

7-脱氢胆固醇 维生素 D_3

维生素 D 广泛存在于动物体中,含量最多的是脂肪丰富的鱼类肝脏,也存在于牛奶、蛋黄中。维生素 D_3 是从小肠中吸收 Ca^{2+} 的关键化合物。体内维生素 D_3 的浓度太低,会引起 Ca^{2+} 缺乏,不足以维持骨骼的正常生成而使儿童患佝偻病,成人则患软骨病,因此维生素 D 也称为抗佝偻病维生素。维生素 D 实际上不属于甾族化合物,只是它可以由某些甾族化合物合成。

4. 麦角甾醇(ergosterol) 麦角甾醇是一种植物甾醇,最初从麦角中得到,但在酵母中更易得到。麦角甾醇在紫外线照射下,B 环开环而形成前钙化醇,加热后形成维生素 D_2(钙化醇)。维生素 D_2 同维生素 D_3 一样,也能抗软骨病,因此可以将麦角甾醇用紫外光照射后加入牛奶和其他食品中,以保证儿童能得到足够的维生素 D。

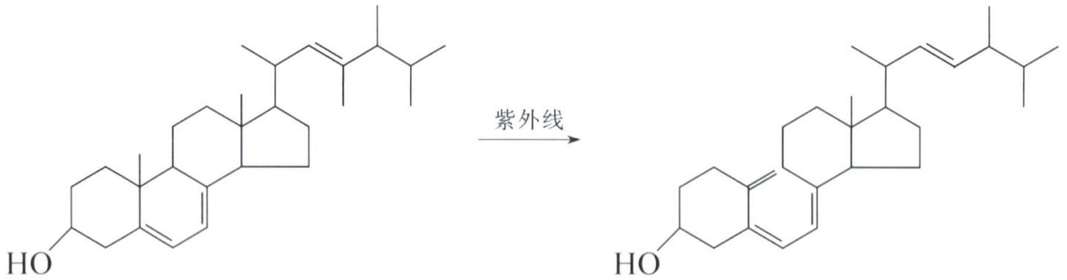

紫外线

麦角甾醇 维生素 D_2

小结

脂类广泛存在于生物体内,具有重要的生理功能,脂类主要有油脂、磷脂、糖脂、萜类化合物和甾族化合物等。

油脂是油和脂肪的总称,油脂的化学性质主要表现在酯和双键结构上,可以发生水解反应,与 H_2、I_2 发生加成反应,在空气中久置会发生酸败。皂化值、碘值和酸值是油脂品质分析

随堂检测答案

中的三个重要指标。

磷脂是含磷酸酯结构的类脂,根据与磷酸成酯的组分不同,将磷脂分为甘油磷脂和鞘磷脂两类。

糖脂是糖类和脂类形成的化合物,广泛存在于生物界中,作为生命体中重要的营养物质,有细胞间相互作用和识别、调节细胞生长、影响癌细胞变化、参与细胞黏附等重要的生物学功能。

萜类化合物是异戊二烯的低聚物以及它们的氢化物和含氧衍生物的总称,是以异戊二烯作为基本碳骨架单元,由两个或多个异戊二烯首尾相连或相互聚合而成。根据分子中所含异戊二烯的单元数,萜类化合物可分为单萜、倍半萜、二萜类等。它们结构上的共同点是分子中的碳原子数都是 5 的整数倍。

甾族化合物的基本碳架是环戊烷并多氢菲,根据 C_{10}、C_{13} 上是否有甲基,C_{17} 上是否有侧链及侧链的不同,甾族化合物分为甾烷、雌甾烷、雄甾烷、孕甾烷、胆烷、胆甾烷等基本母核。

能力检测

15-1 油脂的主要成分是什么?

15-2 卵磷脂和脑磷脂的水解产物有何不同?

15-3 油脂的皂化值和酸值有什么不同?

15-4 碘值与油脂的不饱和度有什么关系?

15-5 猪油的皂化值为 193～200,花生油的皂化值为 185～195,哪种油脂的平均相对分子质量大?

15-6 牛油的碘值为 30～48,大豆油的碘值为 124～136,这说明什么?

15-7 室温下油和脂肪的存在状态与其分子中的脂肪酸有何关系?

15-8 写出薄荷醇的三个异构体的椅式构型(不必写出对映异构体)。

15-9 某单萜 A,分子式为 $C_{10}H_{18}$,催化氢化后得分子式为 $C_{10}H_{22}$ 的化合物。用高锰酸钾氧化 A,得到 $CH_3COCH_2CH_2COOH$、CH_3COOH 及 CH_3COCH_3,试推测 A 的结构。

（罗　旭）

能力检测答案

第十六章　氨基酸、蛋白质、核酸

学习目标

1. 掌握：氨基酸的两性电离、等电点和与茚三酮的反应；蛋白质的变性、沉淀反应和颜色反应。

2. 熟悉：氨基酸的结构和命名；蛋白质的一级结构和二级结构；RNA 和 DNA 的基本结构单元。

3. 了解：氨基酸、蛋白质和核酸的分类。

本章PPT

α-氨基酸(α-amino acid)是组成蛋白质(proteins)及生物活性肽的基本结构单元。生物体内的生物活性肽、蛋白质和生物酶都是由 α-氨基酸组成的。

蛋白质是生命的物质基础，是一切活细胞、组织的重要成分，也是酶、抗体和许多激素的主要组成部分。从化学结构上看，蛋白质是由氨基酸通过肽键(酰胺键)连接的、具有特定空间构象和生物功能的天然高分子化合物。

核酸(nucleic acids)是由核苷酸连接起来的链状生物大分子，是自然界一切生命的遗传物质，对遗传信息的储存和蛋白质的合成起着决定性的作用。

第一节　氨基酸

一、结构、分类和命名

知识链接 16-1

氨基酸是分子中既有氨基，又有羧基的化合物。根据氨基和羧基的相对位置不同，氨基酸分为α-氨基酸、β-氨基酸、γ-氨基酸等。

$$\overset{\gamma}{R}CH_2\overset{\beta}{CH_2}\overset{\alpha}{CH_2}\underset{\underset{NH_2}{|}}{CH}COOH \qquad \overset{\gamma}{R}CH_2\overset{\beta}{CH_2}\overset{\alpha}{CH}\underset{\underset{NH_2}{|}}{CH_2}COOH \qquad \overset{\gamma}{R}CH_2\overset{\beta}{CH}\underset{\underset{NH_2}{|}}{CH_2}\overset{\alpha}{CH_2}COOH$$

根据氨基酸中氨基和羧基的相对数目，氨基酸分为中性氨基酸(含有一个羧基和一个氨基)、酸性氨基酸(含有两个羧基和一个氨基)、碱性氨基酸(含有一个羧基和两个氨基)。

根据氨基酸中 R 的不同，氨基酸分为脂肪族氨基酸、芳香族氨基酸和杂环氨基酸。

组成蛋白质的氨基酸主要是 α-氨基酸，即在 α-碳原子上有一个氨基，可用下式表示：

$$R-\underset{\underset{NH_2}{|}}{\overset{\overset{H}{|}}{C}}-COOH$$

自然界存在 500 种以上的氨基酸，但在生物体内构成蛋白质的氨基酸主要有 20 种。大多

数氨基酸可以在人体内合成,但有 8 种氨基酸不能被人体自身合成,或者虽然能被合成(如精氨酸和组氨酸),但不能满足正常的需要,必须从食物中摄取,这 8 种氨基酸称为必需氨基酸。

氨基酸可以按照 IUPAC 命名原则来命名,但为了方便,氨基酸通常用俗名(根据其来源和性质)。构成蛋白质的 20 种 α-氨基酸的俗名、英文缩写和中英文代号如表 16-1 所示。

表 16-1　构成蛋白质的 20 种氨基酸

结构式	名称	英文缩写	代号(中文)	pK_{a1}	pK_{a2}	pI
1. 中性氨基酸						
CH$_2$COOH | NH$_2$	甘氨酸 glycine	Gly	G(甘)	2.34	9.60	5.97
CH$_3$CHCOOH | NH$_2$	丙氨酸 alanine	Ala	A(丙)	2.34	9.69	6.00
(CH$_3$)$_2$CHCHCOOH * | NH$_2$	缬氨酸 valine	Val	V(缬)	2.32	9.62	5.96
(CH$_3$)$_2$CHCH$_2$CHCOOH * | NH$_2$	亮氨酸 leucine	Leu	L(亮)	2.36	9.60	5.98
CH$_3$CH$_2$CHCHCOOH * (CH$_3$) | NH$_2$	异亮氨酸 isoleucine	Ile	I(异亮)	2.36	9.68	6.02
C$_6$H$_5$—CH$_2$CHCOOH * | NH$_2$	苯丙氨酸 phenylalanine	Phe	F(苯丙)	1.83	9.13	5.48
脯氨酸结构式 (吡咯烷-COOH)	脯氨酸 proline	Pro	P(脯)	1.99	10.60	6.30
HOCH$_2$CHCOOH | NH$_2$	丝氨酸 serine	Ser	S(丝)	2.21	9.15	5.68
CH$_3$CHCHCOOH * (OH) | NH$_2$	苏氨酸 threonine	Thr	T(苏)	2.09	9.10	5.60
HO—C$_6$H$_4$—CH$_2$CHCOOH | NH$_2$	酪氨酸 tyrosine	Tyr	Y(酪)	2.20	9.11	5.66

结构式	名称	英文缩写	代号（中文）	pK_{a1}	pK_{a2}	pI
CH₂CHCOOH | SH | NH₂	半胱氨酸 cysteine	Cys	C(半胱)	1.96	8.18	5.07
CH₃SCH₂CH₂CHCOOH* | NH₂	蛋氨酸 methionine	Met	M(蛋)	2.28	9.21	5.74
H₂N—C—CH₂CHCOOH || O | NH₂	天冬酰胺 asparagine	Asn	N(天酰)	2.02	8.80	5.41
H₂N—C—CH₂CH₂CHCOOH || O | NH₂	谷氨酰胺 glutamine	Gln	Q(谷酰)	2.17	9.13	5.65
CH₂CHCOOH* | NH₂ (吲哚)	色氨酸 tryptophan	Try	W(色)	2.38	9.39	5.89

2.酸性氨基酸

结构式	名称	英文缩写	代号（中文）	pK_{a1}	pK_{a2}	pI
HOOCCH₂CHCOOH | NH₂	天冬氨酸 aspartic acid	Asp	D(天冬)	1.88	9.60	2.77
HOOCCH₂CH₂CHCOOH | NH₂	谷氨酸 glutamic acid	Glu	E(谷)	2.19	9.60	3.22

3.碱性氨基酸

结构式	名称	英文缩写	代号（中文）	pK_{a1}	pK_{a2}	pI
H₂N(CH₂)₄CHCOOH* | NH₂	赖氨酸 lysine	Lys	K(赖)	2.18	8.95	9.74
H₂N—C—NH(CH₂)₃CHCOOH* || NH | NH₂	精氨酸 arginine	Arg	R(精)	2.17	9.04	10.76
CH₂CHCOOH* | NH₂ (咪唑)	组氨酸 histidine	His	H(组)	1.82	9.17	7.59

注：* 为必需氨基酸。

除甘氨酸外，其他 α-氨基酸的 α-碳原子都为手性碳原子，都具有旋光性。通常 α-氨基酸的构型用 D/L 进行标记，构成蛋白质的 α-氨基酸均为 L 构型。

CHO
HO—┼—H
CH₂OH
L-甘油醛

COOH
H₂N—┼—H
R
L-氨基酸

蛋白质中除了上述 20 种 α-氨基酸之外,还有 2 种比较罕见的 α-氨基酸,只存在于某些特殊的蛋白质分子中,一种是硒代半胱氨酸(1986 年),存在于含硒蛋白中,另一种是吡咯赖氨酸(2002 年),仅存在于一些真菌和古细菌体内。

$$HSeCH_2CHCOOH$$
$$| \atop NH_2$$

硒代半胱氨酸
selenocysteine

吡咯赖氨酸
pyrrolysine

还有很多非蛋白质氨基酸,有的是蛋白质的组成成分,如胶原蛋白中的 4-羟基脯氨酸和 5-羟基赖氨酸,它们是脯氨酸和赖氨酸进入多肽链后被羟化酶羟化后的衍生物。

二、性质

氨基酸都为无色结晶,易溶于水,难溶于乙醚、苯等有机溶剂。

(一)酸碱性与等电点

虽然我们通常用—COOH 和—NH₂ 来表示氨基酸的结构,但是氨基酸的实际结构主要为离子形式:羧基失去一个质子变成羧酸根,氨基质子化变成铵离子,这种离子称为两性离子或偶极离子。

$$R—CH—COOH \rightleftharpoons R—CH—COO^-$$
$$| \atop NH_2 \qquad\qquad | \atop NH_3^+$$
(少量) (主要)

在固体中,羧基使氨基质子化,形成两性离子。

在两性离子中,既含有 NH_3^+,又含有 COO^-,NH_3^+ 具有酸性,而 COO^- 具有碱性,所以氨基酸具有两性。因此,氨基酸在溶液中存在下列平衡:

$$R—CH—COOH \underset{H^+}{\overset{OH^-}{\rightleftharpoons}} R—CH—COO^- \underset{H^+}{\overset{OH^-}{\rightleftharpoons}} R—CH—COO^-$$
$$| \atop NH_3^+ \qquad\qquad | \atop NH_3^+ \qquad\qquad | \atop NH_2$$
pH<pI pH=pI pH>pI

正是由于氨基酸在溶液中存在上述平衡,所以氨基酸在不同 pH 值溶液中的存在形式不同。在强酸性溶液中,氨基酸主要以阳离子的形式存在,分子带正电荷;而在强碱性溶液中,氨基酸主要以阴离子形式存在,分子带负电荷,如甘氨酸,当溶液的 pH<2.3 时,甘氨酸主要以阳离子的形式存在,分子带正电荷;当溶液的 pH>9.6 时,甘氨酸主要以阴离子的形式存在,分子带负电荷;而当溶液的 2.3<pH<9.6 时,甘氨酸主要以两性离子存在,在两性离子中,净电荷为零。因此我们可以通过调节溶液的 pH 值来控制氨基酸在溶液中的存在形式和所带的电荷。如果调节溶液的 pH 值,使溶液中的氨基酸几乎完全以两性离子形式存在,则分子所带净电荷为零,此时溶液的 pH 值称为该氨基酸的等电点(pI)。甘氨酸的等电点为 6.0。一般中性氨基酸的等电点等电点为 5.0~6.3;酸性氨基酸的等电点等电点为 2.8~3.2;碱性氨基酸的等电点为 7.6~10.8。常见的 20 种氨基酸的等电点列于表 16-1 中。

在等电点时,溶液中氨基酸几乎完全以两性离子形式存在,此时它的溶解度最小,可以结晶析出,所以可以利用氨基酸等电点的不同来分离和纯化氨基酸。

随堂检测 16-1 在某一氨基酸的水溶液中,加入 H⁺ 至 pH 值小于 6 时,可观察到此氨基酸被沉淀下来,这是什么原因?在该 pH 值时,氨基酸以何种形式存在?

(二) 氨基的酰基化

氨基酸分子中的氨基与酰氯或酸酐在弱碱性条件下发生反应,氨基被酰基化生成酰胺。

$$R'—COCl+ \ NH_2—\overset{R}{\underset{}{CH}}—COOH \longrightarrow R'—\overset{O}{\underset{}{C}}—NH—\overset{R}{\underset{}{CH}}—COOH \ +HCl$$

例如:

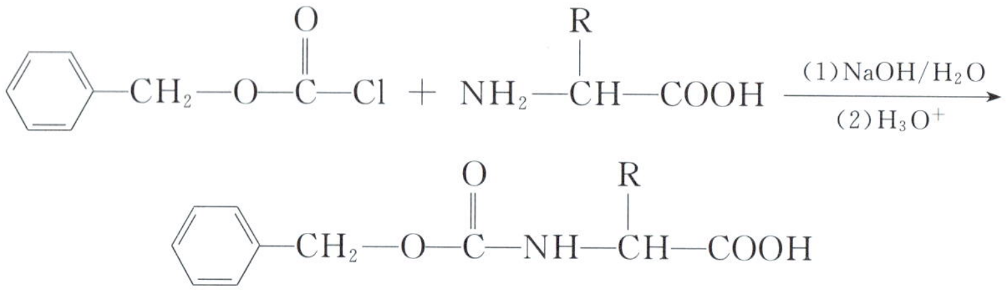

其中的 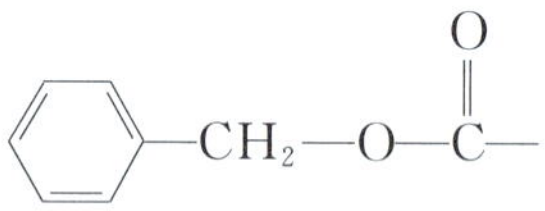 称为苄氧羰基,简写为 Cbz 或 Z,常作为氨基的保护基,苄氧羰基可以用催化氢解的方法除去。

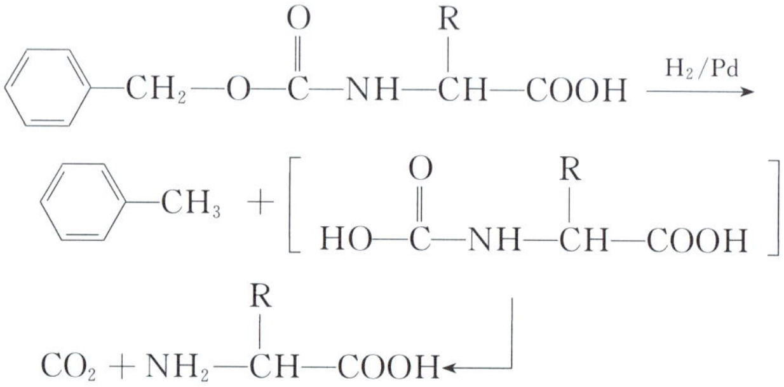

此外,叔丁氧甲酰氯、对甲苯磺酰氯以及邻苯二甲酸酐等,也常作为氨基的保护剂。

(三) 氨基的烃基化

氨基酸中氨基上 H 原子可被烃基取代。例如:在弱碱性条件下,氨基酸与 2,4-二硝基氟苯(DNFB)发生芳环上的亲核取代反应,生成 2,4-二硝基苯基氨基酸(简称为 DNP-氨基酸),产物为黄色的固体,可用于氨基酸的定性鉴定,通常在多肽及蛋白质结构分析中用作测定 N 端的氨基酸。

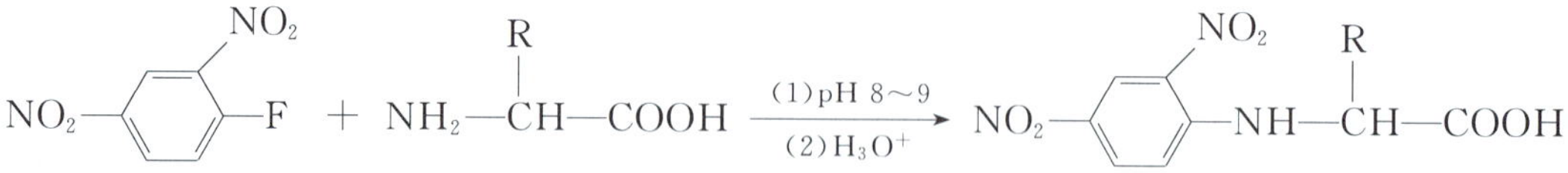

(四) 与亚硝酸反应

氨基酸与脂肪族伯胺相似,可以与亚硝酸反应,释放出 N_2,生成 α-羟基酸。

$$R—\underset{NH_2}{\underset{|}{CH}}—COOH \ +HNO_2 \longrightarrow R—\underset{OH}{\underset{|}{CH}}—COOH \ +N_2\uparrow+H_2O$$

反应定量完成,通过测定释放出的氮气,可以定量测定氨基酸分子中氨基的含量。这种方法称为 Van Slyke 氨基氮测定法。

(五) 与水合茚三酮反应

α-氨基酸和水合茚三酮在水溶液中,加热的条件下反应,生成蓝紫色化合物。

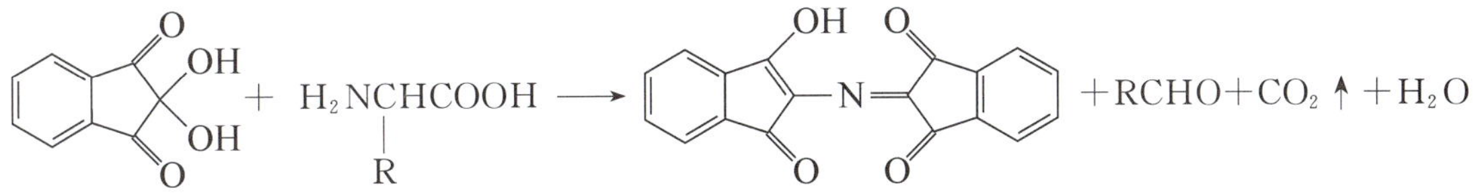

这是 α-氨基酸的特征反应,反应特别灵敏,通常用于 α-氨基酸的定性分析。但是脯氨酸分子中只有亚氨基,它与水合茚三酮反应的产物呈橙黄色。

随堂检测 16-2 完成下列反应。

$$CH_3CH_2CHCOOH \longrightarrow CH_3CH_2CHCOOH$$
$$\qquad\qquad NH_2 \qquad\qquad\qquad NHCOCH_3$$

第二节 肽和蛋白质

一、肽的形成与命名

一分子氨基酸的羧基与另一分子氨基酸的氨基之间脱水形成的酰胺类化合物称为肽(peptide),肽分子中的酰胺键称为肽键(peptide bond)。

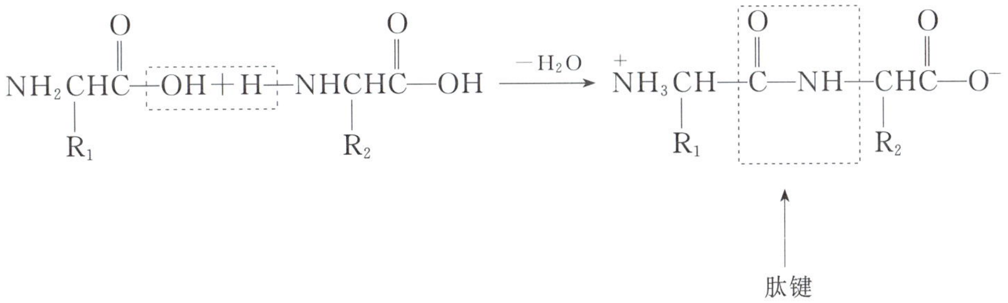

两分子氨基酸之间脱水形成的肽称为二肽(dipeptide),多个氨基酸分子之间脱水形成的肽称为多肽(polypeptide)。由于肽是氨基酸脱水形成的,所以肽链中氨基酸单元相对于原来的氨基酸分子已不再完整,因此把肽链中的氨基酸单元称为氨基酸残基(amino acidresidues)。

在肽分子中,通常把保留氨基的一端称为 N-端,保留羧基的一端称为 C-端,在书写肽分子时,通常把 N-端写在左边,C-端写在右边。

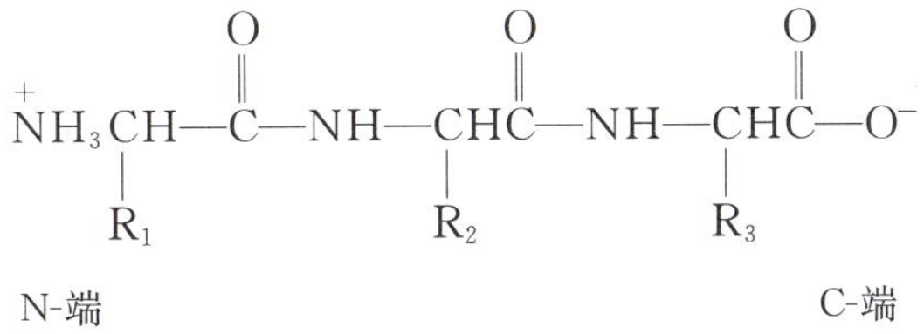

肽的命名是以 C-端的氨基酸为母体,肽链中其他氨基酸残基作为酰基取代基,放在母体名称之前。酰基的排列顺序是从 N-端开始,按连接顺序排列,各酰基名称之间、酰基和母体名称之间用"-"分开。例如:

$$\begin{array}{ccccccc}
 & & & CH(CH_3)_2 & & CH_3 \\
C_6H_5CH_2 & O & & CH_2 & O & & CHOH \\
 & | & | & | & | & | & | \\
H_3\overset{+}{N}CH & - & C-NHCH & - & C-NHCHCOO^-
\end{array}$$

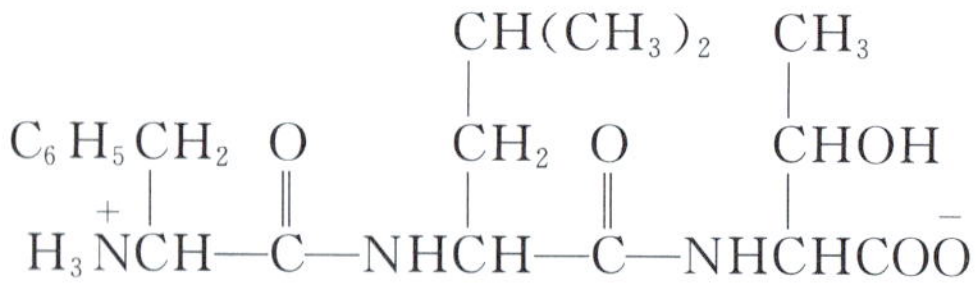

苯丙氨酰-亮氨酰-苏氨酸

Phe-Leu-Thr

苯丙-亮-苏

二、蛋白质的分类

蛋白质是由一条或多条肽链以特定的方式组合而成的高分子化合物。

1. 根据其形状分类

（1）纤维蛋白质　如丝蛋白、角蛋白等；

（2）球状蛋白质　如胰岛素、蛋清蛋白、酪蛋白、血红蛋白等。

2. 根据其组成分类

（1）单纯蛋白质　只含有 α-氨基酸，如白蛋白、球蛋白等。

（2）结合蛋白质　由单纯蛋白质与非蛋白部分结合而成。如核蛋白、脂蛋白、金属蛋白、血红素蛋白。这里的非蛋白部分称为辅基，核蛋白中辅基是核酸；脂蛋白中辅基是脂类；金属蛋白中辅基是金属离子；血红素蛋白中辅基是血红素。

3. 根据其功能分类

（1）活性蛋白质　即有活性的蛋白质。按生理作用不同又可分为酶、激素、抗体、收缩蛋白质、运输蛋白等。

（2）非活性蛋白质　其主要包括担任生物的保护或支持作用的蛋白质，但本身不具有生物活性的物质。例如：贮存蛋白（清蛋白、酪蛋白等），结构蛋白（角蛋白、弹性蛋白胶原等）。

三、蛋白质的结构

蛋白质的结构分为一级结构、二级结构、三级结构和四级结构。

（一）一级结构

蛋白质的一级结构是指由多种氨基酸按照一定的顺序通过肽键连接而成的骨架，包括以下几个方面：①多肽链的数目；②每一条多肽链中氨基酸的数目、种类和排列顺序；③链内二硫键（—S—S—）和链间二硫键的数目和位置。

（二）二级结构

蛋白质的二级结构是指通过链内或链间氢键而形成的只涉及肽链主链的空间结构（与支链无关）。最常见的二级结构是 α-螺旋和 β-折叠。

1. α-螺旋　α-螺旋是蛋白质中最常见的二级结构，最早是由 Pauling L 和 Corey R 在 1951 年提出的，如图 16-1 所示。在 α-螺旋中多肽链围绕中心轴有规律地螺旋式上升，螺旋的方向有顺时针和逆时针之分，即有右手和左手之分，因此螺旋结构分为左手螺旋和右手螺旋，只有右手 α-螺旋最稳定。在右手 α-螺旋中，氨基酸的侧链伸向螺旋外侧，每 3.6 个氨基酸残基（氨基酸单元）形成一个螺旋，即每 3.6 个氨基酸残基螺旋旋转一圈，螺距为 0.54 nm，螺旋直径为 $1\sim1.1$ nm；在同一条肽链中每第 n 个氨基酸残基上羰基氧原子与第 $n+4$ 个氨基酸残基上—NH 之间形成稳定的氢键，所有形成氢键的 N、H、O 原子几乎都处于一条直线上，而且这些直线几乎与螺旋的中心轴平行。

侧链 R 基团的大小、形状以及电荷对形成 α-螺旋和其稳定性有一定的影响。一般来讲，

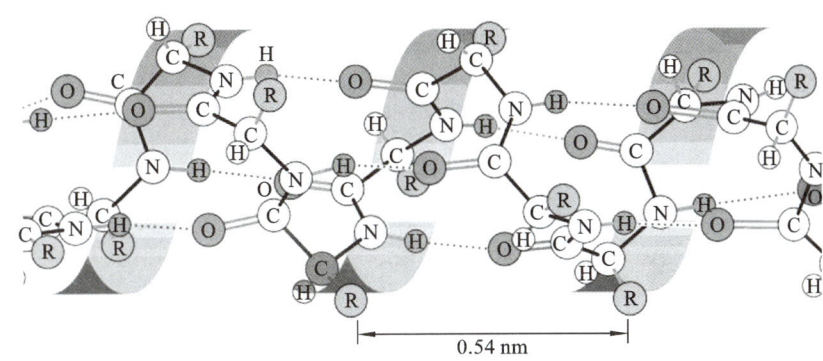

图 16-1　α-螺旋示意图

侧链不太大且不带电荷或极性基团的多肽链,比较容易形成稳定、规则的螺旋。有较大体积 R 基团的氨基酸,如异亮氨酸、缬氨酸等,由于空间位阻,影响 α-螺旋的形成和稳定性。此外,酸性氨基酸和碱性氨基酸形成的肽链,它们的规则性和 pH 值有很大的关系,比如谷氨酸,在较低 pH 值时,由于羧基不发生电离,可形成一个规则的 α-螺旋,但当 pH 值升高,羧基解离为带负电荷的 COO^- 基团时,螺旋就变得不规则了。

2. β-折叠　β-折叠是另一种蛋白质的二级结构,如图 16-2 所示。

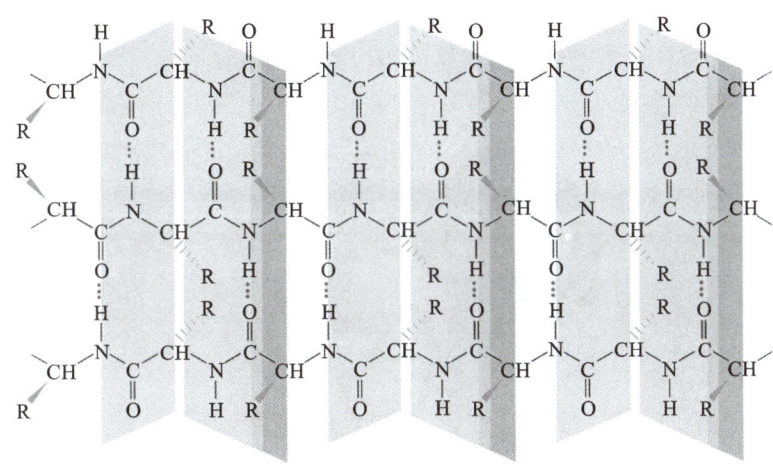

图 16-2　β-折叠

在 β-折叠中,肽链与肽链之间平行地排列,靠氢键结合在一起,形成与扇面相似的折叠面,氨基酸残基侧链交替出现在肽链的前面和后面。

在 β-折叠中,相邻两条多肽链的走向可以相同,也可以相反。如果走向相同(两条链均为 N-端→C-端),称为平行 β-折叠片;如果走向相反(一条是 N-端→C-端,另一条是 C-端→N-端),称为反平行 β-折叠片。从能量上分析,反平行 β-折叠片更为稳定,因为其形成的氢键 N—H⋯O 三个原子几乎在同一条直线上,此时氢键最牢固。

(三) 三级结构

蛋白质的三级结构是指在二级结构的基础上,多肽链间通过氨基酸残基侧链的相互作用,在空间沿多个方向进行卷曲、折叠而形成的三维结构。例如,图 16-3 是肌红蛋白的三级结构示意图。

肌红蛋白是哺乳动物肌肉中负责储藏和输送氧的蛋白质,分子中有 153 个氨基酸残基和 1 个血红素辅基,由一条多肽链组成,多肽链中有 75% 盘旋成 α-螺旋,而且都是右手 α-螺旋。可以看出,多肽链盘绕的立体结构为不同程度的球状分子。

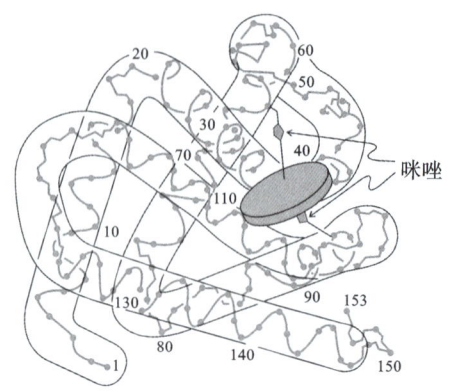

图 16-3 肌红蛋白的三级结构示意图

虽然有不少蛋白质的三级结构经过 X 射线单晶衍射技术和 NMR 技术等分析技术已被确定,但是相对于自然界中的蛋白质数量而言,已确定三级结构的蛋白质数量还很少。

(四)四级结构

蛋白质的四级结构是指具有三级结构的蛋白质分子的几条多肽链聚合而成的大分子蛋白质。每一条具有三级结构的多肽链称为亚基。蛋白质的四级结构包括亚基的种类、数目、空间结构以及亚基之间的相互作用。亚基之间的作用力主要有疏水键、氢键、二硫键、离子键和范德华力等。只有具有两条及两条以上多肽链的蛋白质才有四级结构。例如,图 16-4 是血红蛋白的四级结构。

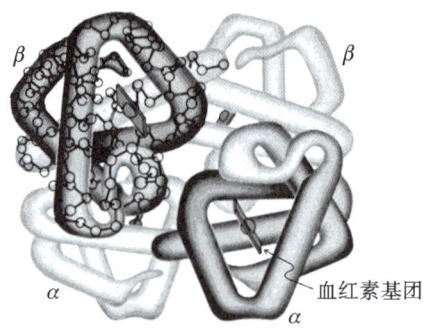

图 16-4 血红蛋白的四级结构示意图

它是由两条 α 链(亚基)和两条 β 链(亚基)组成的聚合体。α 链有 141 个氨基酸残基,β 链有 146 个氨基酸残基,每条肽链的三级结构都卷曲成球状,与肌红蛋白的三级结构相似,每个亚基都结合一个血红素,四个亚基之间通过侧链间的相互作用而紧密交叉相连,形成具有四级结构的球状血红蛋白分子。

随堂检测 16-3 什么是蛋白质的一级结构和二级结构?

四、蛋白质的性质

1. 两性及等电点 无论蛋白质的肽链有多长,都有自由的氨基和羧基存在。所以蛋白质具有两性,在溶液中存在下列平衡。

$$P \underset{NH_2}{\overset{COO^-}{\big|}} \quad \underset{OH^-}{\overset{H^+}{\rightleftharpoons}} \quad P \underset{\overset{+}{N}H_3}{\overset{COO^-}{\big|}} \quad \underset{OH^-}{\overset{H^+}{\rightleftharpoons}} \quad P \underset{\overset{+}{N}H_3}{\overset{COOH}{\big|}}$$

pH>pI   pH=pI   pH<pI

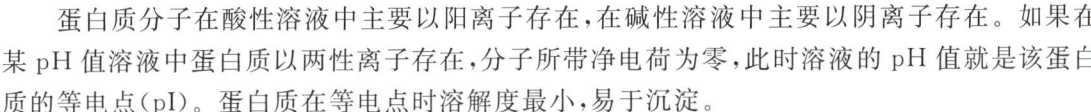

蛋白质分子在酸性溶液中主要以阳离子存在,在碱性溶液中主要以阴离子存在。如果在某 pH 值溶液中蛋白质以两性离子存在,分子所带净电荷为零,此时溶液的 pH 值就是该蛋白质的等电点(pI)。蛋白质在等电点时溶解度最小,易于沉淀。

一般来说,任何一种蛋白质都同时具有碱性基团和酸性基团,但二者的数量一般不相等。如果碱性基团较多,则这类蛋白质为碱性蛋白质,其等电点偏碱性,如精蛋白和组蛋白;如果酸性基团较多,则这类蛋白质为酸性蛋白质,其等电点偏酸性,如小麦蛋白。

2. 变性 蛋白质的变性是指蛋白质受物理或化学因素的影响,肽链中不同基团之间的作用力被改变或破坏,蛋白质分子的高级结构发生变化,失去原有的空间结构(蛋白质变性后一级结构没有发生变化),从而失去原来的生理活性,并引起理化性质的变化,这一过程称为蛋白质的变性。蛋白质变性会使酶失去催化能力,抗体失去免疫作用,激素失去调节作用等。

使蛋白质变性的物理因素主要有干燥、加热、高压、振荡或搅拌、紫外线、X 射线、超声波等;使蛋白质变性的化学因素主要有强酸、强碱、尿素、重金属盐、三氯乙酸、乙醇等。

蛋白质的变性在现实生活中具有重要的意义。临床上或日常生活中常用加热、紫外线和酒精等方法进行消毒或杀菌,通过这些方法使病毒或细菌的蛋白质变性,从而失去生理活性和繁殖能力。当人体重金属盐(如汞盐)中毒时,通常服用大量富含蛋白质的乳制品或鸡蛋清,使蛋白质与汞盐结合成变性的不溶物,再通过洗胃等方法洗出不溶物。

3. 颜色反应 蛋白质中含有不同的氨基酸和酰胺键,可以和不同的试剂发生颜色反应,利用这些反应可以鉴别蛋白质。

(1) 缩二脲反应:蛋白质与强碱和稀硫酸铜溶液发生反应,溶液呈紫色,称为缩二脲反应。

(2) 蛋白黄反应:含有苯环的氨基酸(苯丙氨酸、酪氨酸等)构成的蛋白质,遇浓硝酸变为深黄色,遇碱变为橙黄色。这是由于这些氨基酸的苯环发生硝化反应,生成黄色的硝基化合物。

(3) 与水合茚三酮的反应:蛋白质和水合茚三酮在水溶液中,加热的条件下反应,生成蓝紫色化合物。

第三节 核酸

天然的核酸分为核糖核酸(ribonucleic acid,RNA)和脱氧核糖核酸(deoxyribonucleic acid,DNA)两大类。DNA 主要分布在细胞核和线粒体内,是主要的遗传物质,携带着遗传信息,决定了细胞和个体的基因类型。RNA 分布在细胞质(90%)和细胞核(10%)内,与遗传信息在子代的表达有关,即与蛋白质的生物合成有关。

一、组成

核酸是一种高分子化合物,组成核酸的结构单元是核苷酸。核苷酸是由核苷和磷酸组成的,而核苷是由戊糖和碱基组成的。

$$
核酸\begin{cases}
核糖核酸 \xrightarrow{水解} 核糖核苷酸 \xrightarrow{水解} \begin{cases} D\text{-}核糖的核苷 \xrightarrow{水解} \begin{cases} D\text{-}核糖 \\ 碱基 \end{cases} \\ 磷酸 \end{cases} \\
脱氧核糖核酸 \xrightarrow{水解} 脱氧核糖核苷酸 \xrightarrow{水解} \begin{cases} D\text{-}2\text{-}脱氧核糖的核苷 \xrightarrow{水解} \begin{cases} D\text{-}2\text{-}脱氧核糖 \\ 碱基 \end{cases} \\ 磷酸 \end{cases}
\end{cases}
$$

1. 碱基 碱基是含有嘌呤环和嘧啶环的含氮杂环，主要有以下 5 种。

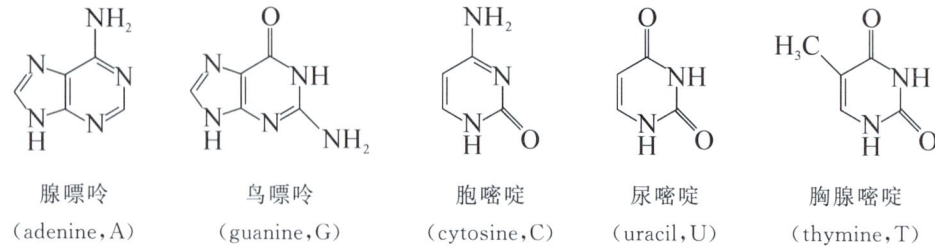

腺嘌呤	鸟嘌呤	胞嘧啶	尿嘧啶	胸腺嘧啶
（adenine，A）	（guanine，G）	（cytosine，C）	（uracil，U）	（thymine，T）

上述五种碱基在结构上存在酮式-烯醇式或氨基-亚氨基的互变异构，但在体内或中性和酸性介质中主要以上面的形式存在。

随堂检测 16-4 请写出腺嘌呤、鸟嘌呤、尿嘧啶和胞嘧啶的烯醇式和亚氨基式。

2. 戊糖 核酸中的戊糖有 β-D-核糖和 β-D-2′-脱氧核糖两种。

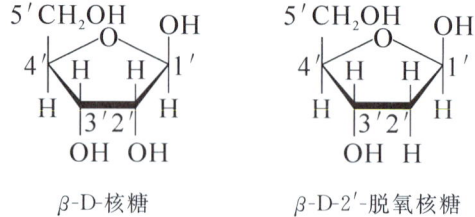

β-D-核糖　　　　　β-D-2′-脱氧核糖

这两种戊糖均为呋喃型环状结构。为了与碱基中碳原子的编号相区别，戊糖中的碳原子以 1′、2′……进行标记。

3. 核苷 核苷是一种糖苷，由戊糖 C_1' 位的 β-半缩醛羟基与嘌呤类碱基的 N_9 或嘧啶类碱基的 N_1 上的氢原子脱水缩合而成。常见的核苷包括以下 8 种。

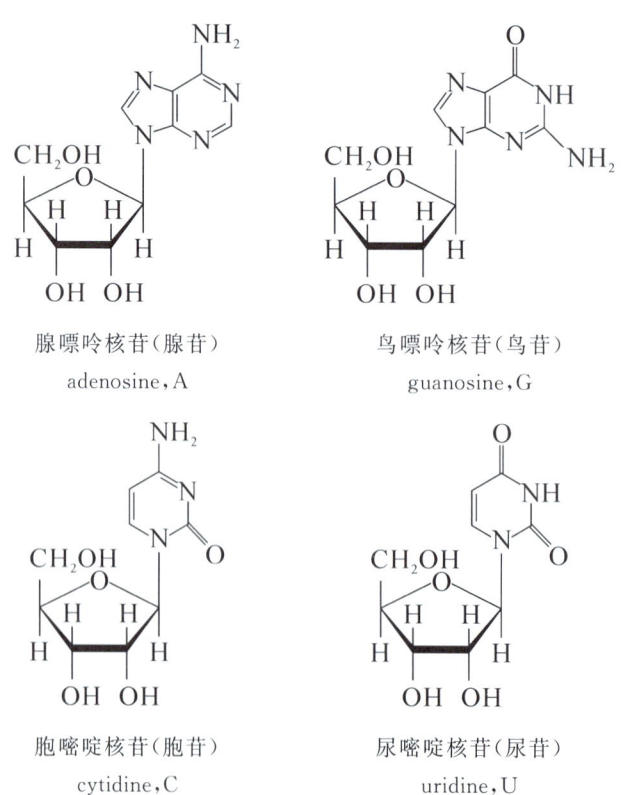

腺嘌呤核苷（腺苷）　　　　　　鸟嘌呤核苷（鸟苷）

adenosine，A　　　　　　　　guanosine，G

胞嘧啶核苷（胞苷）　　　　　　尿嘧啶核苷（尿苷）

cytidine，C　　　　　　　　uridine，U

腺嘌呤脱氧核苷（脱氧腺苷）
deoxyadenosine，dA

鸟嘌呤脱氧核苷（脱氧鸟苷）
deoxyguanosine，dG

胞嘧啶脱氧核苷（脱氧胞苷）
deoxycytidine，dC

胸腺嘧啶脱氧核苷（脱氧胸苷）
deoxythymidine，dT

核糖核苷和脱氧核糖核苷中腺嘌呤、鸟嘌呤和胞嘧啶三个碱基是相同的。另外，尿嘧啶只存在于核糖核苷中，而胸腺嘧啶只存在于脱氧核糖核苷中。

4. 核苷酸 核苷酸是核苷和脱氧核苷的磷酸酯，是由核苷中呋喃糖的羟基与磷酸通过酯键相连形成的。表 16-2 列出了 RNA 中的四种核苷酸，表 16-3 列出了 DNA 中的四种核苷酸。

表 16-2 RNA 中的核苷酸

名称	符号	结构
腺嘌呤核苷酸 （腺苷酸） 单磷酸腺苷	AMP(PA)	
鸟嘌呤核苷酸 （鸟苷酸） 单磷酸鸟苷	GMP(PG)	

名称	符号	结构
胞嘧啶核苷酸 （胞苷酸） 单磷酸胞苷	CMP(PC)	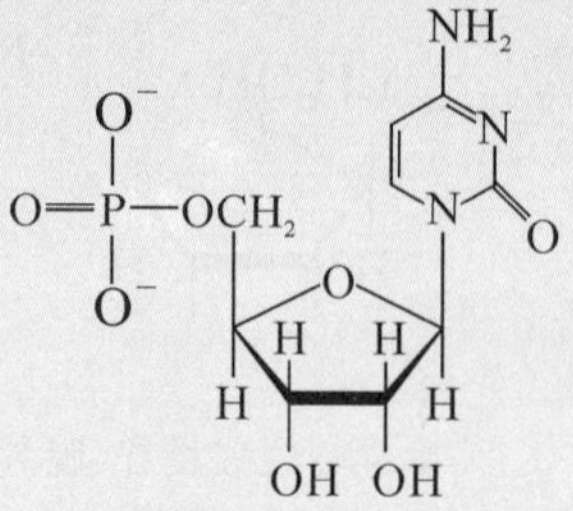
尿嘧啶核苷酸 （鸟苷酸） 单磷酸尿苷	UMP(PU)	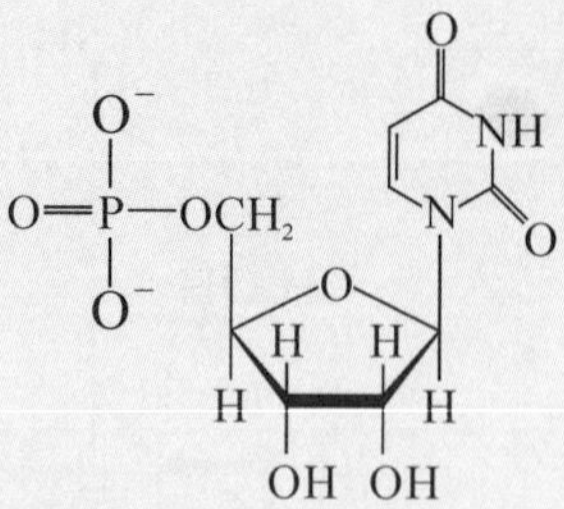

表 16-3　DNA 中的核苷酸

名称	符号	结构
腺嘌呤脱氧核苷酸 （脱氧腺苷酸） 单磷酸脱氧腺苷	dAMP(PdA)	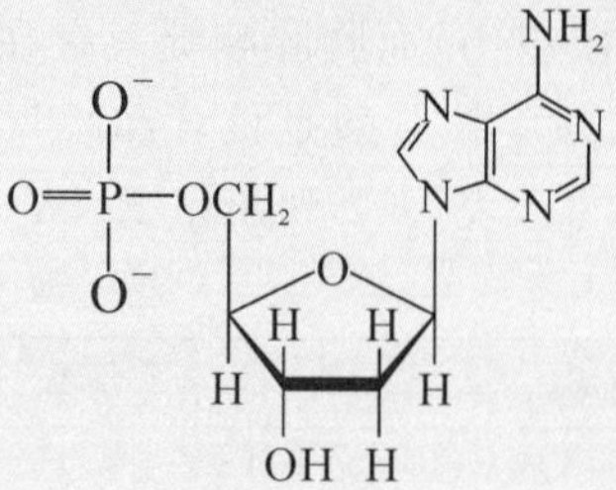
鸟嘌呤脱氧核苷酸 （脱氧鸟苷酸） 单磷酸脱氧鸟苷	dGMP(PdG)	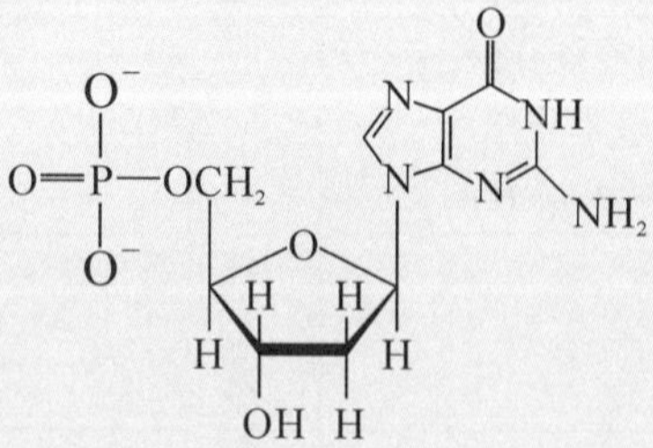
胞嘧啶脱氧核苷酸 （脱氧胞苷酸） 单磷酸脱氧胞苷	dCMP(PdC)	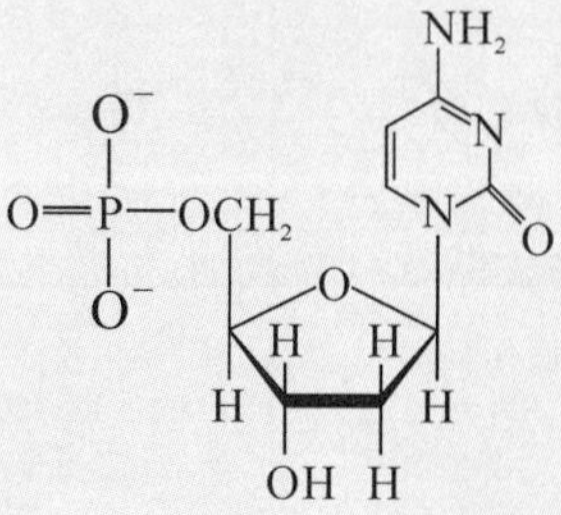

名称	符号	结构
胸腺嘧啶脱氧核苷酸 （脱氧胸苷酸） 单磷酸脱氧胸苷	dTMP(PdT)	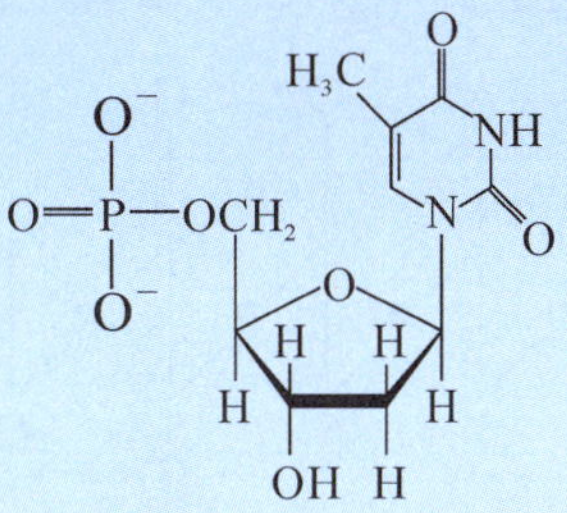

二、结构

核酸有一级结构、二级结构和三级结构。

1. 核酸的一级结构　核酸的一级结构是指组成核酸的各核苷酸的排列顺序,亦即核酸的碱基顺序,各核苷酸单元之间以磷酸酯键相连,连接的位次是糖的 $3'$ 位和 $5'$ 位。图 16-5 给出了 DNA 链和 RNA 链片段的一级结构。

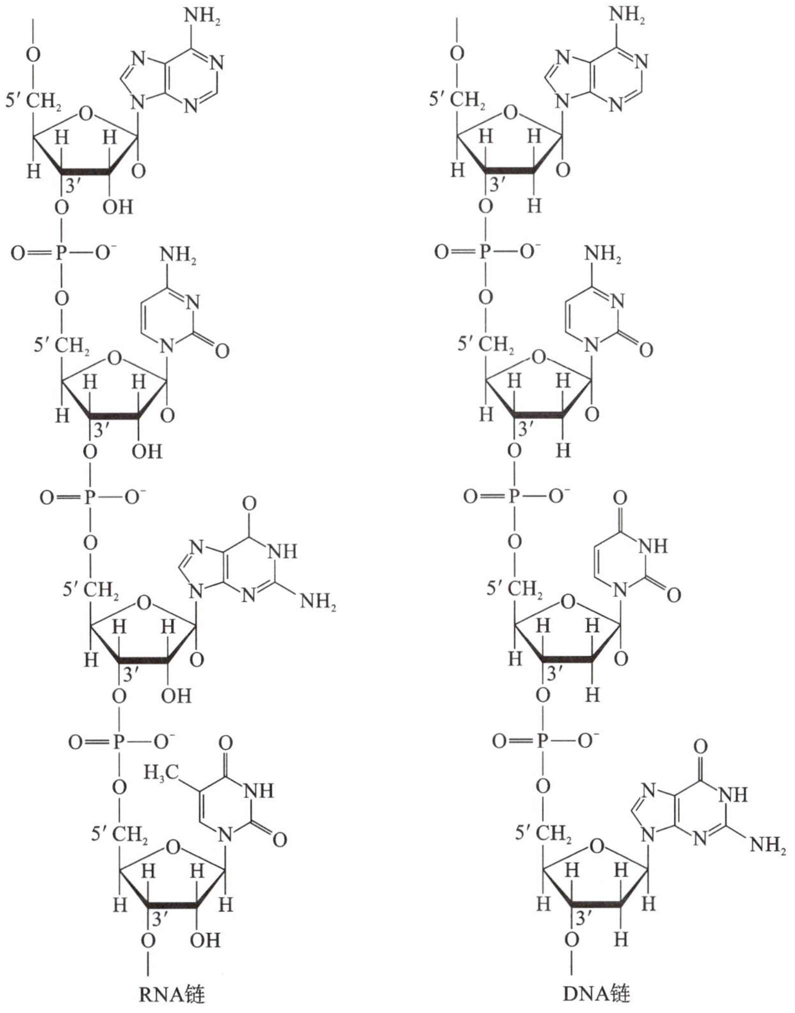

图 16-5　聚核苷酸链

从图中可以看出 DNA 和 RNA 链中核苷酸的排列顺序,即一级结构。这种表示方法直观,但书写麻烦,因此,常用简化图来表示,用竖线表示戊糖基,P 表示磷酸,表示碱基的字母符号写在竖线的上面,用斜线表示磷酸酯键。则上述 DNA 和 RNA 链的简化图表示如下:

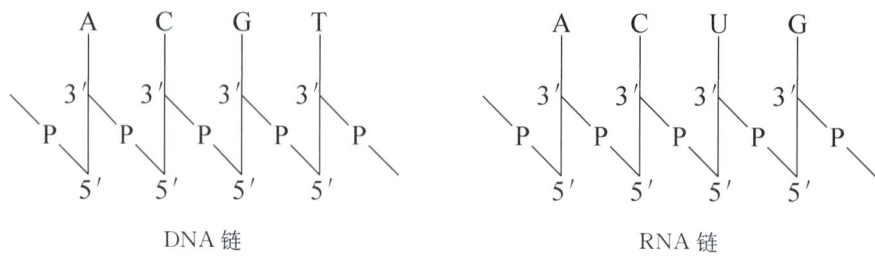

DNA 链   RNA 链

上述结构还可以进一步简化如下:

DNA 链:5′ PApCpGpTp 3′或 5′-A-C-G-T-3′或 5′-ACGT-3′

RNA 链:5′ PApCpUpGp 3′或 5′-A-C-U-G-3′或 5′-ACUG-3′

2. 核酸的二级结构　　核酸的二级结构是通过核酸中核苷酸上碱基之间的氢键而形成的空间结构。DNA 的二级结构是双螺旋结构,是由两条平行的聚脱氧核糖核苷酸链相互缠绕、并通过碱基对之间的氢键结合形成,且这两条链是反向平行的,一条链沿 3′→5′ 方向延伸,另一条链沿 5′→3′ 方向延伸,双螺旋中每 10 个碱基对形成一次盘绕循环,即每 10 个脱氧核糖核苷酸旋转一周,如图 16-6 所示。

酵母丙氨酸转移 RNA 的二级结构是分子中某些碱基之间通过氢键(用虚线表示)结合形成的二级结构,形状像三叶草,因此称为三叶草结构,如图 16-7 所示。

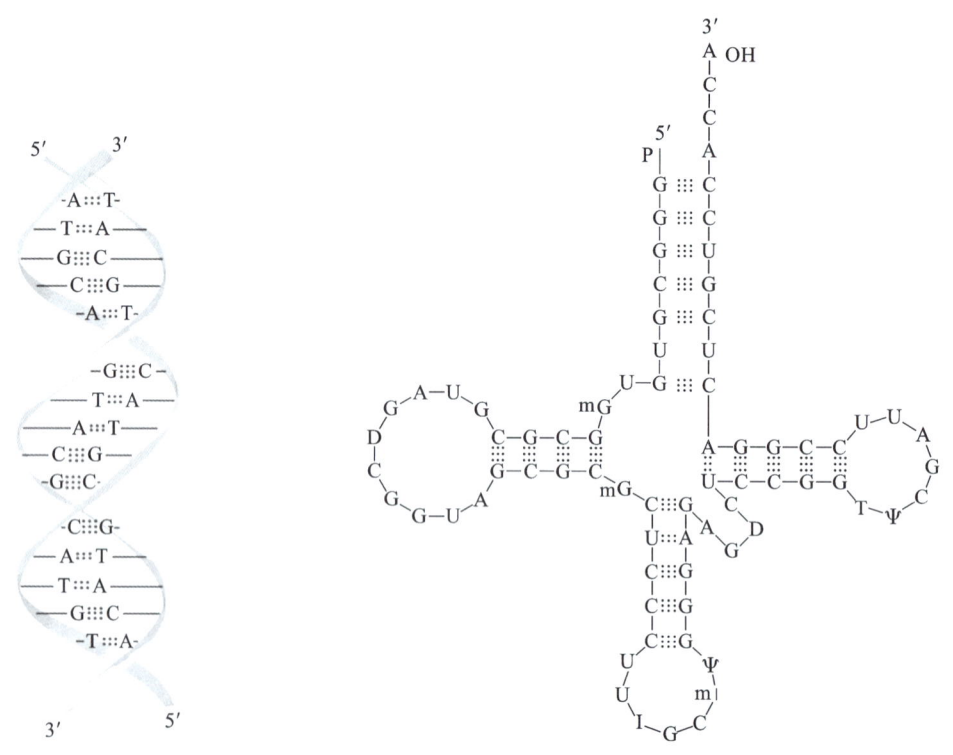

图 16-6　DNA 的双螺旋结构　　　　图 16-7　酪氨酸 tRNA 的二级结构

3. 核酸的三级结构　　DNA 的三级结构是在双螺旋结构的基础上形成的双链环形的超螺旋和开环形结构;tRNA 的三级结构是在三叶草结构的基础上形成的,呈倒 L 形,如图 16-8 所示。

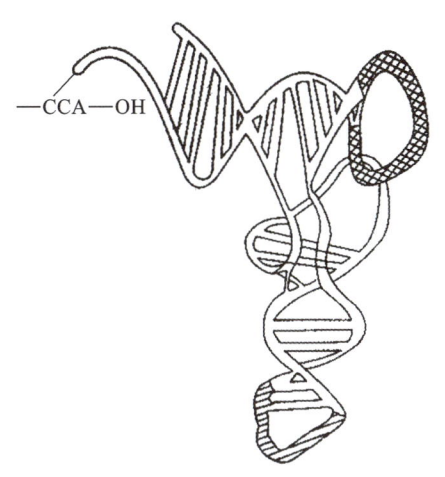

图 16-8　tRNA 的三级结构

三、核酸的生物功能

（一）DNA 是主要的遗传物质

DNA 作为主要的遗传物质，它可以按照自己的结构进行精确复制，从而将遗传信息由母代传到子代。

DNA 的复制过程：首先是母链 DNA 解链成两股单链，每一股单链作为模板，按照碱基互补原则，在酶的作用下将核苷酸聚合，再形成两个新链，这样就得到了两个双股与母链完全相同的子链，遗传信息也就从母代传到了子代。图 16-9 是 DNA 复制过程的示意图。

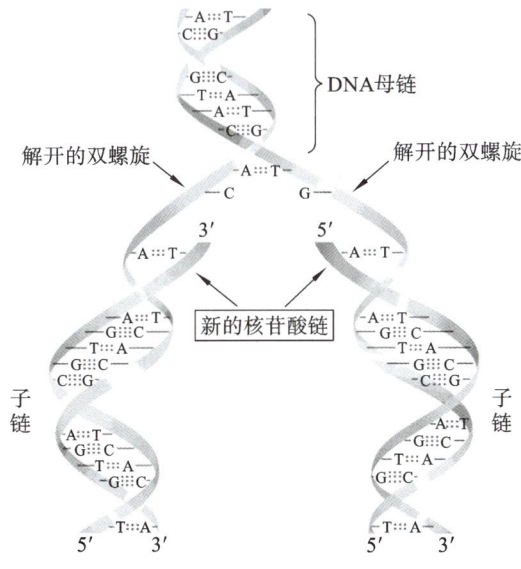

图 16-9　DNA 的复制

（二）RNA 参与蛋白质的生物合成

蛋白质的生物合成受核酸控制。RNA 的主要作用是将遗传密码翻译成特异蛋白质，来执行生物体内各种生理功能。

小结

　　α-氨基酸是组成蛋白质的基本结构单位,绝大多数蛋白质由 20 种 α-氨基酸组成,其中除甘氨酸外,均含有手性碳原子,具有旋光性,均为 L 构型。由于氨基酸是偶极离子,大多数以内盐的形式存在,因此具有较高的熔点。等电点是氨基酸的重要物理常数,当溶液的 pH 值等于等电点时,氨基酸以两性离子的形式存在,其所带正电荷与负电荷数量相等,净电荷为零。氨基酸的主要化学性质有氨基的酰化、氨基的烃基化、与亚硝酸的反应和与水合茚三酮的反应。

　　氨基酸分子间脱水形成肽,蛋白质是由一条或多条肽链以特定的方式结合而成的高分子化合物。蛋白质的结构包括一级结构、二级结构、三级结构和四级结构,维持蛋白质一级结构的键主要是肽键(主键),此外肽链之间还存在氢键、二硫键、酯键、盐键、疏水键、配位键和范德华力等。蛋白质由于有自由的氨基和羧基,所以具有两性,可发生两性电离;蛋白质还能发生一些特定的颜色反应,如缩二脲反应、蛋白黄色反应和茚三酮反应等。

　　核酸分为核糖核酸(RNA)和脱氧核糖核酸(DNA)。RNA 的基本结构单位是核糖核苷酸,而 DNA 的基本结构单位是脱氧核糖核苷酸。核酸水解后得到核苷酸、磷酸、碱基(嘌呤碱、嘧啶碱)和戊糖(核糖、脱氧核糖)。核酸的结构包括一级结构、二级结构和三级结构,DNA 的二级结构为双螺旋结构,2 条多核苷酸链依靠各自碱基之间形成的氢键结合在一起。碱基的结合遵循碱基配对原则。

能力检测

　　16-1　写出下列化合物在 pH＝10 时的结构式。

　　(1) 丝氨酸在 pH＝2 时　　　　　　(2) 赖氨酸在 pH＝11 时

　　(3) 缬氨酸在 pH＝9 时　　　　　　(4) 色氨酸在 pH＝7 时

　　16-2　解释下列名词。

　　(1) 等电点　　　　　　　　　　　　(2) α-氨基酸

　　(3) α-螺旋　　　　　　　　　　　　(4) β-折叠

　　(5) 蛋白质的三级结构　　　　　　　(6) 蛋白质变性

　　16-3　精氨酸的等电点大于 7 还是小于 7? 把精氨酸溶在水中,要使它达到等电点,应当加酸还是加碱?

　　16-4　在 pH＝1.50、7.50、11.00 时天冬氨酸在水溶液中主要以什么形式存在?

　　16-5　写出下列化合物的结构式。

　　(1) 5′-脱氧腺苷酸　　(2) 甘氨酰丙氨酰缬氨酸　　(3) 苯丙氨酰腺苷酸

　　16-6　核酸的基本结构单元是什么?

　　16-7　DNA 和 RNA 在结构上的主要区别是什么?

　　16-8　A、C、G、U、dT、dA、dC、dG 等符号的含义是什么?

(张卫卫)

参考文献

[1] 邢其毅,裴伟伟,徐瑞秋,等.基础有机化学[M].4 版.北京:北京大学出版社,2016.

[2] 邢其毅,裴伟伟,徐瑞秋,等.基础有机化学[M].3 版.北京:北京大学出版社,2005.

[3] 陆阳,刘俊义.有机化学[M].8 版.北京:人民卫生出版社,2013.

[4] 福尔哈特,肖尔.有机化学结构与功能[M].戴立信,席振峰,王梅祥,等,译.4 版.北京:化学工业出版社,2006.

[5] 麦克默里,西曼内克.有机化学基础[M].任丽君,向玉联,译.6 版.北京:清华大学出版社,2008.

[6] 吕以仙.有机化学[M].7 版.北京:人民卫生出版社,2008.

[7] 徐春祥.医学化学[M].2 版.北京:高校教育出版社,2008.

[8] 侯小娟,刘华.有机化学[M].2 版.西安:第四军医大学出版社,2014.

[9] 陆涛.有机化学[M].8 版.北京:人民卫生出版社,2016.

[10] 胡宏纹.有机化学[M].4 版.北京:高等教育出版社,2013.

[11] 冯骏材,朱成建,俞寿云.有机化学原理[M].北京:科学出版社,2015.

[12] 陈琳,杨小钢.有机化学[M].北京:人民军医出版社,2013.

[13] 李发美.分析化学[M].7 版.北京:人民卫生出版社,2011.

[14] L. G. 韦德 JR.有机化学[M].万有志,李明磊,李顺来,等,译.5 版.北京:化学工业出版社,2006.

[15] 赵正保,项光亚.有机化学[M].北京:中国医药科技出版社,2016.

[16] 张普庆,医学有机化学[M].2 版.北京:科学出版社,2009.

[17] 朱红军,王兴涌.有机化学[M].北京:化学工业出版社,2007.

[18] 魏俊杰,刘晓冬.有机化学[M].2 版.北京:高等教育出版社,2010.

[19] 曹兆华,张玉军.医用化学[M].北京:人民卫生出版社,2016.

[20] 林洪.自由基的产生、应用及与人体健康[J].玉溪师范学院学报,2006,22(9):84-87.

[21] 李云.综述自由基对人体健康的影响及目前的预防措施[J].内蒙古石油化工,2011,37(1):87-89.

[22] 叶因涛,王晨.氨基酸类衍生物抗肿瘤作用的研究进展[J].2011 年中国药学大会暨第 11 届中国药师周论文集,2011,3315-3320.